INTRODUCTION TO

KINEMATICS

PRINCIPLES AND
ALALYSIS OF MOTION

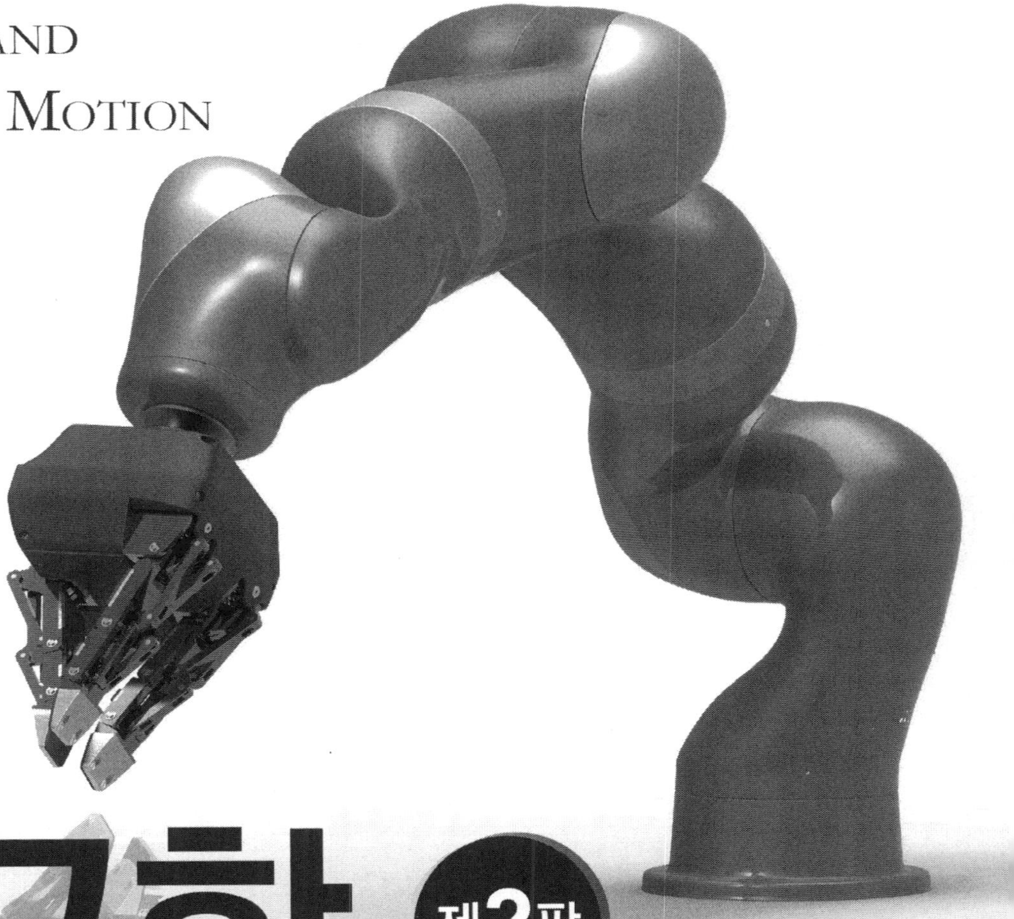

기구학

제2판

운동의 원리와 해석을 중심으로

김태정 지음

지코사이언스

| 저자소개 |

김태정
1993. 학사 서울대학교 기계설계학과 졸업
1995. 석사 MIT 기계공학과
2001. 박사 MIT 기계공학과

Postdoctoral Associate(MIT)
Research Scientist(MIT)
단국대학교 기계공학과 교수

기구학 2판 –운동의 원리와 해석을 중심으로–

발행일 2021년 2월 30일
지은이 김태정
발행인 이윤아
총 괄 박성율
발행처 지코사이언스

출판등록 제2-4387호
주 소 서울시 서대문구 모래내로 211 대광빌딩 2층
전 화 02-2279-9771
팩 스 02-2279-9259

ISBN 978-89-93601-74-9 93550

값 22,000원

1판 서문

기구는 한정된 운동을 반복하며 계획된 작업을 수행한다. 기구의 운동학을 기구학이라 한다. 기구학은 기하학이 확장된 형태의 지식을 다룬다.

'확장된 기하학'의 교육에 관하여 극단적 두 관점이 있을 수 있다. 어떤 강사는 해석기하학 자체가 기하와 대수적 지식을 종합하여 다룰 뿐만 아니라 실용적 기구 설계를 위해서는 수치해석에 관한 지식까지도 필요하므로 가능하면 기구학 강좌가 다양한 관련 지식을 다루어야 한다고 생각할 수 있다. 다른 극단의 입장에서는 기구학을 구성하는 지식이 수학을 포함한 타 교과에서 다루어지고 그 필요 정도가 고교 기하학의 '가벼운' 응용 정도의 수준을 넘지 않는다는 의미에서 기구학 강의에서 다루어야 하는 내용이 매우 제한적이라고 주장할지도 모른다. 기구학이 다루는 지식의 범주만큼이나 다양한 기구학 교육에 관한 관점을 고려할 때, 각 교육 단위에서 개별 기구학 강좌가 처하고 있는 상황과 교과목표에 적합하게 교과 내용을 선택하는 것이 바람직할 것이다.

본서는 저자가 단국대학교 기계공학과에서 학부 2학년을 대상으로 기구학 교과를 강의하는 데 사용한 강의노트에 바탕을 두고 있다. 필자가 속한 교육 단위에서 기구학 교과가 '동역학'과 '기계설계' 교과의 선수과목으로 설정되어 있고, 또 기초 설계학점이 부과되어 있으므로 두 후수 과목의 수강과 설계과제 수행에 도움이 되도록 강의를 진행하였다. 캠 이론을 설계의 맥락을 따라 전개하고 부록에 설계 과제를 제시하는 것으로 기구 설계에 대한 내용을 갈음하였다. 하지만, 중간중간 설계에 관해 강의하여, 기말까지 완성하는 설계과제를 수행하는 데 도움이 되도록 하였다. 주어진 상황 하에서 필자가 설정한 강좌의 교육목표가 다음과 같다.

(1) 속도, 가속도, 각속도, 각가속도 등 운동을 기술하는 데 필요한 개념을 이해한다.
(2) 동역학 교과 수강 시, 운동 방정식 수립에 필요한 강체간의 상대운동을 기술할 수 있다.
(3) 기계설계 교과 수강 시, 기계 요소의 동작 원리를 파악할 수 있다.
(4) 주어진 형태의 기구에 대해 부재의 치수를 변경시켜 기구의 성능을 향상시킬 수 있다.
(5) 기계의 운동에 관한 직관을 제공하는 기구학 고유의 지식을 학습한다.

주어진 교육 목표를 달성하기 위해 필자가 선택한 강의 내용과 접근법은 다음과 같다.

(1) 원리에 충실하여 설명하지만, 동역학 해석과 기계 설계에 필수적인 선까지로 다루는 내용을 한정한다.

(2) 위치 및 치수합성을 가볍게나마 다루어 기구 설계의 기본 방향과 '철학'을 이해시키도록 한다.

(3) 학습자에게 운동에 관한 직관을 제공한다는 의미에서, 순간 중심을 이용한 속도해석과 구름 및 미끄럼 운동의 해석을 포함시킨다.

(4) 가속도에 관한 도해적 해석은 운동에 관한 직관도, 분석에 필요한 식을 제공하는 데도 불필요하게 복잡하다고 생각 되는 바, 강좌에 포함시키지 않는다.

(5) 논의의 편의를 위해 평면 운동만을 다룬다. 하지만, 가능하면 3차원 공간 운동에 관해서도 적용 가능한 형태로 식들을 표기한다.

(6) 현행 고교 교육과정을 고려하여 복소 평면의 사용을 자제하고, 행렬 대수를 사용한다. 필요하다면 결론에 이르는 가장 빠른 길을 택하기보다는 다양한 행렬 연산 기법을 보여주도록 수식을 전개한다.

설정한 범위에서 벗어나는 지식을 다루는 절은 * 기호로 표기하였다. 완벽한 설명을 위해서는 미묘해져서 독자의 혼동이 예상되거나 이론적 지평을 확대해야 하는 부분들은 주, 참고 또는 연구문제 등으로 처리하였다. 처음 이 책을 접하는 독자들은 이러한 부분들을 읽지 않아도 무방하리라 판단된다. 학부 수준에서 다루기 지나치거나 현대적 관점에서 그 실용적 가치가 다소 떨어지는 내용들은 과감히 생략하였다. 기구학에 관심 있고 인내심이 있는 독자는 순수하고 '우아한' 기구학 관련 지식을 [Hartenberg], [Bottema], [Ball], [Uicker], [Martin], [Murray], [Norton] 등에서 찾을 수 있을 것이다. 필자의 견해로는 [Norton] [Uicker], [Martin], [Murray], [Hartenberg], [Bottema], [Ball]의 순으로 읽는 것이 적합하리라 생각된다.

그림에 번호를 매기고 본문에서 언급하는 규칙이 다음과 같다. 본문에서 언급되지 않는 식에는 식 번호를 생략하였다. 특히, 한 절에서 언급되는 식의 개수가 적을 때, 식의 번호로 * 기호를 사용한다. '위의 식'으로 호칭되고 다른 곳에서 언급되지 않는 식에도 식 번호를 생략하였다. 절마다 식 번호가 다시 시작하도록 하였고, 장마다 그림 및 정리의 번호가 다시 시작하도록 하였다.

2판 서문

출판사의 변경 외 본문의 내용은 변경되지 않았다. 완결성을 위하여 부록B를 추가하여 3차원 공간의 상대 각가속도 공식의 유도를 보였다. 이를 포함하여 1판 출판 후 교육 현장에서 한두 가지 보완했으면 하는 내용이 있었지만 시간상의 이유로 본문의 보완은 다음 판으로 미룬다. 그 중 하나는 5.1절 후반부의 내용으로, 오류는 아니지만 학생들이 오해할 소지는 있었다.

2판의 출판을 맡아주신 지코사이언스의 박성율 대표께 감사드립니다.

2021년 2월

김태정

Further Readings

[1] Bottema, O. and Roth, R., Theoretical Kinematics, Dover, 1990.

[2] Hartemberg, R. S. and Denavit, J., Kinematic Synthesis of Linkages, McGraw-Hill Inc., 1964.

[3] Ball, R. S., A treatise on the theory of screws, Cambridge University Press, 1900.

[4] Uicker, J. J., Pennock, G. R., Shigley, J. E., Theory of Machines and Mechanisms, Oxford University Press.

[5] Martin, G., Kinematics and Dyamics of Machines, McGraw-Hill Company, 1982.

[6] Murray, R. M., Li, Z. and Sastry, S. S., A Mathematical Introduction to Robotic Manipulation, CRC., 1994.

[7] Hrones, J. A. and Nelson, L. N., Analysis of the Four-Bar Linkage: Its Application to the Synthesis of Mechanisms, MIT Press, 1951.

[8] Norton, R. L., Kinematics and Dynamics of Machinery, McGrawHill, 2008.

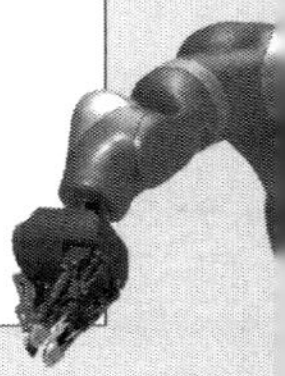

차례

9장 기구의 속도해석 149

10장 두 강체에서 관찰한 가속도 173

11장 가속도해석 191

12장 구름접촉 215

13장 미끄럼접촉과 기어 237

14장 캠 기구 279

부록A 설계과제 모음 313

부록 B 두 강체에서 관찰한 한 점의 속도 325

제 1 장

기구와 기구학

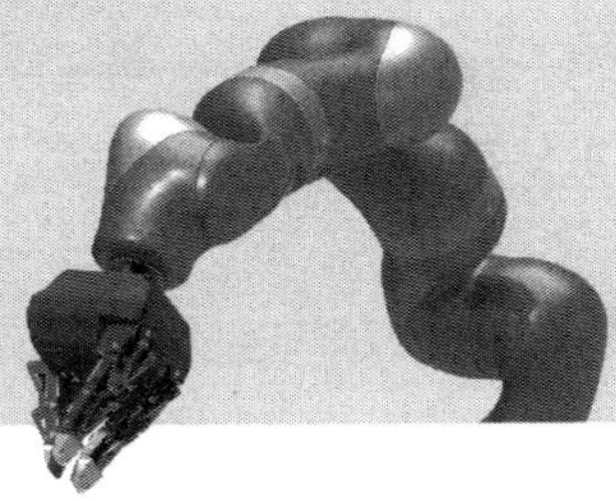

기구와 관련된 용어를 알아봄으로써 본서에서 다루는 범위를 설정하고자 한다.

1 기구학

기계나 기구의 운동학 즉, 기구학kinematics of machinery/mechanisms은 기계를 이루는 물체의 한정된 상대 운동에 관해 연구하는 분야이다. 기계 부품의 운동이 한정되는 방식과 서로 구속된 부품들이 나타내는 운동 상태가 기구학의 관심거리이다. 이러한 기계 운동에 관한 지식은 의도된 대로 작동하는 기계를 설계하는 데 필수적으로 활용되므로 실용적 가치를 가진다.

주 기구학을 영어 Theory of mechanisms의 번역으로 사용하기도 하는데, 기구의 동역학도 포함한 기구에 관한 체계적 지식을 의미하는 넓은 뜻으로 쓰인다.

각 부품이 다른 부품과 적절히 연결되어 별다른 노력 없이 질서 있게 움직일 수 있을 때에만 기구나 기계를 사용하여 목적한 바를 이룰 수 있다. 그러므로 본서에서는 여러 부품이 목적을 달성하도록 서로 구속되어 한정된 운동을 수행하는 경우를 주로 다룬다.

고전역학의 틀 내에서는 운동을 발생시키는 원인을 힘으로 볼 수 있다. 기구학은 이 원인으로서의 힘을 고려하지 않고 현상적으로 나타나는 운동만 그 연구 대상으로 삼는다. 운동 현상만을 고려하는 기구학의 원리는 모든 관찰자에게 동등하게 적용된다. 즉, 땅에 있는 관찰자가 사용하는 운동 기술의 원리 및 개념이 회전 목마에 있는 관찰자에 대해서도 동등하게 적용되어야 한다. 운동 묘사의 측면에서 절대적 기준이 되는 관찰자가 있을 수 없으므로 기구학은 상대 운동에 관한 지식을 다룬다.

기계를 작동시키는 외력까지 고려하여 기계운동을 예측하는 것은 기계동역학dynamics of machinery의 관심거리이다. 고전 역학의 체계 내에서 물질의 운동을 예측하기 위해 뉴튼의 원리를 사용하는데, 관성좌표계라 하는 특수한 기준틀에 대해서 측정된 가속도를 사용할 때만 $F=ma$ 꼴로 간단히 쓸 수 있다. 여기서, 흔히 하듯이 질점에 작용하는 힘을 F로, 질점의 질량을 m으로, 질점의 가속도를 a로 나타내었다. 즉, 동역학에서는 임의 기준틀에 대한 운동 원리의 동등성이 보장되지 않는다.

기계의 동역학적 해석을 위해서 기구학의 지식이 필수적으로 활용되므로 기구학을 동역학의 하위 분과 학문으로 볼 수 있다. 힘 및 에너지에 관심을 가지는 기구학에 대비되는 동역학 지식을 운동역학kinetics이라 하고 동역학이 운동학kinematics과 운동역학kinetics으로 구성된다고들 한다. 이 구별은 오일러Euler가 강체 운동을 다루면서 처음 사용하였는데, 운동역학과 동역학의 구별은 사실 명확하지 않고 두 용어가 거의 동의어로 쓰인다. 매 순간, 기하학geometry을 적용하여 기계를 이루는 물체들의 위치 관계를 구할 수 있으므로 시간을 매개변수로 하는 기하학을 기구학으로 볼 수 있다. 이런 의미에서 기구학을 고전 기하학이 확장된 형태를 취하는 '운동의 기하학'으로 생각할 수 있다. 또, 시간을 차원으로 포함한 4차원 공간에서의 기하학을 기구학이라 볼 수도 있다. 물리학자들은 동역학을 질점의 위치와 속도로 이루어진 고차 상태 공간 내에서의 기하학으로 보기까지도 한다. 이런 의미에서는 물질 세계의 '모든 것'이 기하학의 범주에 든다고 할 수 있다.

보통, 기구는 기계의 일부를 이룬다. 유용한 에너지와 힘을 전달하는 것을 주된 목적으로 하며 동력원을 포함하는 장치를 기계machine라 하고, 계획된 운동을 전달하는 것을 주된 목적으로 하는 장치를 기구mechanism라 한다고들 하나 그 구별이 다소 작위적인 면이 있다. 이런 류의 구분에 대해서는 륄로(Reulaux, Kinematics of Machinery 1876, Dover 1963, htto://kmoddl.library.cornell.edu/)를 참조하기 바란다. 태엽 시계는 시계 바늘의 위치의 정확성이 시계 바늘에 전달되는 힘보다 중요하므로 기구로 볼 수 있지만 동력원인 태엽을 포함한다는 면에서는 기계로 볼 수도 있다. 태엽을 제외한 부분을 기구로 보는 것이 적절하리라 판단된다.

용어 정리

- ▸ 기구mechanism: 운동motion의 전달이 주목적
- ▸ 기계machine: 힘(토크 포함) 및 에너지의 전달이 주목적
- ▸ 정역학statics: 정지 상태의 힘 해석
- ▸ 동역학dynamics: 운동역학kinetics + 운동학kinematics
- ▸ 운동역학kinetics: 힘 및 에너지 고려
- ▸ 운동학kinematics: 운동의 기술
- ▸ 기구학: 기구나 기계의 운동학 (협의)

- ◆ 운동학의 원리: 임의 기준틀에 대해 성립, 상대운동에 관한 지식
- ◆ 동역학의 원리: 관성 기준틀에 대해서만 간단한 형태로 성립, 운동을 예측

2 링크와 관절

기구를 구성하는 물체를 링크link라 한다. 물체body를 이루는 임의의 두 점 사이의 거리가 변하지 않을 때, 그 물체를 강체rigid body라 한다. 그렇지 않은 물체를 유연체flexible body라 한다. 강체는 물체를 이상화한 것으로 엄밀한 의미에서의 강체는 존재하지 않고, 외력을 가하면 물체에 변형이 발생하기 마련이다. 부품의 변형이 크다면 기계가 계획된 운동을 수행하지 못하므로, 보통의 기계는 정상적 운전 조건에서 각 부품의 변형이 매우 작도록 설계된다. 그러므로 해석의 편의를 위하여 기계 부품을 강체로 취급하여도 무방할 경우가 종종 있다. 본서에서는

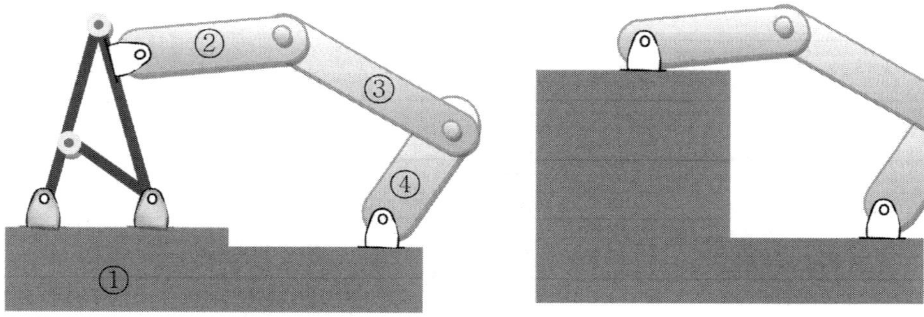

(a) 4절 기구　　　　　　　　(b) 구조물과 땅

〈그림 1.1〉 땅에 설치된 기구

기구가 주로 강체로 구성되었다고 가정한다. 벨트와 같은 기계요소는 인장력이 작용할 때, 강체로 다룰 수 있다. 주로 강체만을 다룰 예정이므로 본 강좌에서 물체, 강체, 링크가 거의 동의어로 쓰인다.

<그림 1.1(a)>와 같이 기구가 땅ground에 부착된 구조물structure에 지지되어 상대 운동을 수행할 수 있다. 운동 묘사의 측면에서는 <그림 1.1(b)>와 같이, 구조물을 땅의 일부로 보아도 무방하다.

> **주** 부재가 인장력이나 압축력만 받는 구조물을 트러스truss라 하고 굽힘모멘트도 받을 수 있는 그 이외의 구조물을 프레임frame이라 한다.

<그림 1.2>와 같이 땅에 설치되지 않고 사람이 잡고 사용하는 도구tool들의 경우에 대해서도 통일된 이론을 적용하기 위해, 땅을 하나의 링크로 취급하는 것이 편리하다. 위의 예에서의 땅과 같이 다른 운동을 측정-하는 기준으로 쓰이는 링크를 기구학에서 고정링크fixed link, base link 또는 프레임frame이라 한다. 동역학에서는 관성좌표계에 대해 가속도를 측정하는 것이 중요한데, 경험에 의하면 기계장치 정도의 크기에서 일어나는 지구상의 현상에 대해 근사적으로 땅을 관성좌표계로 볼 수 있다. 운동학에서는 상대운동을 다루므로, 어떤 링크를 프레임으로 정할지는 사실 중요하지 않지만, 동역학적 해석의 편의를 고려하여 주로 땅을 프레임으로 설정한다. 그러므로 대부분의 경우 땅과 프레임을 동의어로 사용한다. 종종 번호로 링크의 이름을 정할 것인데 특별한 언급이 없으면 프레임으로 정한 링크를 1번으로 하여 <그림 1.1-(a)>와 같이 순차적으로 이름을 정한다. 땅에 고정되어 있지 않은 도구를 해석할 때, 해석의 편의를 위해 <그림 1.2>와 같이 링크 하나를 임의로 정하여 프레임으로 다루기도 한다.

강체들을 모아놓은 것을 강체계a system of rigid bodies라 한다. 적절한 가정하에서 구조물, 트러스, 프레임, 기구, 기계, 태양계, 저금통 속의 동전 등을 강체계로 볼 수 있다. 기구는 강체계의 일종으로 볼 수 있다. 하지만 모든 강체계가 기구인 것은 아니다. 우선, 강체들이 한정된

〈그림 1.2〉 도구
도구를 해석할 때 프레임을 정하여 프레임에 대한 상대 운동을 묘사한다.

상대운동을 허락하면서 어떤 식으로든 연결되어야 주어진 목적에 합치하는 '유용한' 운동을 수행할 수 있을 것이다. 링크 사이의 상대 운동을 한정하는 연결부위를 대우(pair, 쌍) 또는 관절 joint이라 한다. 관절의 이름을 그 관절에 의해 연결되는 링크의 이름을 나열하여 정하자. 예를 들어 1번과 4번 링크를 연결시키는 관절을 (14)로 표기하기로 한다. 대우는 특정 기계요소에 의해 구현된다. <그림 1.3>과 같이 허용하는 두 물체간의 상대운동이 회전뿐인 관절을 회전 관절revolute or pin joint이라 한다. 피스톤과 같이 허용하는 강체간의 상대 운동이 병진운동뿐인 관절을 미끄럼(프리즘) 관절prismatic joint or sliding joint이라 한다. 평면 운동의 경우 이 두 대우를 저차대우lower pair라 한다. 이 두 대우 이외에도 다양한 결합방식이 있을 수 있다.

관절에 의해 연결된 강체계를 운동연쇄kinematic chain라 한다. 프레임이 정해지거나 하나의 링크가 땅에 고정된 운동연쇄를 기구mechanism라 한다. 한편, 저차대우만으로 연결된 운동연쇄를 링키지linkage라 한다. 주어진 원 상태로는 링크 간의 상대 운동을 허용하지만, 관절(변수) 중 어떤 하나를 고정시켰을 때는 나머지 링크들의 위치가 고정되는 운동연쇄를 한정연쇄 constrained kinematic chain라 한다. 반면, 복수의 관절(변수)을 고정시켜야 링크 간의 움직임을 상쇄시킬 수 있는 운동연쇄를 비한정연쇄unconstarined kinematic chain라 한다. 전자적 제어 장치가 사용되기 이전에는 두 개 이상의 관절을 동시에 조절할 효과적 방안이 부재하였으므로, 기구 또는 링키지라 함은 보통 한정연쇄를 일컫는다. <그림 1.2>의 집게는 오른쪽 나사를 조절하여 (14)번 관절의 위치를 조절할 수 있다. 하지만, 두 개의 관절을 동시에 움직여 사용하지는 않음에 주목하라. 다수의 관절을 동시에 조절하여 유용한 운동을 수행하는 장치를 로봇robot으로 볼 수 있다. 링키지를 이루는 링크의 개수가 N개일 때, 그 링키지를 N절 링키지라 한다. <그림 1.1>과 <그림 1.2>에 있는 기구는 모두 4절 링키지4-bar linkage이다. 그정링크를 다른 링크와 연결하는 관절을 고정관절fixed joint이라 한다. 구동장치에 연결되는 관절을 구동관절이라 한다. 보통 구동 장치가 땅에 설정되므로 구동 장치에 의해 땅에 연결된 링크를 구동절driver, input link이라 한다.

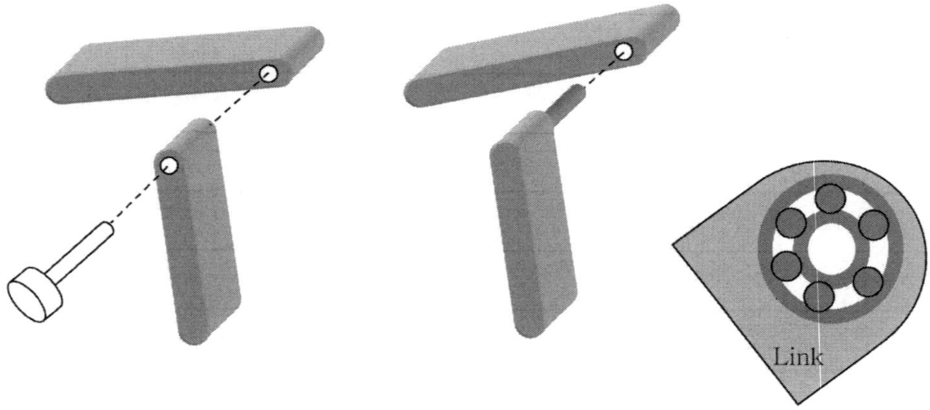

(a) 헛돌 수 있는 결합 (b) 헛돌지 않는 결합 (c) 구름베어링을 이용한 결합

〈그림 1.3〉 회전관절의 구현

관절 자체도 기계를 이루는 하나의 부품으로 볼 수 있지만 관절을 구성하는 요소의 운동은 우리의 주 관심사가 아니다. 예를 들어, 링크 간의 연결이 <그림 1.3-(a)>의 경우처럼 원통형 물체의 삽입에 의해 구현되었다 하자. 삽입물이 기구의 운동 중 헛돌지도 모른다. 이 헛도는 운동은 기구학의 일차적 관심사가 아니다. <그림 1.3-(b)>의 경우처럼 원통형 물체를 한 링크에 부착하여 링크와 일체를 이룬다고 생각하면 동일한 '효과'를 나타내지만 운동의 모호함이 사라질 것이다. 경우에 따라 관절부가 구름 베어링으로 구현될 수도 있다. 이때, 구름 베어링의 구슬의 운동은 우리의 일차적 관심 대상이 아니다.

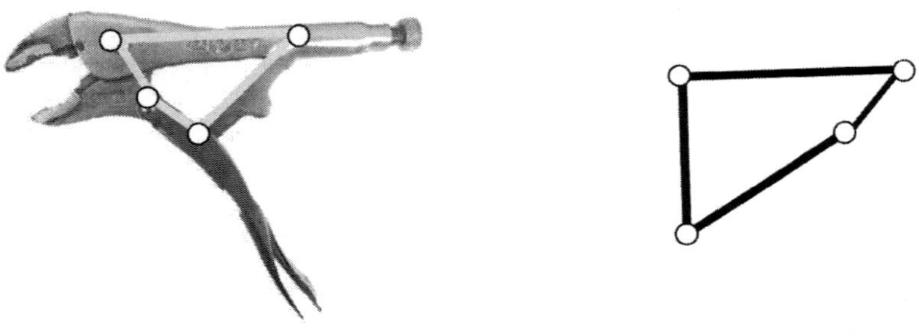

(a) 운동도식 (b) 해당 뼈대

〈그림 1.4〉 운동도식과 뼈대

치수에 관계없이 연쇄를 이루는 강체간의 연결 관계만 도해적으로 '간단히' 표현한 것을 뼈대 skeleton outline라 한다. 뼈대에서 링크의 모양은 중요하지 않으므로 얼핏 보기에 원래의 운동연쇄와 상당히 다른 모양을 취할 수 있다. 치수까지 고려하여 그린 뼈대를 운동도식kinematic diagram이라 한다.

용어 정리

◆ 링크link = 물체body
~강체(rigid body)
↔ 유연체(flexible body)
* 프레임frame = 고정링크fixed link ~ 땅ground

▸ 대우pair = 관절joint

▸ 운동연쇄(kinematic chain) = 관절로 연결된 강체계(a system of rigid bodies)

(1) 링키지linkage: 회전관절과 프리즘 관절로만 연결
(2) 기구mechanism: 땅에 설치, 프레임 결정

(1) 한정연쇄(constrained kinematic chain): 관절하나 조정
(대부분의 링키지와 기구)
(2) 비한정연쇄(unconstrained kinematic chain): 복수 관절 조정
(예) 로봇, 인형극 목각 인형

cf. 구조(structure): 상대운동 없음
(1) 프레임frame: 굽힘모멘트 작용
(2) 트러스truss: 인장력만 작용

◆ 뼈대(skeleton outline or skeleton): 링크 모양 및 치수 무시
◆ 운동도식(kinematic diagram): 치수 중요

위에서 유사어로 처리된 용어의 일상 용법은 조금씩 다르지만, 주로 매우 제한적인 경우를 다룰 예정이므로 동의어로 받아들여도 큰 무리가 없다.

3 평면기구와 간섭 Interference

<그림 1.1>은 기구를 평면에 투영하여 그린 것이다. 평면에 투영된 기구의 도해도가 운동해석에 필요한 모든 정보를 포함하기 위해서는

(1) 회전 관절의 축이 투영 방향에 평행하여야 하고
(2) 프리즘 관절의 축이 투영 평면에 평행하여야 한다.

두께가 없는 물체는 있을 수 없고 링크간의 결합을 위해서는 <그림 1.3>에 보인 바와 같이 두께 방향에 대한 고려가 필요하다. 또, 두께 방향으로의 배치를 신중히 고려하여야만 링크간의 충돌을 피할 수 있다. 가능하면 두께 방향으로 링크의 배열이 대칭을 이루도록 설계하여 관절에 과도한 굽힘이 발생하지 않도록 하여야 한다.

그 외에도, 관절의 여유에 의한 링크 사이의 상대운동의 불확실성과 링크의 변형 등을 무시한다. 관절 운동의 정확성을 증대시키기 위해 베어링에 예압pre-load을 줄 수 있는데, 너무 심하게 주면 관절이 '빽빽하게' 된다.

정리

평면에 투영된 기구의 도해가 생략하고 있는 기구의 정보도 기구를 구현할 때는 중요하다.
(1) 링크 간의 간섭
(2) 두께 방향의 균형
그 외,
(3) 링크의 변형
(4) 관절의 간극
(5) 관절축이 평행하지 않을 가능성
등을 본서에서는 무시하고 관절의 운동이 정확하고 부드럽다고 가정한다.

제2장

기구의 자유도

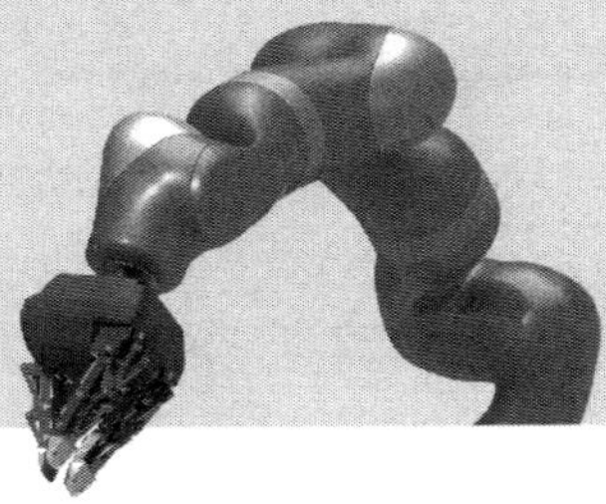

대부분의 평면 기구가 회전관절과 미끄럼관절로 구성된 링키지이다. 회전관절이나 미끄럼관절로 구성된 링키지의 자세를 확정하기 위해 고정시켜야 하는 관절의 개수를 그 링키지의 자유도라 한다. 자유도를 계산하는 방법을 알아보자.

링키지의 자유도
= 배치를 결정하기 위해 사용한 변수의 개수
  − 변수들 사이의 독립적 구속조건의 개수
= 3 × 땅을 제외한 강체의 개수 − 2 × 관절의 개수

1 한 강체의 자유도

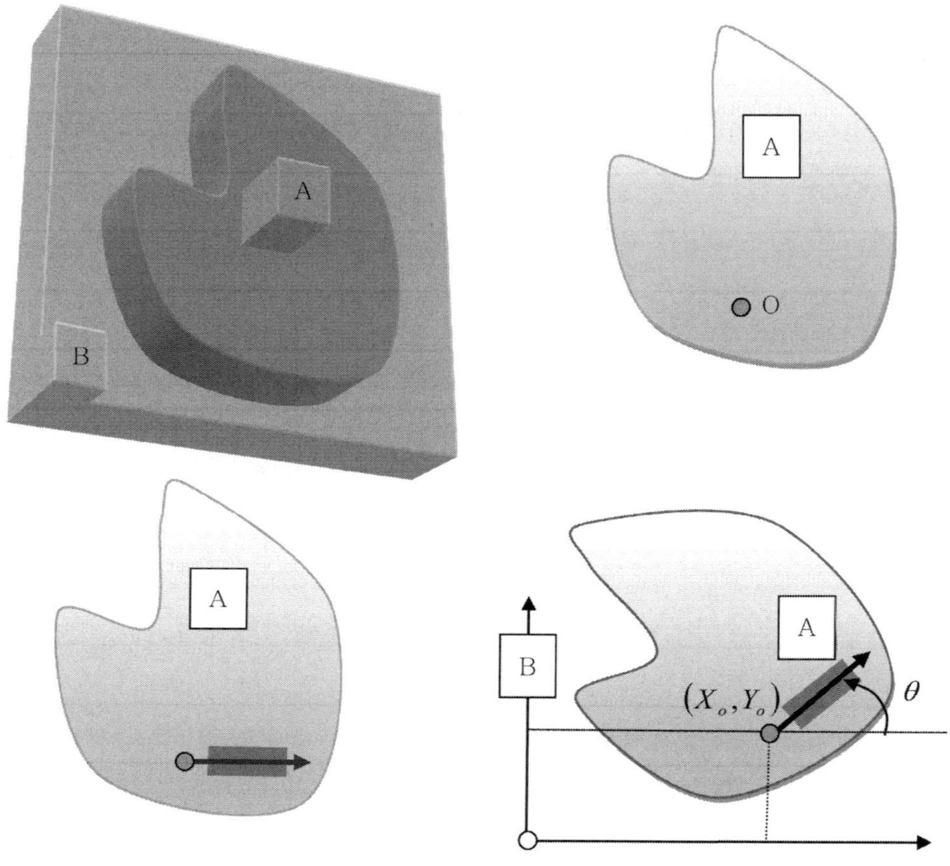

〈그림 2.1〉 강체의 자유도

지면 B가 이루는 평면에 구속되어 움직이는 강체를 A라 하자. 강체 A의 지면에 대한 자세를 확정하기 위해서는 몇 개의 변수가 필요할까? 답은 3개인데, 다음과 같이 생각한다.

강체 A에 고정된 한 점 O를 정한다. 점 O에서 오른쪽으로 A 위에 화살표를 그린다. 지면에 대한 A의 자세는 3개의 변수

$$X_o, Y_o, \theta$$

가 정해지면 결정된다. 여기서, (X_o, Y_o)는 지면에 고정된 좌표계에 대한 점 O의 좌표이고, θ는 A 위에 그린 화살표가 좌표계의 x축에 대해 회전한 각이다.

2개의 변수 (X_o, Y_o)만 고정하면 그 점을 중심으로 강체 A가 연속적으로 회전할 수 있고,

$(X_o,\ \theta)$만 고정하면 y축에 평행하게, $(Y_o,\ \theta)$만 고정하면 x축에 평행하게 강체 A가 연속적으로 움직일 수 있으므로 주어진 변수 중 2개만으로는 강체 A의 자세를 결정할 수 없다.

어떤 강체계에 속한 모든 강체의 자세(배치configuration)를 결정하기에 필요한 최소한의 변수의 개수를 강체계의 자유도라 한다. 이상의 논의에 의하면

> 강체 한 개로 이루어진 강체계의 자유도는 3이고,
> 상호 구속이 없는 N개의 강체로 이루어진 강체계의 자유도는 3N이다.

이를 다음과 같이 구할 수도 있다. 강체에 고정된 두 점의 좌표 (X_1, Y_1)과 (X_2, Y_2)를 정하면 강체의 자세가 정해진다. 하지만 이 4개의 변수를 임의로 정할 수 있는 것은 아니다. 왜냐하면 두 점 사이의 거리가 변하지 않으므로 4개의 변수들 사이에 구속조건(제한조건constraint),

$$(X_2 - X_1)^2 + (Y_2 - Y_1)^2 = \text{일정}$$

이 성립하여야 하기 때문이다. 예를 들어, 3개의 변수 $X_1,\ X_2,\ Y_1$을 정하면 Y_2의 값을 임의로 정할 수 없고, 해당하는 2차 방정식의 두 근 중 하나의 값으로 그 값이 한정된다. 다르게 표현하면 변수 $X_1,\ X_2,\ Y_1$을 고정한 상태에서 Y_2를 연속적으로 변경하는 것이 허용되지 않는다. 자세를 확정하기 위해 사용한 변수의 개수 4에서 변수들 사이의 구속조건의 개수 1을 빼면 3을 얻는다.

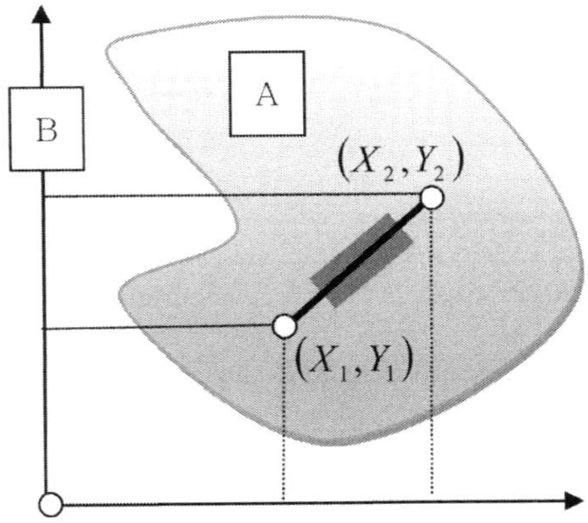

〈그림 2.2〉 구속 조건

일반적으로,

(강체계의 자유도) = (자세를 결정하기 위해 사용한 변수의 개수) − (변수들 사이의 독립적 구속조건의 개수)

이때, 구속조건을 계수함에 있어 '독립적'이라는 한정어가 쓰였음에 주의하여야 한다. 이에 관하여 5절에서 보다 자세히 살펴볼 예정이다.

주 강체계의 공간 상의 배치에 영향을 받고 그 배치를 결정하기에 충분한 변수들의 모음을 완결일반좌표모음a complete set of generalized coordinates이라 한다. 완결일반좌표모음의 변수 (및 그 변화율) 사이에 구속조건이 주어지지 않으면 변수들이 서로 독립적이라 한다. 위의 예에서 <그림 2.1>에서 채택한 $(X_O,\ Y_O,\ \theta)$는 완결하고 독립적이다. 반면 <그림 2.2>에서 채택한 $(X_1,\ Y_1,\ X_2,\ Y_2)$는 완결하지만 종속적이다. 어떤 강체계에 독립적인 완결일반좌표모음이 존재하면 그 변수의 개수가 자유도이다. 어떤 강체계의 자유도가 n이면 완결일반좌표모음의 변수들 중 특정 n개의 조합을 선택하여 그 변화율을 고정하면 주어진 자세에서 강체계의 운동이 확정되어야 하고 그 조합에서 $n-1$개의 조합을 선택하여 고정하면 선택되지 않은 변수에 대해 임의의 연속적 변화를 주는 운동이 실현 가능하여야 한다. 변수의 변화율도 관계하는 Non-holomic 제한조건의 고려 여부에 따라 문헌마다 자유도의 정의에 다소 차이가 있을 수 있다.

연구문제 식의 종속성의 의미를 간단한 예제를 통해 알아보자. 5개의 변수 x, y, z, u, v에 대한 다음 각 경우의 제한 조건이 적용될 때, 변수들의 값을 결정하기에 충분한 최소한의 변수의 개수는 각기 몇 개인가? 또, 주어진 조건이 독립적인지 종속적인지 밝히시오.

(1) $x+y+z+u+v=3$,

(2) $x+y+z+u+v=3$, $x+2y+z+2u+v=1$

(3) $x+y+z+u+v=3$, $x+2y+z+2u+v=1$, $x+y+2z+u+v=3$

(4) $x+y+z+u+v=3$, $x+2y+z+2u+v=1$, $2x+3y+2z+3u+2v=4$

힌트 (1) 변수 4개를 임의로 정할 수 있고, 변수 4개의 값을 확정하면 나머지 1개의 변수의 값이 식에 의해 결정된다. (변수의 개수 5) − (식의 개수 1) = (임으로 정할 수 있는 변수의 개수 4)

(2) 3개의 변수 x, y, z의 값을 확정하면 나머지 두 변수에 대한 2원 연립방정식에 의해 나머지 2개의 변수의 값이 확정된다. $5-2=3$.

(3) 2개의 변수 x, y의 값을 확정하면 나머지 세 변수에 대한 3원 연립방정식에 의해 나머지 3개의 변수의 값이 확정된다. $5-3=2$. (2개의 변수 x, v 또는 y, u의 조합으로는 자세를 임의로 결정할 수는 없음에 주의하라.)

(4) 처음 두 식을 더하면 3번째 식이 유도되므로 2개의 식만 독립이다. (2)와 마찬가지 경우이다. $5-2=3$.

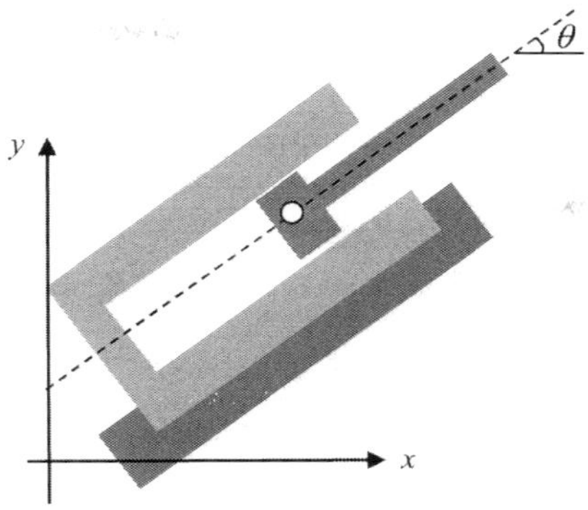

〈그림 2.4〉 자유도는 좌표축의 설정과 무관하다.

2 관절의 자유도

두 강체가 구속되는 방법을 생각해 보자. 상대 운동을 고려할 때는 두 강체 중 하나가 땅에 고정되어 있다고 생각하면 편리하다. 가장 이해하기 쉽고 많이 쓰이는 구속 방법은 <그림 2.3>에서와 같이 회전관절revolute joint과 미끄럼관절(프리즘관절, prismatic joint)에 의해서이다.

한 물체의 공간 내의 배치가 물체에 고정된 한 점의 좌표와 벡터의 방향각으로 이루어진 3개의 변수에 의해 결정됨을 보인 바 있다.

어떤 물체가 땅에 회전관절로 연결되면, 물체 상의 한 점의 좌표를 나타내는 2개의 변수가 결정되므로 결합 후 자유롭게 결정할 수 있는 변수는 회전각 하나이다. 즉, 회전관절에 의해서

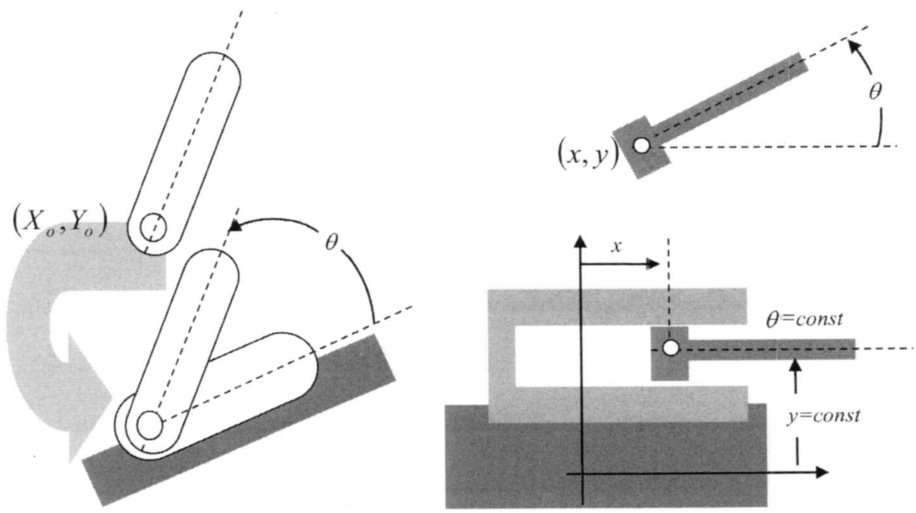

〈그림 2.3〉 관절 변수

는 한 강체에 대해 다른 강체가 회전한 각을 정하면 상대 위치가 결정된다. <그림 2.3>은 회전관절에 의한 결합에 의해 좌표 (X_o, Y_o)가 결정되고, 회전각 θ가 '자유롭게' 변할 수 있음을 보여주고 있다.

미끄럼관절에 의한 연결에 의해서는 회전각과 물체에 고정된 한 점의 위치를 나타내는 좌표 변수 중 하나가 고정되므로, 기준 위치로부터 물체가 평행이동한 변위에 의해 상대위치가 결정된다. <그림 2.3>은 미끄럼관절에 의한 결합에 의해 링크 상의 한 점의 y좌표와 링크의 회전각 θ가 고정되고, 이동 방향의 좌표 변수 x가 자유로움을 보여준다. <그림 2.4>와 같이 좌표축이 상대운동 방향과 일치하지 않도록 설정되어 있더라도, 다음 2개의 구속조건

$$y = \tan\ \theta \cdot x + const,\ \theta = const$$

이 설정되어, 자유롭게 결정할 수 있는 변수의 개수가 하나임을 알 수 있다.

<그림 2.3>에 주어진 예에서, 회전관절에서의 회전각 θ와 미끄럼관절에서의 변위 x와 같이 관절로 연결된 두 물체의 상대 위치를 결정하는 데 필요한 변수를 해당 관절의 관절 변수 joint variable라 하고, 해당 관절에 의해 연결되는 두 물체의 상대 위치를 결정하기 위해 필요한 최소한의 관절 변수의 개수를 **관절의 자유도**라 한다. 정의에 의하면, 회전관절과 미끄럼관절의 자유도가 각기 1이다.

회전관절이나 미끄럼관절이 하나씩 추가될 때 마다, 관절이 부과하는 구속조건constraint에 의해 2개의 자유도를 한정된다고 생각할 수 있다. 일반적으로는 평면기구에서 다음과 같은 관계식이 성립한다.

(관절이 부과하는 구속조건의 수) = 3 − (관절의 자유도)

관절의 자유도를 파악하는 것이 용이한 경우에 이 식으로부터 관절이 부과하는 구속조건의 개수를 계산할 수 있다.

두 물체가 결합되는 다양한 방식 중 일부를 <그림 2.5>에 제시하고 있다. 순서대로 회전revolute, 미끄럼prismatic, 나사screw, 원통cylindrical, 구면spheric, 평면planar 대우라 한다. 각 관절의 자유도는 순서대로 1, 1, 1, 2, 3, 3이다. 나사, 원통, 구면대우는 3차원 공간 내의 운동을 포함하고 있고, 평면대우는 평면기구의 구성에 매번 암시적으로 사용된다. 그러므로 <그림 2.5>의 여섯 개의 대우 중 평면기구의 구성을 표현하기 위해 필요한 것은 회전관절과 미끄럼관절뿐임을 알 수 있다.

<그림 2.5>의 여섯 개의 대우가 그림에 표현된 대로 구현된다면 두 물체가 만나는 지점이 면을 이룸을 알 수 있다. 이와 같이, 면 접촉을 형성하는 대우를 저차대우lower pairing라고들 한다. 하지만, 동일한 상대 운동을 허용하면서 베어링 등을 사용하여 면접촉을 이루지 않도록

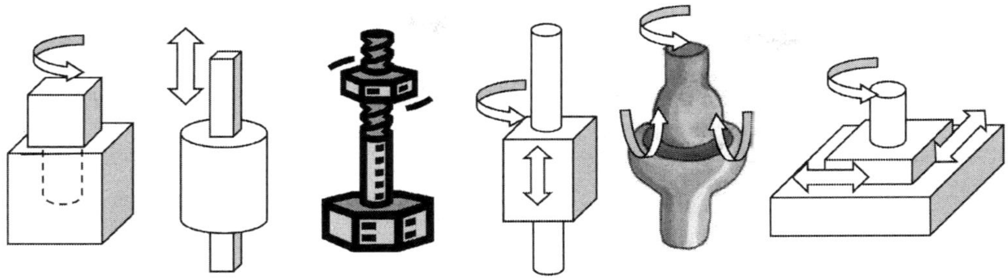

(a) 회전대우 (b) 미끄럼대우 (c) 나사대우 (d) 원통대우 (e) 구면대우 (f) 평면대우

〈그림 2.5〉 저차대우의 종류

구현할 수도 있으므로, 위의 6개와 같은 형태의 관절변수를 가지는, 즉 동일한 형태의 상대운동을 표현하는 대우를 저차대우로 정의하는 것이 적절하다. 이 6가의 대우를 제외한 모든 결합 방식을 고차대우higher pairing로 정의한다. 고차대우는 선 또는 점 접촉으로 구현되는 경우가 대부분이다. 고차대우의 예로는 원통과 구의 구름이나 미끄러짐, 기어쌍 및 캠cam기구에서의 접촉 등이 있을 수 있다. 저차대우를 사용하면 힘을 분산시키고, 베어링을 설치하거나 윤활에 필요한 공간을 확보하기 쉬워, 고차대우를 사용하는 것에 비해 마모를 완화하기가 용이하다. <그림 2.6>의 세 기구의 링크 2와 3이 동일하게 운동하지만, 하나는 저차대우를 다른 둘은 고차대우를 사용하고 있음을 보여준다.

선 접촉을 이루는 대우의 대표적인 예로서 평면에 구속되어 있는 원통을 생각할 수 있다. 그 중심의 좌표 중 하나가 고정되어 있으므로 상대 운동의 자유도가 2이다. 특별히, 접촉점이 각 물체 상에서 이동한 거리가 같을 수 있으면 두 물체가 (서로) 구른다고 한다. 접촉점의 이동에 관해서는 <그림 2.7>을 참조하자. 두 물체가 구를 때, 매 순간 접촉점에 위치한 두 물체에 고정된 점의 속도도 동일함이 12장에 증명되어 있다. 구름접촉의 정의에 의하면, <그림 2.7>과 같이 원통이 평면 위에서 구를 때, 중심의 진행거리 x와 원통의 회전각 θ 사이에

$$(\text{접촉점의 이동거리} =) \quad x = R\theta$$

의 관계가 성립하여야 한다. 여기서, R은 원통의 반경이다. 결국, 평면 위를 구르는 원통은 $x=R\theta$와 $y=const$의 두 조건에 의해 구속되어 있으므로 평면에 대한 상대 운동의 자유도가 1이다. 구름조건이 명시되지 않은 채 접촉을 유지한다면 미끄럼접촉을 유지한다고 한다. 미끄럼접촉

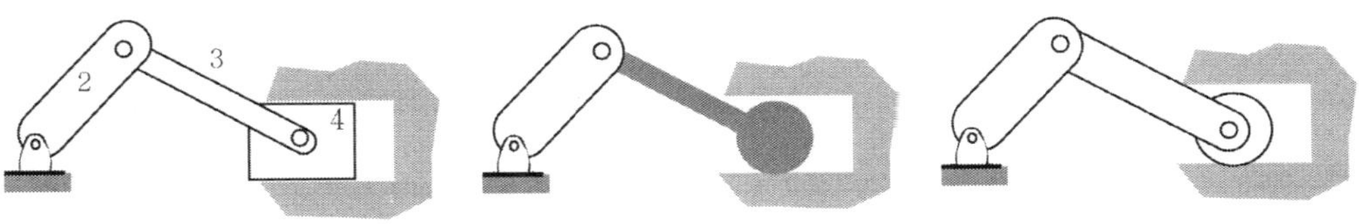

〈그림 2.6〉 저차대우와 고차대우

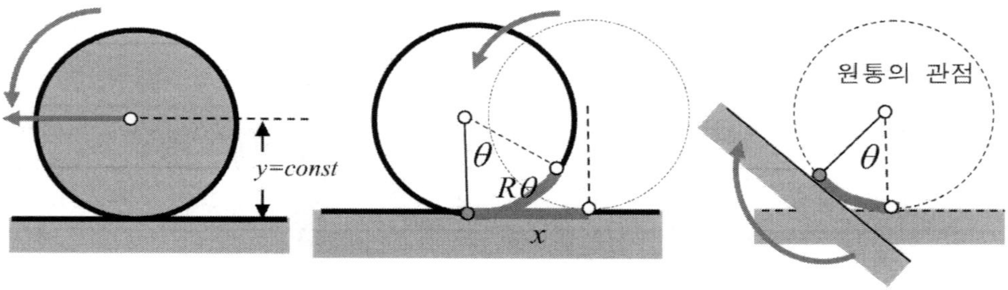

〈그림 2.7〉 미끄럼접촉과 구름접촉

구름접촉을 유지하기 위해서는 접촉점이 각 물체에서 이동한 거리가 같고, 접촉점에 위치한 각 물체 상의 점의 속도가 일치해야 한다. 미끄럼접촉의 경우 중심을 이동시키지 않고 회전하는 것을 허용하지만 구름접촉의 경우 중심의 이동과 회전 사이에 구속조건이 설정된다. 미끄럼접촉에 의한 상대운동의 자유도는 2이고, 구름접촉에 의한 상대운동의 자유도는 1이다.

의 경우, 접촉점의 이동거리에 대한 조건 $x=R\theta$가 부과되지 않고 물체의 이동 방향에 대한 제약 조건 $y=const$만 작용하므로, 이에 의한 상대 운동의 자유도가 2이다. 접촉하고 있는 두 물체가 원통이나 평면 등 특별한 모양이 아닐 때에도, 접촉점의 이동거리나 속도로부터 구름접촉 여부를 정의한다. 두 물체가 선 또는 점 접촉을 유지하고 있을 때, 그것이 구르는지 미끄러지는지는 그림만으로 구별할 수 없다. 두 물체가 접촉을 유지할 때 구름접촉 여부를 판별(예측)하는 것은 본서의 범위를 벗어나는 동역학의 과제이다. 구름접촉에 대해서는 12장에서, 미끄럼접촉에 대해서는 13장에서 좀더 자세히 다루기로 한다.

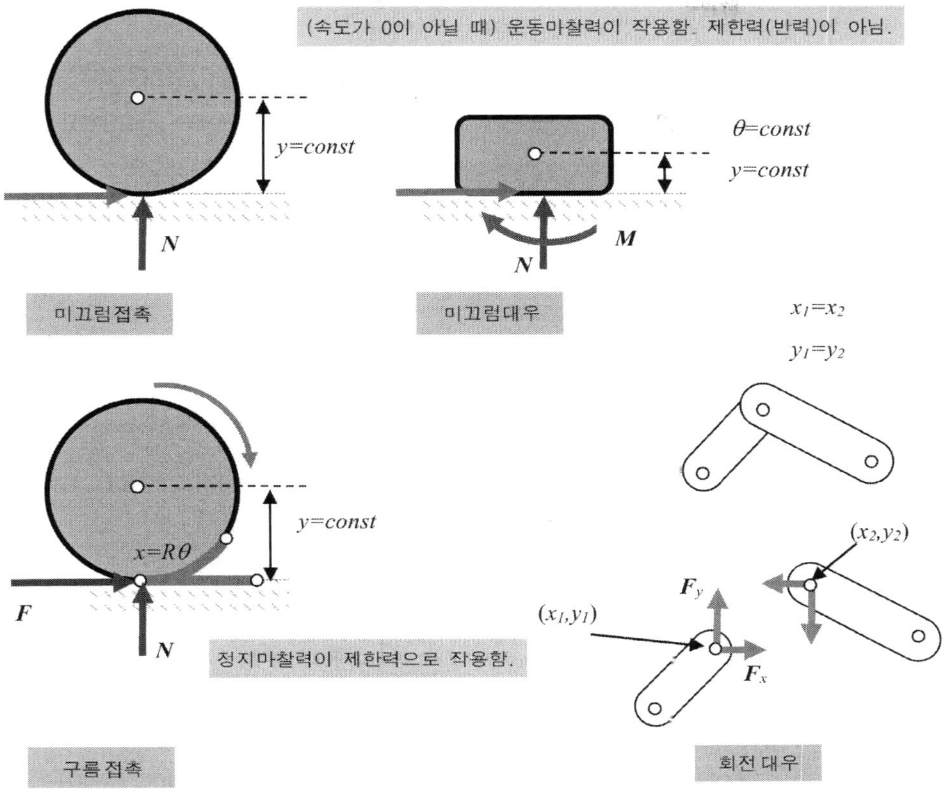

〈그림 2.8〉 구속력 : 구속을 유지하기 위해 힘이 필요하다.

주 구름접촉의 경우 마찰력이 접촉점에서의 속도를 동일하게 유지하게 해주는 힘으로 작용한다. 일반적으로 구속을 유지하기 위해서는 힘이 필요한데, 이를 구속력constraint force라 한다. 접촉을 유지시키는 힘은 수직항력이 될 것이고, 구름을 유지하는 힘은 마찰력이 될 것이다. 핀으로 인한 구속을 유지하기 위해서는 연결된 두 부재 사이에 뉴톤의 제3법칙에 의한 작용 반작용의 형태로 힘이 교환된다. 이를 <그림 2.8>에 보이고 있다. 동역학이나 정역학적으로 시스템을 해석할 때 구속력은 통상 반력으로 다루어지고 수학적으로 표현된 평형식이나 운동방정식에서 미지수로 취급된다. 미끄럼접촉에서도 마찰력이 작용하지만 이는 구속력(반력, 미지수)으로 다루어지지 않고, 그 값이 속도와 수직항력에 관한 함수로 알려지게 된다.

3 기구의 자유도

링크의 개수가 N개, 관절의 개수가 P개인 링키지를 고려하자. 링크 중 하나를 땅으로 삼아 고정된 것으로 간주한다. 링크 사이의 상대 운동을 구속하는 관절을 모두 해체한 상태에서는 모든 링크가 독립적으로 운동할 수 있으므로 강체계가 고정링크에 대해 $3(N-1)$의 자유도를 가진다. 저차대우 하나에 의해 구속조건 2개가 발생하므로, (구속조건들이 독립적이라면) 조립된 상태에서 링키지의 자유도가 다음과 같다.

$$G = 3(N-1) - 2P$$

이를 그루블러의 식Gruebler's formula이라 한다. <그림 2.9>에 이를 이용하여 자유도를 예측하는 예를 제시하고 있다.

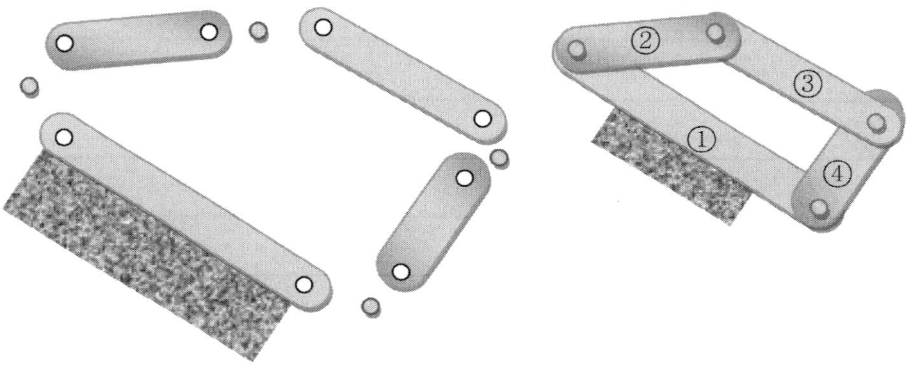

〈그림 2.9〉 그루블러 판별식

땅을 포함 4개의 링크가 있다. 강체 중 하나를 프레임으로 고정한다. 관절이 해체된 상태에서 땅을 제외한 3개의 강체가 각기 3 자유도를 가지므로 강체계는 $3\times3=9$ 자유도를 가진다. 관절 하나가 조립될 때 마다 2개의 구속조건이 발생하므로 4개의 관절에 의해 $2\times4=8$개의 구속조건이 발생한다. 그러므로 (설정된 구속조건들이 서로 독립적이라면) 조립된 기구의 자유도는 $9-8=1$이다.

문제 1 자유도 2인 고차대우가 H개 사용된 강체계의 자유도를 구하는 식을 유도해 보자.

답 $K=3(N-1)-2P-H$

참고 이를 쿠츠바흐의 식Kutzbach formula이라 한다.

문제 2 다음 운동연쇄의 자유도를 계산해 보자.

①

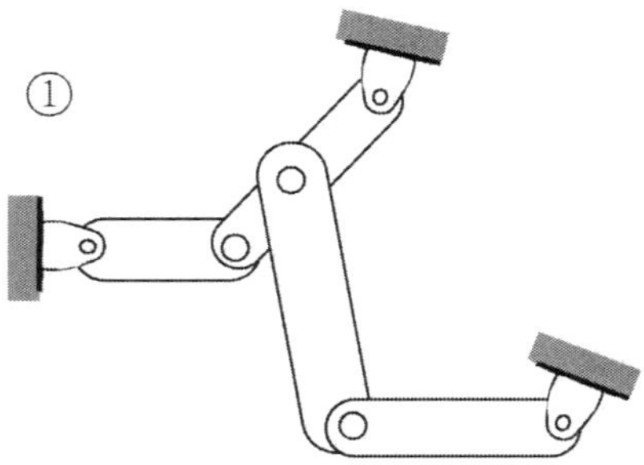

②

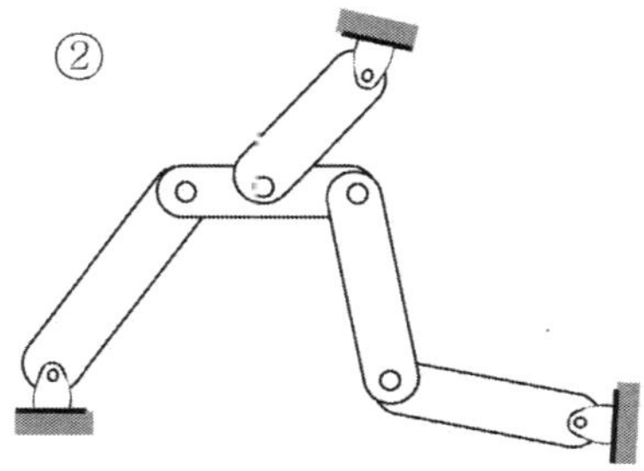

③

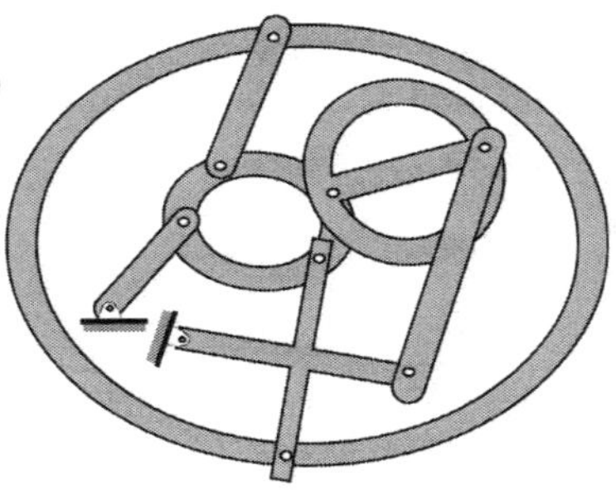

④

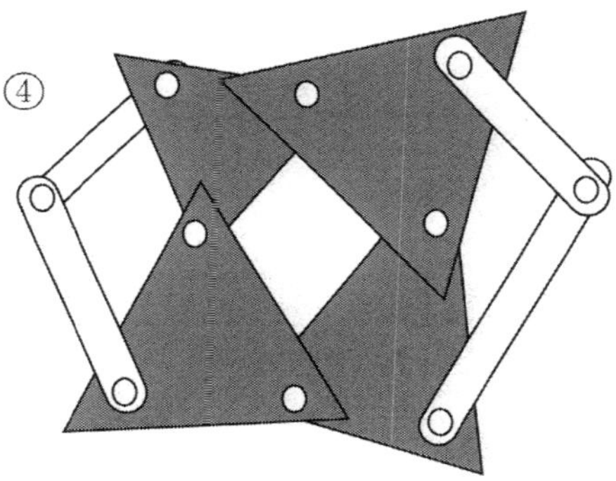

⑤

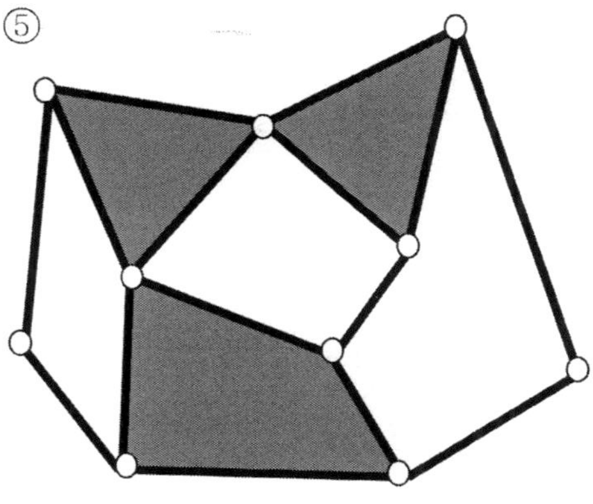

⑥

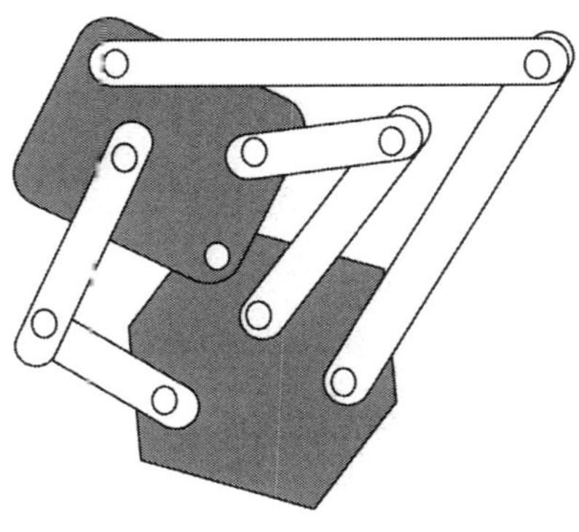

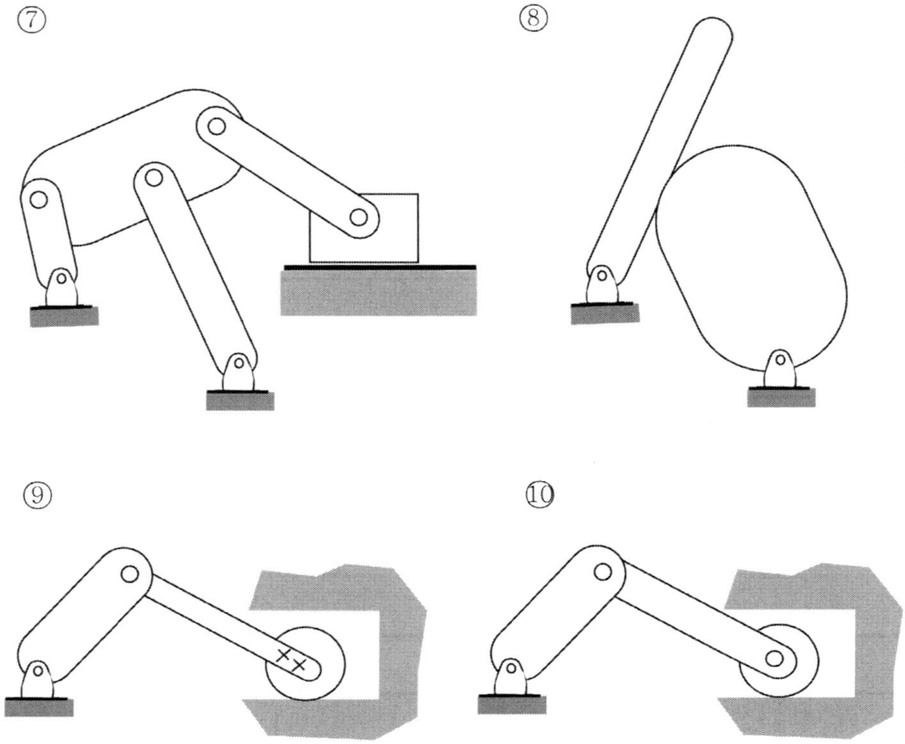

〈그림 2.10〉 그루블러 식의 적용

답 (1) $3\times4-2\times6=0$

(2) $3\times5-2\times7=1$

(3) $3\times7-2\times10=1$

(4) $3\times(8-1)-2\times10=1$

(5) $3\times(8-1)-2\times10=1$

(6) $3\times(8-1)-2\times10=1$

(7) $3\times5-2\times7=1$

(8) $3\times2-2\times2-1=1$ (미끄러지는 경우)

(9) $3\times2-2\times2-1=1$

(10) 구른다면 $3\times3-2\times4=1$, 미끄러진다면 $3\times3-2\times3-1=2$

문제 3 다음 운동연쇄의 자유도를 계산해 보자.

①

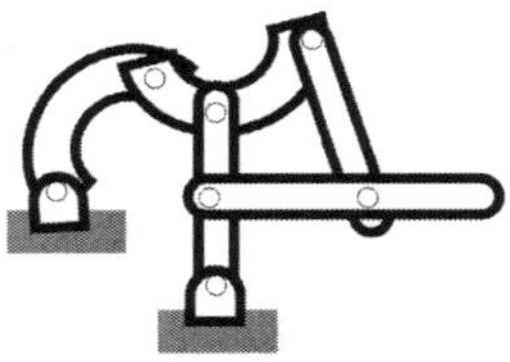

②

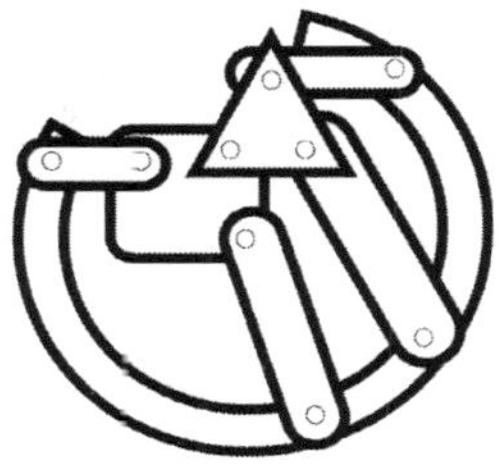

③

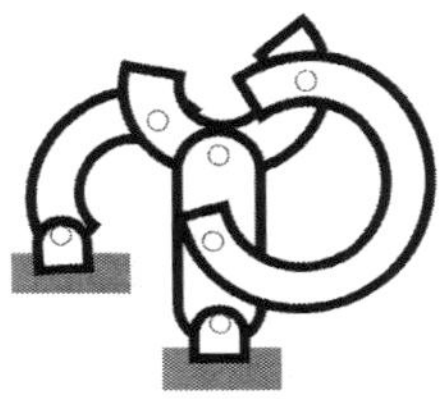

④

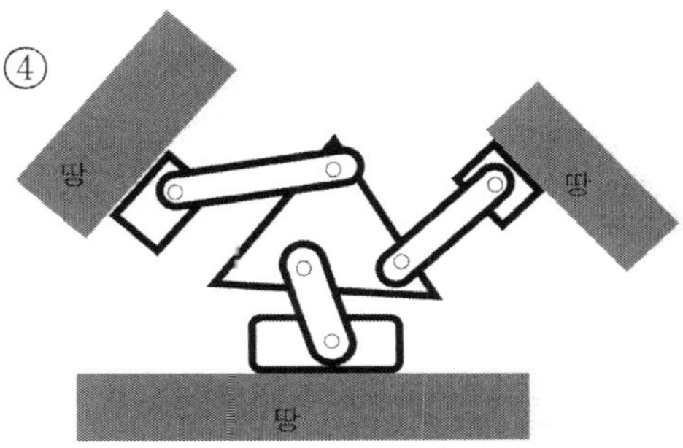

⑤

⑥

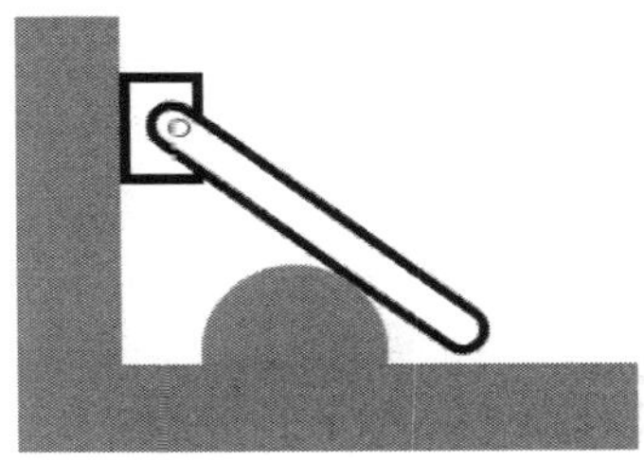

⑦

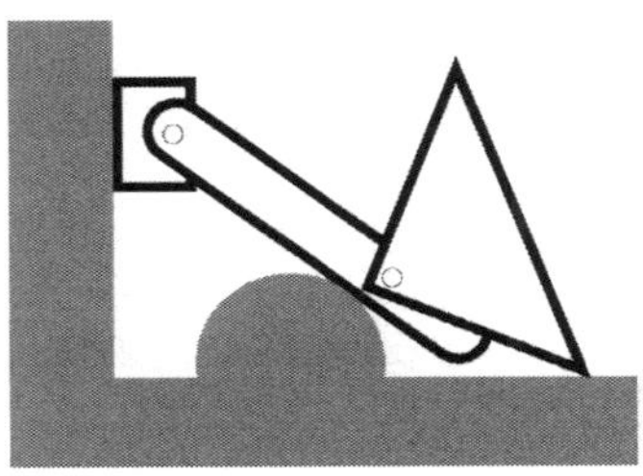

⑧

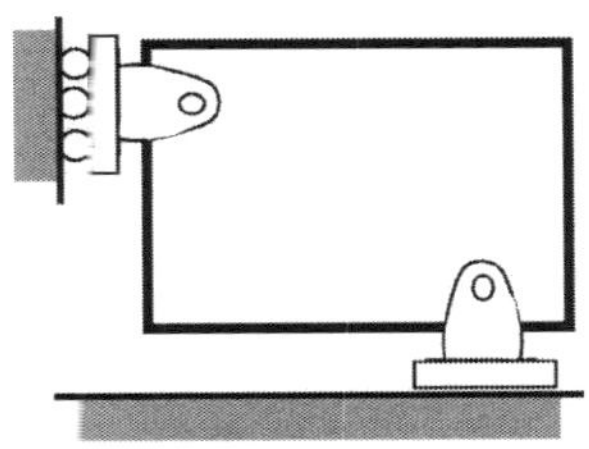

답 (1) *1* (2) *0* (3) *0* (4) *3*

4 기구와 구조

자유도가 0인 링키지는 움직일 수 없고 주로 구조물로 쓰인다. 자유도에 따라 링키지를 다음과 같이 구별한다.

자유도	구별			비고
=0	구조structure	트러스truss	굽힘모멘트* 작용안함	정역학 (재료역학)
		프레임frame	굽힘모멘트* 작용	
=1	한정연쇄constrained kinematic chain			기구학
>1	비한정연쇄unconstrained kinematic chain			기구학/로봇공학
∞	유연체(계) (system of) flexible bodies			재료역학/진동공학

*굽힘모멘트의 정의에 대해서는 정역학 교과 참조.

<그림 2.11>에 구조물로 간주될 수 있는 링키지의 예를 제시한다. 이들에 대한 구루블러의 식의 값이 0임을 확인할 수 있다.

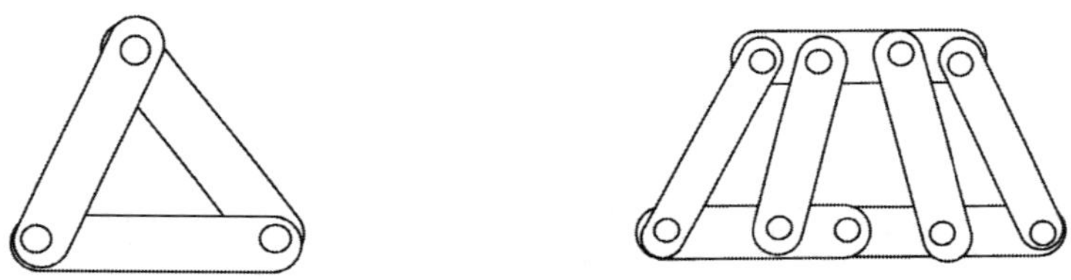

〈그림 2.11〉 저구조물

한 링크에 연결된 두 링크의 끝점의 궤적 간의 교점이 삼각형의 합동 조건에 의해 유일하게 결정되기 때문에, 부재로 '삼각형'을 구성하면 부재 간 상대 운동이 발생할 수 없다. 이를 <그림 2.12>에 보이고 있다. '삼각형'은 구조물을 구성하는 기본단위로 흔히 쓰인다.

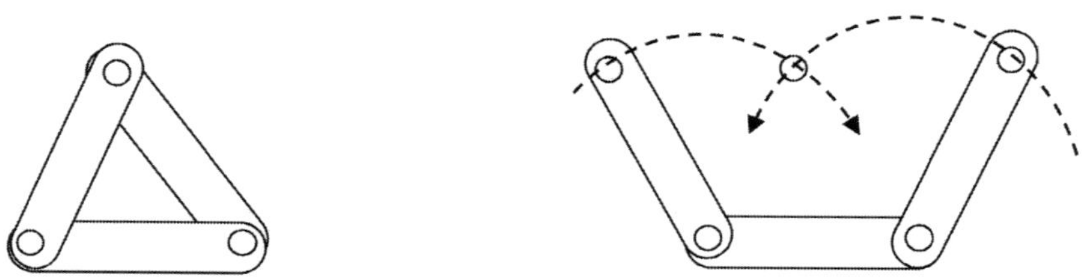

〈그림 2.12〉 '삼각형'으로 구조물을 구성하는 이유

<그림 2.13>은 핀 하나가 여러 개의 링크를 연결할 때, 구속조건을 계수함에 주의하여야 함을 보여준다. 예를 들어, 3개의 링크가 하나의 핀에 의해 연결되어 있다면, 기준으로 삼은 임의의 링크에 나머지 두 링크 각각을 연결하는 회전관절 두 개가 있다고 간주하여야 한다. 이는 '핀'이라는 물리적 요소를 계수하는 것이 아니라 수학적으로 부과되는 구속조건의 수를 계수하여야 하기 때문이다. 이를 고려하여 자유도를 계수하는 요령을 <그림 2.13>에 제시하고 있다. 구조물에 대해 이와 같은 실수를 한다면 양의 자유도가 계산될 것이다.

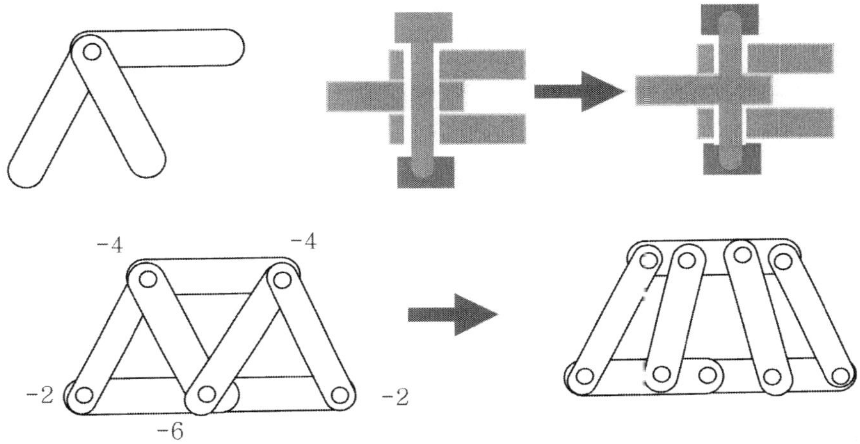

〈그림 2.13〉 다수의 링크를 연결하는 핀

문제 1 다음 강체계의 자유도는?

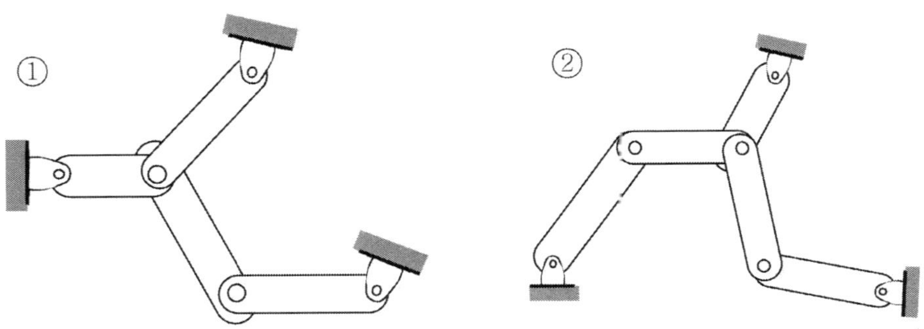

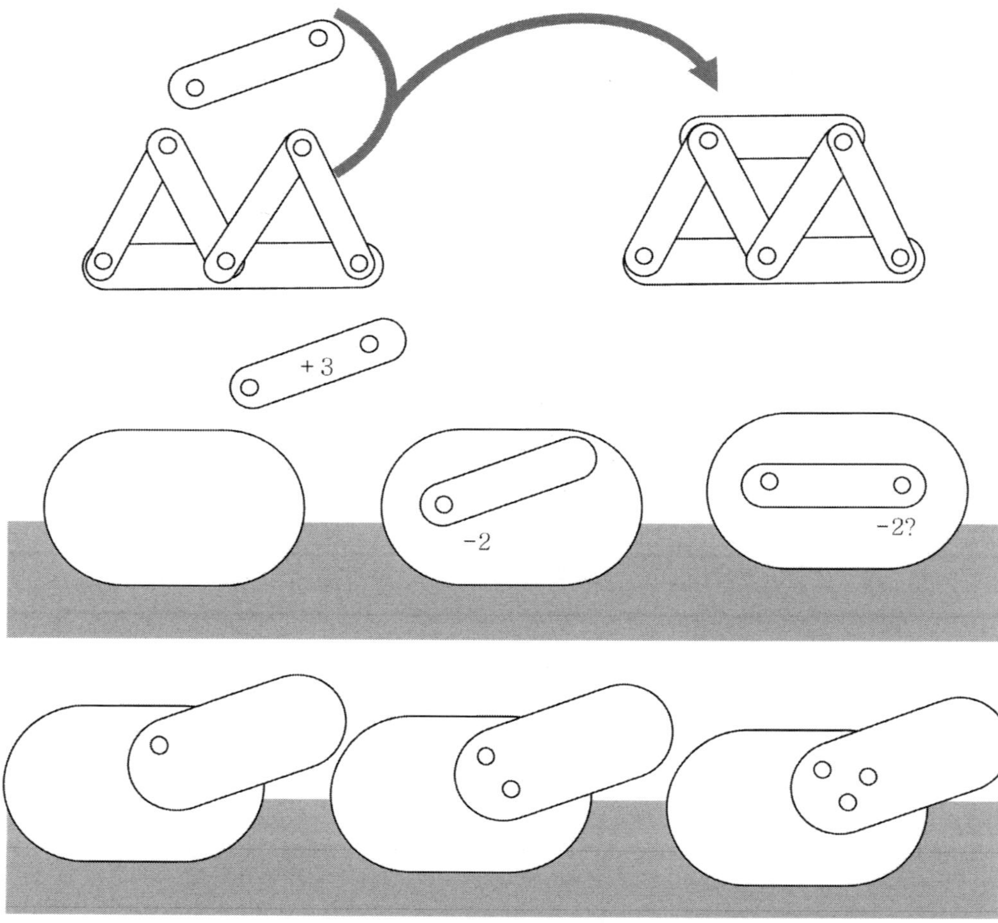

〈그림 2.14〉 종속적 구속조건

앞서 지적된 경우에 의해 잘못된 자유도를 얻는 것은 단순한 실수로 볼 수 있다. <그림 2.14>는 두 강체를 다수의 핀으로 연결함으로써 그루블러의 식의 값을 음으로 만들 수 있음을 보여 준다. 이는 보다 본질적인 문제로, 그루블러의 식을 이용할 때, 관절에 의해 부과되는 구속조건이 서로 독립적이어야 그루블러의 식의 값이 자유도와 일치함을 말하고 있다. 정의에 의해 자유도가 음이 아님에 주목하라. 그림에 제시된 모순이 나타나는 이유는 강체 상의 두 점 사이의 거리 유지 조건이 반복 적용되었기 때문이다. 결국, 자유도가 그루블러의 식을 단순 적용하여 계산되는 값보다 크거나 같음을 알 수 있다. 이와 같이 관절에 의해 부과되는 구속조건이 서로 의존할 때, 과구속이 발생하였다고 한다. 과구속이 발생하는 이유를 기구의 과구속을 살펴본 후 <그림 2.17>에 보다 자세히 설명하고 있다.

문제 2 다음 중 과구속된 구조를 찾아보자.

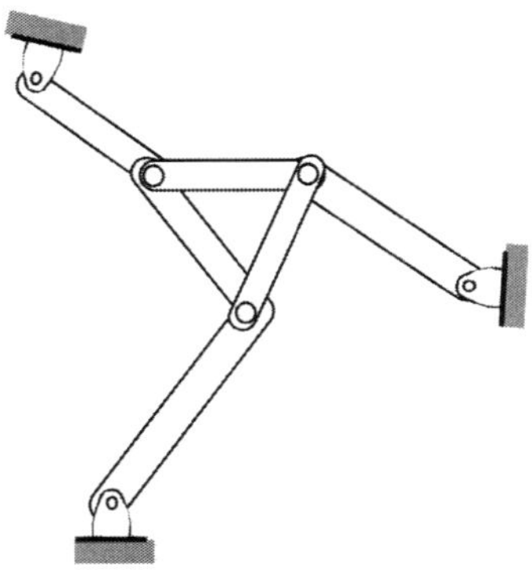

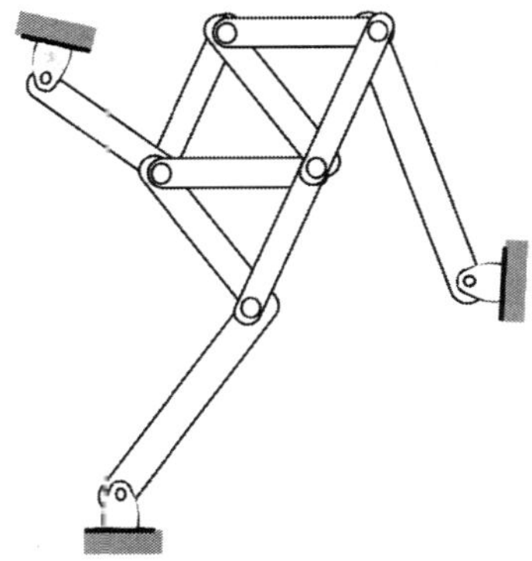

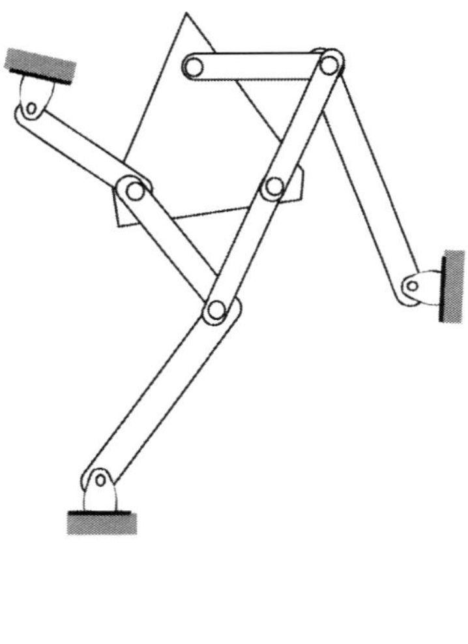

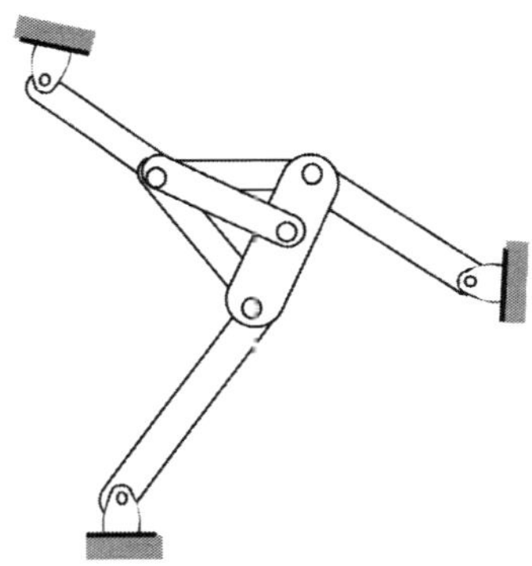

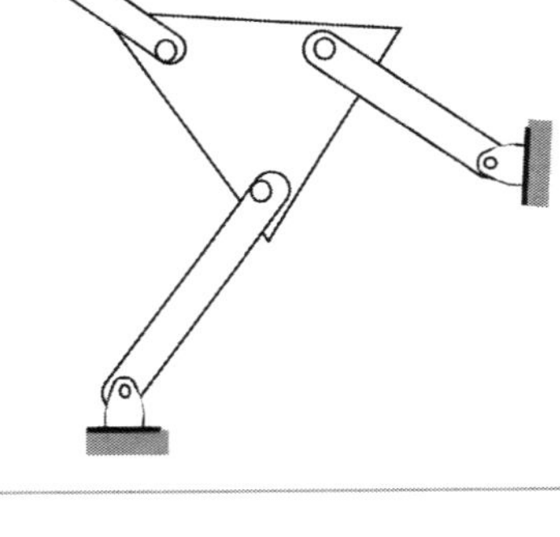

5 기구의 자유도 계산 시 주의할 점

구조에 그루블러의 식을 기계적으로 적용하면 물리적으로 의미가 없는 음의 자유도를 얻거나 구속조건의 개수를 잘못 계수할 수 있는 것과 마찬가지로, 기구의 자유도를 그루블러의 식으로부터 기계적으로 계산하면 자유도와 불일치하는 값을 얻을 수 있음에 주의하여야 한다.

(1) 다수의 강체를 연결하는 관절

<그림 2.15-(a)>의 기구는 땅을 제외한 5개의 강체와 6개의 핀으로 구성되어 있으므로 $3\times5-2\times6=3$ 자유도를 가지는 것으로 계산하기 쉽다. 하지만, 3개의 링크를 연결하는 핀은 4 자유도를 한정함을 앞 절에서 살펴본 바 있다. 이는 물리적으로 몇 개의 핀이 사용되었는지 보다는 구속조건이 몇 개인지가 자유도를 결정하는 본질적인 요인이기 때문이다. 이를 보다 강조하여 그린 것이 <그림 2.15-(b)>이다. 즉, 올바른 계산법 $3\times5-2\times7$에 의해 주어진 기구의 자유도가 1로 계산된다. <그림 2.15-(c)>는 문제의 핀이 생성하는 구속조건이 회전관절 2개에 의한 것과 동일함을 알려준다. 이와 같은 실수를 하면 실제보다 큰 자유도를 얻게 된다. 이 예에서 잘못된 자유도를 얻은 것은 단순한 실수로 간주할 수 있다.

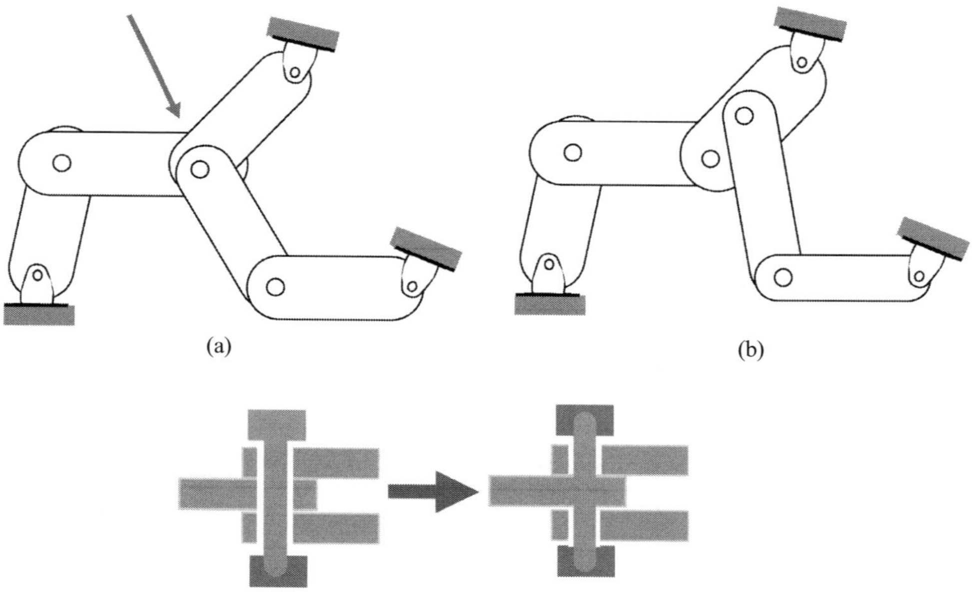

(a) (b)

(c)

〈그림 2.15〉 다수의 링크를 연결하는 핀

(2) 과구속된 기구(over-constrained mechanisms, mechanisms with redundant constraints)

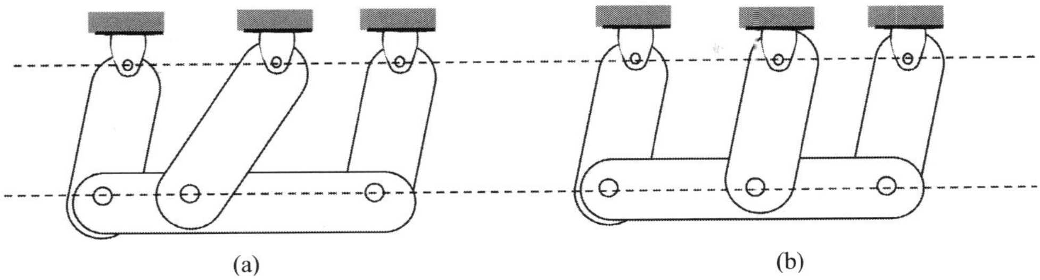

〈그림 2.16〉 과구속된 기구

<그림 2.16>의 두 기구의 링크의 개수와 핀의 개수가 각기 일치하여, 그루블러의 식을 적용하면 두 경우 그 값이 0으로 계산된다. 하지만 <그림 2.16-(b)>의 경우에는 운동이 발생할 수 있음을 직관적으로 알 수 있다. <그림 2.16-(b)>는 하단 링크와 땅을 연결하는 3개의 링크가 평행하고 그 길이가 동일한 경우이다. 이와 같이 기하학적 파라미터(링크의 길이 등)가 특정한 값을 가질 때, 강체계의 자유도가 그루블러의 공식에 의한 것보다 클 수 있음에 주의하여야 한다. 그루블러의 식을 이용할 때, 링크 사이의 결합관계에만 주목하고, 링크의 기하학적 파라미터에 관한 정보를 사용하지 않으므로, 그루블러의 식만으로는 종속적인 구속조건을 발생시키는 경우를 찾아낼 수 없다. 결국 기하학적 파라미터의 값이 특수한 경우 자유도가 그루블러의 식으로부터 계산한 것보다 클 수 있음에 주의하여야 한다. 즉,

(기구의 자유도) ≥ (그루블러의 식에 의한 값)

주

1. 과구속이 발생하면 자유도만큼 링키지의 관절을 고정시켰을 때, 정역학적으로 부정정(statically indeterminate) 계가 된다.
2. 과구속이 있는 기구를 사용할 때, 제작의 오차에 따른 조립, 마모 등에 유의하여야 한다.
3. 그루블러의 식은 동일한 형태를 가지는 일련의 기구들이 가질 수 있는 자유도의 하한값을 계산한다.
4. 과구속이 발생하면 그루블러의 식의 값만큼 링키지의 관절을 고정시키더라도 링키지가 구조적으로 붕괴하고 그루블러의 식이 음의 값을 가질 때 그만큼 특정 자유도를 부여함으로써 링키지를 구조적으로 붕괴시킬 수 있다.

<그림 2.17>에 종속적 구속조건이 발생하는 이유를 예를 들어 제시한다.

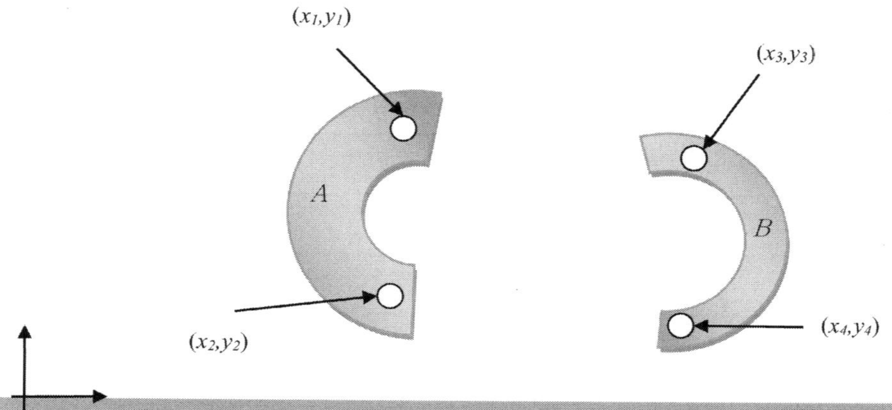

결합 전의 자유도:

땅에 대한 물체 A의 자세를 물체에 고정된 두 점의 좌표 (x_1,y_1)과 (x_2,y_2) 로 표현하고, B의 자세를 물체에 고정된 두 점의 좌표 (x_3,y_3)과 (x_4,y_4)로 표현하자. 강체 상의 점들 사이의 길이의 유지에 관한 다음 두 개의 **독립적** 구속조건

(1) $(x_1-x_2)^2+(y_1-y_2)^2=const$, (2) $(x_3-x_4)^2+(y_3-y_4)^2=const$

이 부과된다. 사용한 변수의 개수 8에서 구속조건의 수 2를 빼면 강체계의 자유도 6을 얻는다.

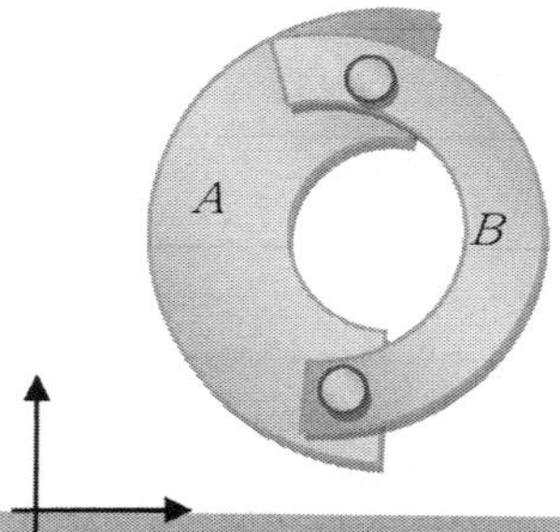

(1) $(x_1-x_2)^2+(y_1-y_2)^2=const$

(2) $(x_3-x_4)^2+(y_3-y_4)^2=const$

(3) $x_1=x_3$ (4) $y_1=y_3$

(5) $x_2=x_4$ (6) $y_2=y_4$

결합 후의 자유도:

결합 관계를 단순히 표현하면 2개의 핀에 의해 구속조건 (3)~(6)의 4개의 조건이 추가되어, 결합 후 8-2-4=2 자유도를 가진다고 생각할 수 있다. 하지만 구속조건 (3)~(6)이 성립하면 구속조건 (1), (2)가 같은 의미를 가져 서로 독립일 수 없음을 알 수 있다. 그러므로, 사용한 변수의 개수 8에서 독립인 구속 조건의 수 5를 제하여 강체계의 자유도 3을 얻는다.

〈그림 2.17〉 종속적 과구속된 기구

<그림 2.17>의 예와 같이 구속조건을 식으로 표현할 수 있으면 아래 [참고]에 보인 바와 같이 구속조건의 독립성을 체계적으로 점검하여 과구속 여부를 판별할 수 있다. 다만 ① 과구속된 설계에는 설계자의 의도가 개입된 경우가 대부분이어서 설계자가 그 존재 여부를 사전에 인지하고 있을 가능성이 크고 ② 과구속 여부가 파라미터의 값에 민감하며 ③ 치수가 확정되지 않은 설계의 초기 단계에 적용되기에 곤란하므로 아래의 수학적 기법이 사용되는 경우는 드물다.

참고 식의 독립성을 점검하는 체계적인 방법

예를 들어, 5개의 변수 x, y, z, u, v에 대한 3개의 제한조건 (1) ~ (3)이 독립적인지 점검해 보자.

$$(1)\quad x + y^2 + z + u + v - 3 = 0$$

$$(2)\quad x + y^2 + z^2 + u + 2v - 1 = 0$$

$$(3)\quad x^2 + y^2 + 2z^2 + u + v - 3 = 0$$

각 식은 $xyzuv$-공간 내의 부분집합을 정의한다. 각 식이 나타내는 부분 집합의 교집합을 V라 하고, 그 내부의 임의의 곡선

$$t \to (x(t), y(t), z(t), u(t), v(t))$$

을 고려하자. 3개의 제한식을 곡선을 따라 매개변수에 대해 미분하여 식 (5) ~ (7)을 얻는다.

$$(5)\quad \dot{x} + 2y\dot{y} + \dot{z} + \dot{u} + \dot{v} = 0$$

$$(6)\quad \dot{x} + 2y\dot{y} + 2z\dot{z} + \dot{u} + 2\dot{v} = 0$$

$$(7)\quad 2x\dot{x} + 2y\dot{y} + 4z\dot{z} + \dot{u} + \dot{v} = 0$$

이를 행렬을 사용하여 식 (8)과 같이 정리할 수 있다.

$$(8)\quad \begin{bmatrix} 1 & 2y & 1 & 1 & 1 \\ 1 & 2y & 2z & 1 & 2 \\ 2x & 2y & 4z & 1 & 1 \end{bmatrix} \begin{bmatrix} \dot{x} \\ \dot{y} \\ \dot{z} \\ \dot{u} \\ \dot{v} \end{bmatrix} = \begin{bmatrix} 0 \\ 0 \\ 0 \end{bmatrix}$$

식 (8)에 나타나는 행렬과 같이 어떤 벡터함수의 독립변수 각각에 대해 편미분한 결과를 각 열로 구성한 행렬을 그 함수의 자코비 행렬이라 한다. 위 식의 3개의 행의 선형결합으로 식의 동등성을 유지하며 식 (9) ~ (11)의 절차를 따라 사다리꼴행렬을 사용하여 표현된 식 (11)과 같이 정리할 수 있다.

$$(9)\begin{bmatrix}1 & 2y & 1 & 1 & 1\\ 0 & 0 & 2z-1 & 0 & 1\\ 0 & 4xy-2y & 2x-4z & 2x-1 & 2x-1\end{bmatrix}\begin{bmatrix}\dot{x}\\ \dot{y}\\ \dot{z}\\ \dot{u}\\ \dot{v}\end{bmatrix}=\begin{bmatrix}0\\0\\0\end{bmatrix} \quad (2)-(1),\ 2x\times(1)-(3)$$

$$(10)\begin{bmatrix}1 & 1 & 2y & 1 & 1\\ 0 & 1 & 0 & 2z-1 & 0\\ 0 & 2x-1 & 4xy-2y & 2x-4z & 2x-1\end{bmatrix}\begin{bmatrix}\dot{x}\\ \dot{v}\\ \dot{y}\\ \dot{z}\\ \dot{u}\end{bmatrix}=\begin{bmatrix}0\\0\\0\end{bmatrix} \quad \text{변수의 순서 변경}$$

$$(11)\begin{bmatrix}1 & 1 & 2y & 1 & 1\\ 0 & 1 & 0 & 2z-1 & 1\\ 0 & 0 & 4xy-2y & 4x-2z-4xz-1 & 2x-1\end{bmatrix}\begin{bmatrix}\dot{x}\\ \dot{v}\\ \dot{y}\\ \dot{z}\\ \dot{u}\end{bmatrix}=\begin{bmatrix}0\\0\\0\end{bmatrix} \quad (3)-(2)\times(2x-1)$$

위 식에서 변수의 변화율 $(\dot{x},\dot{y},\dot{z},\dot{u},\dot{v})$ 중 한 개의 성분만 0으로 설정하여 4개의 미지수에 대한 3개의 선형방정식의 해를 구하면 해가 유일하지 않고 자명해인 0 이외의 비자명해를 가질 수 있다. 만족하여야 하는 동차선형방정식의 개수가 미지수의 개수보다 적을 때, 해가 유일하지 않음은 일반적이다. 변수의 변화율을 0으로 설정하는 것은 해당 변수의 값을 일정하게 유지하는 것, 즉 해당 변수를 고정하는 것과 그 효과가 동일하다. 운동학의 관점에서, 변수의 변화율을 '속도'로 해석하고, 해가 0으로 확정되는 것을 '운동'이 발생하지 않는 상태로 해석해보자. 이로부터,

(A) 어떤 경우에도 변수 (x,y,z,u,v) 중 1개만 고정시켜서는 나머지 변수들을 고정시킬 수 없음, 즉 운동을 상쇄시킬 수 없음을 알 수 있다.

(B) 만약 대각원소 $4xy-2y=2y(2x-1)\neq 0$ 즉, $y\neq 0$이고 $x\neq 1/2$이라면 속도 성분 중 2개 $(\dot{z},\dot{u})$을 0으로 설정하였을 때 ―이는 변수 z와 u를 고정함을 의미하는데― 나머지 속도 성분 $(\dot{x},\dot{y},\dot{v})$이 0으로 유일하게 결정되어 '운동'이 발생할 수 없게 된다. 수학의 음함수 정리에 의하면 위 조건을 만족하는 임의의 점을 포함하는 적절한 '근방'에서 (x,y,v)를 (z,u)의 함수로 표현할 수 있다.

(C) ($2y(2x-1)=0$ 이지만) $4x-2z-4xz-1 \neq 0$ 인 곳에서는 두 변수 y, u를 고정하면 나머지 변수들이 고정되어 운동이 상쇄되고 (A)에 의해 한 변수만 고정하여서는 나머지 변수들을 고정할 수 없음을 알 수 있다.

(D) $2y(2x-1)=0$ 와 $4x-2z-4xz-1=0$ 을 식 (1) ~ (3)과 연립하여 방정식을 구성하면 그 해가 존재하지 않음을 알 수 있다.

앞의 (B), (C), (D)로부터 V 내의 모든 위치에서 '운동'을 상쇄시키기 위해 고정시켜야 하는 최소한의 변수의 개수가 2임을 알 수 있다.

가상적이지만 만약 V 내에 $2y(2x-1)=0$, $4x-2z-4xy-1=0$, $2x-1=0$ 을 만족하는 곳이 있다면 식 (11)의 세번째 행이 무의미해져서 변수 2개를 어떠한 조합으로 고정하더라도 나머지 변수들을 고정할 수 없고 세 개의 속도 성분 $(\dot{y}, \dot{z}, \dot{u})$을 0으로 지정하면 나머지 성분 $(\dot{x}, \dot{v})$이 유일하게 결정되므로 운동을 상쇄시키기에 충분한 최소한의 속도 성분의 개수가 3임을 알 수 있다. 다만 (D)에서와 같이 식 (1) ~ (3)과 연립하여 이 조건을 만족하는 곳이 V 내에 존재하지 않는지, '주변'의 다른 점들로부터 고립되었는지를 점검하여 운동학적으로 적절히 해석할 필요가 있다.

이와 같이 제한식에 대응하는 함수의 자코비 행렬의 랭크rank를 점검하여 독립적인 식의 개수를 파악하고 운동을 상쇄시키기 위해 고정시켜야 하는 최소한의 변수의 개수인 자유도를 찾을 수 있다.

문 제 다음 중 그루블러의 식을 단순 적용하면 자유도가 잘못 계산되는 것을 찾아 그 이유를 밝히시오.

힌트 기구 내의 구조에 주목하시오.

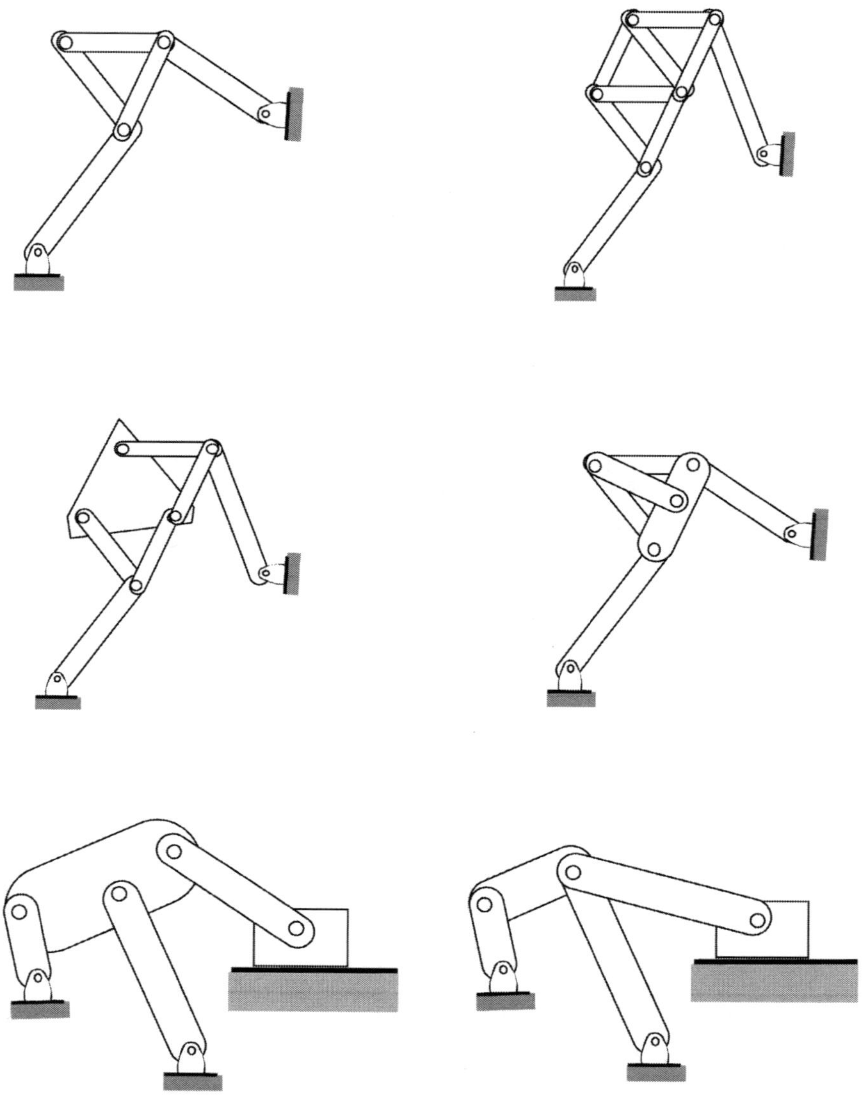

6 과구속과 조립

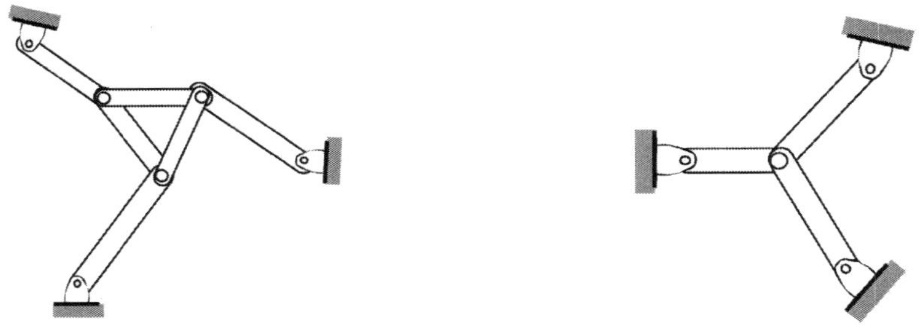

(a) (b)

〈그림 2.18〉 구조물의 자유도

<그림 2.18-(a)>의 경우 그루블러의 식의 값이 $3 \times 6 - 2 \times 9 = 0$으로서 구조물을 이룸을 알 수 있다. <그림 2.18-(b)>의 경우 그루블러의 식의 값이 $3 \times 3 - 2 \times 5 = -1$로 계산되어 과구속이 발생하였음을 알 수 있다. 구조물에 과구속이 발생할 때, 부품이 진정한 강체이고, 제작 시 오차가 발생하면 조립이 불가능함을 <그림 2.19>에 보이고 있다.

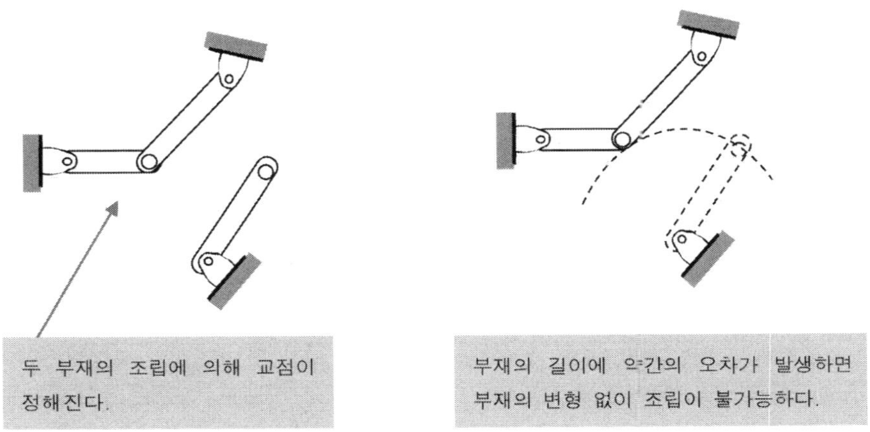

〈그림 2.19〉 과구속과 자유도

실제로는 약간의 오차가 있더라도 관절의 여유play나, 부품의 변형에 의해 조립될 수 있다. 과구속된 구조물이나 기구는 여유에 의해 운동이 불확실해지거나, 부품에 변형과 내력이 발생하게 될 가능성이 크다. 발생하는 내력의 크기나 변형을 구하는 것은 '재료역학'의 문제이다.

문 제 아래 강체계의 조립 용이성에 관해 논하시오.

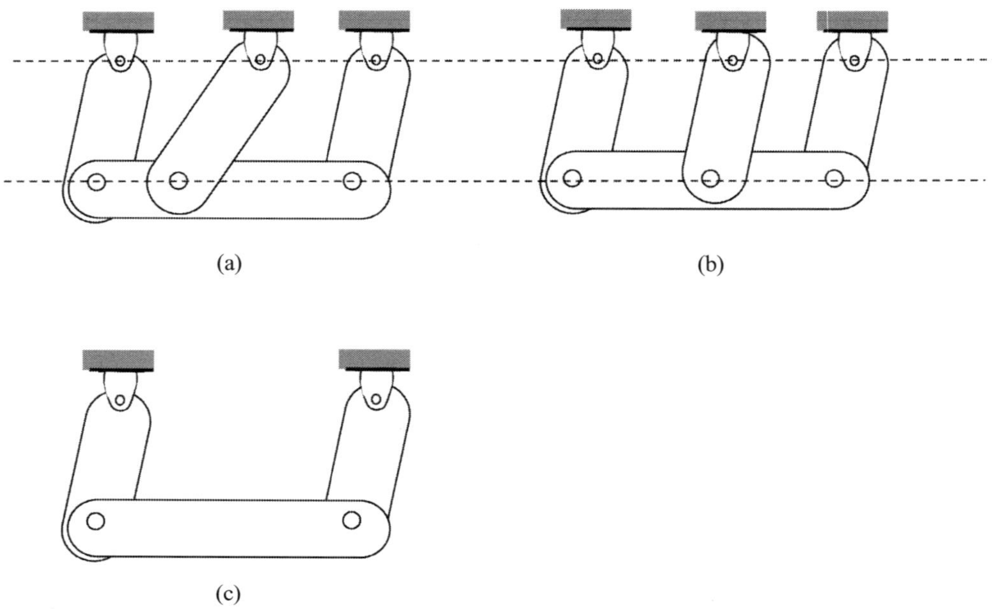

〈그림 2.20〉 문제/조립 용이성

7 기구의 전위 inversion

주어진 운동연쇄kinematic chain에 프레임을 설정한 것을 기구mechanism라 함을 앞서 언급한 바 있다. 프레임을 설정하는 방식에 따라 기구의 외향과 움직임의 양태가 크게 달라 보일 수 있다. 주어진 기구에 대해 그 프레임을 바꿔 설정하는 것을 운동학적 전위kinematic inversion라 한다. 동일한 운동연쇄의 프레임을 설정하는 방식에 따라 다른 용도로 쓰이는 기구를 만들 수 있다. 하나의 프레임에 대해 해석한 결과를 사용하여 다른 프레임에 대한 운동 해석에 적용하는 방법을 이후의 장에서 확인할 수 있다.

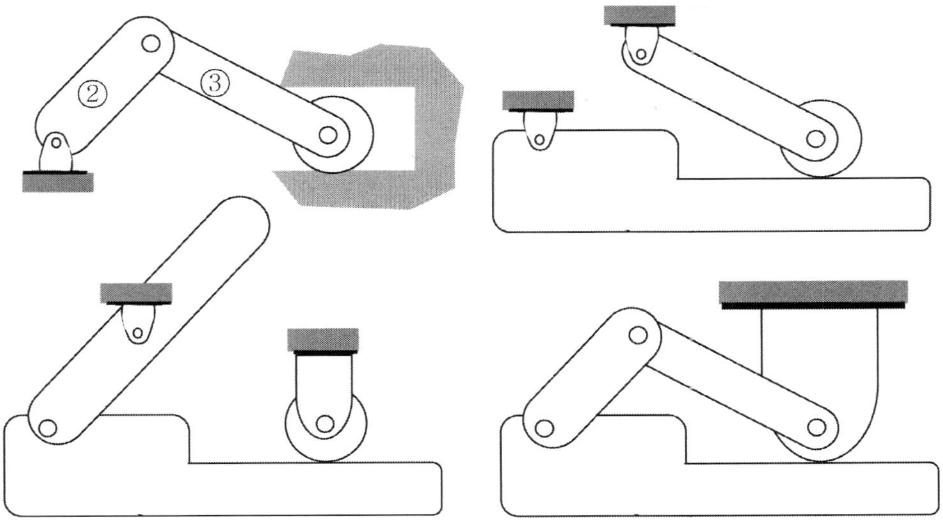

〈그림 2.21〉 기구의 전위

8 평면에 구속되지 않은 강체의 자유도*

강체가 평면에 구속되면 3 자유도를 가짐을 앞에서 보인 바 있다. 평면에 구속되지 않고 공간에서 자유롭게 움직이는 강체의 자유도는 얼마일까?

강체에 고정된 3 점의 좌표를 정하면 강체의 위치를 확정할 수 있다. 한 점의 위치를 정하기 위해 3개의 변수가 필요하므로 3 점의 위치를 정하기 위해서는 전부 9개의 변수가 필요하다. 3 점이 강체에 고정되어 있으므로, 3 점으로 이루어진 삼각형의 변의 길이가 일정하게 유지되어야 한다. 이로부터 3개의 구속조건이 발생한다. 설정한 변수의 개수 9에서 구속조건의 수 3을 빼면 6을 얻는다. 그러므로 아무런 구속이 없는 강체의 운동은 6 자유도를 가진다.

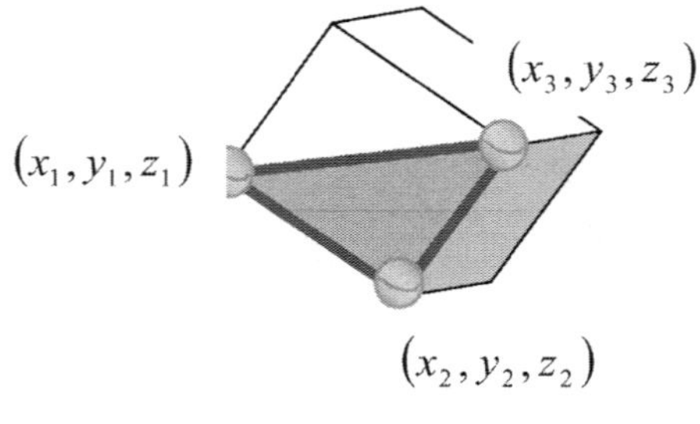

구속조건

$$(x_1 - x_2)^2 + (y_1 - y_2)^2 + (z_1 - z_2)^2 = const$$
$$(x_2 - x_3)^2 + (y_2 - y_3)^2 + (z_2 - z_3)^2 = const$$
$$(x_3 - x_1)^2 + (y_3 - y_1)^2 + (z_3 - z_1)^2 = const$$

〈그림 2.22〉 강체의 자유도

세 점의 위치를 정하면 강체의 자세가 결정된다.

이를 <그림 2.23>에 제시한 방식으로 생각할 수도 있다.

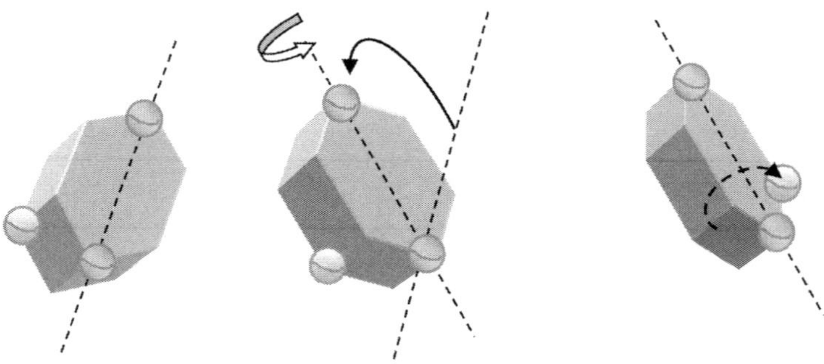

〈그림 2.23〉 강체의 자유도

세 점의 위치를 설정하면 강체의 자세를 설정할 수 있다. 한 점의 위치를 고정하고 두 번째 점을 고정하기 위해 첫 번째 점에서 두 번째 점으로의 방향을 설정하면 되기 때문에 변수 두 개가 필요하다. 마지막으로 앞서 정한 방향을 축으로 하여 회전시켜 세 번째 점의 위치를 고정한다. 즉, 한 점을 고정하기 위해 변수 3개, 그 점이 고정된 상태에서 방위를 고정하기 위해 변수 3개가 필요하다. 그러므로 강체의 자유도는 6이다.

문 제 강체 운동의 자유도가 6임을 다양한 방법으로 설명하시오.

9 공간기구의 자유도와 평면기구의 과구속 문제*

평면기구에 대해 그루블러의 식을 유도한 원리를 적용하여 과구속되지 않은 공간기구의 자유도를 다음의 공식에 의해서 구할 수 있다.

$$6(N-1)-5j_1-4j_2-3j_3-2j_4-j_5$$

여기서, N은 프레임을 포함한 기구를 이루는 링크의 개수이고, j_k는 k자유도를 가지는 관절의 개수이다. 단, 공간기구의 경우 과구속이 발생하는 경우가 많으므로 위 공식에 의한 값이 자유도보다 작을 가능성이 큼에 주의하여야 한다.

흥미롭게도, 대부분의 유용한 공간기구는 과구속을 포함하고 있다. 특히, 평면기구를 공간기구로 다루면 과구속된 구조임을 알 수 있다. 이는 평면에 대한 회전축의 수직성이나 미끄럼축의 평행성이 만족되지 않으면 조립에 어려움이 발생할 수 있음을 의미한다. 예를 들어 4절 기구의 경우, $N=4$이고 $j_1=4$이므로 그루블러 판별식 값이 $6\times3-5\times4=-2$로 계산된다.

과구속된 기구에 자유도 만큼의 관절 자유도를 한정하여 정역학적으로 분석하여 보면 부정정statically indeterminate임을 알 수 있다. 평면기구의 경우 기준 평면에 수직한 힘 성분과 기준 평면에 평행한 모멘트 성분을 관절에서 구할 수 없다. 이와 같이 설정된 문제는 엄밀히는 재료역학의 범주에 속하며, 제작오차가 있으면 운동 중 위치에 따라 내력과 변형이 발생할 수 있다.

기계설계의 관점에서 과구속에 의한 내력을 줄이기 위해서는 두 가지 '해법'이 있을 수 있다. 하나는 과구속이 문제가 되는 곳의 제작 오차 자체를 줄이는 것이며 다른 하나는 동일한 기능을 수행하는 높은 자유도의 관절을 사용하는 것이다.

두 번째 해법을 예로 들면 4절 기구의 관절 중 커플러에 연결된 2개를 구면대우로 대체하는 것인데, 자유도는 $6\times3-5\times2-3\times2=2$가 된다. 이 경우 커플러의 축에 대한 회전에 의한 자유도는 종동절과 구동절의 운동에 영향을 미치지 않는다. 또는 커플러의 한 관절을 구면관절로, 다른 관절을 원통형 관절로 대체할 수도 있을 것이다. 이 경우 자유도는 $6\times3-5\times2-4\times1=1$로 계산된다.

10 커플러coupler 곡선

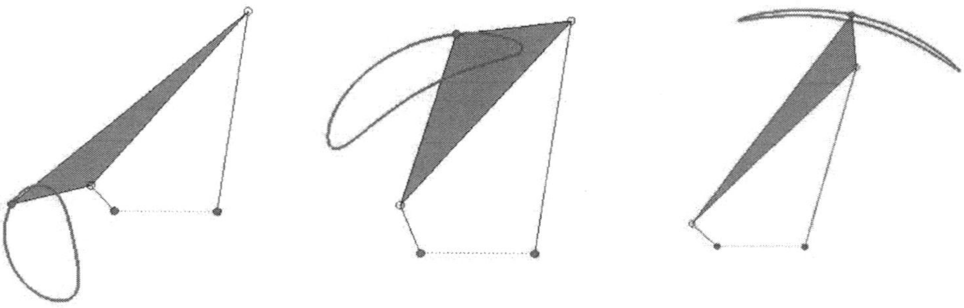

〈그림 2.24〉 커플러 곡선

구동절과 종동절을 연결하는 링크를 커플러coupler라 한다. 커플러 상의 한 점이 그리는 궤적을 커플러 곡선이라 한다. 커플러 곡선이 특정한 모양에 근접하도록 기구를 설계할 필요가 있을 수 있다. 예를 들어, 미끄럼 대우를 제작하기 어렵던 시절에는 직선에 가까운 커플러 곡선을 생성하는 링키지를 설계하려고 노력하였다. 일반적으로 커플러 곡선이 6차 곡선임을 보일 수 있는데(8장 연구문제 참조), 6차 곡선으로 상당히 다양한 모양의 곡선을 생성할 수 있다.

주어진 링크길이에 대해 지정된 위치의 커플러 상의 한 점의 궤적을 그리는 것은 컴퓨터 기술이 발달한 오늘날 간단한 일에 속한다. 출력된 결과를 보고 링크길이를 변경해 가며 원하는 결과에 근접시킬 수 있을 것이다. 이러한 접근 과정 자체도 컴퓨터를 이용하여 자동화가 가능하다. 한편, 4절 기구의 다양한 링크 길이의 조합에 대해 커플러 곡선의 모양을 그린 도해서가 있는데, 원하는 커플러 곡선을 생성하고자 하는 설계자에게 큰 도움이 될 수 있다. Hrones-Nelson[7]의 도해서에는 수 천 개의 커플러 곡선이 제시되어 있다. 도해서를 보고 원하는 모양에 가장 근접한 모양을 찾고, 링크 길이를 조금씩 변경해 가며 곡선의 모양을 보다 세밀하게 조정할 수 있을 것이다.

설계문제 필기체 소문자 p에 근접하는 커플러 곡선을 가지는 기구를 설계해 보자.

> 주 설계변수를 변경해 가며 원하는 목표에 도달하도록 노력하는 것이 설계과정의 일부이다. 이 경우 설계변수는 링크의 길이와 커플러 상의 점의 위치가 될 것이다.

제**3**장

기구의 정역학

두 점의 속도와 그 점들에 작용하는 힘 사이에 에너지 보존을 위해 특정한 관계가 성립한다. 이를 통해, 한정연쇄의 속도 분석이 완료되면, 힘의 균형을 이루는 입력단과 출력단의 힘의 분포를 구할 수 있다. 역으로 기구가 전달하는 힘의 분포를 알면 두 작용 점의 속도의 특정 성분을 알 수 있다. 비한정연쇄를 포함한 운동연쇄에 대해서는 가상일의 정리를 적용할 수 있다.

(필요한 수학) 벡터 합과 차/기저/내적/미분/선적분/외적

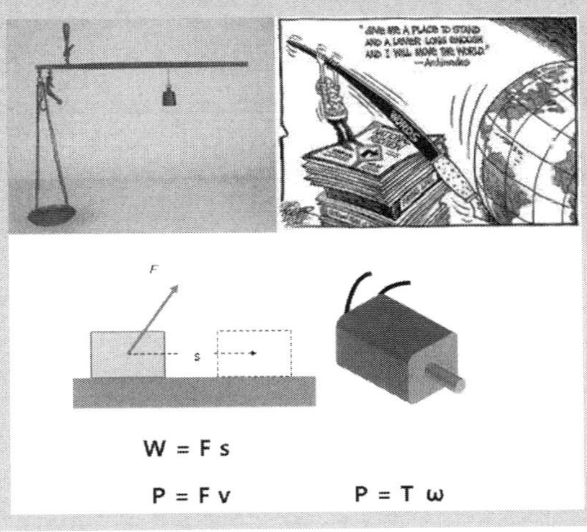

1 속도와 일률

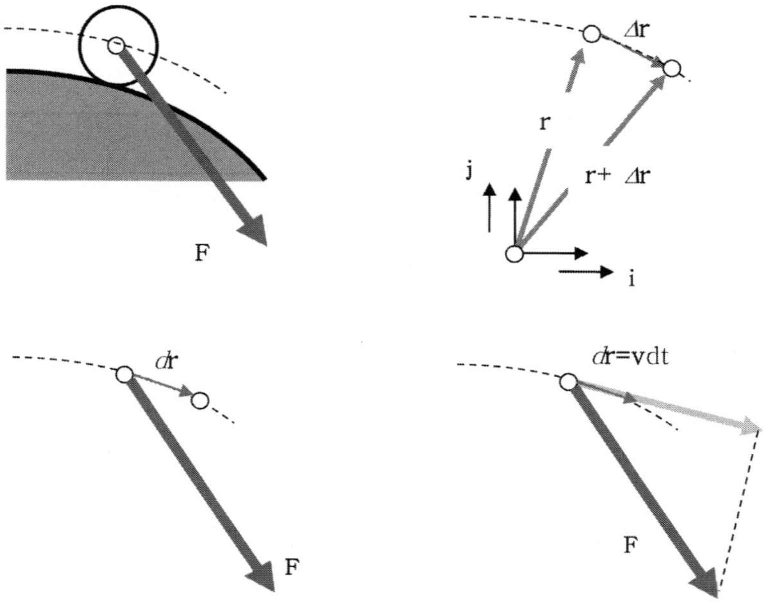

〈그림 3.1〉 일의 정의

힘은 크기, 방향, 작용점으로 정의된다. 물체 A에 고정된 한 점 p에 힘(벡터)

$$\mathbf{F} = F_x\mathbf{i} + F_y\mathbf{j}$$

가 작용하는 경우를 고려하자. 점 p의 시각 t에서의 위치벡터

$$\mathbf{r}(t) = x(t)\mathbf{i} + y(t)\mathbf{j}$$

가 (t에 관한 함수로) 알려져 있다고 하자. 점 p의 위치벡터가 정해진 구간의 모든 시각에 대해서 주어지므로, 그 구간에서 점 p가 점유하였던 위치들을 순차적으로 모아 하나의 곡선을 그릴 수 있는데, 이를 점 p의 궤적이라 한다. 아래와 같이 위치벡터의 미분으로 정의되는 벡터

$$\mathbf{v} \equiv \frac{d\mathbf{r}}{dt} = \dot{x}\,\mathbf{i} + \dot{y}\,\mathbf{j}$$

를 점 p의 속도벡터라 한다. 점 p의 속도 방향으로 작용하는 힘 **F**의 성분을 이동거리에 대해 적분한 것을 그 힘 **F**가 물체 A에 행한 일이라 한다. 이 일 W를 수식으로 표현하면 다음과 같다.

$$W=\int_C dW=\int_C \mathbf{F}\bullet d\mathbf{r}\text{, 또는 } dW=\mathbf{F}\bullet d\mathbf{r}=F_x dx+F_y dy$$

여기서, C는 점 p의 궤적을 기호로 나타낸 것으로, 경로가 바뀌면 위 적분값이 바뀌게 됨을 강조하고 있다. 위와 같이 표현된 적분을 수학에서 선적분 또는 경로적분이라 하는데, 공간상의 경로가 주어져야 그 값을 계산할 수 있기 때문이다. 여기서는 아래의 간단한 예제를 통해 선적분의 정의가 의미하는 바를 알아보기로 한다. 선적분에 관한 자세한 사항은 수학교과서에서 참조 가능하다.

문제 1 시간 t가 변함에 따라, 물체 A에 고정된 한 점 p에 작용하는 힘 $\mathbf{F}$와 점 p의 위치벡터 $\mathbf{r}$이 다음과 같이 변한다.

$$\mathbf{F}=(2t)\cdot\mathbf{i}+3\mathbf{j}\text{, }\ \mathbf{r}=t\,\mathbf{i}-t^2\mathbf{j}$$

힘 $\mathbf{F}$가 물체 A에 0에서 4 초 사이에 행한 일 W를 구하시오. 여기서, 힘의 단위는 뉴튼으로, 길이의 단위는 미터로 주어져 있다.

풀이

$\mathbf{r}=t\,\mathbf{i}-t^2\mathbf{j}$에서 $d\mathbf{r}=(\mathbf{i}-2t\,\mathbf{j})dt$ (즉, 속도 $\mathbf{v}=\mathbf{i}-2t\,\mathbf{j}$)

$$dW=\mathbf{F}\bullet d\mathbf{r}=(2t\,\mathbf{i}+3\mathbf{j})\bullet(\mathbf{i}-2t\,\mathbf{j})dt=-4t\,dt\quad(=\mathbf{F}\bullet\mathbf{v}\,dt)$$

$$\int\mathbf{F}\bullet d\mathbf{r}=-2t^2+(\text{적분상수})$$

0에서 4초 사이의 점 p의 궤적을 C로 표기하면

$$W=\int_C\mathbf{F}\bullet d\mathbf{r}=\int_0^4(-4t)\cdot dt=-2t^2\Big|_0^4=-32\ \ (\text{단의?})\ \ Ans.$$

주 여기서 학생들의 단위 환산 능력을 점검할 필요가 있다.

일의 단위로는 주울(J, joule)을 사용하며, 이는 1newton의 힘이 1meter 작용했을 때의 일이다. 즉, $J=Nm$.

한편, 단위 시간 당 행한 일을 일률power이라 한다. 즉, 한 시각 t까지 물체 A로 공급된 일을 $W(t)$로 나타내면, 그 물체에 공급되는 일률 P가 다음과 같이 정의된다.

$$P=\frac{dW}{dt}$$

일률의 단위로 와트(W, Watt)를 많이 사용하는데 초당 $1J$의 일이 공급될 때의 일률이다. 즉, $W=J/s$. 역사적 이유로 인해, 일률의 단위로 마력($H.P$ 또는 $P.S.$)을 사용하기도 한다. ($1H.P. \sim 746W$, $1P.S. \sim 736W$)

문제 2 문제 1에서 힘 $\mathbf{F}$가 물체 A에 공급하는 일률을 시간에 대한 함수로 나타내시오. 또, 시각이 4초일 때의 일률을 구하시오.

답

$$W(t)=\int \mathbf{F} \bullet d\mathbf{r} = -2t^2 + C$$

$$P(t) = \frac{dW}{dt} = -4t\,(W), \quad P(4) = -4 \cdot 4 = -16\,(W) \;\; Ans.$$

답에서 음의 기호는 물체 A가 힘 $\mathbf{F}$를 매개로 하여 외부에 일을 하고 있음을 의미한다. 정의에 의해

$$dW = \mathbf{F} \bullet d\mathbf{r} = \mathbf{F} \bullet \frac{d\mathbf{r}}{dt} \cdot dt = (\mathbf{F} \bullet \mathbf{v}) \cdot dt = P\,dt$$

이므로,

$$P = \mathbf{F} \bullet \mathbf{v}$$

임을 알 수 있다. 즉, 어떤 힘에 의해 한 순간에 시스템에 공급되는 일률을 해당 힘벡터와 작용점에서의 속도의 내적으로 쉽게 계산할 수 있다.

2 회전구동 장치가 공급하는 일률

다음의 모멘트에 관한 사항은 정역학에서 보다 충실히 다루어질 예정이지만 여기에서는 기구학에 필요한 선까지 그 개요를 보이도록 한다.

어떤 기준점 o로부터 어떤 힘의 작용점까지의 벡터를 $\mathbf{r}$이라 할 때, 위치 벡터 $\mathbf{r}$과 그 힘의 힘벡터 $\mathbf{F}$ 사이의 외적을 점 o에 대한 그 힘의 모멘트moment라 하고, 기호 $\mathbf{M}$으로 표기하면

$$\mathbf{M} = \mathbf{r} \times \mathbf{F}$$

이다.

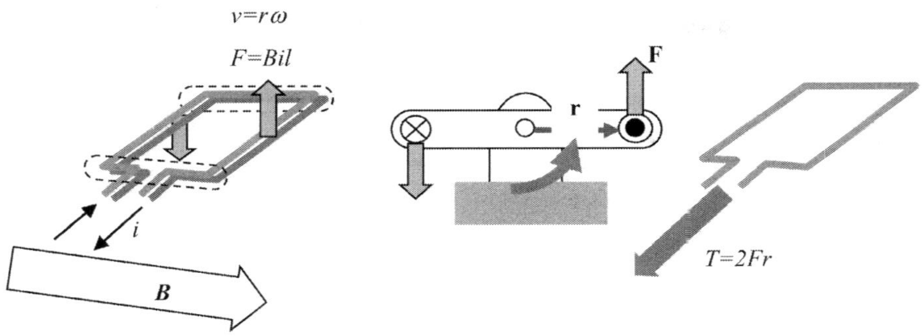

〈그림 3.2〉 모터가 발생시키는 일률

【참고】 고교물리, 플레밍의 왼손법칙, 로렌츠의 힘 균일한 자기장(자속밀도) **B**가 작용하는 곳에 위치한 길이 L의 직선도선에 작용하는 힘은 다음과 같다.

$$\mathbf{F} = L\,\mathbf{i}\times\mathbf{B}$$

여기서, **i**는 크기가 전류이고 그 방향이 전류가 흐르는 방향인 벡터이다.

흔히 사용하는 모터 등의 구동장치는 '회전력'의 형태로 시스템에 일을 공급하게 된다. <그림 3.2>와 같이 반경이 r인 간단한 권선 구조를 가진 모터에 대해, 한 순간 우측 권선에 작용하는 힘의 크기를 F라 하면 회전축에 대한 좌우측 두 힘에 의한 모멘트의 합의 크기는 $M=2rF$이고, 그 방향은 회전축에 평행함을 알 수 있다. 이와 같이 짝힘의 작용에 의해 회전축에 평행하게 작용하는 합모멘트를 토크torque라 하며, 보통 기호 T나 τ로 표기한다. 이 경우

$$T = 2rF$$

한편, 권선의 각속도를 ω로 표현하면 권선 상의 한 점의 속도가 $r\omega$로 표현된다. 좌우측 권선에 작용하는 힘 F에 의한 일률 P는 권선이 그림과 같이 자기장과 평행한 위치에서 $P = 2Fv = 2F\cdot r\omega = 2Fr\cdot\omega$로 표현된다. 즉,

$$P = 2Fr\cdot\omega$$

이로부터 출력 토크 T와 출력 일률 P의 관계가 다음과 같음을 알 수 있다.

$$P = T\cdot\omega$$

즉, 회전 구동 장치가 공급하는 일률은 토크와 각속도의 곱으로 표현된다.

연구문제 1 권선이 자기장에 평행하지 않은 위치에 있더라도, 모터가 공급하는 일률을 위의 공식으로부터 구할 수 있음을 보이시오.

연구문제 2 권선이 여러 개 있더라도, 위의 공식을 적용할 수 있음을 보이시오.

3 에너지 보존법칙과 가상일의 정리

매우 느리게 움직이거나 매우 가벼워 운동에너지를 무시할 수 있는 운동연쇄를 고려하자. 운동연쇄를 이루는 부재 사이의 마찰에 의한 에너지 손실도 없다고 하자. 이렇게 이상화된 운동연쇄에 대해 역학적 에너지 보존 법칙을 적용하면 아래와 같다.

(운동연쇄에 공급되는 일률) = (운동연쇄 내부의 위치에너지의 변화율) + ...

예 1

이 원리를 사용하여, <그림 3.3-(a)>의 기구의 상판에 힘 F가 아래 방향으로 작용하고 있을 때, 기구를 지탱하기 위해 가해주어야 하는 구동축의 토크를 구해보자.

반시계 방향으로 작용하는 모터의 토크를 T라 하면, 모터가 공급하는 일률은 $T\dot{\theta}$ 이다. 아래방향, 즉 힘의 작용 방향으로의 작용점의 속도 성분이 $-\dot{y}$ 이므로 힘 F가 공급하는 일률은 $-F\dot{y}$ 이다. 링크의 무게를 무시하여 운동에너지가 없고, 기타 위치에너지도 없으며, 마찰에 의한 손실도 없다고 가정한다. 그렇다면 시스템에 공급되는 일률의 합이 0이어야 한다:

$$T\dot{\theta} - F\dot{y} = 0\,. \qquad (*)$$

한편 $y = L\sin\theta$ 의 기하학적 관계식을 미분하여 다음의 속도관계식을 얻는다.

$$\dot{y} = L\cos\theta \cdot \dot{\theta}$$

이를 식 (*)에 대입하여, 아래

$$(T - FL\cos\theta)\cdot\dot{\theta} = 0$$

를 얻는다. 만약, 이렇게 이상화된 기구가 조금이라도 움직인다면 즉, $\dot{\theta} \neq 0$ 이라면, 요구되는 외력 F를 지탱하기 위해 필요한 모터의 토크

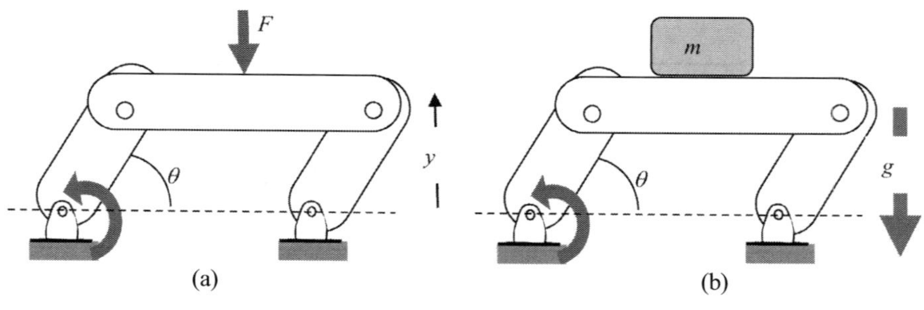

〈그림 3.3〉 구동에 필요한 어림 토크

$$T = FL\cos\theta$$

를 얻는다.

앞에서와 같이 구한 토크는 매우 느리게 움직이거나 매우 가벼운 운동연쇄에 대해 근사적으로 성립하며 움직임이 느릴수록 더 잘 들어맞는다. 정적 평형을 이루는 시스템의 경우 움직임이 없으므로($\dot{\theta} = 0$) 원칙적으로는 $(T - FL\cos\theta)\cdot\dot{\theta} = 0$ 으로부터 아무런 정보를 얻어낼 수 없다. 하지만, 매우 느리게 움직이는 예의 극단은 시스템에 움직임이 없는 경우로, 앞의 결론 $T = FL\cos\theta$ 이 가만히 있는 시스템, 즉 정적 평형을 이루는 시스템의 힘 해석에도 적용될 수 있을 것으로 추측해 볼 수 있으며, 만약 그러하다면 운동에너지를 무시할 수 있는 극단적인 경우이므로 근사식이 아니라 정확한 정적 평형식이 유도될 것으로 추측할 수 있다. 정역학의 지식을 활용하여 이 추측이 사실임을 증명할 수 있다. 여기서, 그 증명은 생략한다. 이는 (운동에너지를 무시할 수 있는 시스템에 대한) 에너지보존법칙의 귀결,

$$(T - FL\cos\theta)\cdot\dot{\theta} = 0$$

에 움직인다는($\dot{\theta} \neq 0$) 사실을 반영하여 얻은 결론

$$T - FL\cos\theta = 0$$

을 정적 평형($\dot{\theta} = 0$)을 이루는 시스템에 대해서도 받아들이는 것과 같다. 즉, 예 1의 시스템이 가만히 있기 위해서는 임의의 $\dot{\theta}$에 대해 $(T - FL\cos\theta)\cdot\dot{\theta} = 0$ 이 성립하여야 한다. 이를 1자유도 시스템에 대한 **가상일의 정리** 또는 **가상일률의 정리**라 하고, 임으로 정하는 $\dot{\theta}$을 가상 속도 또는 **가상변위**라 하며 전통적으로 실재 시간에 대한 미분기호와 구별하여 $\delta\theta$ 로 표기한다. 본 교과에서는 1자유도 시스템을 주로 다루고, 정역학을 부차적으로 다루므로, "기구학적 관계식을 수립하면 에너지 평형에 대한 고려를 통해 근사적 힘의 균형식을 얻을 수 있으며, 그렇게 구한 힘의 관계식이 정지해 있는 운동연쇄에 대해서는 정확히 성립한다"는 정도의 지식만 사용할 예정이다. 정지해 있는 운동연쇄에 대해 적용될 때, 이를 가상일의 정리라 한다. 실제로는 정지한($\dot{\theta} = 0$ 인) 운동연쇄에 대해 속도를 가정하였으므로, 가상속도(변위)라 하는 것이다. 가상일의 원리를 적용하면 일하지 않는 제한력constraint force을 무시할 수 있으므로 해석이 간단해지는 경향이 있다.

주 전술한 논법은 정지해 있는 시스템의 힘의 균형식을 이와 같은 방법으로 유도하는 것에 대한 엄밀한 증명이 아니다. 또, 이와 같은 추론으로는 1자유도 시스템에 대한 힘의 균형만 얻을 수 있다. 위의 추측을 정역학적 지식과 결합하여 발전시켜, 다자유도 운동연쇄의 가상일의 정리를 수립할 수 있는데, 다자유도 운동연쇄에 대한 힘의 평형식도 유도할 수 있는 강력한 도구를 제공한다. 하나의 구동 관절을 제외하고 다른 구동 관절을 고정하여 1자유도 시스템에 대한 가상일의 정리를 적용하는 과정을 구동 관절을 바꾸어가며 반복함으로써 다자유도 시스템에 작용하는 힘들 사이의 관계를 구할 수 있다.

예 2 **위치에너지 항을 포함하는 경우**

다음은 <그림 3.3-(b)>와 같이 동일한 기구의 상판에 힘 F가 작용하는 대신에 질량 m의 돌이 놓여 있다고 하자. 이는 앞의 해석에서 $F=mg$인 경우에 해당한다. 질량 m이 크다면 운동에너지를 무시하기 위해 기구가 매우 천천히 움직이거나 극단적으로 멈추어 있는 경우에 대해서만 이와 같은 해석이 유효함을 알 수 있다. 시스템을 돌을 포함하여 설정하면 모터만이 시스템에 일을 공급하고 있음을 알 수 있다. 이 일은 시스템의 위치에너지의 증가의 형태로 나타난다. 시스템의 위치에너지 V를 아래와 같이 표현할 수 있다.

$$V = mgy = mgL\sin\theta$$

이를 미분하여 위치에너지의 변화율(증가율)

$$\dot{V} = mg\dot{y} = mgL\cos\theta\cdot\dot{\theta}$$

을 얻을 수 있다. 이것이 모터가 공급하는 일률 $T\dot{\theta}$과 같아야 한다. 즉,

$$T\dot{\theta} = mgL\cos\theta\cdot\dot{\theta}.$$

이 식 $(T - mgL\cos\theta)\cdot\dot{\theta} = 0$이 모든 $\dot{\theta}$에 대해 성립하기 위해서는, 아래 식

$$T = mgL\cos\theta$$

이 성립하여야 한다. 이는 앞의 예에서 힘 F를 mg로 치환한 것과 같은 결과이다.

예 3 **지렛대 또는 시소**

좀더 쉬운 예로 <그림 3.4-(a)>와 같이 두 힘 F와 G가 작용하여 힘의 균형을 이루어서 움직이지 않는 시소를 가상일의 정리로 설명해 보자. 시소가 ω의 각속도로 돈다고 가정하면, 힘의 작용점에서의 속력이 각기 $f\omega$와 $g\omega$이다. 이러한 (가상) 운동에 의해 시스템에 주어진 자세에 공급되는 일률의 합이 0이 되는 조건은 다음과 같다.

$$F\cdot f\omega - G\cdot g\omega = (Ff - Gg)\cdot\omega = 0$$

여기서, 힘 G의 작용 방향과, 그 작용점의 가정된 속도의 방향이 반대이므로 벡터 내적에 의해 G가 공급하는 일률의 부호가 음으로 나타남에 주의하여야 한다. 위 식이 모든 ω에 대해 성립한다는 것이 가상일의 정리가 주장하는 바이며, 이에 의해 힘의 관계식

$$fF = gG$$

를 얻는다. 즉, 작용하여야 하는 힘은 회전 중심으로부터의 거리에 반비례한다.

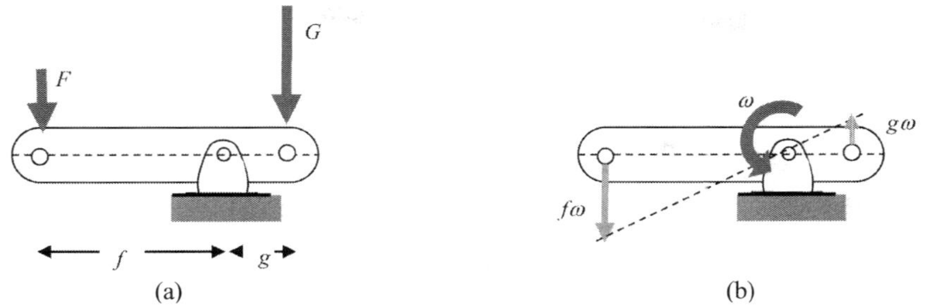

〈그림 3.4〉 지렛대의 원리

위 예의 지렛대는 힘 F를 입력으로 하여 힘 G를 출력으로 생성해 내는 장치로 생각할 수 있다. 이 두 힘의 비 G/F를 기계적 이득mechanical advantage이라 한다. 기계적 이득이 너무 작은 장치는 작은 (내부) 마찰에 의해서도 동작이 멈출 가능성이 있음에 주의하여야 한다. 이는 출력단의 마찰력이 입력단에서는 크게 느껴질 수 있기 때문이다.

예 4 마찰차

<그림 3.5>에 보인 바와 같이 두 원통이 구르도록 하여 동력을 전달하는 장치를 마찰차라 한다. 두 원통의 운동학적 구름조건은 다음과 같다.

$$r_1\omega_1 = r_2\omega_2$$

즉, 각 원통의 각속도는 원통 반경에 반비례한다. 일률의 균형을 생각하면,

$$T_1\omega_1 = T_2\omega_2$$

이다. 즉, 각축에 작용하여야 하는 토크는 각속도의 비에 반비례한다. 위 두 식을 나누어 아래의 토크비를 얻는다.

$$\frac{T_1}{r_1} = \frac{T_2}{r_2}$$

즉, 토크는 원통의 반경에 비례한다. 정지해 있을 때 뿐 아니라 두 바퀴가 일정한 각속도로 회전할 때도 위의 식은 정확한 관계를 나타내는데, 운동에너지의 변화가 없기 때문이다.

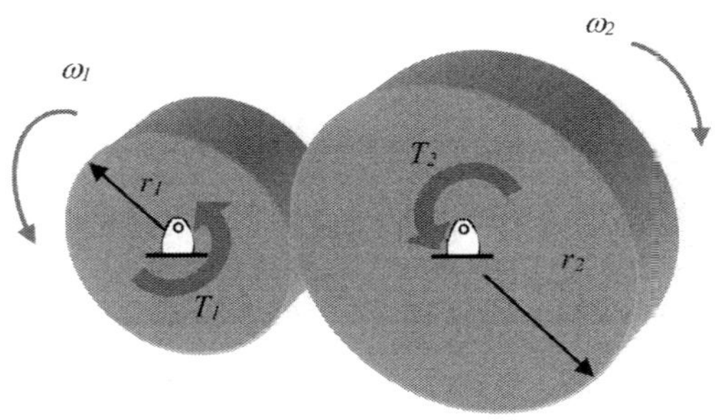

〈그림 3.5〉 마찰차의 원리

이상의 예들로부터 기구의 입력단과 출력단의 속도 관계식이 두 곳에서 작용하는 힘이나 토크의 관계식과 밀접한 관계를 가짐을 알 수 있다. 단, 위와 같이 힘을 해석할 때, 그 전제 조건에 대해 충분히 이해하고 있어야 한다.

(1) 마찰에 의한 손실을 무시할 수 있는 운동연쇄에 적용하여야 한다.

참고 마찰을 무시할 수 없으면 마찰력을 외력에 포함시켜 해석할 수 있다.

(2) 질량이 적을수록 정확히 성립한다.

(3) 천천히 움직일수록 정확히 성립한다.

(4) 정지해 있는 운동연쇄에 대해서 (윤활로 인해 정지 상태의 마찰을 무시할 수 있다면) 질량에 상관없이 정확한 관계를 나타낸다. 이는 정역학의 가상일의 정리에 의한 결과와 일치한다. 정지한 상태에서 힘을 해석하더라도, 운동을 가정하여야 일률을 구할 수 있다.

(5) 빨리 움직이더라도 운동에너지의 변화가 없는 운동연쇄에 대해서 (마찰에 의한 손실이 없다면) 정확한 결과를 도출할 수 있다.

기구의 속도 해석을 학습한 후 9.4절의 문제 4와 5에서 기구에 대해 가상일의 정리를 적용한 예를 다루고 있다.

제4장

점의 운동과 그 궤적의 곡률

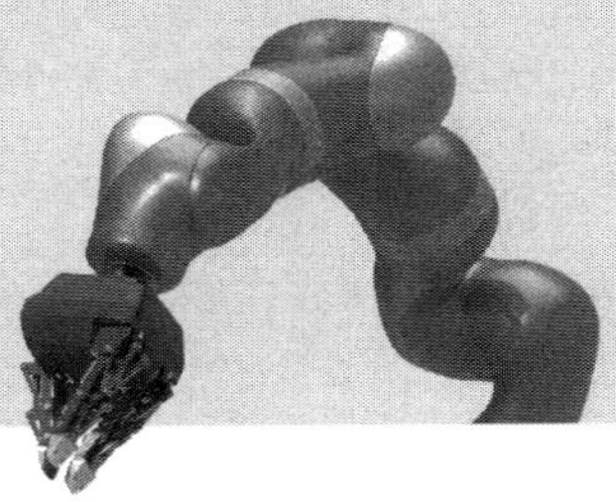

기구에 고정된 관심 있는 점의 운동을 묘사하는 것이 기구학의 기본적 목적 중 하나이다. 한 점의 운동을 그 점의 위치, 속도, 가속도로 특징지을 수 있다. 움직이는 점의 가속도를 표현하는 기하학적 변수로 그 점이 그리는 궤적의 곡률이 유용하다. 점의 위치를 시간을 매개변수로 하여 표현하는 방법을 익히고, 속도, 가속도, 곡률을 계산해 보자.

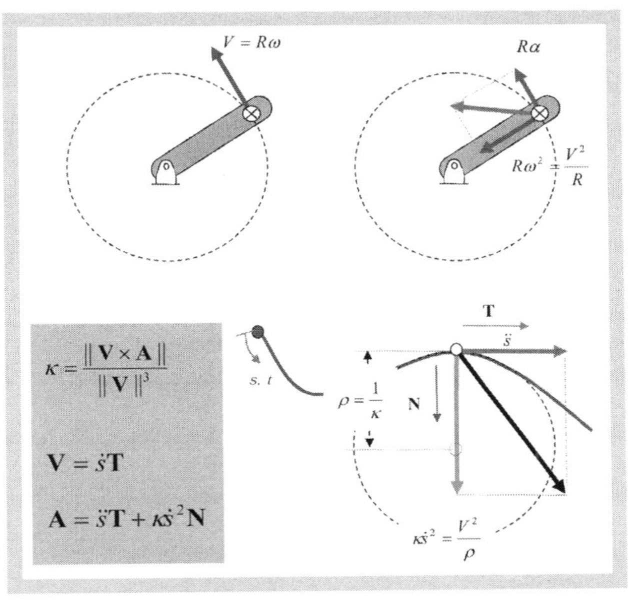

<그림 4.1>과 같이, 시각 t에서 어떤 점의 위치가 원점으로부터의 위치벡터

$$\mathbf{r}(t) = x(t)\mathbf{i} + y(t)\mathbf{j}$$

의 형태로 표현된다고 하자.

시각 t에서의 위치벡터의 각 성분을 시간에 대해 미분한 벡터를 그 점의 속도벡터로 정의한다:

$$\mathbf{V}(t) \equiv \frac{d\mathbf{r}}{dt} = \lim_{\Delta t \to 0} \frac{\mathbf{r}(t+\Delta t) - \mathbf{r}(t)}{\Delta t} = \dot{x}(t)\mathbf{i} + \dot{y}(t)\mathbf{j}$$

속도벡터의 크기를 속력이라 하는데, 점이 얼마나 빨리 움직이는지를 측정하는 양이다. 정의에 의해 점이 그리는 궤적에 접하는 방향을 그 점의 속도벡터가 가리킴을 알 수 있다.

참고 속도벡터 $V(t)$의 궤적을 호도그래프hodograph라 한다.

속도벡터를 시간에 대해 한번 더 미분하여 가속도벡터를 구한다:

$$\mathbf{A}(t) \equiv \frac{d\mathbf{V}}{dt} = \ddot{x}(t)\mathbf{i} + \ddot{y}(t)\mathbf{j}$$

가속도는 속도가 얼마나 빨리 변하는지를 나타낸다. 가속도를 한번 더 미분한 것을 저크jerk라 하는데, 승차감 등을 측정할 때 쓰인다.

주 저크가 크면 물체의 다양한 고유진동수를 가진시켜 진동 및 소음을 유발하고, 기계의 내구성에 악영향을 미치는 것으로 알려져 있다. 이는 물체를 강체로 가정하여 해석할 수 있는 결과가 아니다.

뉴튼의 운동 법칙이 주어진 힘에 대해 가속도를 알아내는 형태이므로 우리의 관심사는 주로 가속도까지로 한정된다.

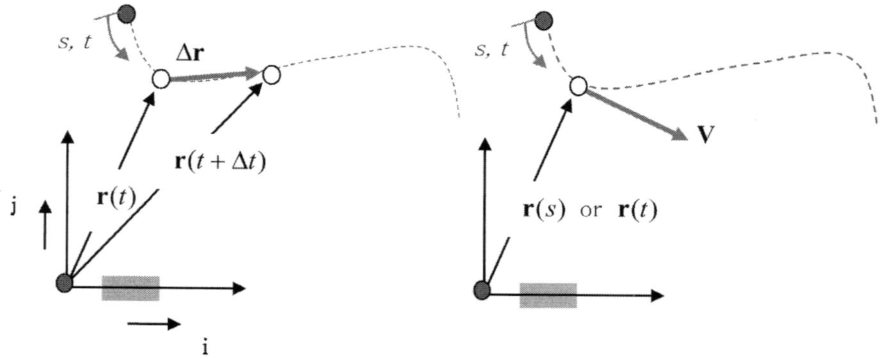

〈그림 4.1〉 점의 궤적과 속도

앞의 미분을 수행할 때, 좌표원점 및 단위벡터 **i**, **j**가 '종이'에 고정되어 움직이지 않는다고 생각하여 상수로 다루고 있다. 이렇게 속도와 가속도를 정의하기 위해서는 기준이 되는 강체(우리의 경우 종이)가 필요하다. 기준이 되는 강체에 설정한 좌표계를 기준틀frame of reference이라 한다. 이 페이지의 종이가 땅에 대해 움직이고 있다면, 땅에서 관찰한 속도와 가속도는 앞의 경우와 다를 것이다. 그러므로 속도나 가속도를 말할 때, 어떤 기준틀에서 관찰하였는지를 알려주어야 한다. 당분간, 독자가 보고 있는 종이에 설정된 기준틀을 사용할 것이다.

문제 1 <그림 4.2>는 물체에 고정된 점이 원을 따라 움직이는 다양한 상황을 보여주고 있다. 반경 R인 원 위에서 반시계 방향으로 일정 속력으로 운동하는 점의 속도 및 가속도 벡터를 시간에 대해 표현하시오.

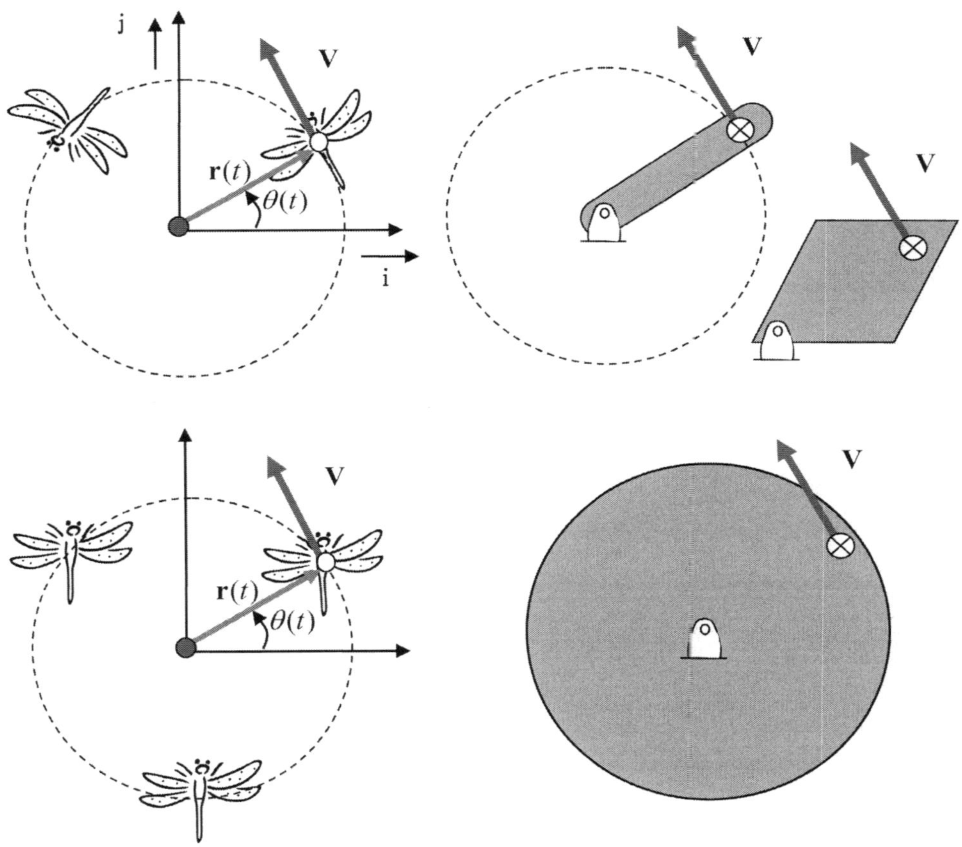

〈그림 4.2〉 원운동하는 점

풀이 원을 따라 운동하는 점의 시각 t에서의 (원의 중심으로부터의) 위치벡터 $\mathbf{r}(t)$의 방향각을 $\theta(t)$라 하면, 위치벡터가 방향각 θ를 매개로 하여 시간에 따라 다음과 같이 표현된다.

$$\mathbf{r} = R\cos\theta\cdot\mathbf{i} + R\sin\theta\cdot\mathbf{j}$$

이 위치벡터에 합성함수의 미분 공식을 적용하여 속도벡터를 구한다.

$$\mathbf{V} = \frac{d\mathbf{r}}{dt} = \frac{d\mathbf{r}}{d\theta}\cdot\frac{d\theta}{dt} = \left(-R\sin\theta\cdot\mathbf{i} + R\cos\theta\cdot\mathbf{j}\right)\cdot\dot{\theta} = R\dot{\theta}\cdot\left(-\sin\theta\cdot\mathbf{i} + \cos\theta\cdot\mathbf{j}\right)$$

속도 벡터의 크기 즉, 속력이 다음과 같이 계산된다.

$$V \equiv \|\mathbf{V}\| = R\dot{\theta}\cdot\left\|\left(-\sin\theta\cdot\mathbf{i} + \cos\theta\cdot\mathbf{j}\right)\right\| = R\dot{\theta} = R\omega$$

점이 일정 속력으로 움직인다고 하였으므로 $\dot{\theta}$이 양의 상수인데, 이를 각속도라 하고 기호로는 ω로 나타내었다. 그림에서 보는 바와 같이 원의 중심으로부터의 위치벡터와 속도벡터가 서로 수직인데, 이를 두 벡터의 내적을 취해 확인할 수 있다. 즉,

$$\mathbf{V}\bullet\mathbf{r} = R^2\dot{\theta}\cdot\left(\cos\theta\cdot\mathbf{i} + \sin\theta\cdot\mathbf{j}\right)\bullet\left(-\sin\theta\cdot\mathbf{i} + \cos\theta\cdot\mathbf{j}\right) = 0.$$

속도 벡터를 한번 더 미분하면 가속도 벡터를 얻는다.

$$\mathbf{A} = \frac{d\mathbf{V}}{dt} = \frac{d\mathbf{V}}{d\theta}\cdot\frac{d\theta}{dt} = -R\dot{\theta}^2\cdot\left(\cos\theta\cdot\mathbf{i} + \sin\theta\cdot\mathbf{j}\right) = -\dot{\theta}^2\mathbf{r}$$

이 경우 가속도 벡터가 원의 중심을 향하는 방향을 가리키는데, 그 크기가 다음과 같이 계산된다.

$$A \equiv \|\mathbf{A}\| = \|-\dot{\theta}^2\mathbf{r}\| = \dot{\theta}^2\cdot\|\mathbf{r}\| = R\dot{\theta}^2 = R\omega^2$$

이를 구심가속도centripetal acceleration라 한다. 속력과 각속도의 관계 $V = R\omega$를 이용하여 구심가속도를 속력으로 표현하면 다음과 같다.

$$A = R\omega^2 = \frac{V^2}{R}$$

다음 절에서 운동하는 강체에 대해 각속도를 정의할 것인데, 만약 원 운동하는 점이 한 강체에 고정되어 있을 경우, 이는 해당 강체의 각속도가 된다. 점의 운동에 대해서 각속도를 정의하지 않는 것이 일반적이지만, 이 예제에서와 같이 점이 원운동을 하는 경우를 포함하여 특별한 경우에 각속도를 예외적으로 정의할 수 있을 것이다.

문제 2 <그림 4.2>는 물체에 고정된 점이 원을 따라 움직이는 다양한 상황을 보여주고 있다. 반경 R인 원 위에서 반시계 방향으로 운동하는 점의 속도 및 가속도 벡터를 시간에 대해 표현하시오. 단, 문제 1과 달리 속력이 일정하지 않고, 각속도가 증가하고 있다.

풀이 속도는 문제 1과 동일하게 표현된다. 즉,

$$\mathbf{V} = R\dot{\theta}\cdot(-\sin\theta\cdot\mathbf{i}+\cos\theta\cdot\mathbf{j})$$

속도를 미분하여 가속도를 얻는다.

$$\mathbf{A} = R\ddot{\theta}\cdot(-\sin\theta\cdot\mathbf{i}+\cos\theta\cdot\mathbf{j}) - R\dot{\theta}^2\cdot(\cos\theta\cdot\mathbf{i}+\sin\theta\cdot\mathbf{j}) = R\alpha\cdot\mathbf{T}-\dot{\theta}^2\mathbf{r}$$

여기서, $\alpha\equiv\ddot{\theta}=\dot{\omega}$, $\mathbf{T}\equiv\mathbf{V}/\|\mathbf{V}\|$. $\mathbf{T}$는 속도(접선) 방향의 단위벡터이고 α를 각가속도라 한다. 이 경우, 가속도가 원의 접선성분과 법선성분을 가짐을 알 수 있다. 각각을 접선가속도와 구심가속도라 한다. 이를 <그림 4.3>에 나타내었다.

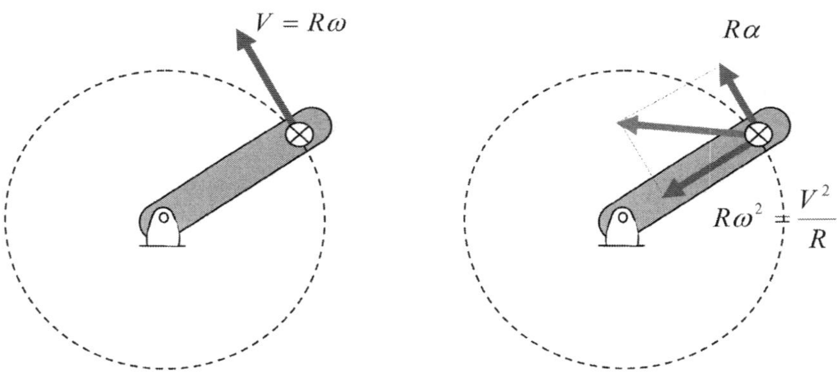

〈그림 4.3〉 원운동하는 점의 속도와 가속도

어떤 점이 기준 위치에서 s만큼 이동했을 때의 위치를 $\mathbf{r}(s)=x(s)\mathbf{i}+y(s)\mathbf{j}$의 형태로 표현할 수도 있다. 시각 t에서의 점의 이동거리를 $s(t)$라 하면 그 점의 위치를 아래

$$\mathbf{r}(s(t)) = (\mathbf{r}\circ s)(t),\ \text{즉}\ t\to s(t)\to\mathbf{r}(s(t))$$

와 같이 합성함수의 형태로 표현할 수 있다. 합성함수의 미분 공식을 이용하여, 속도를 다음 꼴로 표현할 수 있다.

$$\mathbf{V}\equiv\frac{d\mathbf{r}}{ds}\cdot\frac{ds}{dt}=\dot{s}\mathbf{T}\quad \text{단,}\ \mathbf{T}\equiv\frac{d\mathbf{r}}{ds} \tag{*}$$

한편, 구분 구적법으로 곡선의 길이를 정의하면, 아래 꼴의 선적분으로 표현된다:

$$s(t)-s(0)=\int_0^t \sqrt{\frac{d\mathbf{r}}{dt}\bullet\frac{d\mathbf{r}}{dt}}\cdot dt$$

양변을 미분하여 $\dot{s}=\sqrt{\mathbf{V}\bullet\mathbf{V}}=\|\mathbf{V}\|$ 임을 알 수 있다. 즉, $\dot{s}$ 이 속력이고, 식 (*)의 **T**가 접선 방향의 단위 벡터임을 알 수 있다.

> **참고** <그림 4.1>에서 $\|\Delta\mathbf{r}\|\approx\Delta s$ 이므로 **T**가 단위벡터임을 직관적으로 주장할 수도 있다.

식 (*)를 한번 더 미분하여 가속도 벡터를 점의 이동거리 s를 매개로 하여 표현하면 다음과 같다.

$$\mathbf{A}=\frac{d}{dt}(\dot{s}\mathbf{T})=\ddot{s}\mathbf{T}+\dot{s}\frac{d}{dt}\mathbf{T}=\ddot{s}\mathbf{T}+\dot{s}\frac{d\mathbf{T}}{ds}\frac{ds}{dt}$$

즉,

$$\mathbf{A}=\ddot{s}\mathbf{T}+\dot{s}^2\frac{d\mathbf{T}}{ds}$$

이때, 벡터 $d\mathbf{T}/ds$를 곡률벡터, 그 크기를 곡률이라 하고 기호 κ 로 표기하자. 매개변수 t 또는 s가 정해지면, 해당 단위 접선벡터 $\mathbf{T}(s)$가 정해지며 접선 벡터가 어떤 고정된 벡터와 이루는 각 $\theta(s)$도 정해진다. **T**가 단위벡터이므로, (매 순간 벡터의 시작점을 한 점에 옮겨 놓으면) 그 끝점이 원운동을 한다고 생각할 수 있다. $d\mathbf{T}/ds$가 이 원운동의 '속도' 방향의 벡터이고, **T**에 수직한 방향을 가리킴을 <그림 4.4>에서 알 수 있다. $d\mathbf{T}/ds$와 동일한 방향의 단위벡터를 주법선 벡터principal normal vector라 하고 **N**으로 표기하자. 즉,

$$\frac{d\mathbf{T}}{ds}=\kappa\mathbf{N}$$

이때, **N**이 곡선의 오목한 쪽을 향함을 관찰하라. <그림 4.4>에 보인 원운동에 대해 $\|\Delta\mathbf{T}\|\approx|\Delta\theta|$ 이므로

$$\kappa\equiv\left\|\frac{d\mathbf{T}}{ds}\right\|=\left|\frac{d\theta}{ds}\right|$$

임도 알 수 있다. 이 식에 의하면, 곡률은 주어진 이동거리 동안 접선벡터가 방향을 얼마나 많이 바꾸었는지를 나타내는 양이다.

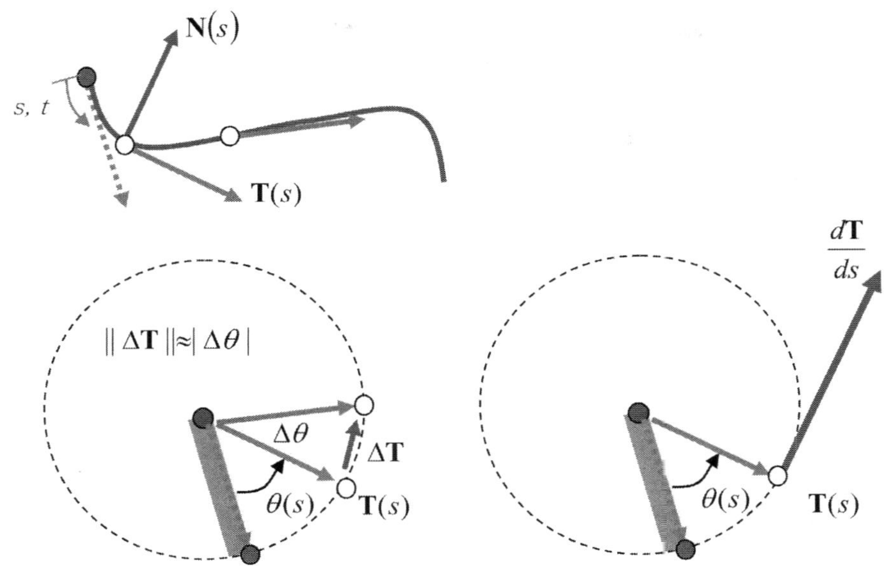

〈그림 4.4〉 곡률벡터

이제, 가속도가 아래의 형태로 표현됨을 알 수 있다.

$$\mathbf{A} = \ddot{s}\mathbf{T} + \kappa\dot{s}^2\mathbf{N}$$

가속도 = 접선가속도 성분 + 법선가속도 성분

곡률의 역수를 곡률 반경이라 하고, 기호 ρ로 표기하면

$$\rho \equiv \frac{1}{\kappa}$$

이다. 곡선 상의 한 점에서 그 곡선에 가장 근접하는 원을 접촉원osculating circle이라 한다. <그림 4.5>는 원의 중심이 원호의 접선 방향에 수직인 직선 상에 위치함을 이용하여, 주어진 점에서 접촉원의 반지름이 곡률반경임을 주장하고 있다.

점의 운동이 주로 시간을 매개로 하여 표현되므로 곡률을 다음과 같이 계산하는 것이 편리하다.

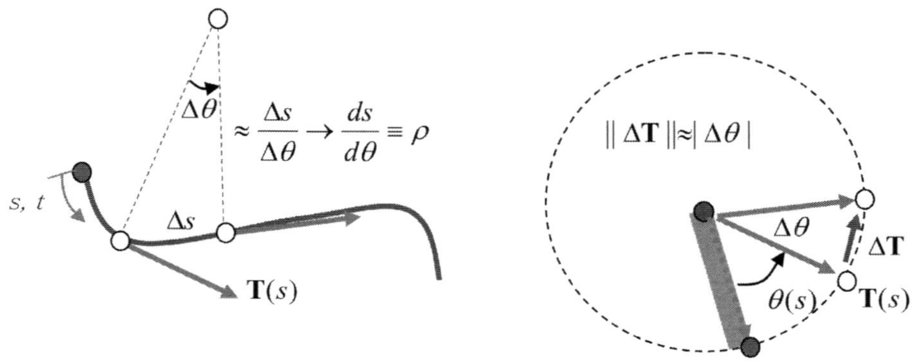

〈그림 4.5〉 곡률 반경과 곡률 중심

속도 $\mathbf{V} = \dot{s}\mathbf{T}$, $\dot{s} = \|\mathbf{V}\|$

가속도 $\mathbf{A} = \ddot{s}\mathbf{T} + \kappa\dot{s}^2\mathbf{N}$

속도와 가속도의 외적을 구하면,

$$\mathbf{V} \times \mathbf{A} = \dot{s}\mathbf{T} \times \left(\ddot{s}\mathbf{T} + \kappa\dot{s}^2\mathbf{N}\right) = \kappa\dot{s}^3\left(\mathbf{T} \times \mathbf{N}\right).$$

위 식의 양변의 크기를 취하면,

$$\|\mathbf{V} \times \mathbf{A}\| = \kappa \cdot \dot{s}^3.$$

이로부터 곡률을 구하는 아래의 공식을 얻는다.

$$\kappa = \frac{\|\mathbf{V} \times \mathbf{A}\|}{\|\mathbf{V}\|^3}$$

한편, 주법선 벡터 **N**의 방향도 가속도의 법선 방향 성분으로부터 구하는 것이 자연스럽다.

- 가속도 접선 방향 성분벡터 $\mathbf{A}_{\parallel} = (\mathbf{A} \bullet \mathbf{T})\mathbf{T}$
- 가속도 법선 방향 성분벡터 $\mathbf{A}_{\perp} = \mathbf{A} - (\mathbf{A} \bullet \mathbf{T})\mathbf{T}$
- 주법선 벡터 $\mathbf{N} = \frac{\mathbf{A}_{\perp}}{\|\mathbf{A}_{\perp}\|} = \frac{\mathbf{A} - (\mathbf{A} \bullet \mathbf{T})\mathbf{T}}{\|\mathbf{A} - (\mathbf{A} \bullet \mathbf{T})\mathbf{T}\|}$

어떤 궤적 $t \to \mathbf{r}(t)$를 그리는 점의 곡률에 대해 정리하면 다음과 같다.

1. 곡률은 단위 접선 벡터의 단위 곡선 길이 당 변화율이다.
   $\kappa = \|d\mathbf{T}/ds\|$
2. 곡률은 단위 접선 벡터의 방향각의 단위 곡선 길이 당의 변화율이다.
   $\kappa = |d\theta / ds|$
3. 곡률은 곡률 반경의 역수이다.
4. 곡률은 정의에 의해 음수가 아니다. 즉, 양수이거나 0이다.
5. 곡률을 다음의 공식으로 계산하는 것이 편리하다.
   $$\kappa = \frac{\|\mathbf{V}\times\mathbf{A}\|}{\|\mathbf{V}\|^3}$$
   여기서, $\mathbf{V}$는 속도벡터, $\mathbf{A}$는 가속도벡터이다.
6. 곡률 반경은 접촉원osculating circle의 반지름이다.
7. 접촉원 중심의 위치를 곡률 중심이라 한다. 곡률 중심은 $\mathbf{r}+(1/\kappa)\mathbf{N}$에 위치한다. 여기서, $\mathbf{N}\equiv(d\mathbf{T}/ds)/\|d\mathbf{T}/ds\|$이며 주법선(단위)벡터라 한다.
8. 주법선벡터 $\mathbf{N}$은 "오목한" 쪽, 즉 곡선이 휘는 방향을 가리킨다. 주법선벡터를 다음 공식으로부터 계산하는 것이 편리하다.
   $$\mathbf{N} = \frac{\mathbf{A}_\perp}{\|\mathbf{A}_\perp\|} = \frac{\mathbf{A}-(\mathbf{A}\bullet\mathbf{T})\mathbf{T}}{\|\mathbf{A}-(\mathbf{A}\bullet\mathbf{T})\mathbf{T}\|}$$

항목 (2)를 제외한 곡률에 대한 설명은 3차원 곡선에 대해서도 성립한다. 3차원 곡선에서는 회전각 θ를 정의하는 것이 여의치 않다.

이상을 정리하여 가속도를 접선방향 성분과 법선방향 성분으로 분해하여 <그림 4.6>에 표현하고 있다. 순수한 직선 운동의 가속도와 등속 원운동의 가속도의 합으로 일반적 운동의 가속도가 표현됨을 알 수 있다.

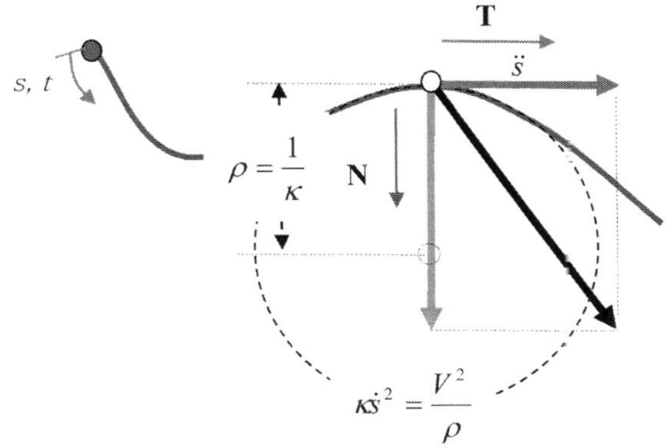

〈그림 4.6〉 가속도

문제 3 점 P가

$$\mathbf{r}(t) = \left(t - t^2\right)\mathbf{I} + \left(3t\right)\mathbf{J} = \begin{bmatrix} t - t^2 \\ 3t \end{bmatrix}$$

의 규칙을 따라 운동하고 있다. 시각 $t=1$에서 점 P의 속도, 가속도, 그 궤적의 곡률, 곡률 반경, 곡률 중심, 주법선벡터를 구하시오.

> **주** 위 문제의 등식의 마지막 표현은 벡터와 행렬을 같이 놓았다는 점에서 다소 부정확하나 사용하는 기저를 I J로 동의한 상태에서 편의상 사용한다. 평면에서 서로 평행하지 않은 두 벡터가 기저를 이룬다. 한 기저에 속한 두 벡터가 단위벡터이고 서로 직교하면 정규직교기저라 한다. 주로 정규직교기저를 사용할 것이다. 예를 들어 직교좌표축 방향의 단위벡터들은 정규직교기저를 이룬다. 본 교과의 목적 내에서는 기저에 대해 이와 같이 단순히 이해하는 것으로 충분하다. 기저의 엄밀한 정의는 선형대수학을 참조하라.

풀이

속도벡터 $$\mathbf{V} = \frac{d\mathbf{r}}{dt} = \frac{d}{dt}\begin{bmatrix} t - t^2 \\ 3t \end{bmatrix} = \begin{bmatrix} 1 - 2t \\ 3 \end{bmatrix}$$

가속도벡터 $$\mathbf{A} = \frac{d\mathbf{V}}{dt} = \frac{d}{dt}\begin{bmatrix} 1 - 2t \\ 3 \end{bmatrix} = \begin{bmatrix} -2 \\ 0 \end{bmatrix}$$

$t=1$일 때,

위치벡터 $$\mathbf{r} = \begin{bmatrix} t - t^2 \\ 3t \end{bmatrix}_{t=1} = \begin{bmatrix} 0 \\ 3 \end{bmatrix}$$

속도벡터 $$\mathbf{V} = \begin{bmatrix} 1 - 2t \\ 3 \end{bmatrix}_{t=1} = \begin{bmatrix} -1 \\ 3 \end{bmatrix}$$

가속도벡터 $$\mathbf{A} = \begin{bmatrix} -2 \\ 0 \end{bmatrix}$$

곡률 $$\kappa = \frac{\|\mathbf{V} \times \mathbf{A}\|}{\|\mathbf{V}\|^3} = \frac{6}{10\sqrt{10}} = \frac{6\sqrt{10}}{100} \approx 0.19$$

곡률반경 $$\rho = \frac{1}{\kappa} = \frac{5\sqrt{10}}{3} \approx 5.27$$

단위접선벡터 $$\mathbf{T} = \frac{\mathbf{V}}{\|\mathbf{V}\|} = \frac{1}{\sqrt{10}}\begin{bmatrix} -1 \\ 3 \end{bmatrix}$$

가속도벡터 접선성분벡터 $$\mathbf{A}_{\|} = (\mathbf{A} \bullet \mathbf{T})\mathbf{T} = \frac{2}{10}\begin{bmatrix} -1 \\ 3 \end{bmatrix} = \frac{1}{5}\begin{bmatrix} -1 \\ 3 \end{bmatrix}$$

가속도벡터 법선성분벡터 $\mathbf{A}_{\perp} = \mathbf{A} - \mathbf{A}_{\parallel}$

$$= \begin{bmatrix} -2 \\ 0 \end{bmatrix} - \frac{1}{5}\begin{bmatrix} -1 \\ 3 \end{bmatrix} = \frac{1}{5}\begin{bmatrix} -9 \\ -3 \end{bmatrix} = -\frac{3}{5}\begin{bmatrix} 3 \\ 1 \end{bmatrix}$$

주법선벡터 $\mathbf{N} = \dfrac{\mathbf{A}_{\perp}}{\| \mathbf{A}_{\perp} \|} = \dfrac{-1}{\sqrt{10}}\begin{bmatrix} 3 \\ 1 \end{bmatrix}$

곡률중심 $\mathbf{r}_c = \mathbf{r} + \rho\mathbf{N} = \begin{bmatrix} 0 \\ 3 \end{bmatrix} + \dfrac{5\sqrt{10}}{3}\dfrac{(-1)}{\sqrt{10}}\begin{bmatrix} 3 \\ 1 \end{bmatrix}$

$$= \begin{bmatrix} 0 \\ 3 \end{bmatrix} - \frac{5}{3}\begin{bmatrix} 3 \\ 1 \end{bmatrix} = \begin{bmatrix} -5 \\ 4/3 \end{bmatrix}$$

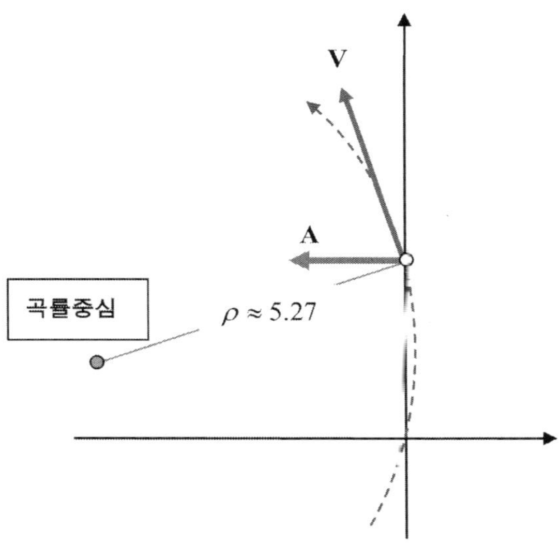

〈그림 4.7〉

점 P의 궤적을 속도벡터, 가속도벡터, 곡률중심과 함께 <그림 4.7>에 나타내었다.

참고1 주어진 궤적을 암시적으로 변환하면 다음과 같이 포물선의 방정식으로 표현할 수 있다.

$$x = t - t^2,\ \ y = 3t \ \ \rightarrow t = y/3 \ \ \rightarrow x = \left(\frac{y}{3}\right) - \left(\frac{y}{3}\right)^2 = \frac{1}{9}(3y - y^2) = \frac{1}{9}y(3 - y)$$

즉,

$$9x = y(3 - y)$$

참고2 속도벡터가 $\mathbf{V} = [-1 \quad 3]^T$ 이므로 주법선벡터가

$$\pm \frac{1}{\sqrt{10}} \begin{bmatrix} 3 \\ 1 \end{bmatrix}$$

중에 하나임을 즉각적으로 알 수 있다. 만약 곡선의 모양을 알면 주법선벡터가 오목한쪽을 가르킨다는 사실로부터 두 방향 중 하나를 주법선벡터의 방향으로 지정할 수 있을 것이다. 그렇지 않다면 이 예제에서 보인 바와 같이 가속도벡터에서 접선성분을 제외하여 법선성분의 방향을 구하여야 한다.

참고3 곡률은 기하학적 성질로서 곡선이 정해지면 곡선 상의 한 점에 대해 정의된다. 매개변수가 반드시 시간으로 표현된 곡선에 대해 곡률 공식을 사용하여야 하는 것은 아니다. 그러므로 함수

$$u \to \mathbf{r}(u) = \begin{bmatrix} u - u^2 \\ 3u \end{bmatrix}$$

로 정의되는 곡선도 문제와 동일한 곡률을 가지게 된다. 다만 곡률 공식에 속도 가속도를 사용하지 않고 다음과 같이 매개변수에 대한 미분을 사용하여야 한다. 즉, 공식

$$\kappa = \frac{\| \mathbf{V} \times \mathbf{A} \|}{\| \mathbf{V} \|^3} \quad \text{대신} \quad \kappa = \frac{\| \mathbf{r}' \times \mathbf{r}'' \|}{\| \mathbf{r}' \|^3}$$

를 사용하여야 한다. 여기서,

$$\mathbf{r}' \equiv \frac{d\mathbf{r}}{du}, \quad \mathbf{r}'' \equiv \frac{d^2\mathbf{r}}{du^2}$$

이다.

단원정리

◆ 점의 궤적의 표현: 점의 위치벡터 $\mathbf{r}$을 시각에 대한 함수로 표현. 즉,

$$t \to \mathbf{r}(t) = x(t)\mathbf{i} + y(t)\mathbf{j}$$

◆ 속도의 정의: $\mathbf{V}(t) \equiv \dfrac{d\mathbf{r}}{dt} = \dot{x}(t)\mathbf{i} + \dot{y}(t)\mathbf{j}$

◆ 가속도의 정의: $\mathbf{A}(t) \equiv \dfrac{d\mathbf{V}}{dt} = \ddot{x}(t)\mathbf{i} + \ddot{y}(t)\mathbf{j}$

◆ 이동거리로 매개된 표현:

속도 $\mathbf{V} = \dot{s}\mathbf{T}$, $\dot{s} = \| \mathbf{V} \|$

가속도 $\mathbf{A} = \ddot{s}\mathbf{T} + \kappa\dot{s}^2\mathbf{N}$

접선방향 성분: $\ddot{s}$

법선방향 성분: $\kappa\dot{s}^2 = \dfrac{V^2}{\rho}$

◆ 곡률의 의미:

$$\kappa = \left\| \frac{d\mathbf{T}}{ds} \right\| = \left| \frac{d\theta}{ds} \right|$$

$$ds = \left(\frac{1}{\kappa} \right) d\theta = \rho d\theta$$

◆ 곡률의 계산:

$$\kappa = \frac{\| \mathbf{V} \times \mathbf{A} \|}{\| \mathbf{V} \|^3}$$

◆ 주법선 벡터의 계산:

$$\mathbf{N} = \frac{\mathbf{A}_\perp}{\| \mathbf{A}_\perp \|} = \frac{\mathbf{A} - (\mathbf{A} \bullet \mathbf{T})\mathbf{T}}{\| \mathbf{A} - (\mathbf{A} \bullet \mathbf{T})\mathbf{T} \|}$$

제 5 장

강체에 고정된 점들 사이의 상대속도

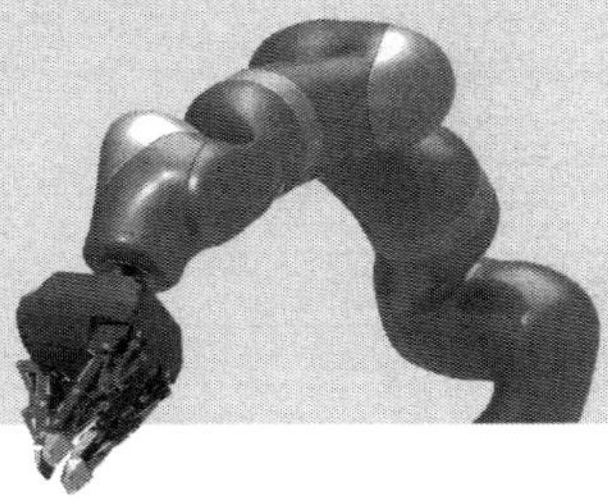

한 순간 두 점의 속도의 차이를 두 점의 상대속도라 한다. 한 강체 상의 점들은 서로 거리를 일정하게 유지하기 위해 그 운동이 상당히 제한된다. 강체가 회전하는 빠르기를 각속도로 정의한다. 강체에는 무한히 많은 점들이 있지만 3개의 변수만 정하면 강체에 고정된 모든 점의 위치를 확정할 수 있다. 강체의 각속도와 그 강체에 고정된 한 점의 속도를 알 때, 그 강체에 고정된 또 다른 점의 속도를 계산하는 방법을 알아보자.

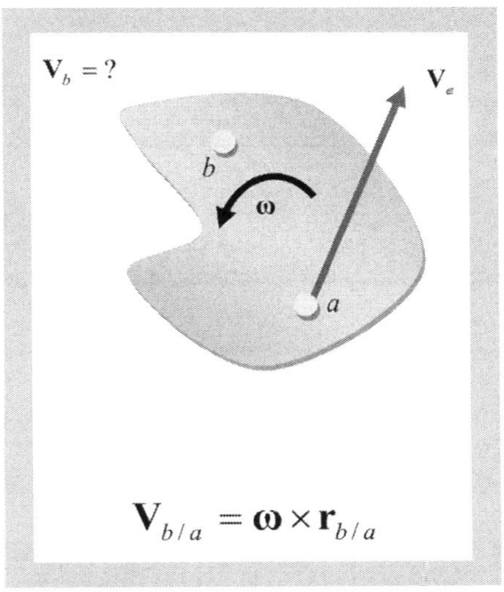

1 상대 위치, 속도, 가속도

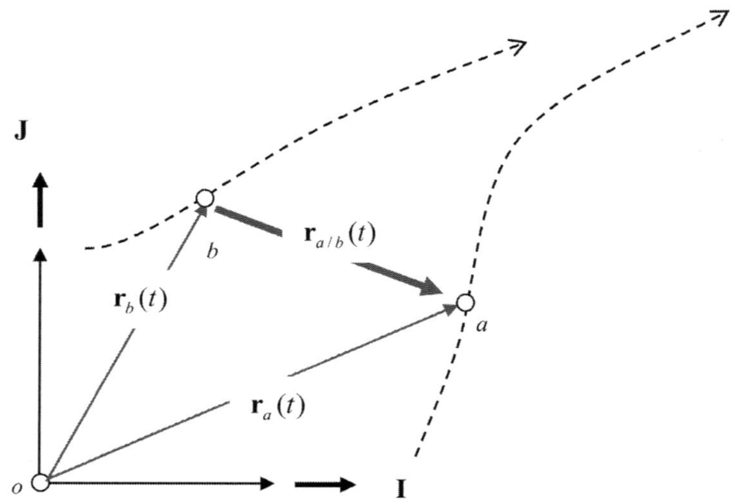

〈그림 5.1〉 상대위치

점 a와 b가 종이 위에서 움직이고 있다고 하자. 어떤 시점에 종이에 고정된 한 점 o에서부터 측정한 점 a의 위치벡터를 $\mathbf{r}_a$, 점 b의 위치벡터를 $\mathbf{r}_b$로 표기하자. 두 점 사이의 상대위치, 상대속도, 상대가속도를 아래와 같이 정의하고 표기한다.

종이에서 관찰한 점 b에 대한 a의

상대위치: $\mathbf{r}_{a/b} = \mathbf{r}_a - \mathbf{r}_b$

상대속도: $\mathbf{V}_{a/b} = \dfrac{d\mathbf{r}_{a/b}}{dt} = \mathbf{V}_a - \mathbf{V}_b$

상대가속도: $\mathbf{A}_{a/b} = \dfrac{d\mathbf{V}_{a/b}}{dt} = \mathbf{A}_a - \mathbf{A}_b$

주 문헌에 따라 여기서 정의한 상대위치, 속도, 가속도를 위치차이, 속도차이, 가속도차이로 명명하기도 한다. 또 '상대'라는 표현을 생략하고 단순히 점 b에 대한 점 a의 위치, 속도, 가속도로 칭하기도 한다.

기구를 해석할 때, 한 점의 속도/가속도를 알고 그 점에 대한 관심 있는 점의 상대속도/가속도를 계산하여 더하는 방식으로 관심 있는 점의 속도/가속도를 찾는 일이 흔하다. 그러므로 다음 식은 자명하지만 기구학적 추론을 수행하는 데 매우 빈번히 활용된다.

$$\mathbf{V}_a = \mathbf{V}_b + \mathbf{V}_{a/b}, \quad \mathbf{A}_a = \mathbf{A}_b + \mathbf{A}_{a/b}$$

또한, 편의를 위해 $\mathbf{r}_{a/b}$ 방향의 단위벡터를 $\mathbf{t}_{a/b}$로 표기할 것이다. 즉,

$$\mathbf{t}_{a/b} = \frac{\mathbf{r}_{a/b}}{\| \mathbf{r}_{a/b} \|}$$

위치벡터 $\mathbf{r}_a$는 기준점을 암묵적으로 동의한 상태에서 상대위치벡터 $\mathbf{r}_{a/o}$를 약식으로 표기한 것이므로 기준점이 명시되지 않은 위치, 속도, 가속도벡터를 다음과 같이 기준점을 명시하여 표현할 수 있다. 즉 임의의 점 a에 대하여

$$\mathbf{r}_a = \mathbf{r}_{a/o}, \quad \mathbf{V}_a = \mathbf{V}_{a/o} \quad \mathbf{A}_a = \mathbf{A}_{a/o}$$

단, o는 종이에 고정된 좌표 원점이다.

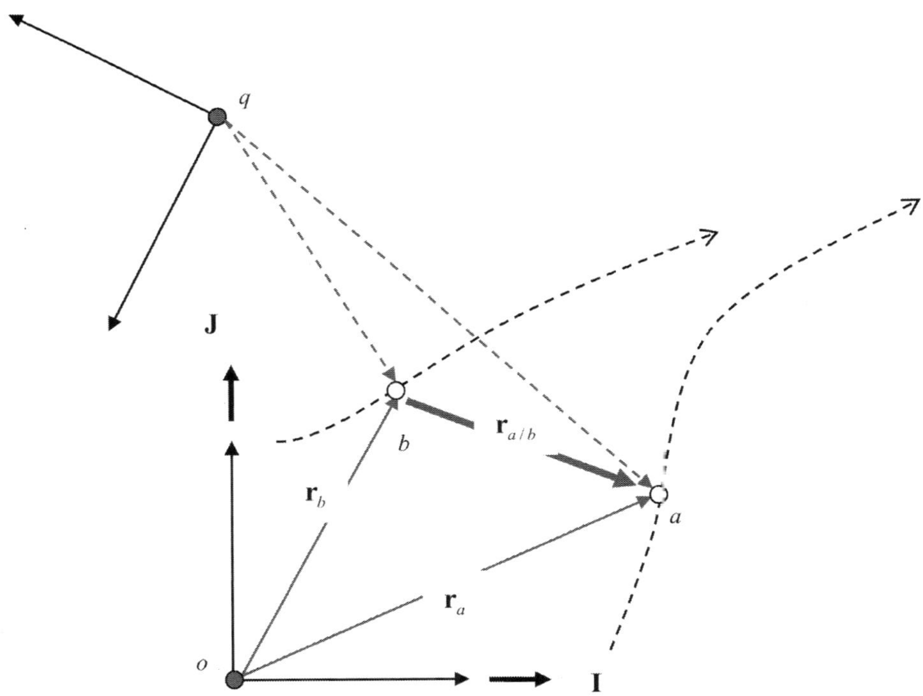

〈그림 5.2〉 상대위치는 좌표계에 무관하다.

<그림 5.2>는 상대위치벡터 $\mathbf{r}_{a/b}$가 관측의 기준이 되는 종이 위에 설정된 좌표계에 의존하지 않는 것을 보여 준다. 그러므로 임의의 점 p에 대하여,

$$\mathbf{V}_p = \mathbf{V}_{p/o} = \mathbf{V}_{p/q} \quad \text{(단, 점 } o, q\text{는 관측의 기준이 되는 강체에 부착된 점)}$$

이다. 이에 관하여 5절에서 보다 해석적으로 증명하고 있다.

문 제 두 점 a, b의 시각 t에서의 위치 벡터가 아래와 같다.

$$\mathbf{r}_a(t) = (3t)\cdot \mathbf{I}$$
$$\mathbf{r}_b(t) = (t^2 - 1)\cdot \mathbf{I} + (t-1)\cdot \mathbf{J}$$

$t=1$인 순간에 대해 다음을 구하시오.

$$\mathbf{r}_{a/b},\ \mathbf{V}_{a/b},\ \mathbf{A}_{a/b},\ \mathbf{t}_{a/b}$$

속도해석에 유용한 식을 정리하면 다음과 같다.

정리 5.1

관측의 기준으로 특정한 강체에 고정된 점 o, q 및 임의의 점 p, a, b에 대해

$$\mathbf{V}_p = \mathbf{V}_{p/o} = \mathbf{V}_{p/q}$$
$$\mathbf{V}_a = \mathbf{V}_b + \mathbf{V}_{a/b}$$

2 평면 상의 강체운동

아래와 같이 두 물체 A, B를 고려하자. 운동의 배경이 되는 강체(종이)가 B이고 다른 하나의 강체가 A이다.

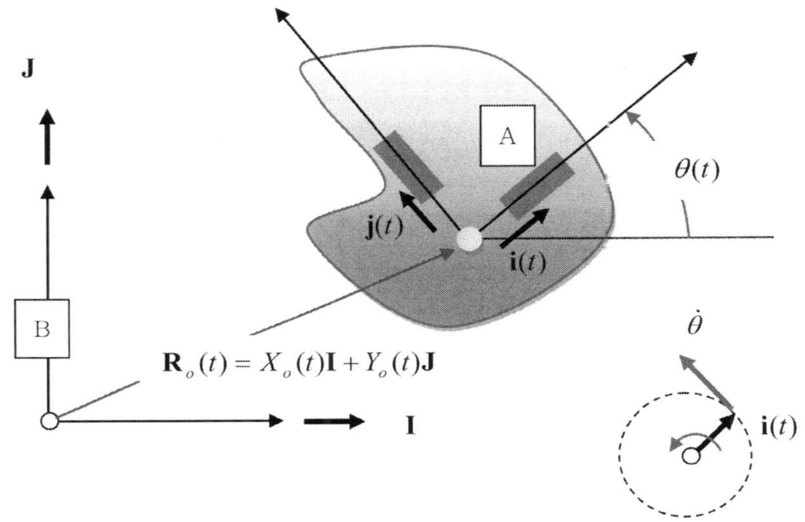

〈그림 5.3〉 강체의 평면운동

강체 A에 고정된, 즉 A에 붙어있는 단위벡터 중 하나를 $\mathbf{i}$라 하고 $\mathbf{i}$가 B에 고정된 단위벡터 $\mathbf{I}$와 이루는 각을 θ라 하자. $\mathbf{j}$는 $\mathbf{i}$를 반시계 방향으로 90도 회전시킨 벡터로 물체 A에 고정되어 있다. 강체 A에 고정된 한 점 o의 시각 t에서의 위치를 위치벡터

$$\mathbf{R}_o(t) = X_o(t)\mathbf{I} + Y_o(t)\mathbf{J}$$

로 나타내자. 그러면, 강체 A의 (강체 B에 대한 상대) 운동은 3개의 변수

$$X_o(t),\ Y_o(t),\ \theta(t)$$

로 묘사됨을 2장에서 보인 바 있다. 즉, 강체 A의 (강체 B에 대한 상대) 운동의 자유도가 3이다.

참고

이를 "강체의 평면운동을 좌표 (X_o, Y_o)로 표현되는 병진운동translation과 그 점을 중심으로 하는 θ만큼의 회전운동rotation으로 분리할 수 있다"라고 표현하기도 한다. 이를 <그림 5.4>에 나타내고 있다.

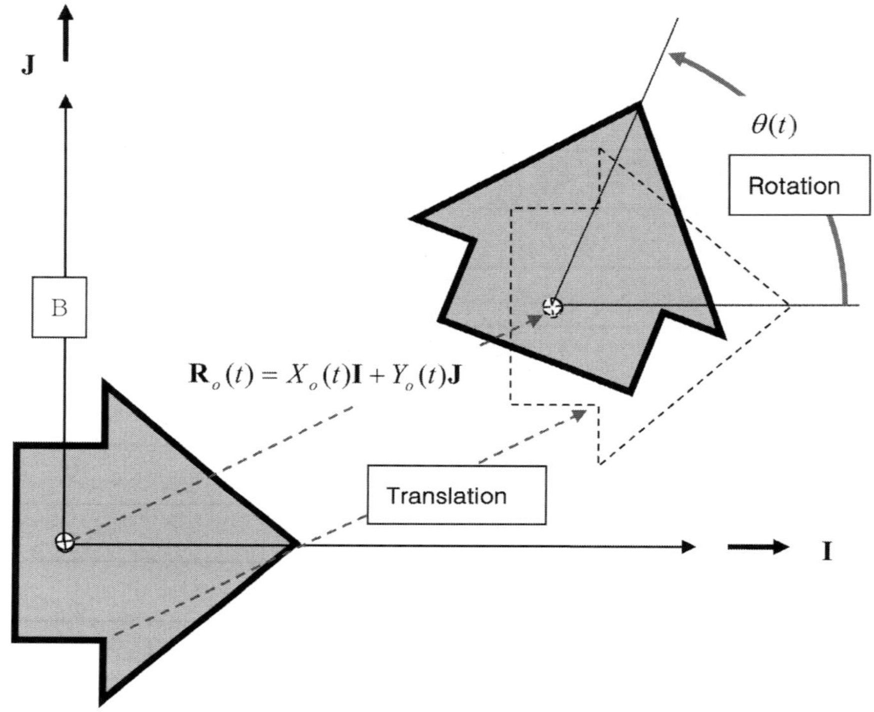

〈그림 5.4〉 병진운동과 회전운동

3 강체의 각속도와 기저벡터의 속도

<그림 5.3>과 같은 상황에서 (B에 대한) A의 각속도를 평면상에서

$$\omega \equiv \frac{d\theta}{dt} = \dot{\theta}$$

로 정의하고 3차원 공간의 벡터 형식으로는

$$\boldsymbol{\omega} \equiv \omega \mathbf{k}$$

로 표현한다. 여기서, $\mathbf{k}$는 종이 밖으로 나오는 회전축 방향의 단위벡터이다. 즉, $\mathbf{k} \equiv \mathbf{i} \times \mathbf{j}$이다. 평면에 구속되지 않은 강체의 각속도의 정의는 이보다 좀더 복잡하다. 각속도 $\boldsymbol{\omega}$를 좀더 자세히는

$$\boldsymbol{\omega}_{A/B}$$

로 표기한다. 정의로부터 아래의 관계를 즉시 얻을 수 있다.

$$\boldsymbol{\omega}_{A/B} = -\boldsymbol{\omega}_{B/A} \qquad \boldsymbol{\omega}_{A/B} = \boldsymbol{\omega}_{C/B} + \boldsymbol{\omega}_{A/C} = \boldsymbol{\omega}_{A/C} - \boldsymbol{\omega}_{B/C}$$

각속도가 강체의 성질이지 점의 성질이 아님에 주의하라. 즉, '강체 A의 각속도'라는 표현은 옳지만, '점 p의 각속도'라는 표현은 원운동을 하는 점 등에 대해 매우 제한적으로 사용된다. 마찬가지로 속도가 점의 성질이지만 병진운동하는 강체의 경우에 대해서는 그 속도를 말할 수 있을 것이다.

단위벡터 $\mathbf{i}(t)$와 그에 (반시계 방향으로 90도 회전하여) 수직인 단위벡터 $\mathbf{j}(t)$를 기저 **IJ**에 대한 성분으로 표현하면 다음과 같다.

$$\mathbf{i}(t) = \cos\theta(t) \cdot \mathbf{I} + \sin\theta(t) \cdot \mathbf{J} = \begin{bmatrix} \cos\theta(t) \\ \sin\theta(t) \end{bmatrix}$$

$$\mathbf{j}(t) = -\sin\theta(t) \cdot \mathbf{I} + \cos\theta(t) \cdot \mathbf{J} = \begin{bmatrix} -\sin\theta(t) \\ \cos\theta(t) \end{bmatrix}$$

위 등식의 마지막 표현은 벡터와 행렬을 같이 놓았다는 점에서 다소 부정확하나 사용하는 기저를 **IJ**로 동의한 상태에서 편의상 사용한다.

> 주 평면에서 서로 평행하지 않은 두 벡터가 기저를 이룬다. 한 기저에 속한 두 벡터가 단위벡터이고 서로 직교하면 정규직교기저라 한다. 주로 정규직교기저를 사용할 것이다. 예를 들어 직교좌표축 방향의 단위벡터들은 정규직교기저를 이룬다. 본서의 목적 내에서 기저에 대해 이와 같이 단순히 이해하는 것으로 충분하다. 기저의 엄밀한 정의는 선형대수학을 참조하자.

단위벡터 $\mathbf{i}(t)$와 $\mathbf{j}(t)$의 시간에 대한 변화율을 구하면 다음과 같다.

$$\frac{d}{dt}\mathbf{i} = \frac{d}{dt}\begin{bmatrix}\cos\theta \\ \sin\theta\end{bmatrix} = \omega\cdot\begin{bmatrix}-\sin\theta \\ \cos\theta\end{bmatrix} = \omega\cdot\mathbf{j} = \omega\cdot(\mathbf{k}\times\mathbf{i}) = \omega\mathbf{k}\times\mathbf{i} = \boldsymbol{\omega}\times\mathbf{i}$$

$$\frac{d}{dt}\mathbf{j} = \frac{d}{dt}\begin{bmatrix}-\sin\theta \\ \cos\theta\end{bmatrix} = -\omega\cdot\begin{bmatrix}\cos\theta \\ \sin\theta\end{bmatrix} = -\omega\cdot\mathbf{i} = -\omega\cdot(\mathbf{j}\times\mathbf{k}) = \omega\cdot(\mathbf{k}\times\mathbf{j}) = \omega\mathbf{k}\times\mathbf{j} = \boldsymbol{\omega}\times\mathbf{j}$$

즉, 각속도 $\boldsymbol{\omega}$로 움직이는 강체에 고정된 단위벡터 $\mathbf{i}$와 그에 수직한 벡터 $\mathbf{j}$에 대해 다음이 성립한다.

$$\frac{d}{dt}\mathbf{i} = \boldsymbol{\omega}\times\mathbf{i} \text{ 이고 } \quad \frac{d}{dt}\mathbf{j} = \boldsymbol{\omega}\times\mathbf{j}$$

이는 <그림 5.5>와 같이 단위벡터 $\mathbf{i}$의 끝점이 반경 1의 원운동을 한다고 생각하여 얻은 결론과 동일하다. 평면상의 벡터와 그에 수직인 단위벡터 $\mathbf{k}$와의 외적이 90도 회전과 그 효과가 동일함에 주목하자.

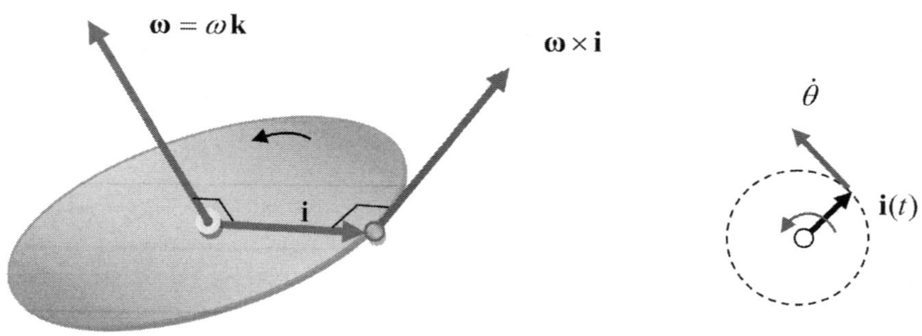

〈그림 5.5〉 강체에 부착된 단위벡터의 운동

4 강체에 부착된 두 점 사이의 상대속도

이제, 2절에서 정한 점 o가 아니면서 강체 A에 고정된 또 다른 점 p를 고려하자. <그림 5.6>과 같이 시각 t에서의 위치벡터 $\mathbf{r}_{p/O}$를

$$\mathbf{R}(t) = X(t)\mathbf{I} + Y(t)\mathbf{J}$$

로, 시각 t에서 위치벡터 $\mathbf{r}_{p/o}(t)$를

$$\mathbf{r}(t) = x \cdot \mathbf{i}(t) + y \cdot \mathbf{j}(t)$$

로 표기하면 다음의 관계식이 성립한다.

$$\mathbf{R}(t) = \mathbf{R}_o(t) + \mathbf{r}(t)$$

이를 미분하면

$$\frac{d\mathbf{R}}{dt} = \frac{d\mathbf{R}_o}{dt} + \frac{d\mathbf{r}}{dt}. \text{ 즉, } \mathbf{V}_p = \mathbf{V}_o + \frac{d\mathbf{r}}{dt}$$

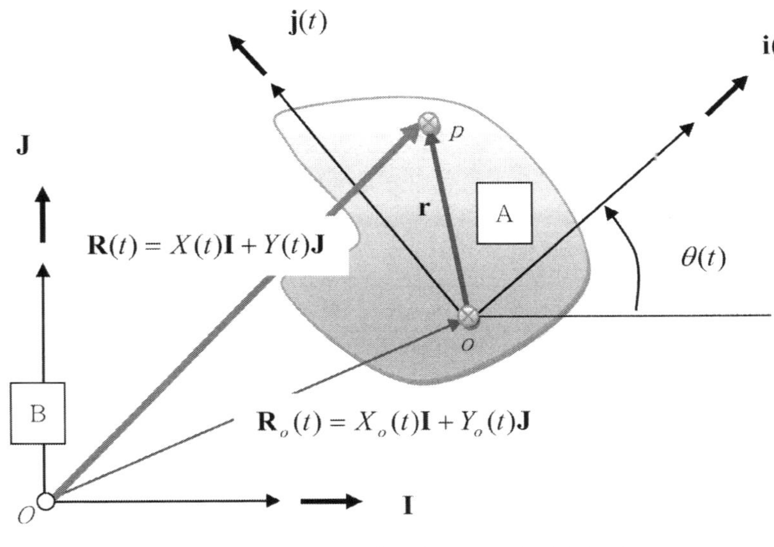

〈그림 5.6〉 동일한 강체에 고정된 두 점의 운동

이다. 이때, $\mathbf{V}_p = \dot{X}\mathbf{I} + \dot{Y}\mathbf{J}$, $\mathbf{V}_o = \dot{X}_o\mathbf{I} + \dot{Y}_o\mathbf{J}$ 이고

$$\mathbf{V}_{p/o} \equiv \mathbf{V}_p - \mathbf{V}_o = \frac{d\mathbf{r}}{dt}$$

이다. 점 o와 점 p가 모두 강체 A에 고정되어 있으므로 벡터 $\mathbf{r}(t)$도 강체 A에 부착되어 있는 것으로 생각할 수 있다. 이때, 기저 $\mathbf{ij}$에 대한 점 p의 좌표 x, y가 변하지 않음에 주목하라. ($\mathbf{IJ}$가 시간에 대해 변하지 않는다고 보고) 상대위치 $\mathbf{r}(t)$의 변화율을 계산하면

$$\frac{d}{dt}\mathbf{r} = x\frac{d}{dt}\mathbf{i} + y\frac{d}{dt}\mathbf{j} = x(\boldsymbol{\omega}\times\mathbf{i}) + y(\boldsymbol{\omega}\times\mathbf{j}) = \boldsymbol{\omega}\times(x\mathbf{i}+y\mathbf{j}) = \boldsymbol{\omega}\times\mathbf{r}$$

즉, 각속도 $\boldsymbol{\omega}$로 움직이는 강체에 고정된 임의의 벡터 $\mathbf{r}(t)$에 대해,

$$\frac{d\mathbf{r}}{dt} = \boldsymbol{\omega}\times\mathbf{r}$$

주 같은 강체에 고정된 두 점 사이의 상대속도에 관한 관계식을 다음과 같이 유도할 수 있다. 사실 이 논법이 훨씬 간단하지만 위와 같이 생각하는 것이 중요하기 때문에 위의 논법을 먼저 보였다.

논법 1 앞 절에서 각속도 $\boldsymbol{\omega}$로 움직이는 강체에 부착된 단위벡터 $\mathbf{i}$에 대해 다음이 성립함을 보였다.

$$\frac{d}{dt}\mathbf{i} = \boldsymbol{\omega}\times\mathbf{i}$$

그런데, 강체 위에 단위벡터 $\mathbf{i}$를 어떻게 정하는 지는 유도 과정에서 중요하지 않았다. 즉, 강체에 부착된 임의의 단위벡터 $\mathbf{i}$에 대해, 위 식이 성립한다. 각속도 $\boldsymbol{\omega}$로 움직이는 강체에 부착된 어떤 벡터 $\mathbf{r}$의 크기를 r, 그 방향을 $\mathbf{u}$라 하자. 즉, $\mathbf{r}=r\mathbf{u}$. 이를 위의 공식에 대입하면 다음과 같다.

$$\frac{d\mathbf{r}}{dt} = \frac{d}{dt}(r\mathbf{u}) = r\frac{d\mathbf{u}}{dt} = r\boldsymbol{\omega}\times\mathbf{u} = \boldsymbol{\omega}\times(r\mathbf{u}) = \boldsymbol{\omega}\times\mathbf{r}$$

이를 <그림 5.7>에 시각적으로 표현하고 있다.

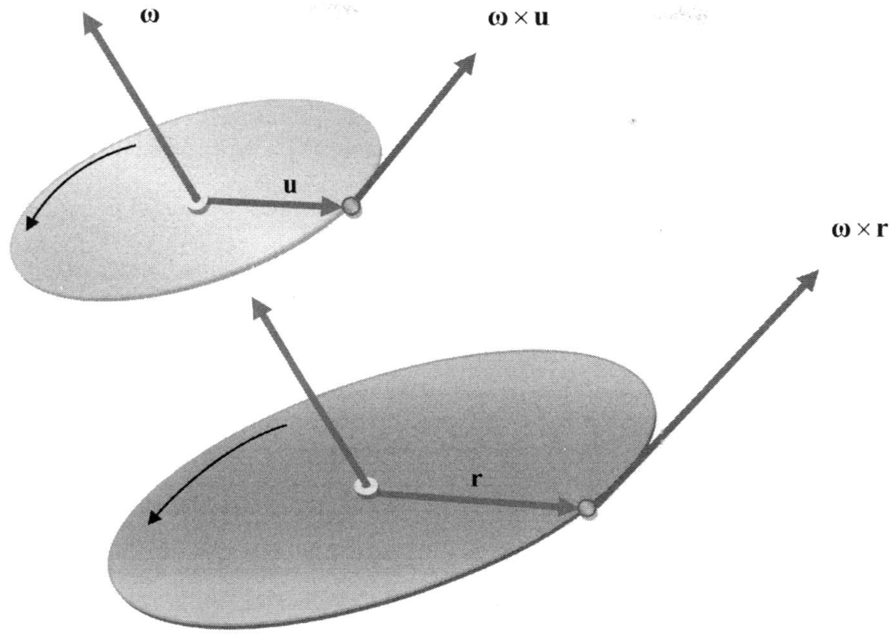

〈그림 5.7〉 강체에 부착된 벡터의 운동

논법 2 일반적으로 반경 R인 원 위를 양의 각속도 ω로 움직이는 점의 속력이 $R\omega$이고 그 방향이 원의 중심으로부터의 위치벡터에 수직, 즉 위치벡터를 90도 회전시킨 방향이다. 강체에 부착된 벡터 **r**은 (그 시작점을 한 점에 옮기면) 그 끝점이 반경 r $\left(\equiv \|\mathbf{r}\|\right)$의 원운동을 한다고 생각할 수 있다. $\boldsymbol{\omega}\times\mathbf{r}$의 크기가 $r\omega$이고 그 방향이 $\mathbf{k}\times\mathbf{r}$과 동일하므로

$$\frac{d\mathbf{r}}{dt} = \boldsymbol{\omega}\times\mathbf{r}$$

이다. 회전이 시계방향일 때에 대해 별도로 확인하여 증명을 완성할 수 있다.

이를 일반화하여, 각속도 $\boldsymbol{\omega}$로 회전하는 강체에 고정된 두 점 a, b 사이의 상대속도에 대해 다음과 같이 진술할 수 있다.

$$\mathbf{V}_{a/b} = \boldsymbol{\omega}\times\mathbf{r}_{a/b} \qquad \left(= \mathbf{V}_a - \mathbf{V}_b = \frac{d}{dt}\mathbf{r}_{a/b} \right)$$

즉,

$$\mathbf{V}_a = \mathbf{V}_b + \boldsymbol{\omega} \times \mathbf{r}_{a/b}$$

한편, 두 점 사이의 상대위치 $\mathbf{r}_{a/b}$ 방향의 단위벡터 $\mathbf{t}_{a/b}$를 위 식의 양변에 내적시키면 다음과 같다.

$$\mathbf{V}_a \bullet \mathbf{t}_{a/b} = \mathbf{V}_b \bullet \mathbf{t}_{a/b} + (\boldsymbol{\omega} \times \mathbf{r}_{a/b}) \bullet \mathbf{t}_{a/b}$$

벡터 $(\boldsymbol{\omega} \times \mathbf{r}_{a/b})$과 $\mathbf{t}_{a/b}$가 서로 수직이므로, 위 식이 다음과 같이 간단히 표현된다.

$$\mathbf{V}_a \bullet \mathbf{t}_{a/b} = \mathbf{V}_b \bullet \mathbf{t}_{a/b}$$

이는 동일한 강체에 고정된 두 점 a, b의 속도의 선분 ab방향으로의 성분이 일치함을 의미한다. <그림 5.8>에 이를 도해적으로 증명하고 있다. 이 조건이 만족되지 않는다면 두 점이 순간적으로 멀어지거나 가까워지게 되어 강체에 고정된 점이 될 수 없다. 직관적으로 말하면, 강체가 분리되거나 깨지지 않는 한 위의 식이 성립한다.

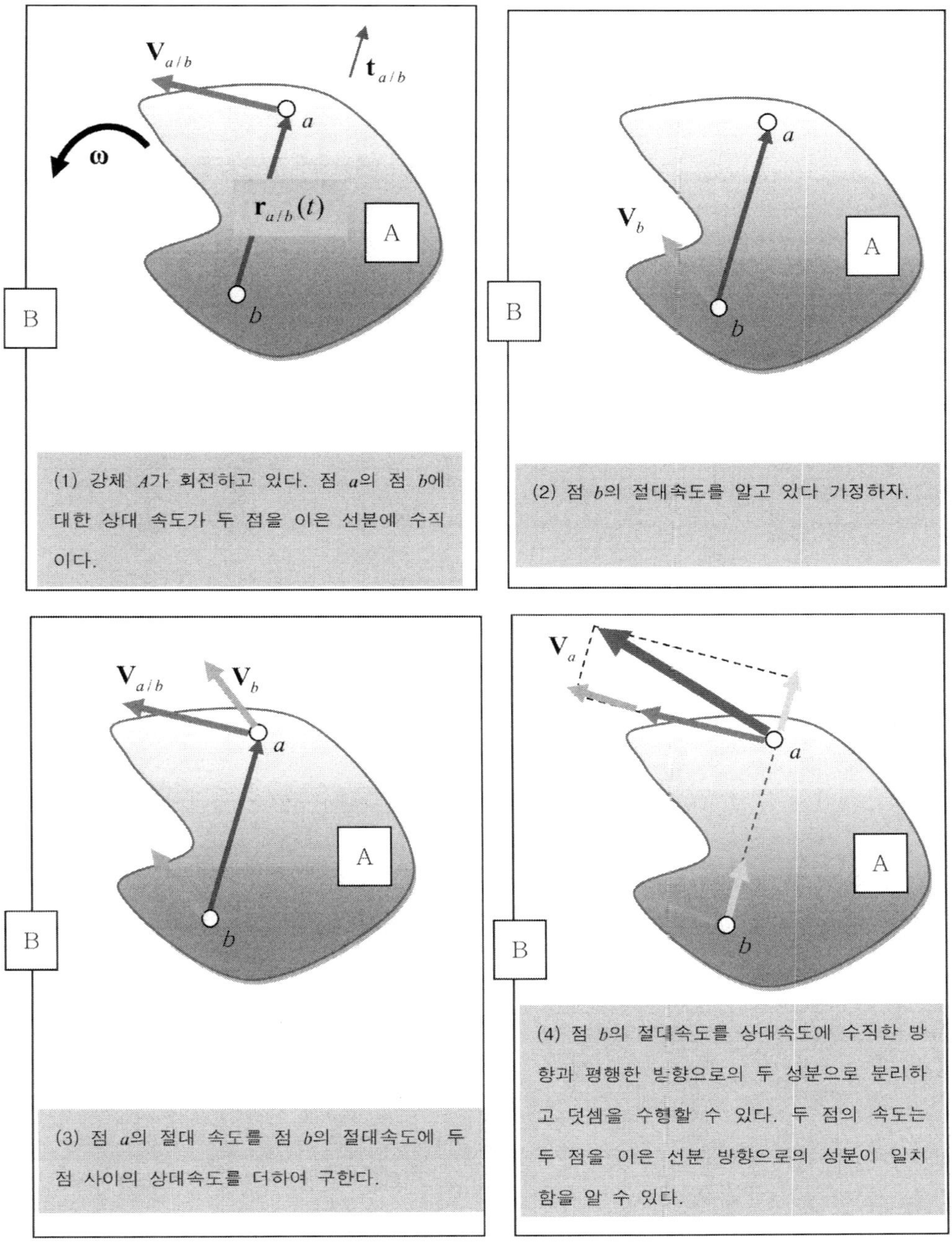

〈그림 5.8〉 상대속도의 위치차 방향의 성분

한 강체에 고정되어 있는 두 점 사이의 상대 운동에 대해 다음과 같이 정리할 수 있다.

정리 5.2

각속도 $\boldsymbol{\omega}$로 움직이는 강체에 대해, 다음이 성립한다.

1. 그 강체에 고정된 임의의 벡터 $\mathbf{r}$에 대해,

$$\frac{d\mathbf{r}}{dt} = \boldsymbol{\omega} \times \mathbf{r}$$

2. 그 강체에 고정된 두 점 a, b에 대해,

$$\mathbf{V}_{a/b} = \boldsymbol{\omega} \times \mathbf{r}_{a/b}$$

즉, 한 강체에 고정된 두 점의 상대 속도는 두 점을 이은 선분에 수직이며 그 크기가 선분 ab의 길이와 각속도의 곱이다. <그림 5.8-(1)> 참조.

3. 그 강체에 고정된 두 점 a와 b에 대해,

$$\mathbf{V}_a = \mathbf{V}_b + \boldsymbol{\omega} \times \mathbf{r}_{a/b}$$

4. 동일한 강체에 고정된 두 점 a, b의 속도의 선분 ab 방향으로의 성분은 일치한다. <그림 5.8-(4)> 참조. 이는 두 점을 이은 선분의 길이가 바뀌지 않는다는 것을 의미한다.

$$\mathbf{V}_a \bullet \mathbf{t}_{a/b} = \mathbf{V}_b \bullet \mathbf{t}_{a/b}$$

이상을 <그림 5.9>에 시각적으로 표현하고 있다.

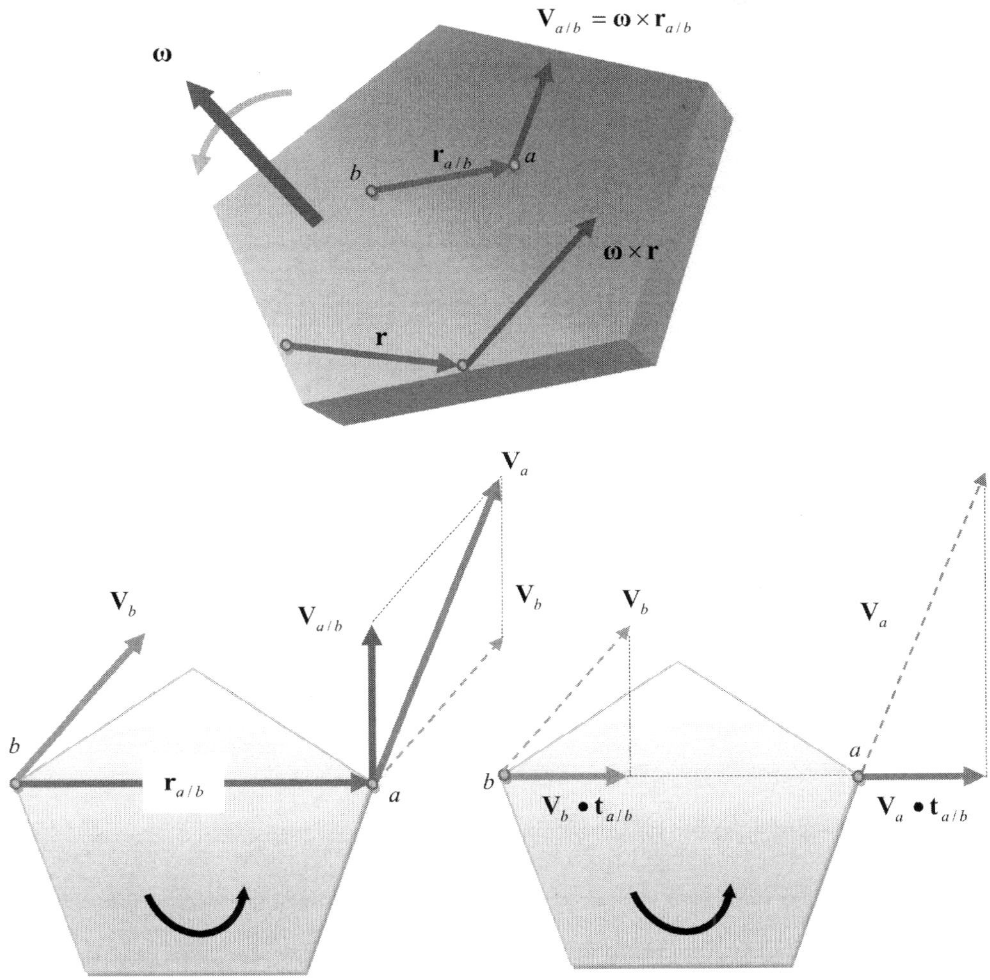

〈그림 5.9〉 강체 내의 상대 운동

문제 1 점 a와 b는 동일한 강체에 고정된 점이다. 점 b의 속도가 그림에 표시되어 있다. 실현 가능한 점 a의 속도를 보기에서 고르고, 그 때 강체의 각속도가 얼마인지 구하시오. 단, 그림의 눈금의 단위가 길이로는 mm, 속도로는 cm/s이다.

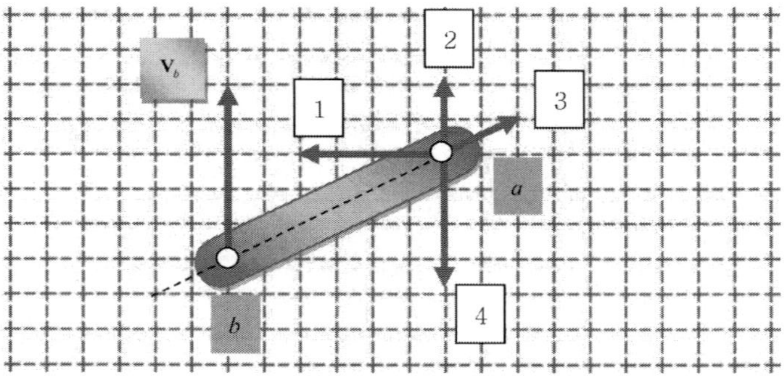

간략 풀이 / 도해적 풀이

보기 중 3번이 두 점을 잇는 방향으로의 속도 성분이 일치하여 실현 가능한 속도이다. 이 때 두 점 사이의 상대속도의 크기가 $2\sqrt{5}$ cm/s이고, 상대속도의 방향을 고려하면 시계방향으로 회전함을 알 수 있다. 두 점 사이의 거리가 $3\sqrt{5}$ mm이므로 각속도가 다음과 같다.

$$-\frac{2\sqrt{5}\,\mathrm{cm/s}}{3\sqrt{5}\,\mathrm{mm}} = -\frac{20}{3}\mathrm{rad/s}$$

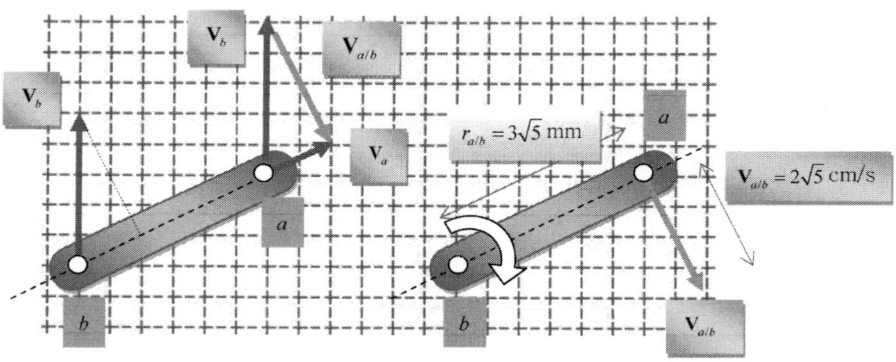

상세 풀이 / 해석적 풀이

$$\mathbf{r}_{a/b} = 6\mathbf{I} + 3\mathbf{J}\ [mm],\ \ \mathbf{t}_{a/b} = \frac{1}{\sqrt{5}}(2\mathbf{I} + 1\mathbf{J})\ ,\ \ \mathbf{V}_b = 5\mathbf{J}\ [cm/s]$$

$$\mathbf{V}_b \bullet \mathbf{t}_{a/b} = \sqrt{5}\ [cm/s]$$

그러므로 $\mathbf{t}_{a/b}$ 방향으로 속도 성분이 $\sqrt{5}$ [cm/s]인 3번이 실현 가능하다. 즉, 3번의 경우 다음 조건을 만족한다.

$$\mathbf{V}_a \bullet \mathbf{t}_{a/b} = \sqrt{5}\,[cm/s] = \mathbf{V}_b \bullet \mathbf{t}_{a/b}$$

이 때,

$$\mathbf{V}_a = 2\mathbf{I} + 1\mathbf{J}\,[cm/s],\ \ \mathbf{V}_{a/b} = \mathbf{V}_a - \mathbf{V}_b = 2\mathbf{I} - 4\mathbf{J}\,[cm/s]$$

두 점의 상대 속도와 각속도 사이에는 다음의 관계가 성립한다.

$$\mathbf{V}_{a/b} = \boldsymbol{\omega} \times \mathbf{r}_{a/b}$$

이를 각속도에 대하여 풀면 다음과 같다.

$$\mathbf{V}_{a/b} = \omega\,\mathbf{k} \times \mathbf{r}_{a/b}$$

$$(2\mathbf{I} - 4\mathbf{J})[cm/s] = \omega\,(-3\mathbf{I} + 6\mathbf{J})[mm]$$

$$20 \cdot (\mathbf{I} - 2\mathbf{J})[mm/s] = -3\omega\,(\mathbf{I} - 2\mathbf{J})[mm]$$

$$\omega = -\frac{20}{3} rad/s$$

문제 2 보기는 가로 세로 1m의 정사각형 강체의 속도 분포를 나타내고 있다. 실현 가능한 속도 분포와 불가능한 속도 분포를 분류하시오. 각 보기에 실현 여부를 명확히 선택하시오. 실현 가능한 속도 분포에 대해 각속도를 계산하시오.

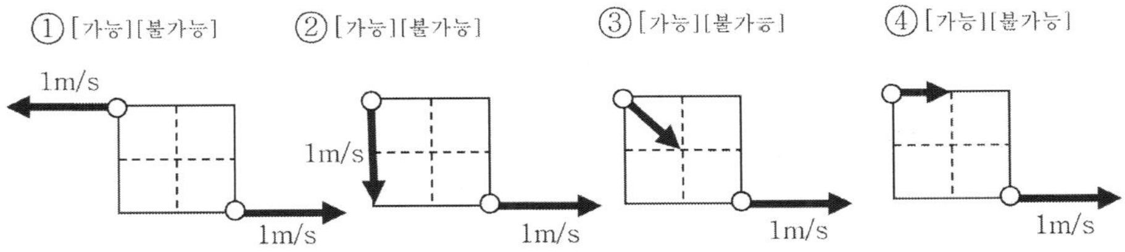

답 보기 중 (2)와 (3)이 실현 가능한 속도 분포이다. 두 점을 이은 선에 속도를 투영하여 그 크기와 방향을 비교하면 된다. 상대 속도를 계산하고 반경으로 나누면 (2)의 경우 각속도가 반시계 방향으로 1rad/s, (3)의 경우, 반시계 방향으로 0.5rad/s이다.

5 관찰자를 명시한 엄밀한 속도표현

4절의 <그림 5.6>과 같은 상황에서 속도를 구할 때, 암묵적으로 종이 B에 고정되어 있는 기저 **IJ**를 고정시킨 상태로 위치벡터를 미분하였다. 관측의 기준점을 명시하지 않은 속도 $\mathbf{V}_p$를 구할 때는 종이 B에 고정된 점 O로부터의 위치벡터를 미분하였다. 이를 강조하여 4절에서 사용한 속도들을 **물체 B에서 관찰한 속도**라 하고 엄밀하게는 아래와 같이 다양하게 표기하기로 한다:

$$\mathbf{V}_p^B = \frac{^{\mathbf{IJ}}d}{dt}\mathbf{r}_{p/O} = \frac{^{B}d}{dt}\mathbf{r}_{p/O} = \frac{d^{\mathbf{IJ}}}{dt}\mathbf{r}_{p/O} = \frac{d^{B}}{dt}\mathbf{r}_{p/O} = \mathbf{V}_{p/O}^B = \mathbf{V}_{p/B}$$

$$\mathbf{V}_{p/o}^B = \frac{^{\mathbf{IJ}}d}{dt}\mathbf{r}_{p/o} = \frac{^{B}d}{dt}\mathbf{r}_{p/o} = \frac{d^{\mathbf{IJ}}}{dt}\mathbf{r}_{p/o} = \frac{d^{B}}{dt}\mathbf{r}_{p/o}$$

참고

문헌에 따라 여기서 정의한 강체 B에서 관찰한 점 p의 (절대) 속도 $\mathbf{V}_p^B$를 강체 B에 대한 점 p의 상대속도로 칭하기도 하는데, 특히, $\mathbf{V}_{p/B}$로 표기하는 문헌에서 그러하다.

이 표기법이 교과서마다 다를 수 있으므로 주의하여야 한다. 한 강체에서 관찰한 속도는 그 강체에 고정된 점에 대한 상대속도이다. 운동학적 관점에서는 모든 것이 상대적이므로 엄밀한 의미에서 '절대' 속도라 말할 수 있는 것은 없지만 특정한 강체에 부착된 점에 대한 상대속도를 절대속도로 칭하기도 한다. 특정되는 강체는 주로 땅일 것이다. 다만, 한 강체에서 관찰한 속도가 좌표원점과 기저의 설정에 의존하지 않음을 보여서 이 정의에 모순이 없음을 확인하여야 한다.

문제 1 좌표 원점의 설정에 속도의 정의가 바뀌지 않음을 보이시오. 즉, 물체 B에 고정된 두 점을 각기 O와 Q라 할 때, 아래 관계를 증명하시오.

$$\frac{^{\mathbf{IJ}}d}{dt}\mathbf{r}_{p/O} = \frac{^{\mathbf{IJ}}d}{dt}\mathbf{r}_{p/Q} \qquad (\text{단, } \mathbf{IJ}\text{는 물체 } B\text{에 고정된 기저})$$

즉,

$$\mathbf{V}_p^B = \mathbf{V}_{p/O}^B = \mathbf{V}_{p/Q}^B$$

풀이 점 O와 Q가 강체 B에 고정되어 있으므로 점 O에서 Q까지의 위치벡터 $\mathbf{r}_{Q/O}$도 강체에 고정되어 있다. 즉,

$$\frac{{}^{\mathbf{IJ}}d}{dt}\mathbf{r}_{Q/O} = \mathbf{0}$$

이다. 이를 이용하여 자명한 위치 관계, $\mathbf{r}_{p/O} - \mathbf{r}_{p/Q} = \mathbf{r}_{Q/O}$를 미분하면,

$$\frac{{}^{\mathbf{IJ}}d}{dt}\mathbf{r}_{p/O} - \frac{{}^{\mathbf{IJ}}d}{dt}\mathbf{r}_{p/Q} = \frac{{}^{\mathbf{IJ}}d}{dt}\mathbf{r}_{Q/O} = \mathbf{0}$$

이다. 즉,

$$\frac{{}^{\mathbf{IJ}}d}{dt}\mathbf{r}_{p/O} = \frac{{}^{\mathbf{IJ}}d}{dt}\mathbf{r}_{p/Q}$$

이다.

문제 2 좌표 기저의 설정에 속도의 정의가 바뀌지 않음을 보이시오. 즉, 물체 B에 고정된 한 기저를 **IJ**라 하고, 물체 B에 고정된 다른 기저를 **UV**라 할 때, B에서 관찰한 속도가 기저의 선택에 의존하지 않음, 즉

$$\frac{{}^{\mathbf{IJ}}d}{dt}(\bullet) = \frac{{}^{\mathbf{UV}}d}{dt}(\bullet)$$

임을 보이시오.

풀이 임의의 벡터 함수 $\mathbf{q}(t)$를 분해하여 어떤 함수 $G(t)$, $H(t)$에 대하여 아래의 꼴로 표현할 수 있다.

$$\mathbf{q}(t) = G(t)\mathbf{U} + H(t)\mathbf{V} \qquad (*)$$

기저 **IJ**와 **UV**가 물체 B에 고정되어 있으므로,

$$\frac{{}^{\mathbf{IJ}}d}{dt}\mathbf{U} = \mathbf{0}, \quad \frac{{}^{\mathbf{IJ}}d}{dt}\mathbf{V} = \mathbf{0}$$

이다. 식 (*)를 **IJ**를 고정시키고 미분하면

$$\frac{{}^{\mathbf{IJ}}d}{dt}\mathbf{q} = \dot{G}\mathbf{U} + \dot{H}\mathbf{V} + G\frac{{}^{\mathbf{IJ}}d}{dt}\mathbf{U} + H\frac{{}^{\mathbf{IJ}}d}{dt}\mathbf{V} = \dot{G}\mathbf{U} + \dot{H}\mathbf{V} = \frac{{}^{\mathbf{UV}}d}{dt}\mathbf{q}$$

이므로 임의의 벡터 함수 $\mathbf{q}(t)$에 대하여,

$$\frac{{}^{IJ}d}{dt}\mathbf{q} = \frac{{}^{UV}d}{dt}\mathbf{q}$$

이다.

(문제 1)과 (문제 2)의 증명에 의해,

정리 5.3

강체 B에 고정된 임의의 점 O, Q에 대해

$$\mathbf{V}_{p}^{B} = \mathbf{V}_{p/O}^{B} = \mathbf{V}_{p/Q}^{B}$$

이는 밭에 앉아 있는 농부와 버스정류장에 서 있는 사람이 버스의 속도에 대해 일치하는 견해를 보인다는 것을 의미한다.

제6장

두 강체에서 관찰한 한 점의 속도

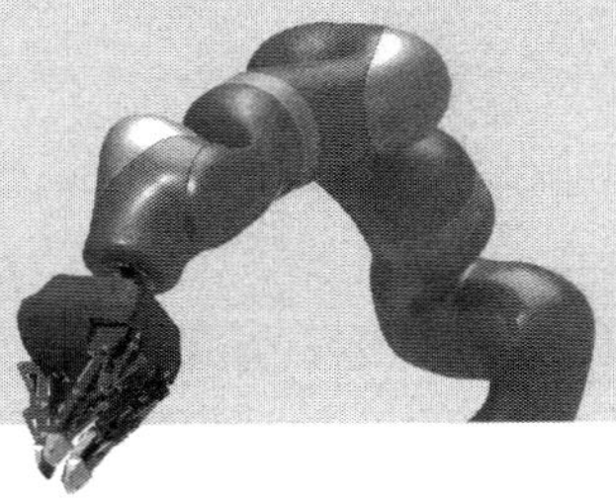

한 점의 운동을 두고 두 강체에 '앉아 있는' 관찰자는 다른 결론에 도달한다. 태양에서 관찰하면 화성의 운동을 타원으로 볼 것이지만 지구에서는 그 운동이 매우 복잡하게 보인다. 땅에서 뛰어 노는 아이들에 대해 땅에서 관찰하는 사람과 회전목마에서 관찰하는 사람은 다른 결론에 도달한다. 관찰자의 차이에서 기인한 한 운동의 두 '겉보기' 운동의 속도들 사이의 관계를 알아보자. 이러한 두 겉보기 운동의 속도관계와 한 강체에서 관찰한 두 점 간의 상대 속도를 잘 구별하여야 한다. 문헌에 따라 이 두 개념에 대한 명칭과 표기가 다르거나 명확하지 않을 수 있으므로 주의하여야 한다.

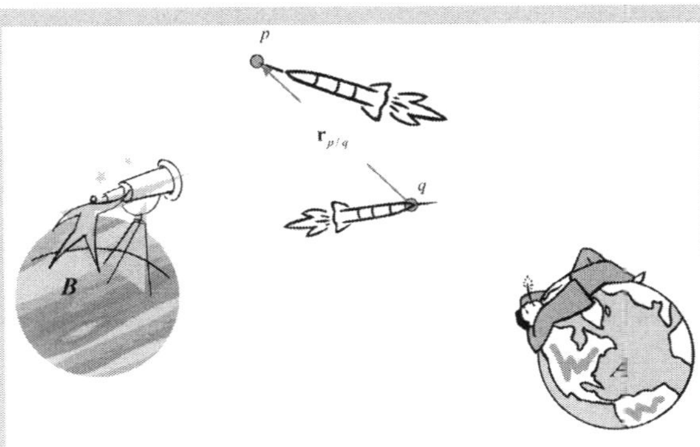

$$\mathbf{V}^{B}_{p/q} = \mathbf{V}^{A}_{p/q} + \boldsymbol{\omega}_{A/B} \times \mathbf{r}_{p/q}$$

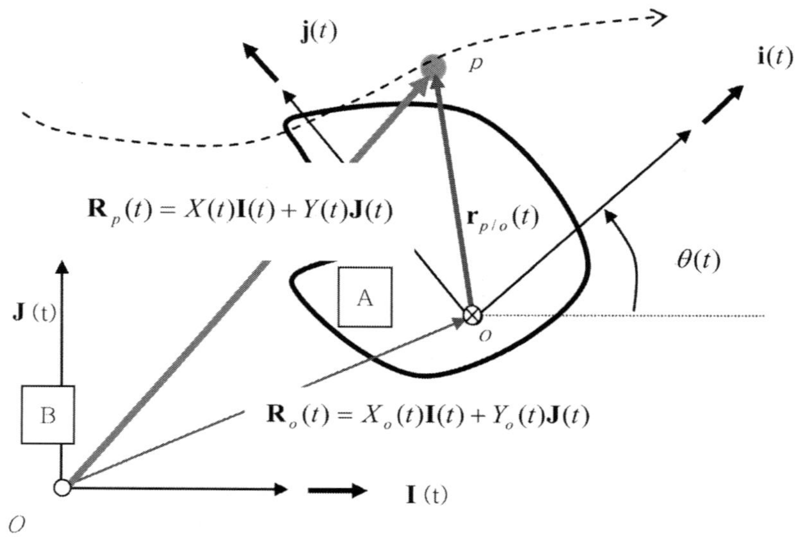

〈그림 6.1〉 두 강체에서 관찰된 한 점의 운동

<그림 6.1>에서 점 p가 움직이고, 점 o는 강체 A에, 점 O는 강체 B에 고정되어 있다 하자. 그림에서 점선으로 표현된 궤적은 점 p의 과거와 미래의 위치를 물체 B(종이) 위에 표시한 것이다. 점 p의 과거와 미래의 위치를 물체 A에도 그릴 수 있는데, 그 모양, 길이 등이 앞의 궤적과 다를 것이다. 즉, 점의 궤적은 어떤 물체에서 관찰하는지에 따라 달라지고, 그에 따라 속도도 달라진다.

문제 1 <그림 1>에서 강체 A가 x축에 대해 일정한 속도 V_o로 평행이동하고 있다 하자. 강체 A에서 볼 때 일정속도로 반시계 방향으로 원운동하는 점의 궤적이 강체 B에서 어떻게 보이는가?

다음과 같이 각 점의 위치를 나타내는 좌표변수를 설정하자.

$$\mathbf{R}_p \equiv \mathbf{r}_{p/O} = X \cdot \mathbf{I} + Y \cdot \mathbf{J}$$

$$\mathbf{R}_o \equiv \mathbf{r}_{o/O} = X_o \cdot \mathbf{I} + Y_o \cdot \mathbf{J}$$

$$\mathbf{r} \equiv \mathbf{r}_{p/o} = \mathbf{R}_p - \mathbf{R}_o = x \cdot \mathbf{i} + y \cdot \mathbf{j}$$

이 경우 좌표 x, y가 상수라는 보장이 없음에 주의하라. 속도에 관한 다음의 정의를 잘 구별하여야 한다:

(1) 강체 B에서 관찰한 점 p의 속도: $\mathbf{V}_p^B = \dot{X}\mathbf{I} + \dot{Y}\mathbf{J}$

(2) 강체 A에서 관찰한 점 p의 속도: $\mathbf{V}_p^A = \dot{x}\,\mathbf{i} + \dot{y}\,\mathbf{j}$

(3) 강체 B에서 관찰한 점 a의 점 b에 대한 상대속도: $\mathbf{V}_{a/b}^B \equiv \mathbf{V}_a^B - \mathbf{V}_b^B$

(4) 강체 A에서 관찰한 점 a의 점 b에 대한 상대속도: $\mathbf{V}_{a/b}^A \equiv \mathbf{V}_a^A - \mathbf{V}_b^A$

제5장의 5절 문제 1과 문제 2에서 이미 보인 바와 같이 강체 상의 좌표원점의 설정과 기저의 설정에 위의 정의가 의존하지 않음에 주목한다. 즉,

$$\mathbf{V}_{p/o}^A = \mathbf{V}_p^A = \mathbf{V}_{p/q}^A. \text{ 여기서, } o\text{와 } q\text{는 강체 } A\text{에 그정된 점}$$

$$\mathbf{V}_{p/O}^B = \mathbf{V}_p^B = \mathbf{V}_{p/Q}^B. \text{ 여기서, } O\text{와 } Q\text{는 강체 } B\text{에 고정된 점}$$

주 한편, $\mathbf{V}_p^A$를 강체 A에서의 속도 또는 강체 A 내에서의 속도라고 칭하기도 하는데, 이는 '관찰한'이 생략된 표현으로 크게 혼동되지 않는 표현이다. 문헌에 따라 여기서 정의한 강체 A에서 관찰한 점 p의 속도 $\mathbf{V}_p^A$를 (강체 B를 절대 프레임으로 설정하였을 때) 강체 A에 대한 점 p의 상대속도 또는 강체 A에 상대적인 점 p의 속도로 칭하기도 하는데, 특히, $\mathbf{V}_{p/A}$로 표기하는 문헌에서 그러하다.

문제 2 <그림 6.1>에서 강체 A가 x 축에 대해 일정한 속력 V_o로 평형이동하고 있다 하자. 강체 A에서 볼 때, 자신의 원점을 중심으로 일정한 속력 v를 유지하며 반시계 방향으로 반지름 R인 원 위를 운동하는 점을 p라 하자. 이 때,

$$\mathbf{V}_p^B(t),\ \mathbf{V}_p^A(t)$$

를 시간에 대한 함수로 표현하시오. 단, $t=0$일 때, 점 p의 x 좌표가 양수이며 점 p가 x 축 상에 있다.

풀이 각속도 ω로 원운동하는 점의 궤적을 다음과 같이 표현할 수 있다.

$$\mathbf{r}_{p/o}(t) = R\cdot(\cos(\omega t)\cdot\mathbf{i} + \sin(\omega t)\cdot\mathbf{j})$$

이 경우 물체 A가 회전하지 않으므로, $\mathbf{i}=\mathbf{I}$, $\mathbf{j}=\mathbf{J}$. 위의 위치벡터를 $\mathbf{ij}$를 상수로 보고 미분하여 물체 A에서 관찰한 속도를 얻는다.

$$\mathbf{V}_p^A(t) = \mathrm{v}\cdot(-\sin(\omega t)\cdot\mathbf{i} + \cos(\omega t)\cdot\mathbf{j}),\ \text{여기서 } \omega = \mathrm{v}/R$$

한편,

$$\mathbf{R}_o \equiv \mathbf{r}_{o/O}(t) = V_o t \cdot \mathbf{I}$$

$$\mathbf{R}_p \equiv \mathbf{r}_{p/O}(t) = \mathbf{r}_{o/O}(t) + \mathbf{r}_{p/o}(t) = (V_o t + R\cos(\omega t)) \cdot \mathbf{I} + R\sin(\omega t) \cdot \mathbf{J}$$

앞의 위치벡터를 **IJ**를 상수로 보고 미분하여 물체 B에서 관찰한 속도를 얻는다.

$$\mathbf{V}_p^B(t) = (V_o - \mathrm{v} \cdot \sin(\omega t)) \cdot \mathbf{I} + \mathrm{v} \cdot \cos(\omega t) \cdot \mathbf{J}$$

이 경우는 상대적인 회전이 없는 매우 특별한 경우이다.

> 주 여기서, 속도를 구한 방법은 정의에 의해 궤적을 미분하여 직접적으로 구한 것이다.
> 이 장에서 좀 더 편리한 방법을 학습할 것이다.

한 강체에 고정된 모든 관찰자가 한 점의 속도와 가속도에 대해 의견의 일치를 보인다는 의미에서, 관찰의 기준으로 쓰일 때 **관찰자, 강체, 기준틀**이 뉴튼역학에서 동일한 의미를 가진다고 할 수 있다.

일반적으로,

$$\mathbf{V}_{a/b}^B \neq \mathbf{V}_{a/b}^A.$$

그렇다면, 두 속도는 얼마나 차이 날까? 이에 답하기 위해 두 관찰자(강체) 사이의 속도 변환 관계를 다음과 같이 유도한다.

위치관계

$$\mathbf{R}_p = \mathbf{R}_o + \mathbf{r} = \mathbf{R}_o + (x\mathbf{i} + y\mathbf{j})$$

를 강체 B를 기준으로 미분하면 아래와 같다.

$$\mathbf{V}_p^B = \mathbf{V}_o^B + \mathbf{V}_{p/o}^B, \text{ 여기서 } \mathbf{V}_{p/o}^B = \frac{d^B}{dt}(\mathbf{r}_{p/o}) = \frac{d^B}{dt}[x\mathbf{i} + y\mathbf{j}]$$

이 때 d^B/dt는 B에 고정된 **IJ**를 상수로 보고 미분하라는 의미임을 상기하라. 5.3절에서 유도한 단위벡터의 미분에 관한 식,

$$\frac{d^B\mathbf{i}}{dt} = \boldsymbol{\omega}_{A/B} \times \mathbf{i}, \quad \frac{d^B\mathbf{j}}{dt} = \boldsymbol{\omega}_{A/B} \times \mathbf{j}$$

을 사용하여 $\mathbf{V}_{p/o}^B$를 계속 전개하면 다음과 같다.

$$\begin{aligned}\mathbf{V}^{B}_{p/o} &= \frac{d^B}{dt}[x\mathbf{i}+y\mathbf{j}] = (\dot{x}\,\mathbf{i}+\dot{y}\,\mathbf{j}) + x\,\boldsymbol{\omega}_{A/B}\times\mathbf{i} + y\,\boldsymbol{\omega}_{A/B}\times\mathbf{j} \\ &= (\dot{x}\,\mathbf{i}+\dot{y}\,\mathbf{j}) + \boldsymbol{\omega}_{A/B}\times(x\,\mathbf{i}+y\,\mathbf{j}) \\ &= \frac{d^A}{dt}[x\mathbf{i}+y\mathbf{j}] + \boldsymbol{\omega}_{A/B}\times(x\,\mathbf{i}+y\,\mathbf{j}) \\ &= \mathbf{V}^{A}_{p} + \boldsymbol{\omega}_{A/B}\times\mathbf{r}_{p/o}\end{aligned} \qquad (*)$$

즉, 다음이 성립한다.

정리 6.1

물체 A에 고정된 점 o에 대해

$$\mathbf{V}^{B}_{p/o} = \mathbf{V}^{A}_{p} + \boldsymbol{\omega}_{A/B}\times\mathbf{r}_{p/o}$$

$$\mathbf{V}^{B}_{p} = \mathbf{V}^{B}_{o} + \mathbf{V}^{A}_{p} + \boldsymbol{\omega}_{A/B}\times\mathbf{r}_{p/o}.$$

위 식들은 3차원 해석에도 이용될 수 있는 일반적인 식이다. 하지만, 우리는 3차원 공간 상의 각속도 $\boldsymbol{\omega}$를 엄밀히 정의하지 않았다. 3차원 공간에서의 각속드 벡터 $\boldsymbol{\omega}$의 엄밀한 정의는 2차원 공간 상의 그것보다 복잡하며 동역학 또는 로봇공학 등의 교과에서 다룰 기회가 있을 것이다.

특히, 어는 순간 점 p가 강체 A에 고정된 점 o의 위치를 지나고 있다면, $\mathbf{r}_{p/o}=\mathbf{0}$이므로 상대속도와 강체 A에서 관찰한 속도가 일치한다. 즉,

$$\mathbf{V}^{B}_{p/o} = \mathbf{V}^{A}_{p/o} = \mathbf{V}^{A}_{p} \qquad \text{단, } \mathbf{r}_{p/o}=\mathbf{0}\text{이고 } o\text{는 강체 } A\text{에 고정된 점}$$

또, 물체 A가 물체 B에 대해 평행이동하고 있을 때에도, $\boldsymbol{\omega}_{A/B}=\mathbf{0}$이므로 두 속도가 일치하게 된다. 이러한 이유로 상대속도와 움직이는 강체에서 관찰한 속도를 혼동하는 일이 흔하므로 두 속도가 일치하는 것은 매우 특수한 경우임을 기억하여야 할 것이다.

주 강체 A에서 관찰한 점 p의 속도 $\mathbf{V}^{A}_{p}$를 강체 A에 대한 점 p의 상대속도로 칭하고 $\mathbf{V}_{p/A}$로 표기하는 문헌들에서 위의 특수 관계를 속도에 관한 추론의 출발점으로 설정하는 경우가 흔하다. 즉,

$$\mathbf{V}_{p} = \mathbf{V}_{q} + \mathbf{V}_{p/A} \quad \text{단, 점 } q\text{는 점 } p\text{와 동일한 위치에 있으면서 강체 } A\text{에 고정된 점}$$

필자의 견해로는 이러한 접근법은 가속도해석 시 코리올리 성분을 특수하고 '신비롭게' 보이게 하는 약점이 있다. 즉, 일반적으로 $\mathbf{A}_{p} \neq \mathbf{A}_{q} + \mathbf{A}_{p/A}$이고 코리올리 성분을 포함하여

$$\mathbf{A}_p = \mathbf{A}_q + \mathbf{A}_{p/A} + \mathbf{A}^c_{p/q}$$

와 같이 표현해야 하는데 속도해석식과 그 표현에 일관성이 유지되지 않는다.

한편, 식 (*)를 $x\mathbf{i} + y\mathbf{j}$ 꼴로 표현되는 임의의 벡터를 미분한 것으로 볼 수 있으므로 식 (*)의 미분 과정을 일반화하여 아래 (정리 6.2)를 얻는다.

정리 6.2 – 관찰자 변경에 따른 임의의 벡터의 변화율

임의의 두 강체 A, B에 대하여

$$\frac{d^B}{dt}(\bullet) = \frac{d^A}{dt}(\bullet) + \boldsymbol{\omega}_{A/B} \times (\bullet).$$

여기서 $(\bullet)$는 임의의 벡터이다. 이를 다음과 같이 표현하기도 한다:

$$\left(\frac{d^B}{dt}\right) = \left(\frac{d^A}{dt} + \boldsymbol{\omega}_{A/B} \times\right)$$

예를 들어, 강체 A에 고정된 단위 벡터 $\mathbf{i}$에 대해 위의 공식을 적용하면

$$\frac{d^B}{dt}\mathbf{i} = \frac{d^A}{dt}\mathbf{i} + \boldsymbol{\omega}_{A/B} \times \mathbf{i} = \boldsymbol{\omega}_{A/B} \times \mathbf{i}$$

이다. 이는 5.3절에서 유도한 결과와 일치 한다. 또, 상대위치 $\mathbf{r}_{p/q}$에 대해 정리 6.2를 적용하면 매우 일반적인 정리 6.3을 얻는다.

정리 6.3 – 속도변환

임의의 두 강체 A, B, 임의의 두 점 p, q에 대해

$$\mathbf{V}^B_{p/q} = \mathbf{V}^A_{p/q} + \boldsymbol{\omega}_{A/B} \times \mathbf{r}_{p/q}.$$

이는 속도 변환에 관한 가장 일반적인 식이다. 예를 들어, 강체 A에 고정된 점 o를 이 공식의 q에 대입하고 (정리 5.3)을 적용함으로써 (정리 6.1)을 얻을 수 있다.

문제 3 어떤 순간 일정한 각속도 20 *rad/s*으로 돌고 있는 회전 목마에 두 사람 *a*, *b*가 그림의 위치에 앉아 있다. 지면에 대해 원의 중심을 지나면서 오른쪽으로 10*m/s*의 속도로 등속 운동하는 공이 있다.

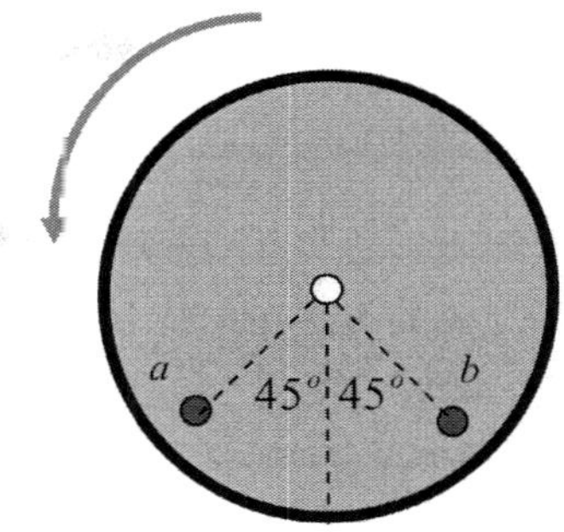

(1) 이 순간 공이 회전 목마의 중심을 지난다면, *a*가 관찰한 공의 속도와 *b*가 관찰한 공의 속도 중 큰 것은?

(2) 공이 원점을 지날 때, *a*가 보는 공의 속도는?

(3) 공이 원점을 지난 후 *t*초 경과 후에 *a*가 보는 공의 속도를 표현하시오.

풀이 (1) 함정문제이다. 차이가 없다. 정의에 의해 자명하다.

(2) 땅에 부착된 오른쪽 방향의 단위벡터를 **I**, 위쪽 방향의 단위벡터를 **J**로 표기한다. 공을 *p*, 원판을 *A*, 땅을 *B*, 원판의 회전중심을 *O*라 하자. 문제에 주어진 조건으로부터 다음을 알 수 있다.

$$\mathbf{V}_p^B = V_o\mathbf{I}\,,\;\; V_o = 10m/s$$

$$\boldsymbol{\omega}_{A/B} = -\boldsymbol{\omega}_{B/A} = \omega\mathbf{k}\,,\;\; \omega = 20rad/s$$

$$\mathbf{r}_{p/O} = \mathbf{0}$$

*a*가 강체 *A*에 고정되어 있으므로 *a*가 관찰하는 속도가 강체 *A*에서 관찰한 속도이다. 원판의 회전중심이 강체 *A*와 *B*에 고정된 점임을 고려하여 (정리 6.3)의 속도변환 공식을 적용하면 다음과 같다.

$$\mathbf{V}_p^A = \mathbf{V}_{p/a}^A = \mathbf{V}_{p/O}^A = \mathbf{V}_{p/O}^B + \boldsymbol{\omega}_{B/A} \times \mathbf{r}_{p/O} = \mathbf{V}_p^B = 10\mathbf{I}[m/s]$$

(3) $\mathbf{r}_{p/O}(t) = (V_o t)\mathbf{I}$ 인 경우로

$$\mathbf{V}_p^A = \mathbf{V}_{p/a}^A = \mathbf{V}_{p/O}^A = \mathbf{V}_{p/O}^B + \boldsymbol{\omega}_{B/A} \times \mathbf{r}_{p/O} = \mathbf{V}_p^B - \boldsymbol{\omega}_{A/B} \times \mathbf{r}_{p/O}$$
$$= V_o\mathbf{I} - \omega\mathbf{k} \times (V_o t)\mathbf{I} = V_o\mathbf{I} - \omega V_o t\,\mathbf{J}$$

답 $\mathbf{V}_p^A = 10\mathbf{I} - (200t)\mathbf{J}[m/s]$

문제 4 강체 A의 각속도가 강체 B에 대해 (반시계방향으로) $(\pi/6)$rad/sec으로 일정하고 강체 A에 고정된 점 a의 궤적이 강체 B에 대해 다음과 같다.

$$t \to \mathbf{r}_a(t) = \left(t - t^2\right)\mathbf{I} + t\mathbf{J}$$

여기서, **I**, **J**는 강체 B에 고정되고 강체 B의 x축과 y축에 각기 평행한 단위벡터이며 길이의 단위로 미터를 사용하고 있다. 점 b 또한 강체 A에 부착된 점으로 시각 $t=0$에서 그 좌표가 $\mathbf{r}_b(0) = (1m)\mathbf{I}$ 이다.

강체 B를 기준으로 다음 (1~5)의 속도 또는 가속도를 구하시오.

(1) $t=1$sec일 때, $\mathbf{V}^B_{b/a}$

(2) $t=1$sec일 때, 점 a의 속도(벡터) $\mathbf{V}^B_a$

(3) $t=1$sec일 때, 점 a의 가속도(벡터) $\mathbf{A}^B_a$

(4) $t=1$sec일 때, 점 a의 (강체 B 상의) 궤적의 곡률

(5) $t=1$sec일 때, 점 a의 속도(벡터) $\mathbf{V}^B_b$

위와 같은 상황에서, 강체 B가 강체 C에 대해 **I**방향으로 일정한 속도 1m/s으로 움직이고 있고, $\boldsymbol{\omega}_{B/C} = \mathbf{0}$ 이라 하자.

(6) $t=1$sec일 때, 강체 C에서 관찰한 점 b의 속도(벡터) $\mathbf{V}^C_b$를 구하시오.

위와 같은 상황에서 점 b에 힘 $\mathbf{F} = 1N\,\mathbf{I}$가 작용하고 있다.

(7) $t=1$sec일 때, 강체 B와 C에 있는 관찰자의 입장에서 생각할 때, 이 힘이 물체 A에 하고 있는 일률은?

(8) $t=1$sec일 때, 점 b의 (강체 B 상의) 궤적의 곡률은?

답 (1) $t=1$일 때, $\mathbf{V}^B_{b/a} = \dfrac{\pi}{6}\cdot\left[-\dfrac{1}{2}\mathbf{I} + \dfrac{\sqrt{3}}{2}\mathbf{J}\right] = -0.2618\mathbf{I} + 0.4534\mathbf{J}$

(2) $t=1$일 때, $\mathbf{V}^B_a = -\mathbf{I} + \mathbf{J}$

(3) $t=1$일 때, $\mathbf{A}^B_a = -2\mathbf{I}$

(4) $t=1$일 때, 강체 B에 그리는 점 a의 곡률, $\kappa^B_a = \dfrac{1}{\sqrt{2}} = 0.7071$

(5) $t=1$일 때, $\mathbf{V}^B_b = -\left(1 + \dfrac{\pi}{12}\right)\mathbf{I} + \left(1 + \dfrac{\sqrt{3}\pi}{12}\right)\mathbf{J} = -1.2618\mathbf{I} + 1.4534\mathbf{J}$

(6) $t=1$일 때, $\mathbf{V}^C_b = -\dfrac{\pi}{12}\mathbf{I} + \left(1 + \dfrac{\sqrt{3}\pi}{12}\right)\mathbf{J} = -0.2618\mathbf{I} + 0.4534\mathbf{J}$

(7) $t=1$일 때, $P^B=-\left(1+\dfrac{\pi}{12}\right)=-1.2618$

$$P^C=-\frac{\pi}{12}=0.2618$$

(8) $t=1$일 때, $\kappa_b^B=\dfrac{\|\mathbf{V}_b^B\times\mathbf{A}_b^B\|}{\|\mathbf{V}_b^B\|^3}=0.1844$

풀이 이 풀이에서 MKS 단위계를 사용하고, 단위를 생략한다. 문제에 의하면 다음이 성립한다.

$$\omega_{A/B}=\frac{\pi}{6},\ \mathbf{r}_a(t)=\left(t-t^2\right)\mathbf{I}+t\,\mathbf{J},\ \mathbf{r}_b(0)=\mathbf{I}$$

(1) $\mathbf{r}_a(t)=\left(t-t^2\right)\mathbf{I}+t\mathbf{J}$

으로부터, $\mathbf{r}_a(0)=\mathbf{0}$ 임을 알 수 있다. 또, 문제에 의해 $\mathbf{r}_b(0)=\mathbf{I}$ 임을 알 수 있다. 그러므로

$$\mathbf{r}_{b/a}(0)=\mathbf{I},\ \|\mathbf{r}_{b/a}(0)\|=1.$$

두 점이 동일한 강체에 고정되어 있으므로 상대위치 $\mathbf{r}_{b/a}$의 크기가 유지되고 위의 초기조건과 강체 A가 일정각속도로 회전함을 그려하면 $\mathbf{r}_{b/a}$가 다음과 같은 원을 그림을 알 수 있다.

$$\mathbf{r}_{b/a}=\cos\left(\frac{\pi}{6}t\right)\mathbf{I}+\sin\left(\frac{\pi}{6}t\right)\mathbf{J}$$

이를 미분하면

$$\mathbf{V}_{b/a}^B=\frac{\pi}{6}\cdot\left[-\sin\left(\frac{\pi}{6}t\right)\mathbf{I}+\cos\left(\frac{\pi}{6}t\right)\mathbf{J}\right]$$

$t=1$일 때,

$$\mathbf{V}_{b/a}^B=\frac{\pi}{6}\cdot\left[-\frac{1}{2}\mathbf{I}+\frac{\sqrt{3}}{2}\mathbf{J}\right]$$

별해 $t=1$일 때,

$$\mathbf{r}_{b/a}=\cos\left(\frac{\pi}{6}\right)\mathbf{I}+\sin\left(\frac{\pi}{6}\right)\mathbf{J}=\frac{\sqrt{3}}{2}\mathbf{I}+\frac{1}{2}\mathbf{J}$$

$$\mathbf{V}_{b/a}^B=\boldsymbol{\omega}_{A/B}\times\mathbf{r}_{b/a}=\frac{\pi}{6}\mathbf{k}\times\left[\frac{\sqrt{3}}{2}\mathbf{I}+\frac{1}{2}\mathbf{J}\right]=\frac{\pi}{6}\left[-\frac{1}{2}\mathbf{I}+\frac{\sqrt{3}}{2}\mathbf{J}\right]$$

(2) $\mathbf{r}_a(t) = (t - t^2)\mathbf{I} + t\mathbf{J}$

를 **IJ**를 상수로 보고 미분하여

$$\mathbf{V}_a^B = (1 - 2t)\mathbf{I} + \mathbf{J} \qquad (*)$$

$t=1$일 때, $\mathbf{V}_a^B = -\mathbf{I} + \mathbf{J}$

(3) 식 (*)를 미분하여

$$\mathbf{A}_a^B = -2\mathbf{I}$$

$t=1$일 때도, $\mathbf{A}_a^B = -2\mathbf{I}$

(4) $t=1$일 때, 강체 B에서 본 점 a의 궤적의 곡률을 다음의 공식으로부터 계산한다.

$$\kappa_a^B = \frac{\| \mathbf{V}_a^B \times \mathbf{A}_a^B \|}{\| \mathbf{V}_a^B \|^3} = \frac{2}{2\sqrt{2}} = \frac{1}{\sqrt{2}}$$

(5) $t=1$일 때,

$$\mathbf{V}_b^B = \mathbf{V}_a^B + \mathbf{V}_{b/a}^B = (-\mathbf{I} + \mathbf{J}) + \frac{\pi}{6} \cdot \left[-\frac{1}{2}\mathbf{I} + \frac{\sqrt{3}}{2}\mathbf{J} \right] = -\left(1 + \frac{\pi}{12}\right)\mathbf{I} + \left(1 + \frac{\sqrt{3}\pi}{12}\right)\mathbf{J}$$

(6) 물체 B에 고정된 점을 하나 골라 q라 하자. 그러면,

$$\mathbf{V}_q^C = \mathbf{I}.$$

속도변환 공식을 적용하면,

$$\mathbf{V}_{b/q}^C = \mathbf{V}_b^B + \boldsymbol{\omega}_{B/C} \times \mathbf{r}_{b/q}, \text{ 이 때 } \boldsymbol{\omega}_{B/C} = \mathbf{0}.$$

$$\mathbf{V}_{b/q}^C = \mathbf{V}_b^B$$

$$\mathbf{V}_b^C = \mathbf{V}_q^C + \mathbf{V}_b^B$$

$t=1$일 때,

$$\mathbf{V}_b^C = \mathbf{V}_q^C + \mathbf{V}_b^B = \mathbf{I} - \left(1 + \frac{\pi}{12}\right)\mathbf{I} + \left(1 + \frac{\sqrt{3}\pi}{12}\right)\mathbf{J} = -\frac{\pi}{12}\mathbf{I} + \left(1 + \frac{\sqrt{3}\pi}{12}\right)\mathbf{J}$$

(7) $t=1$일 때, 물체 B의 관점에서, 힘 F가 물체 A에 행하는 일률

$$P^B = \mathbf{F} \bullet \mathbf{V}_b^B = \mathbf{I} \bullet \left[-\left(1 + \frac{\pi}{12}\right)\mathbf{I} + \left(1 + \frac{\sqrt{3}\pi}{12}\right)\mathbf{J} \right] = -\left(1 + \frac{\pi}{12}\right)$$

물체 C에서 관찰했을 때는

$$P^C = \mathbf{F} \bullet \mathbf{V}_b^C = \mathbf{I} \bullet \left[-\frac{\pi}{12}\mathbf{I} + \left(1 + \frac{\sqrt{3}\pi}{12}\right)\mathbf{J} \right] = -\frac{\pi}{12}$$

이와 같이 동일한 힘이 행하는 일률이 관찰자에 따라 달라지며, 결과적으로 행한 일도 달라진다. 일은 '주관적'인 양이다.

(8)

$$\mathbf{V}_{b/a}^B = \frac{\pi}{6} \cdot \left[-\sin\left(\frac{\pi}{6}t\right)\mathbf{I} + \cos\left(\frac{\pi}{6}t\right)\mathbf{J} \right]$$

$$\mathbf{A}_{b/a}^B = -\left(\frac{\pi}{6}\right)^2 \cdot \left[\cos\left(\frac{\pi}{6}t\right)\mathbf{I} + \sin\left(\frac{\pi}{6}t\right)\mathbf{J} \right]$$

$t = 1$일 때,

$$\mathbf{A}_{b/a}^B = -\left(\frac{\pi}{6}\right)^2 \cdot \left[\cos\left(\frac{\pi}{6}\right)\mathbf{I} + \sin\left(\frac{\pi}{6}\right)\mathbf{J} \right]$$

$$\mathbf{A}_b^B = \mathbf{A}_a^B + \mathbf{A}_{b/a}^B = 2\mathbf{I} - \left(\frac{\pi}{6}\right)^2 \cdot \left[\cos\left(\frac{\pi}{6}\right)\mathbf{I} + \sin\left(\frac{\pi}{6}\right)\mathbf{J} \right]$$

물체 B에서 관찰하면

$$\kappa_b^B = \frac{\| \mathbf{V}_b^B \times \mathbf{A}_b^B \|}{\| \mathbf{V}_b^B \|^3} = 0.1844$$

이 상황을 그림으로 표현하면 다음과 같다.

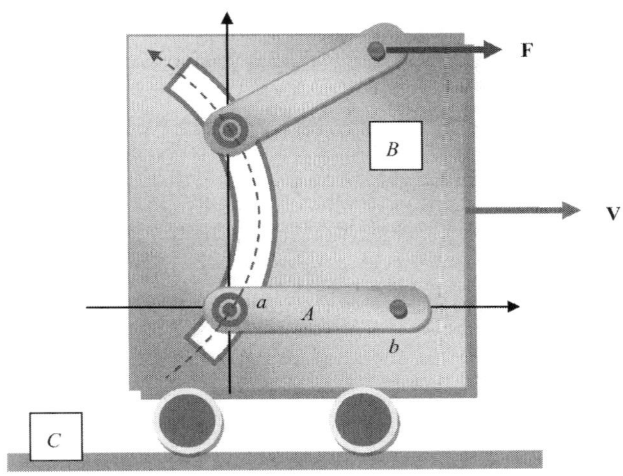

문제 5 평평한 강체 B가 지면에 고정된 점을 중심으로 반시계 방향으로 10 rad/s으로 돌고, 반경 2m인 원통형 강체 A가 지면에 대해 반시계 방향으로 20 rad/s으로 돌고 있다. 그림은 혼동을 피하기 위해 강체 B를 짧게 그린 것이다. 강체 B가 좌우로 충분히 길다고 가정하시오.

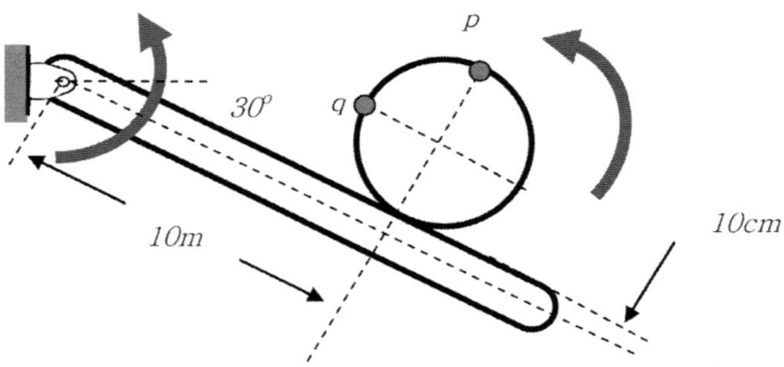

(1) 두 강체가 구름접촉을 유지할 때, 10초 동안 강체 A가 강체 B 상에서 구른 거리는? 단, 두 물체가 구를 때 접촉점에 위치한 두 강체에 고정된 점의 속도가 일치함이 알려져 있다. 12장 참조.

(2) 그림에 표시된 강체 A에 고정된 점 p, q의 속도를 구하시오.

풀이 땅을 G로 표기하면 문제의 조건이 다음과 같다.

$$\omega_{A/G} = 20\ rad/s,\quad \omega_{B/G} = 10\ rad/s$$

이로부터 다음을 알 수 있다.

$$\omega_{A/B} = \omega_{A/G} - \omega_{B/G} = 20 - 10 = 10\ (rad/s)$$

(1) 평판 B를 기준으로 생각한다. 원통이 구른 거리를 x, 회전한 각을 θ, 원통의 반경을 R이라 하면, 구름조건으로부터,

$$x = R\theta = R\omega_{A/B}t = 2\cdot 10\cdot 10 = 200\ (m)$$

(2) 평판 B의 길이 방향으로 평판에 부착된 단위벡터를 $\mathbf{i}$, 그에 대해 반시계 방향으로 90도 회전된 단위벡터를 $\mathbf{j}$라 하자. 주어진 순간 강체 A와 강체 B의 접촉점에 위치하면서 각 물체에 부착된 점을 각기 a, b라 하고 평판의 회전 중심을 o라 하자. 구름 조건은 임의의 강체에서 관찰하였을 때,

$$\mathbf{V}_{a/b} = \mathbf{0}$$

임을 의미한다.

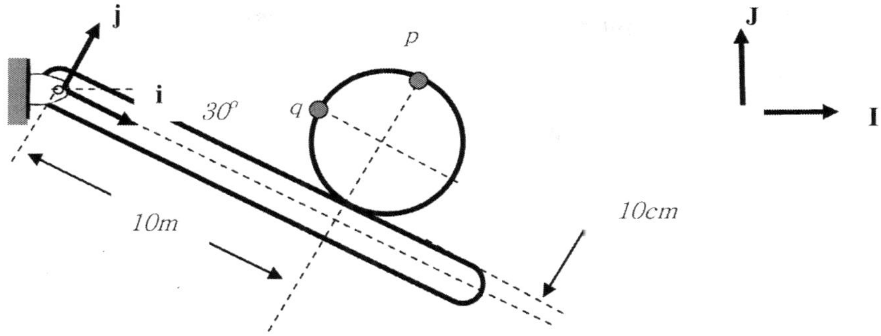

【절대속도를 기준으로 한 풀이(땅을 기준으로 한 풀이)】

$$\mathbf{V}_p^G = \mathbf{V}_{p/o}^G = \mathbf{V}_{b/o}^G + \mathbf{V}_{a/b}^G + \mathbf{V}_{p/a}^G = \mathbf{V}_{b.o}^G + \mathbf{0} + \mathbf{V}_{p/a}^G$$

점 o, b가 동일한 강체 B에 고정되어 있고, 점 a, p가 동일한 강체 A에 고정되어 있으므로

$$\mathbf{V}_p^G = \mathbf{V}_{b/o}^G + \mathbf{V}_{p/a}^G = \boldsymbol{\omega}_{B/G} \times \mathbf{r}_{b/o} + \boldsymbol{\omega}_{A/G} \times \mathbf{r}_{p/a} = 10\mathbf{k} \times (10\mathbf{i} + 0.1\mathbf{j}) + 20\mathbf{k} \times 4\mathbf{j}$$
$$= -81\mathbf{i} + 100\mathbf{j} \quad (m/s)$$

마찬가지로,

$$\mathbf{V}_q^G = \mathbf{V}_{b/o}^G + \mathbf{V}_{q/a}^G = \boldsymbol{\omega}_{B/G} \times \mathbf{r}_{b/o} + \boldsymbol{\omega}_{A/G} \times \mathbf{r}_{q/a} = 10\mathbf{k} \times (10\mathbf{i} + 0.1\mathbf{j}) + 20\mathbf{k} \times (-2\mathbf{i} + 2\mathbf{j})$$
$$= -41\mathbf{i} + 60\mathbf{j} \quad (m/s)$$

만약 땅에 부착된 좌표계에 대한 성분을 구하여야 한다면, 아래 변환식을 이용한다.

$$\mathbf{i} = \cos 30^\circ \mathbf{I} - \sin 30^\circ \mathbf{J}$$
$$\mathbf{j} = \sin 30^\circ \mathbf{I} + \cos 30^\circ \mathbf{J}$$

【평판을 기준으로 한 풀이】

구름조건에 의해 평판에서 관찰하였을 때, 접촉점에 위치하면서 원통에 부착된 점 a의 속도가 0이다. 즉, $\mathbf{V}_a^B = \mathbf{0}$.

$$\mathbf{V}_p^B = \mathbf{V}_a^B + \mathbf{V}_{p/a}^B = \mathbf{V}_{p/a}^B = \boldsymbol{\omega}_{A/B} \times \mathbf{r}_{p/a} = 10\mathbf{k} \times 4\mathbf{j} = -40\mathbf{i}$$
$$\mathbf{V}_q^B = \mathbf{V}_a^B + \mathbf{V}_{q/a}^B = \mathbf{V}_{q/a}^B = \boldsymbol{\omega}_{A/B} \times \mathbf{r}_{q/a} = 10\mathbf{k} \times (-2\mathbf{i} + 2\mathbf{j}) = -20\mathbf{i} - 20\mathbf{j}$$

이 때, 점 a, p, q가 동일한 강체에 있다는 사실을 사용하였다. 이제, 속도 변환 공식을 이용하여, 평판에서 관찰한 속도를 땅에서 관찰한 속도로 변환한다.

$$\mathbf{V}_p^G = \mathbf{V}_{p/o}^G = \mathbf{V}_{p/o}^B + \boldsymbol{\omega}_{B/G} \times \mathbf{r}_{p/o} = \mathbf{V}_p^B + \boldsymbol{\omega}_{B/G} \times \mathbf{r}_{p/o} = -40\mathbf{i} + 10\mathbf{k} \times (10\mathbf{i} + 4.1\mathbf{j})$$
$$= -81\mathbf{i} + 100\mathbf{j} \quad (m/s)$$

$$\mathbf{V}_q^G = \mathbf{V}_{q/o}^G = \mathbf{V}_{q/o}^B + \boldsymbol{\omega}_{B/G} \times \mathbf{r}_{q/o} = \mathbf{V}_q^B + \boldsymbol{\omega}_{B/G} \times \mathbf{r}_{q/o} = (-20\mathbf{i} - 20\mathbf{j}) + 10\mathbf{k} \times (8\mathbf{i} + 2.1\mathbf{j})$$
$$= -41\mathbf{i} + 60\mathbf{j} \quad (m/s)$$

문제 6 반경 $R=1m$인 원통 B가 지면에 대하여 각속도 1 rad/s으로 반시계 방향으로 구루고 있고, 점 p는 지면에서 관찰하였을 때 우측으로 1 m/s의 속도로 직선 운동하고 있다. 원통과 점이 그림과 같이 배치된 순간 원통 B에서 관찰한 점 p의 속도를 구하시오. (단, **I**와 **J**는 그림에 제시된 방향의 서로 직교하는 단위벡터)

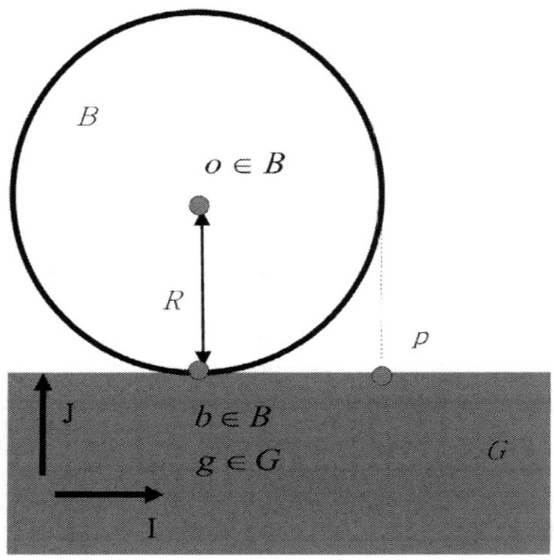

풀이 $\mathbf{V}_{g/b}^G = \mathbf{0}$, $\omega_{B/G} = -\omega_{G/B} = 1$, $\mathbf{r}_{p/b} = \mathbf{I}$, $\mathbf{V}_p^G = \mathbf{I}$

$$\mathbf{V}_p^B = \mathbf{V}_{p/b}^B = \mathbf{V}_{p/b}^G + \omega_{G/B}\mathbf{k} \times \mathbf{r}_{p/b} = \mathbf{V}_{g/b}^G + \mathbf{V}_{p/g}^G + \omega_{G/B}\mathbf{k} \times \mathbf{r}_{p/b} = \mathbf{V}_p^G - \omega_{B/G}\mathbf{k} \times \mathbf{r}_{p/b}$$

$$\mathbf{V}_p^B = \mathbf{I} - \mathbf{k} \times \mathbf{I} = \mathbf{I} - \mathbf{J}$$

답 $\mathbf{V}_p^B = \mathbf{I} - \mathbf{J} \ (m/s)$

문제 7 그림에 제시된 바와 같이 지면에 대해 반시계 방향으로 1 *rad/s*으로 구르는 반원형의 강체 B에서 관찰하였을 때, 정방형 물체 A가 물체 B의 경계를 따라 우하방향 1 *m/s*의 속도로 직선 운동하고 있다. 물체 A에 고정된 점 p를 지면에서 관찰하였을 때의 속도를 구하여 제시된 형식으로 표시하시오. 물체 B의 반경 $R=10m$, 물체 A의 높이 $H=5m$.

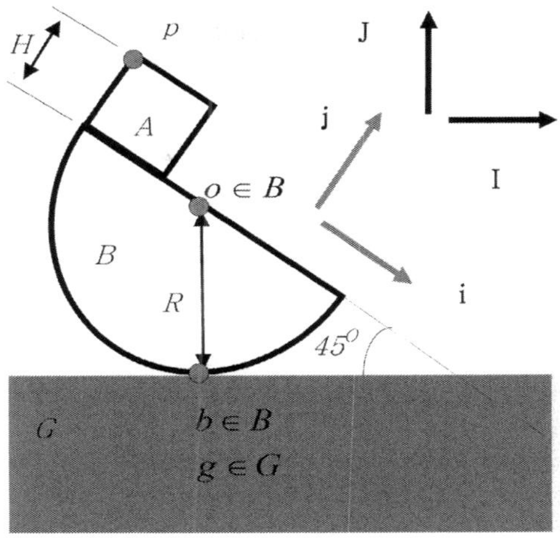

답 $\mathbf{V}_p^G = (\quad)\mathbf{I} + (\quad)\mathbf{J}\ (m/s)$

(단, **I**와 **J**는 그림에 제시된 방향의 서로 직교하는 단위벡터)

풀이 그림에 표기한 바와 같이 물체 B의 경계 방향의 단위 벡터를 **i**라 하고, 그에 반시계 방향으로 90도 회전한 벡터를 **j**라 하자.

$$\mathbf{V}_p^B = \mathbf{i}\ ,\ \ \omega_{B/G} = 1,\ \ \mathbf{i} = \frac{\sqrt{2}}{2}(\mathbf{I} - \mathbf{J})\ ,\ \ \mathbf{j} = \frac{\sqrt{2}}{2}(\mathbf{I} + \mathbf{J})$$

$$\mathbf{r}_{p/b} = \mathbf{r}_{p/g} = \mathbf{r}_{o/b} + \mathbf{r}_{q/o} + \mathbf{r}_{p/q} = 10\mathbf{J} - 10\mathbf{i} + 5\mathbf{j} = 5(2\mathbf{J} - 2\mathbf{i} + \mathbf{j})$$

$$\mathbf{V}_p^G = \mathbf{V}_{p/g}^G = \mathbf{V}_{b/g}^G + \mathbf{V}_{p/b}^G = 0 + \mathbf{V}_{p/b}^G = \mathbf{V}_{p/b}^B + \boldsymbol{\omega}_{B/G} \times \mathbf{r}_{p/b} = \mathbf{V}_p^B + \omega_{B/G}\mathbf{k} \times \mathbf{r}_{p/b}$$

$$= \mathbf{i} + 5(-2\mathbf{I} - 2\mathbf{j} - \mathbf{i}) = -10\mathbf{I} - 4\mathbf{i} - 10\mathbf{j} = -10\mathbf{I} - 2(2\mathbf{i} + 5\mathbf{j})$$

$$\mathbf{V}_p^G = -10\mathbf{I} - 2(2\mathbf{i} + 5\mathbf{j}) = -10\mathbf{I} - \sqrt{2}[2(\mathbf{I} - \mathbf{J}) + 5(\mathbf{I} + \mathbf{J})] = -(10 + 7\sqrt{2})\mathbf{I} - 3\sqrt{2}\mathbf{J}$$

답 $\mathbf{V}_p^G = -(10 + 7\sqrt{2})\mathbf{I} - (3\sqrt{2})\mathbf{J}\ (m/s)$

제 7 장

순간중심

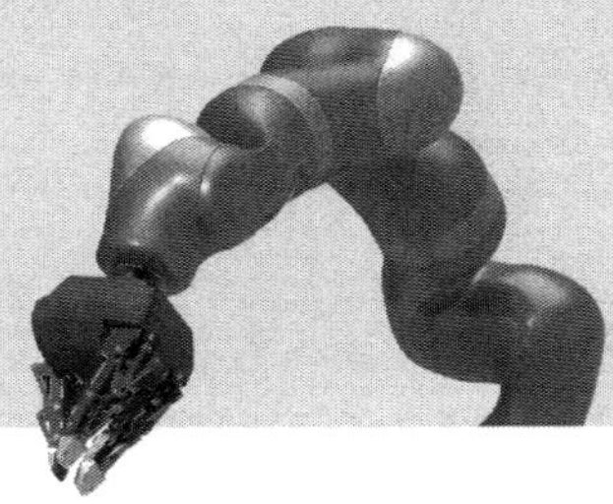

어느 한 순간 같은 위치를 점하는 두 강체 상의 점의 속도가 일치할 때 그 위치를 그 순간에서의 두 강체의 순간중심이라 한다. 정의에 의해 회전관절이 연결하는 두 물체의 순간중심은 회전관절의 중심이라는 자명한 사실로부터 속도에 관한 많은 정보를 추출할 수 있다. 순간중심의 궤적을 중심궤적centrode이라 한다. 이 장에서는 순간중심의 존재성을 보이고 기구의 링크들 사이의 순간중심을 구하는 방법을 보인다.

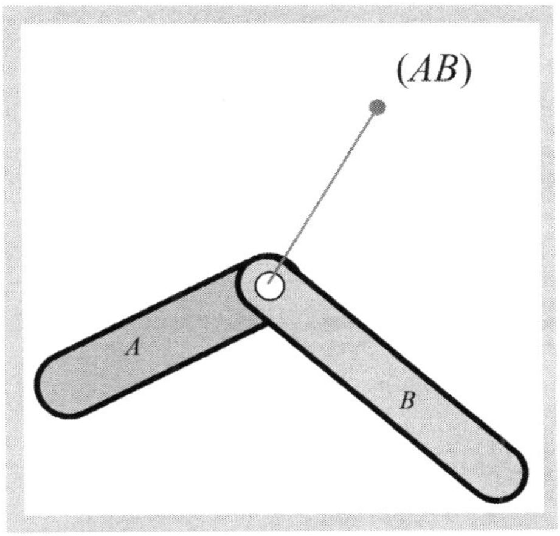

1 순간중심의 정의와 존재성

정의

어느 순간 두 강체 A와 B에 각기 고정된 두 점의 위치와 속도가 일치할 때, 그 위치를 강체 A와 B 사이의 순간중심이라 하고, C_{AB} 또는 (AB)로 표기한다.

두 강체 사이의 순간중심이 존재함을 보이고자 한다. 두 강체 중 하나, 예를 들어 B가 움직이지 않는다고 가정하면 편리하다. (이와 같이 가정하여도 일반성을 잃지 않음을 본 절 후반부의 문제 1에서 증명하고 있다.) 정의에 의하면, 이 경우 순간중심이 위치한 곳에서 강체 A에 고정된 점의 속도가 0이 된다. 강체 A에 고정된 두 점 o, p의 위치 관계는 그림의 기호를 사용하여 다음과 같이 표현할 수 있다:

$$\mathbf{R}_p = \mathbf{R}_o + \mathbf{r} = \mathbf{R}_o + (x\mathbf{i} + y\mathbf{j})$$

즉,

$$(X\mathbf{I} + Y\mathbf{J}) = (X_o\mathbf{I} + Y_o\mathbf{J}) + (x\mathbf{i} + y\mathbf{j})$$

이를 기저 **IJ**에 대한 성분으로 표현하면 다음과 같다:

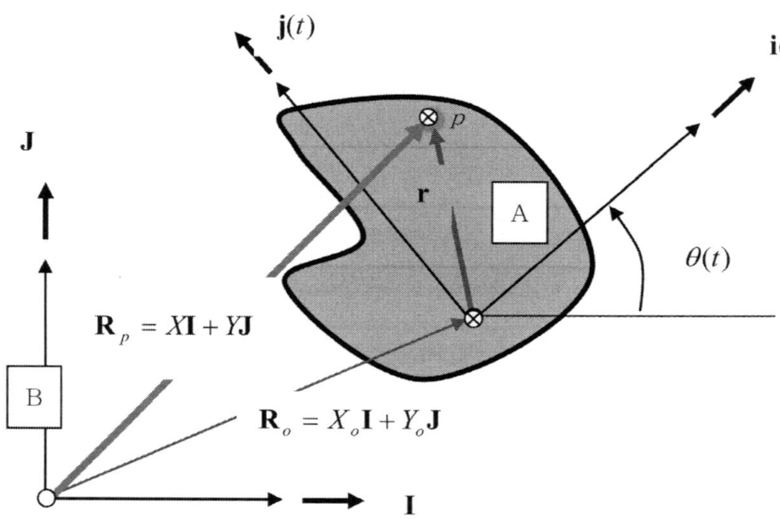

〈그림 7.1〉 순간중심의 존재성

$$\begin{bmatrix} X \\ Y \end{bmatrix} = \begin{bmatrix} X_o \\ Y_o \end{bmatrix} + x \begin{bmatrix} \cos\theta \\ \sin\theta \end{bmatrix} + y \begin{bmatrix} -\sin\theta \\ \cos\theta \end{bmatrix} = \begin{bmatrix} X_o \\ Y_o \end{bmatrix} + \begin{bmatrix} \cos\theta & -\sin\theta \\ \sin\theta & \cos\theta \end{bmatrix} \begin{bmatrix} x \\ y \end{bmatrix}$$

즉,

$$\begin{bmatrix} X \\ Y \end{bmatrix} = \begin{bmatrix} X_o \\ Y_o \end{bmatrix} + \begin{bmatrix} \cos\theta & -\sin\theta \\ \sin\theta & \cos\theta \end{bmatrix} \begin{bmatrix} x \\ y \end{bmatrix} \tag{*}$$

편의를 위해, 각 θ만큼 회전시키는 회전변환 행렬을 $\mathbf{R}(\theta)$로 표기하자:

$$\mathbf{R}(\theta) \equiv \begin{bmatrix} \cos\theta & -\sin\theta \\ \sin\theta & \cos\theta \end{bmatrix} \quad \text{특히,} \quad \mathbf{R}(90^\circ) = \begin{bmatrix} 0 & -1 \\ 1 & 0 \end{bmatrix}$$

참고 회전행렬의 성질

$$\mathbf{R}(\theta_1 + \theta_2) = \mathbf{R}(\theta_1) \cdot \mathbf{R}(\theta_2)$$

$$\mathbf{R}(\theta + 360^\circ) = \mathbf{R}(\theta), \quad \mathbf{R}(\theta + 180^\circ) = -\mathbf{R}(\theta), \quad \mathbf{R}(90^\circ) = -\mathbf{R}(-90^\circ)$$

$$[\mathbf{R}(\theta)]^{-1} = \mathbf{R}(-\theta) = [\mathbf{R}(\theta)]^T$$

위의 위치 관계식 (*)를 미분하면 다음과 같다.

$$\begin{aligned} \begin{bmatrix} \dot{X} \\ \dot{Y} \end{bmatrix} &= \begin{bmatrix} \dot{X}_o \\ \dot{Y}_o \end{bmatrix} + \omega \cdot \begin{bmatrix} -\sin\theta & -\cos\theta \\ \cos\theta & -\sin\theta \end{bmatrix} \begin{bmatrix} x \\ y \end{bmatrix} \\ &= \begin{bmatrix} \dot{X}_o \\ \dot{Y}_o \end{bmatrix} + \omega \cdot \begin{bmatrix} \cos(\theta + 90^o) & -\sin(\theta + 90^o) \\ \sin(\theta + 90^o) & \cos(\theta + 90^o) \end{bmatrix} \begin{bmatrix} x \\ y \end{bmatrix} \\ &= \begin{bmatrix} \dot{X}_o \\ \dot{Y}_o \end{bmatrix} + \omega \cdot \mathbf{R}(\theta + 90^o) \begin{bmatrix} x \\ y \end{bmatrix} \end{aligned}$$

강체 A의 원점 o로부터 순간중심까지의 위치벡터를 $x_c\mathbf{i} + y_c\mathbf{j}$ 라 하고, 강체 B의 원점 O로부터 순간중심까지의 위치벡터를 $X_c\mathbf{I} + Y_c\mathbf{J}$ 라 하자. 순간중심이 가리키는 물체 A 상의 점의 속도는 $\mathbf{0}$이어야 한다:

$$\begin{bmatrix} \dot{X} \\ \dot{Y} \end{bmatrix}_{\substack{x=x_c \\ y=y_c}} = \begin{bmatrix} \dot{X}_o \\ \dot{Y}_o \end{bmatrix} + \omega \cdot \mathbf{R}(\theta + 90^o) \begin{bmatrix} x_c \\ y_c \end{bmatrix} = \mathbf{0}$$

이를 (x_c, y_c)에 관한 방정식으로 보고 행렬대수를 이용하여 다음과 같이 정리한다.

$$\omega \cdot \mathbf{R}(\theta + 90^o)\begin{bmatrix} x_c \\ y_c \end{bmatrix} = -\begin{bmatrix} \dot{X}_o \\ \dot{Y}_o \end{bmatrix}$$

$$\mathbf{R}(\theta + 90^o)\begin{bmatrix} x_c \\ y_c \end{bmatrix} = -\frac{1}{\omega}\begin{bmatrix} \dot{X}_o \\ \dot{Y}_o \end{bmatrix}$$

$$\begin{bmatrix} x_c \\ y_c \end{bmatrix} = -\frac{1}{\omega}\mathbf{R}(-\theta - 90^o)\begin{bmatrix} \dot{X}_o \\ \dot{Y}_o \end{bmatrix} \qquad \text{단, } \omega \neq 0$$

이 위치를 다시 절대 좌표-여기서는 XY 좌표를 의미하는데-로 변환하면 다음과 같다.

$$\begin{aligned}
\begin{bmatrix} X_c \\ Y_c \end{bmatrix} &= \begin{bmatrix} X_o \\ Y_o \end{bmatrix} + \mathbf{R}(\theta)\begin{bmatrix} x_c \\ y_c \end{bmatrix} \\
&= \begin{bmatrix} X_o \\ Y_o \end{bmatrix} - \frac{1}{\omega}\mathbf{R}(\theta)\mathbf{R}(-\theta - 90^o)\begin{bmatrix} \dot{X}_o \\ \dot{Y}_o \end{bmatrix} \\
&= \begin{bmatrix} X_o \\ Y_o \end{bmatrix} - \frac{1}{\omega}\mathbf{R}(-90^o)\begin{bmatrix} \dot{X}_o \\ \dot{Y}_o \end{bmatrix} \\
&= \begin{bmatrix} X_o \\ Y_o \end{bmatrix} + \frac{1}{\omega}\mathbf{R}(90^o)\begin{bmatrix} \dot{X}_o \\ \dot{Y}_o \end{bmatrix}
\end{aligned}$$

이로부터 다음을 알 수 있다.

정리 7.1

어떤 강체 A의 (프레임에 대한) 각속도가 0이 아니면 (프레임과의) 순간 중심이 다음과 같다.

$$\begin{bmatrix} X_c \\ Y_c \end{bmatrix} - \begin{bmatrix} X_o \\ Y_o \end{bmatrix} = \frac{1}{\omega}\mathbf{R}(90^o)\begin{bmatrix} \dot{X}_o \\ \dot{Y}_o \end{bmatrix}$$

즉,

$$\mathbf{R}_c - \mathbf{R}_o = \frac{1}{\omega}\mathbf{R}(90^o)\mathbf{V}_o$$

여기서, $\mathbf{R}_c$는 강체 A의 순간중심의 위치벡터, $\mathbf{V}_o$는 강체 A의 좌표원점 o의 속도이다.

(주의) 각속도 ω가 음일 수도 있다.

즉,

$$\mathbf{V}_o = \omega \cdot \mathbf{R}(90^o) \cdot (\mathbf{R}_o - \mathbf{R}_c)$$

앞의 유도과정에서 강체 A의 좌표 원점을 임의로 설정할 수 있으므로, 다음이 성립한다.

정리 7.2

강체 A에 고정된 임의의 점 x에 대해

$$\mathbf{V}_x = \omega \cdot \mathbf{R}(90^o) \cdot (\mathbf{R}_x - \mathbf{R}_c)$$

이다. 여기서, $\mathbf{R}_c$는 강체 A의 순간중심의 위치벡터이다.

정리 7.3

강체 A에 고정된 점 x의 속도 벡터가 $\mathbf{V}$이면 그 순간중심은 x를 지나며 $\mathbf{V}$에 수직인 직선상에 있다. 또, 점 x에서 순간중심까지의 거리를 ρ라 하면 다음이 성립한다.

$$\| \mathbf{V} \| = \rho \, | \omega |$$

증명 힌트

정리 7.2의 벡터 식의 크기를 취하고 회전행렬에 의한 방향성을 고려한다.

이는 <그림 7.2>와 같이 강체가 순간중심을 중심으로 회전할 때와 동일한 속도 분포를 가짐을 의미한다.

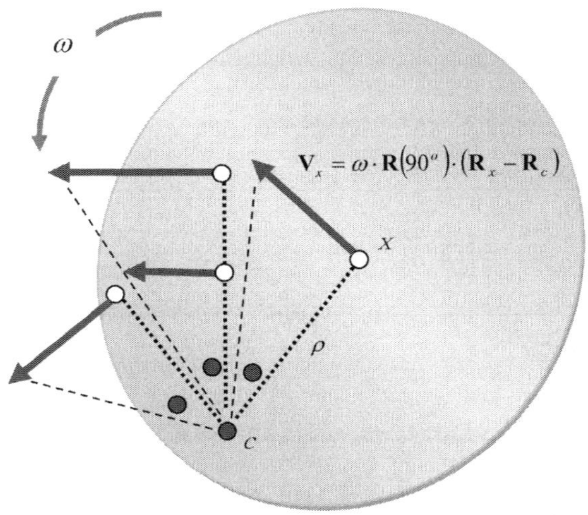

〈그림 7.2〉 강체의 속도분포

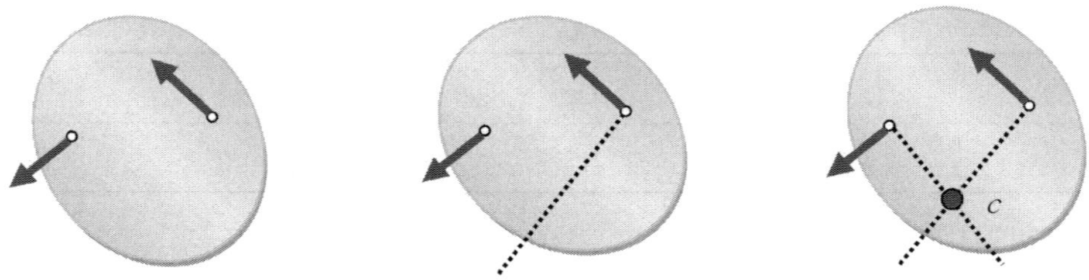

(1) 강체에 고정된 두 점의 속도의 방향을 알고 있다.

(2) 순간중심은 강체 상의 점을 지나며 그 점의 속도에 수직한 직선 위에 위치한다.

(3) 다른 점에 대해서도 마찬가지로 수직선을 구하면, 두 수직선이 만나는 점이 순간중심이다.

〈그림 7.3〉 순간중심 찾는 법

역으로, <그림 7.3>에 보인 작도에 의해 한 강체에 고정된 두 점의 속도의 방향을 알면 순간중심을 찾을 수 있다.

문제 1 다음을 증명하시오.

임의의 강체 A, B, G와 강체 A에 부착된 점 a, 강체 B에 부착된 점 b에 대하여, 어느 순간 점 a와 점 b의 위치가 같다고 하자. 즉, $\mathbf{r}_a = \mathbf{r}_b$. 이때,

$$\mathbf{V}_a^G = \mathbf{V}_b^G \iff \mathbf{V}_a^B = \mathbf{0}.$$

증명 우항에서 좌항으로의 증명: $\mathbf{V}_a^B = \mathbf{0}$와 $\mathbf{r}_{a/b} = \mathbf{0}$을 이용하여,

$$\mathbf{V}_{a/b}^G = \mathbf{V}_{a/b}^B + \boldsymbol{\omega}_{B/G} \times \mathbf{r}_{a/b} = \mathbf{V}_{a/b}^B = \mathbf{V}_a^B = \mathbf{0}.$$

좌항에서 우항으로 증명: $\mathbf{V}_{a/b}^G = \mathbf{0}$와 $\mathbf{r}_{a/b} = \mathbf{0}$을 이용하여,

$$\mathbf{V}_a^B = \mathbf{V}_{a/b}^B = \mathbf{V}_{a/b}^G + \boldsymbol{\omega}_{G/B} \times \mathbf{r}_{a/b} = \mathbf{V}_{a/b}^G = \mathbf{0}.$$

위의 조건을 만족하는 점 a, b의 위치가 그 순간 물체 A, B의 순간중심 (AB)이다.

문제 2 다음을 증명하시오.

임의의 강체 A, B, G와 강체 A에 부착된 점 a, 강체 B에 부착된 점 b에 대하여, 어느 순간 점 a와 점 b의 위치가 같다고 하자. 즉, $\mathbf{r}_a = \mathbf{r}_b$. 이 때,

$$\mathbf{V}_{a/b}^G = \mathbf{V}_a^B = -\mathbf{V}_b^A.$$

증명 $\mathbf{r}_{a/b} = \mathbf{0}$을 이용하여,

$$\mathbf{V}^G_{a/b} = \mathbf{V}^B_{a/b} + \boldsymbol{\omega}_{B/G} \times \mathbf{r}_{a/b} = \mathbf{V}^B_{a/b} = \mathbf{V}^B_a,$$

$$\mathbf{V}^G_{a/b} = \mathbf{V}^A_{a/b} + \boldsymbol{\omega}_{A/G} \times \mathbf{r}_{a/b} = \mathbf{V}^A_{a/b} = -\mathbf{V}^A_{b/a} = -\mathbf{V}^A_b.$$

문제 3 정리 7.1, 7.2, 7.3을 좌표계와 무관하게 유도하시오.

증명 순간중심 c에 위치한 강체 A에 고정된 점을 a라 하고, 강체 A에 고정된 임의의 점을 x라 하자. 상대속도의 정의, 속도변환 공식, $a, x \in A$, $\mathbf{r}_c = \mathbf{r}_a$의 조건을 이용하면

$$\mathbf{V}^B_a = \mathbf{V}^B_x + \mathbf{V}^B_{a/x} = \mathbf{V}^B_x + \boldsymbol{\omega}_{A/B} \times \mathbf{r}_{c/x}$$

순간중심의 정의(또는 정의된 방식에 따라 문제1의 증명)에 의해 $\mathbf{V}^B_a = \mathbf{0}$이므로

$$\mathbf{V}^B_x + \boldsymbol{\omega}_{A/B} \times \mathbf{r}_{c/x} = \mathbf{0}$$

$$\mathbf{V}^B_x = \boldsymbol{\omega}_{A/B} \times \mathbf{r}_{x/c} \text{ (정리 7.2, 정리 7.3 전반부)}$$

양변의 크기를 취하면,

$$V^B_x = r_{x/c} \cdot |\omega_{A/B}| \text{ (정리 7.3, 후반부)}$$

한편, (정리 7.2) $\mathbf{V}^B_x = \boldsymbol{\omega}_{A/B} \times \mathbf{r}_{x/c}$의 양변에 기준 평면에 수직한 단위벡터 $\mathbf{k} \equiv \mathbf{i} \times \mathbf{j}$의 외적을 취하자.

$$\mathbf{k} \times \mathbf{V}^B_x = \omega_{A/B} \mathbf{k} \times (\mathbf{k} \times \mathbf{r}_{x/c})$$

$(\mathbf{k} \times)$의 효과가 기준 평면에 평행한 벡터의 90도 회전과 동일하므로,

$$\mathbf{k} \times \mathbf{V}^B_x = -\omega_{A/B} \mathbf{r}_{x/c}$$

$$\omega_{A/B} \mathbf{r}_{c/x} = \mathbf{k} \times \mathbf{V}^B_x$$

$$\mathbf{r}_{c/x} = \frac{1}{\omega_{A/B}} (\mathbf{k} \times \mathbf{V}^B_x) \text{ (정리 7.1)}$$

문제 4 보기는 직사각형 강체에 고정된 두 점 p, q의 속도를 나타내고 있다. 점 p의 속도의 방향은 그림에 주어졌으나 크기는 주어지지 않았다. 이 강체의 각속도는? 단, 그림의 1칸은 $1m$이다.

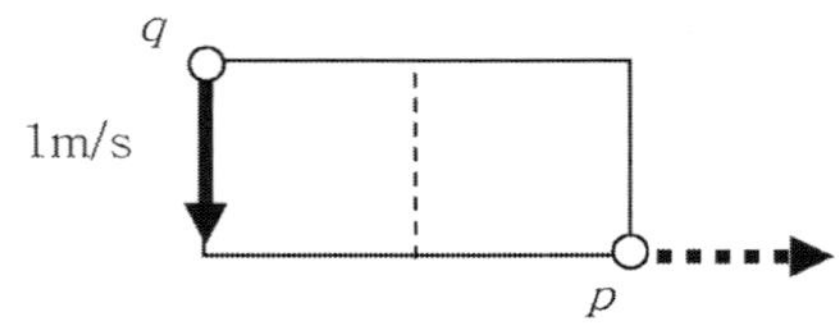

풀이 순간중심이 그림의 점 c의 위치에 있다. 그림으로부터 반시계 방향 회전임을 알 수 있고, 각속도의 크기를 아래와 같이 구할 수 있다.

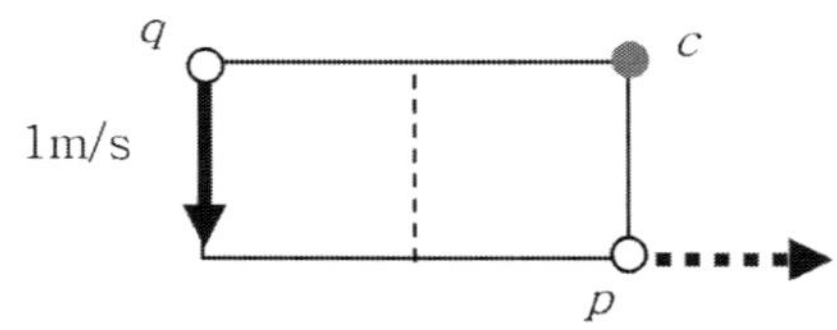

$$|\omega| = \frac{V_q}{r_{q/c}} = \frac{1}{2}$$

답 $\omega = \frac{1}{2} rad/s$ (부호까지 맞아야 함)

문제 5 보기는 정사각형 강체에 고정된 두 점 p, q의 속도를 나타내고 있다. 이 강체의 각속도는? 단, 강체는 가로 세로 $1m$의 경계를 가지고 있다.

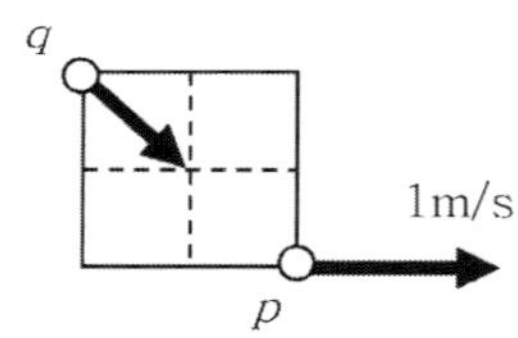

풀이1 순간중심이 그림의 점 c의 위치에 있다. 그림으로부터 반시계 방향 회전임을 알 수 있고, 각속도의 크기를 아래와 같이 구할 수 있다.

$$|\omega| = \frac{V_p}{r_{p/c}} = \frac{1}{2}$$

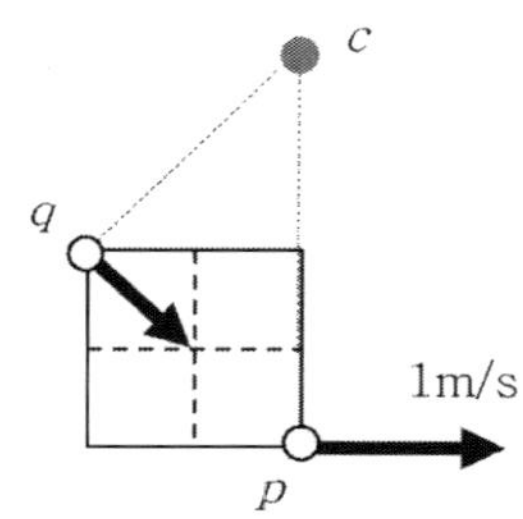

풀이2 $\mathbf{V}_{p/q} = \mathbf{V}_p - \mathbf{V}_q = \mathbf{I} - \left(\frac{1}{2}\mathbf{I} - \frac{1}{2}\mathbf{J}\right) = \frac{1}{2}\mathbf{I} + \frac{1}{2}\mathbf{J}$

$\mathbf{r}_{p/q} = \mathbf{I} - \mathbf{J}$

$\mathbf{V}_{p/q} = \omega\mathbf{k} \times \mathbf{r}_{p/q}$

$\frac{1}{2}(\mathbf{I} + \mathbf{J}) = \omega\ (\mathbf{I} + \mathbf{J})$

답 $\omega = \frac{1}{2} rad/s$ (부호까지 맞아야 함)

문제 6 그림은 직사각형 강체에 고정된 두 점 p, q의 속도를 나타내고 있다. 각 경우에 점 p의 속도의 방향은 그림에 주어졌으나 크기는 주어지지 않았다. 점 h의 속도는? 단, 그림의 한 칸은 $1m$이다.

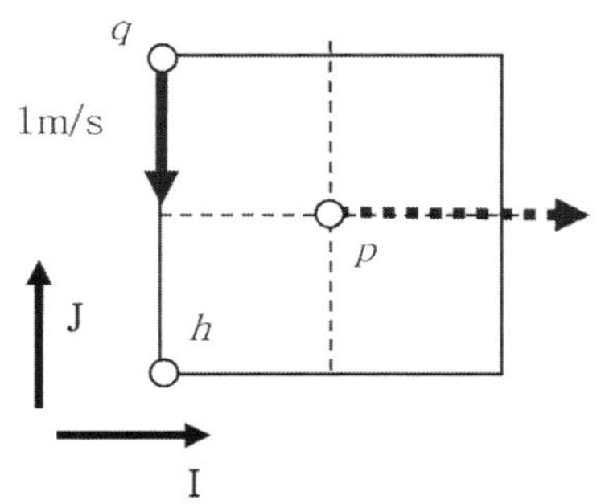

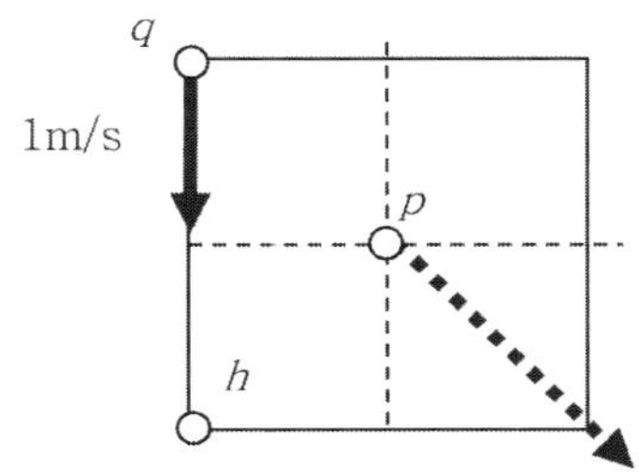

답 $\mathbf{V}_h = (\quad)\mathbf{I} + (\quad)\mathbf{J}\ (m/s)$ **답** $\mathbf{V}_h = (\quad)\mathbf{I} + (\quad)\mathbf{J}\ (m/s)$

2 구름접촉을 유지하는 강체 사이의 순간중심

두 강체의 접촉점이 각 물체에서 이동한 거리가 같을 때 두 물체가 구름접촉을 유지한다고 하거나 서로 구른다고 한다. <그림 2.7> 참조. 이는 접촉점에 위치한 두 물체에 고정된 점의 속도가 일치함을 의미하기도 하는데, 12장에 그 증명이 제시되어 있다. 결국, 서로 구르는 물체 사이의 순간중심이 접촉점에 위치한다. 접촉점과 접촉점에 위치한 강체 상의 점을 구별하

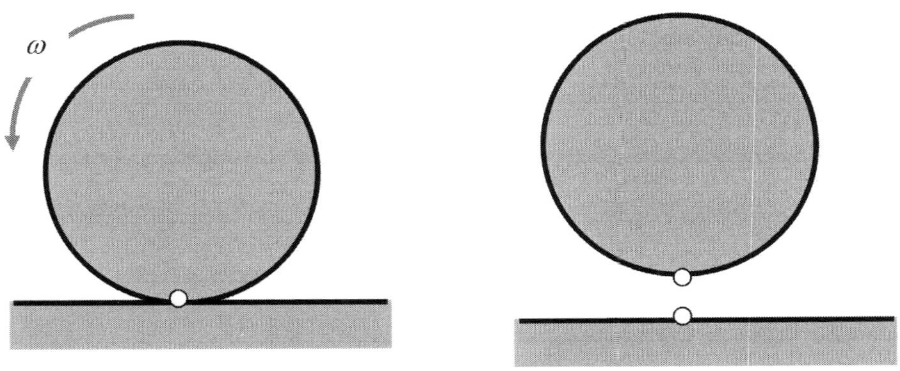

〈그림 7.4〉 접촉점과 접촉점에 위치한 강체 상의 점

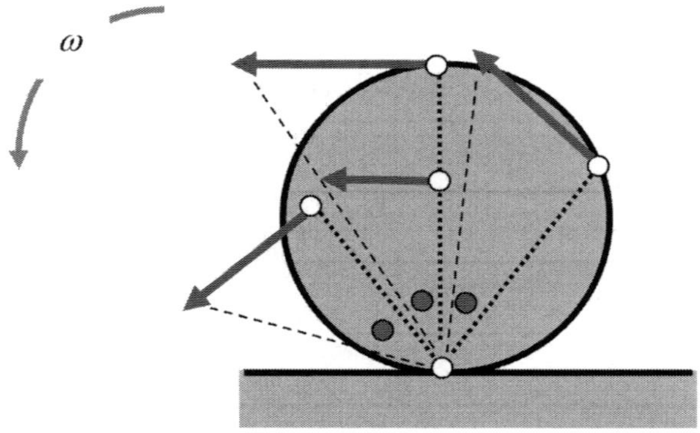

〈그림 7.5〉 구르는 물체에 고정된점의 속도

여야 함에 주의하라. 앞으로, 강체 A에 어떤 점 a가 고정되어 있음을 $a \in A$와 같이 집합 기호를 이용하여 표기하기로 한다.

정리 7.2에 의하면 지면에 대해 구르는 강체에 고정된 점의 속도를 <그림 7.5>와 같은 작도에 의해 구할 수 있다.

문제 1 반지름이 R인 원통이 각속도 ω로 지면 위를 구르고 있다. 다음 두 속도를 구별하여 설명하시오.

(1) 순간중심의 속도
(2) 순간중심이 가리키는 곳에 위치한 원통에 고정된 점의 속도

3 평행이동하는 강체의 순간중심

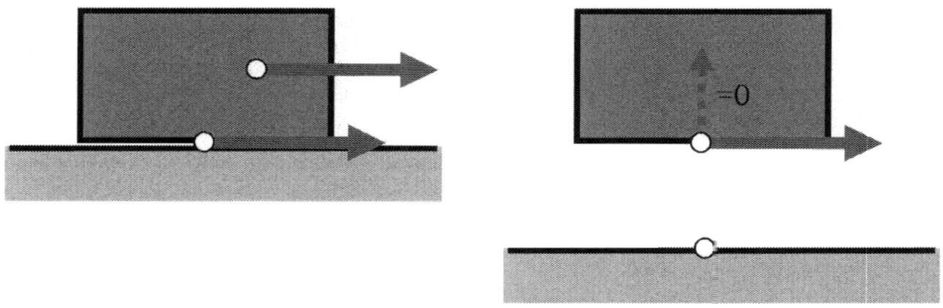

〈그림 7.6〉 미끄럼 대우의 속도

두 물체의 접촉점에서의 속도는 일치하지 않지만 경계선의 법선 방향으로의 상대 속도 성분이 없을 때, 두 물체가 미끄러진다고 한다. 위의 예는 미끄럼 상대 운동의 특수한 경우로 미끄럼 대우(프리즘 관절)에 해당하는데 접촉점이 무한히 많고 각속도가 0인 경우이다. 이 때, 순간중심의 위치를 결정할 수는 없지만 운동 방향에 수직인 방향의 "무한대에 순간중심이 위치한다"고 생각하면 평행이동하는 물체의 속도에 관해서도 순간중심을 이용한 추론이 가능하므로 편리하다.

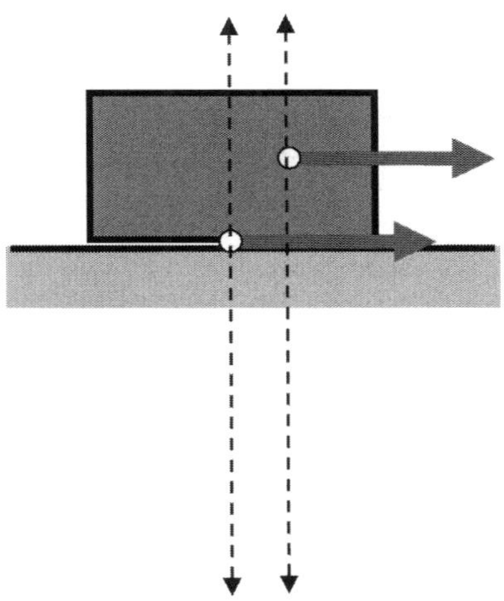

〈그림 7.7〉 평행이동하는 물체의 순간중심

4 순간중심에 대한 케네디Kennedy의 정리

Kennedy의 정리

임의의 강체 A, B, C에 대하여

C_{AC}는 C_{AB}, C_{BC}를 이은 직선 상 어디엔가 있다.

이는 3개의 물체가 주어졌을 때에 관한 정리이다. 일반성을 잃지 않고 3 물체 중 하나인 B가 고정되어 있다고 가정한 후, 위의 Kennedy의 정리가 타당한 이유를 <그림 7.8>에 설명하고 있다.

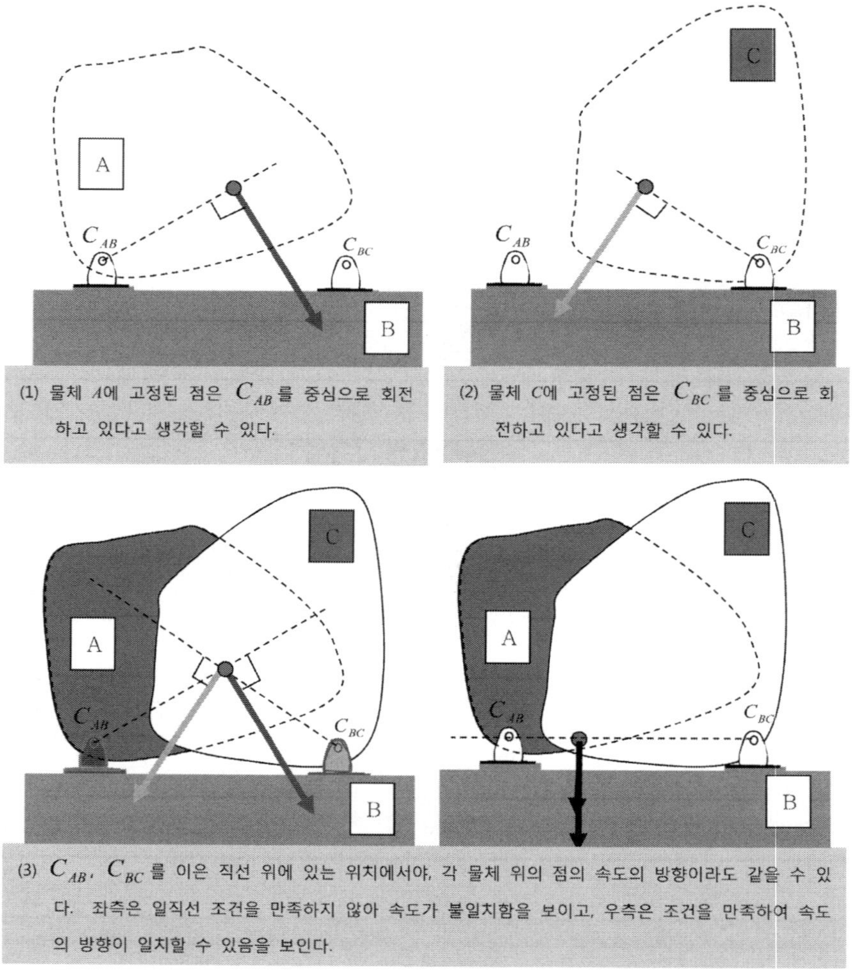

(1) 물체 A에 고정된 점은 C_{AB}를 중심으로 회전하고 있다고 생각할 수 있다.

(2) 물체 C에 고정된 점은 C_{BC}를 중심으로 회전하고 있다고 생각할 수 있다.

(3) C_{AB}, C_{BC}를 이은 직선 위에 있는 위치에서야, 각 물체 위의 점의 속도의 방향이라도 같을 수 있다. 좌측은 일직선 조건을 만족하지 않아 속도가 불일치함을 보이고, 우측은 조건을 만족하여 속도의 방향이 일치할 수 있음을 보인다.

〈그림 7.8〉 케네디의 순간중심에 관한 정리의 증명

5 4절 기구의 순간중심

순간중심이 2개의 물체에 대해 정의되므로, N개의 물체로 이루어진 강체계의 순간중심의 개수는 N개중 2개를 뽑는 경우의 수

$$\frac{N(N-1)}{2}$$

와 같다. 한 기구의 모든 순간중심을 시각적으로 표현하기 위해 전통적으로 원 상의 점들을 이어서 순간중심을 표시해 왔는데, 이를 중심원도circle diagram라 한다. 중심원도의 각 선분이 순간중심에 대응한다. <그림 7.9>는 5개의 물체로 이루어진 기구의 중심원도이다.

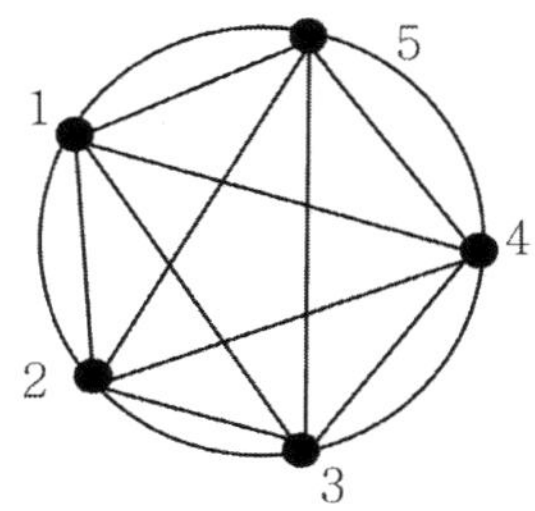

〈그림 7.9〉 중심원도

4절 기구에는 땅을 포함 모두 4개의 강체가 있어 6개의 순간중심이 정의된다.

(1) 기본primary 순간중심

두 강체를 잇는 각 회전관절에서 두 강체의 속도가 일치하므로, 각 회전관절의 위치가 순간중심이다. 즉, 순간중심 (12), (23), (34), (41)을 즉각적으로 찾을 스 있다. 이를 기본 순간중심이라 한다. 이를 찾았음을 기억하기 위해, 중심원도에 <그림 7.10>과 같이 표기해 놓으면 편리하다.

〈그림 7.10〉 기본 순간중심

(2) 유도secondary 순간중심

기본 순간중심을 찾은 후, 케네디의 정리를 활용하여 나머지 순간중심을 유도할 수 있다.

앞의 예에서, 기본 순간중심이 표시된 중심원도로부터, 순간중심의 조합 (12)(23)과 (14)(43)을 사용해 순간중심 (13)을 찾을 수 있음을 알 수 있다. 또, (23)(34)와 (21)(14)의 조합으로부터 순간중심 (24)를 찾는다. 이때, 중심원도를 일종의 '보조 메모리'로 활용하여 진행 상황을 기록하면 실수를 줄일 수 있다. <그림 7.11>은 이 방법을 사용할 때의 진행 상황을 보여준다. 강체의 개수가 늘수록 혼동을 줄일 수 있는 이 방법의 장점이 부각된다.

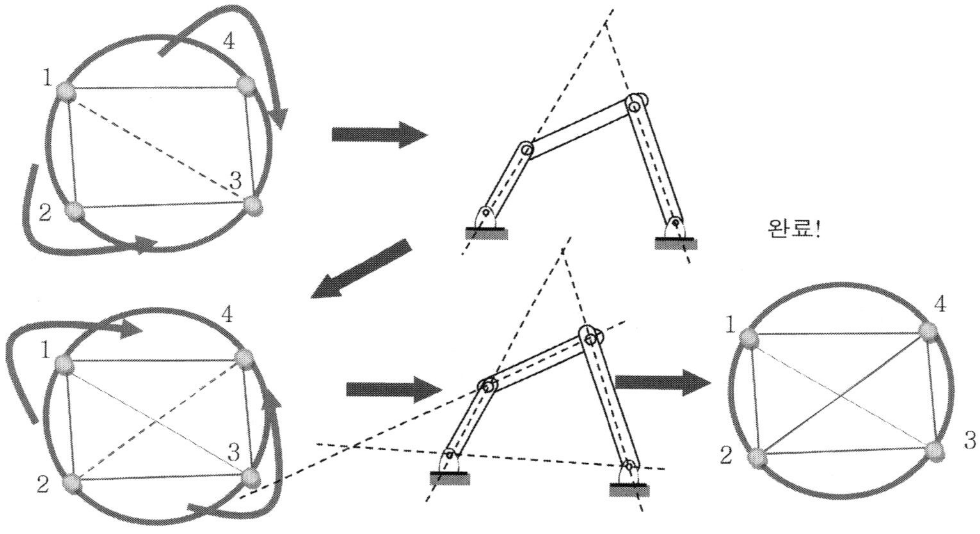

〈그림 7.11〉 유도 순간중심

연구문제 자유도가 2인 기구의 모든 링크 쌍의 순간중심을 기구 자세에 대한 정보만으로 찾을 수 있는가?

힌트 한정연쇄의 순간중심을 찾을 수 있는 이유는 주어진 자세에서 속도 사이의 관계식이 선형이기 때문이다. (9장 참조)

문제 1 다음 기구의 모든 순간중심을 찾아 그 위치를 표시하시오. 눈금 위에 위치하는 순간중심은 점으로 표식하고 그렇지 않은 순간중심에 대해서는 위치한 곳의 칸을 색칠하여 표식하시오.

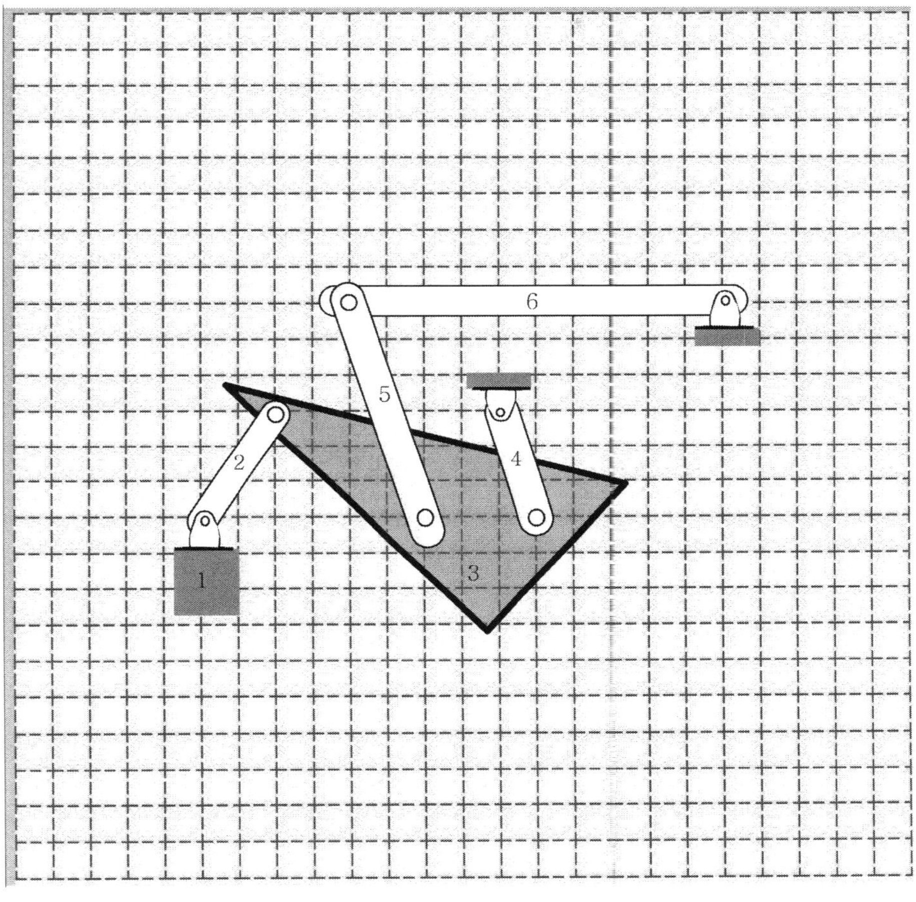

문제 2 주어진 기구의 순간중심, (23), (62)를 작도를 통해 구하시오. 눈금 위에 위치하는 순간중심은 점으로 표식하고, 그렇지 않은 순간중심에 대해서는 위치한 곳의 칸을 색칠하여 표식하시오.

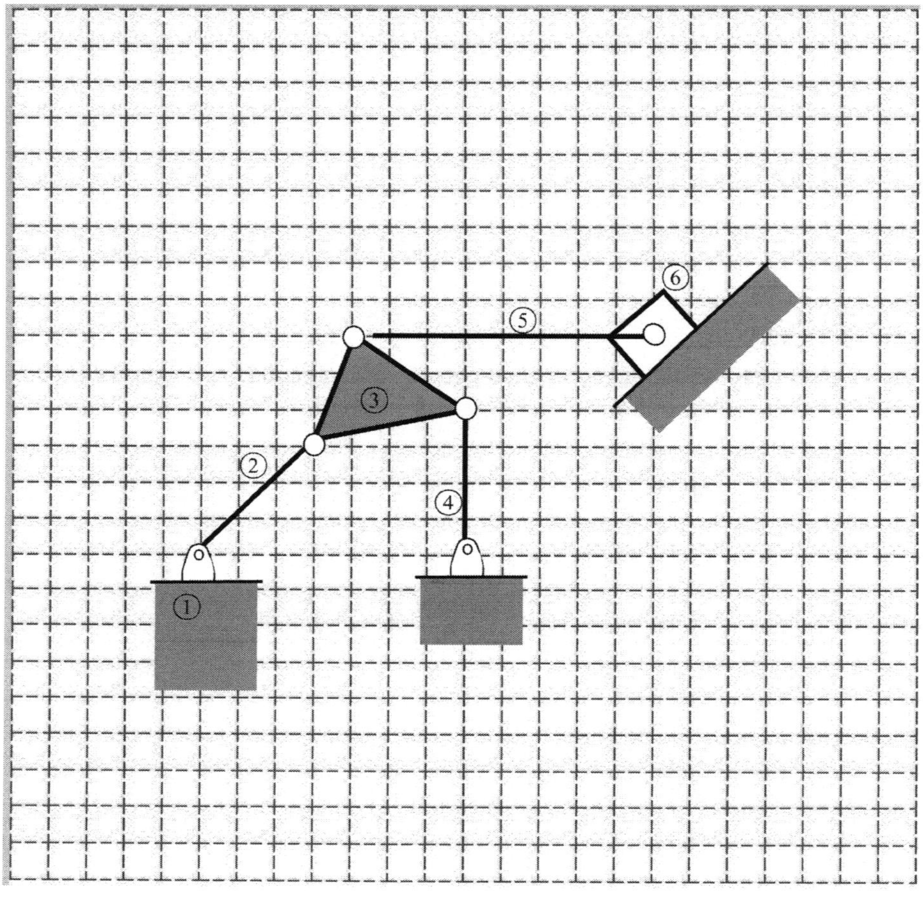

문제 3 주어진 기구의 모든 순간중심을 작도를 통해 구하시오. 단, 원통은 지면에 대해 구르고 있다.

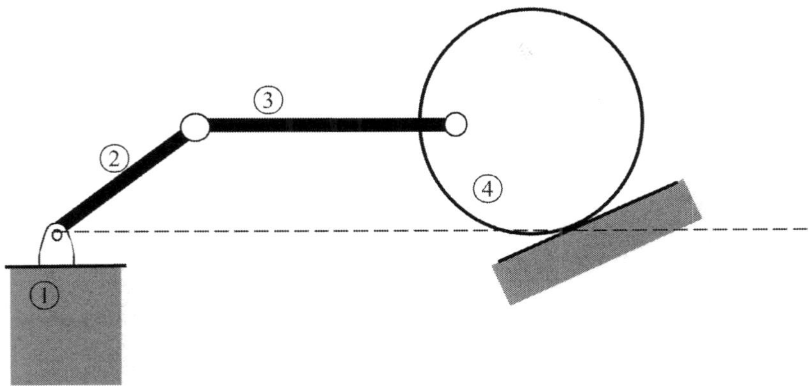

6 미끄럼접촉을 포함하는 기구의 순간중심

<그림 7.12-(a)>와 같은 미끄럼접촉을 포함하는 기구에서 기본 순간중심은 (12)와 (14)이다. 순간중심 (24)는 어디에 있을까?

<그림 7.12-(b)>와 같이 물체 (2)가 고정되도록 기구를 전위시켰을 때, 물체 (4)에 고정된 점 중에서 속도가 **0**이 되는 점의 위치가 순간중심 (24)이다. 이 때, 접촉점에 위치한 강체 (4)에 고정된 점의 궤적을 고려하여, 접촉점이 가리키는 물체 (4)위의 점의 속도가 두 물체 (2), (4)의 경계선의 공통접선 방향임을 알 수 있다. 그러므로 접촉점에서 경계선 법선 방향으로 그은 직선 상에 순간중심 (24)가 있어야 한다.

> **주** 접촉점에 위치한 물체 (4)위의 점의 속도가 0인 경우도 고려해야 하지만 이 경우 접촉점 자신이 순간중심이므로, 자신을 지나는 법선 상에 위치함이 자명하다. 한편, 구름조건이 명시되면 기구의 자유도가 0으로 모든 점이 순간중심이 되어 순간중심의 유일성이 성립하지 않는다.

또, 케네디의 정리로부터 (12)와 (14)의 연장선에 (24)가 존재하여야 함을 안다. 그러므로 <그림 7.12-(c)>와 같이, 이 두 직선의 교점이 순간중심 (24)가 된다.

이와 같이, 미끄럼접촉을 포함하는 기구의 경우, 접촉점에 위치한 점의 속도의 방향에 대한 조건을 추가로 사용하여야 모든 순간중심을 찾을 수 있다.

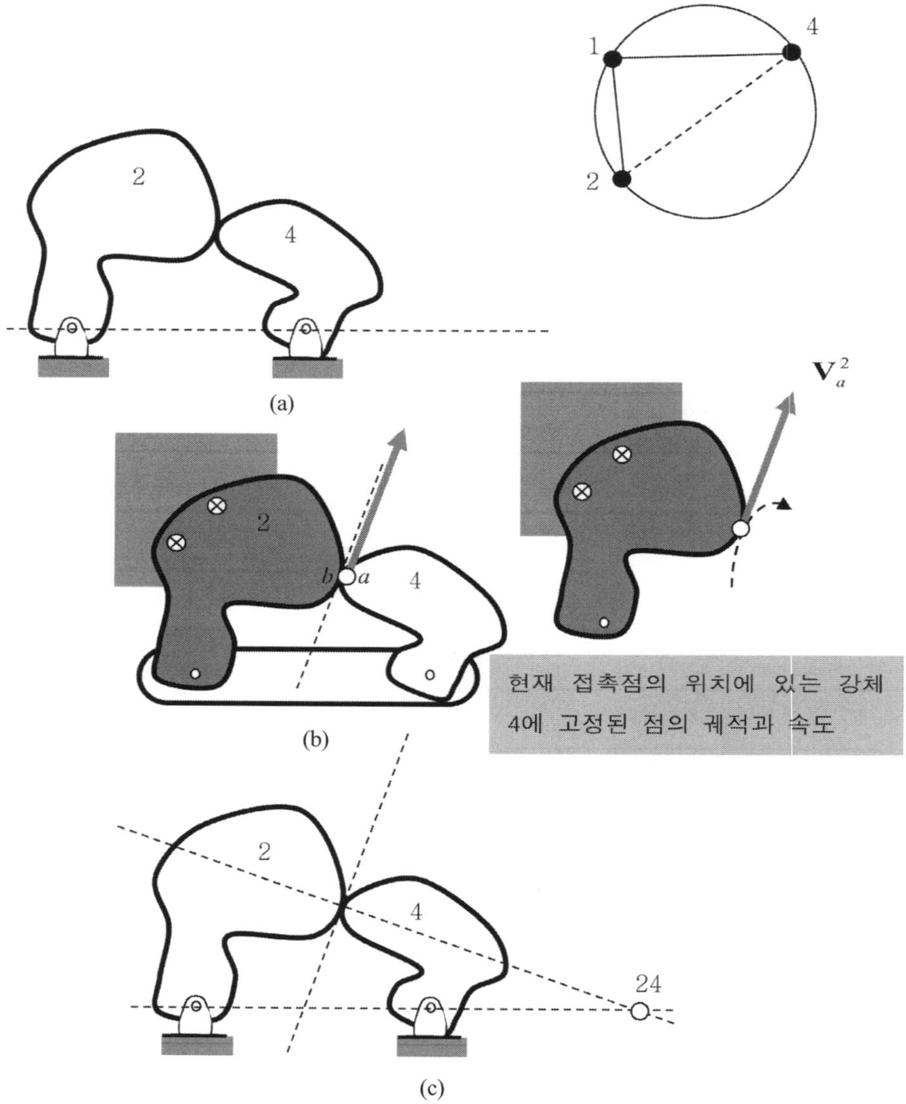

〈그림 7.12〉 접촉을 포함하는 기구의 순간중심

문제 1 다음 기구의 순간중심 (13)을 찾아 그 위치를 표시하시오.

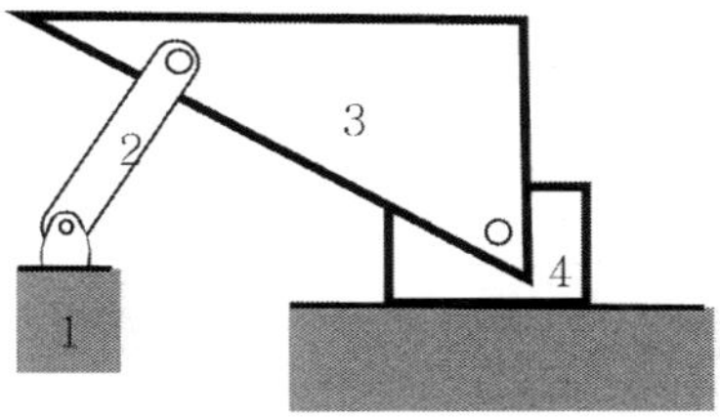

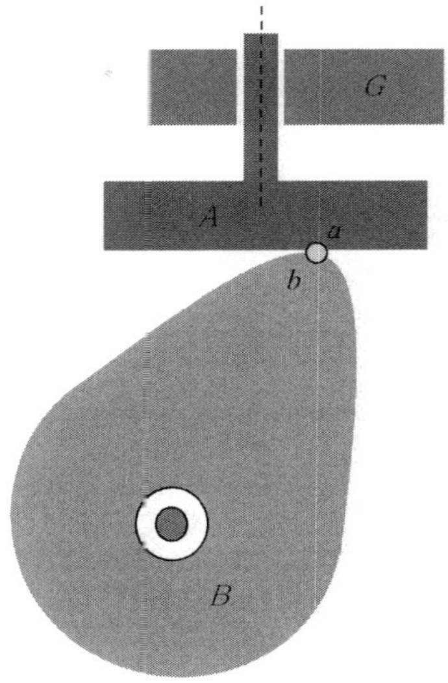

7 중심궤적과 구름운동

순간중심의 궤적을 중심궤적(centrode센트로드)이라 한다. 두 물체 A와 B의 상대운동이 주어져 있다고 하자. A를 고정시키고 B가 움직인다고 생각하면, 두 물체 사이의 순간중심은 B에 고정된 점의 속도가 0인 점이고 그 점의 궤적을 A상에 표기할 수 있다. 마찬가지로 B를 고정시키고 A가 움직인다고 생각하여 이 때의 순간중심의 궤적을 B상에 그릴 수 있다. A의 경계를 A상의 중심궤적으로 생각하고, B의 경계를 B상의 중심궤적이라 하면 운동의 진행 중에 두 물체의 접촉점이 두 물체의 순간중심이 되어 접촉점에서 두 물체에 고정된 점의 속도가 일치한다. 즉, 주어진 상대 운동에 대해 두 중심궤적을 경계로 가지는 물체 A, B는 서로에 대해 구른다.

실습 1 4절 기구의 커플러와 고정링크의 상대 운동에 대해 중심궤적을 그리고 그 모양대로 두 물체의 경계를 만들어 구름 운동을 확인하시오. 마분지에 바느질을 하여 관절을 구성하여 기구를 제작하고 중심궤적을 그린다.

실습 2 4절 기구의 구동링크와 종동링크 사이의 상대 운동에 대해 중심궤적을 그리고 그 모양 대로 경계를 잡아 구름 운동을 확인하시오. 마분지에 바느질을 하여 관절을 구성하여 기구를 제작하고 중심궤적을 그린다. 이 경우 순간중심 (24)의 궤적이 중심궤적이다.

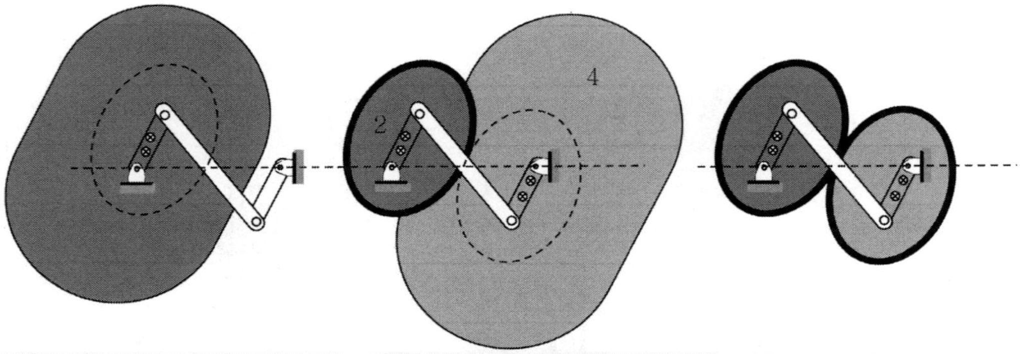

(1) 구동절에 종이를 붙이고 기구를 움직여 가며 순감중심 (24)의 위치를 표기한다.

(2) 그려진 궤적을 따라 종이를 절단하고 종동절에 대해서도 마찬가지로 순간중심 (24)를 그린다.

(3) 결과: 생성된 경계에 대해 두 물체는 구른다.

〈그림 7.13〉 (실습 2) 센트로드와 구름운동 실습 : 마찰차

참고

마찰차에 그루블러의 식을 적용하면 (3×2－2×3＝) 0으로 계산되므로 과구속에 해당된다. 이는 마찰력이 충분할 때 경계의 모양이 조금이라도 틀어진다면 움직일 수 없고 마찰력이 충분하지 않으면 미끄러져서 구속조건이 해제되므로 어느 경우든지 구름 조건을 만족하지 못함을 의미한다.

제 8 장

기구의 위치해석

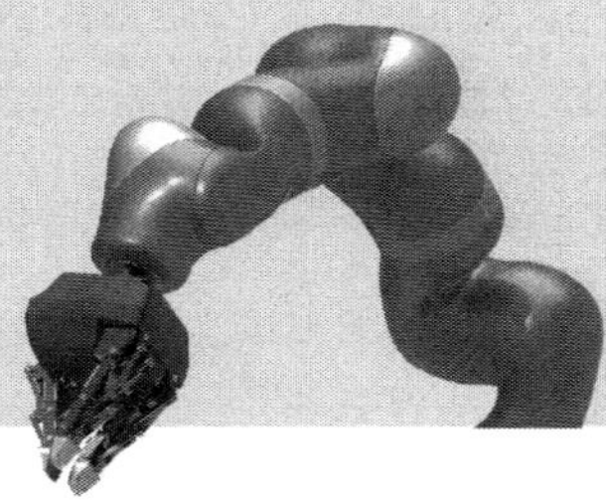

주어진 기구의 자유도 만큼의 관절의 위치, 속도, 가속도를 정하고, 기구를 이루는 각 질점의 위치, 속도, 가속도와 링크의 회전각, 각속도, 각가속도를 예측하는 것이 기구학의 기본문제이다. 위의 각각을 위치해석, 속도해석, 가속도해석이라 한다. 자유도가 1인 기구에 대해 좀더 자세히 정의하면 다음과 같다:

(1) **위치해석**: 모든 링크의 길이와 한 관절변수가 주어졌을 때, 각 링크의 자세를 찾는 작업. 위치해석을 위해 수립되는 대수방정식은 일반적으로 비선형 연립 방정식이다. 위치해석은 기하학의 범주에 속한다.

(2) **속도해석**: 주어진 자세에서 한 링크의 회전속도를 주었을 때, 나머지 링크의 각속도와 각 링크에 고정된 점의 속도를 찾는 작업. 이 작업을 위해 위치해석이 선행한다. 속도해석을 위해 수립되는 대수방정식은 선형이다. 1차 연립방정식의 해법은 잘 알려져 있으므로, 속도해석은 위치해석에 비해 매우 간단하며 다양한 해법이 알려져 있다.

(3) **가속도해석**: 주어진 자세에서 한 링크의 회전속도와 회전가속도를 주었을 때, 나머지 링크의 각가속도와 각 링크에 고정된 점의 가속도를 찾는 작업. 이 작업을 위해 속도해석이 선행한다. 가속도해석을 위해 수립되는 대수방정식은 선형이다.

기구의 해석 방법은 크게 도해적 방법과 해석적 방법으로 나눌 수 있다. 기초기하학에서와 마찬가지로 자와 컴퍼스를 사용하여 관심 있는 점의 위치, 속도, 가속도를 찾는 방법을 도해법이라 한다. 고등학교에서 학습한 해석기하학과 마찬가지로, 좌표를 설정하고 기하학 문제를 대수 문제로 바꾸어 원하는 점의 위치, 속도, 가속도를 구하는 방법을 해석적 방법이라 한다. 이 때, 편의를 위하여 벡터, 복소수 및 행렬 대수를 사용하기도 한다.

1 4절 기구의 도해적 위치해석

2번 링크의 회전각이 주어지면 그 끝점을 알 수 있다. 그 다음 세 변의 길이를 알 때 삼각형을 결정하는 방법을 사용한다. 이 과정을 <그림 8.1>에 제시하고 있다. 해가 두 개임에 주의하라.

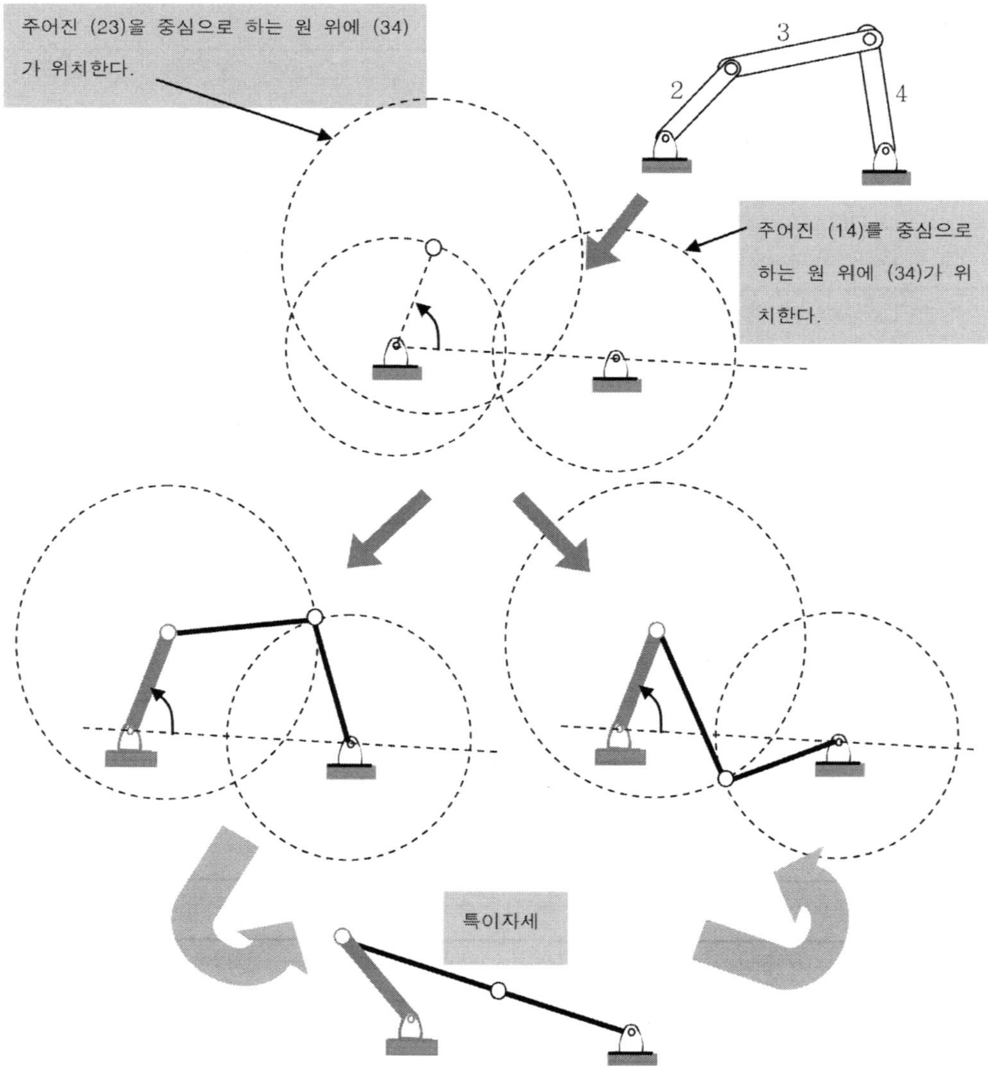

〈그림 8.1〉 4절 기구의 위치해석 및 특이자세

【참고】특이singular자세를 통과시켜야 위의 두 해 중 한 자세에서 다른 자세로의 전이가 가능함을 <그림 8.1>에 보이고 있다. 위의 예에서 특이자세는 3번 링크와 4번 링크가 일직선을 이루는 자세이다. 두 해 사이의 전이를 이루기 위해, 기구를 해체한 후 다시 조립하여야 하는 경우가 발생할 수도 있다.

2 해석적인 방법을 이용한 위치해석: 닫힌 꼴의 해

도해적 방법으로 해의 존재성이나 근의 개수 등에 관한 정성적 성질을 추론하기에 편리하다. 하지만, 문제 풀이 후, 위치를 측정함에 있어 오차가 발생할 수 있어, 그 정확성이 떨어진다. 컴퓨터 기술이 발달한 오늘날 아래와 같은 해석적 방법을 이용하는 것이 일반적이다.

기구의 위치해석을 위해 수립되는 방정식은 일반적으로 비선형연립대수방정식이다. 대수방정식의 해가 '잘 알려진' 함수들의 조합으로 표현될 때, 그 방정식이 닫힌 꼴의 해를 가진다고 한다. 어떤 함수를 잘 알려진 함수로 받아들일 지는 주관적 선택의 문제이다. 연립방정식의 소거에 의해 1원 방정식을 수립하였을 때, 4차 이하의 방정식으르 표현되면 근의 공식을 사용할 수 있기 때문에 닫힌 꼴의 해를 가진다고 할 수 있다. 4절 기구의 경우 아래 예와 같이 닫힌 꼴의 해closed form solution가 존재한다. 닫힌 꼴의 해가 존재하지 않거나 해를 표현하는 함수의 계산이 비효율적일 경우, 4절에서 소개하는 반복계산iteration을 사용하는 수치해석 기법을 이용하여 수립된 방정식의 근을 근사적으로 찾을 수도 있다.

L_k를 <그림 8.2>의 4절 링키지의 k번째 링크의 길이라 하자. 해석적 방법을 도입할 때는 그림과 같이 프레임에 고정된 좌표축을 설정하는 것이 일반적이다. 앞으로 특별한 언급이 없이 벡터를 성분으로 표시하면, 프레임에 설정한 직교 좌표축에 대한 성분으로 표현한 것이다.

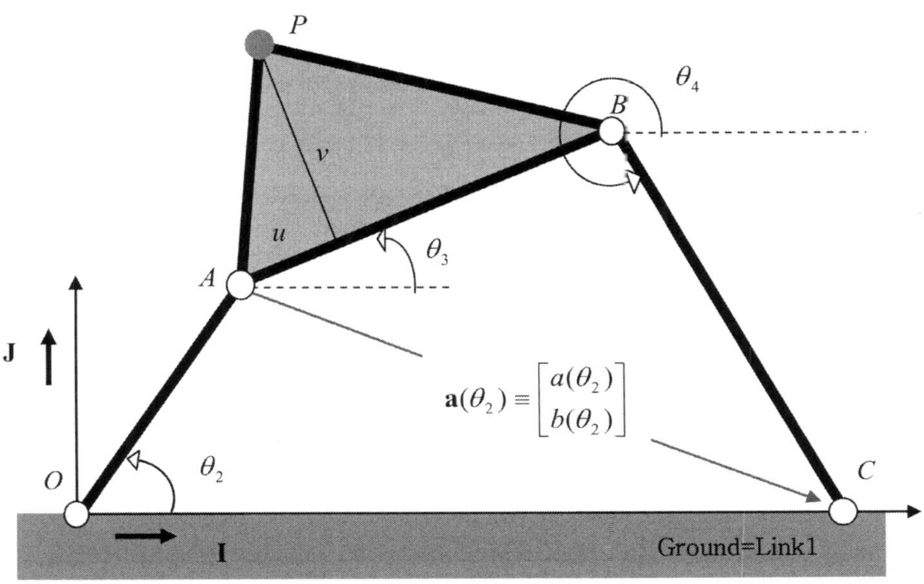

〈그림 8.2〉 좌표 축이 설정된 4절 기구

<그림 8.2>의 4절 기구에 적용된 아래의 벡터 관계식,

$$\overrightarrow{OA} + \overrightarrow{AB} + \overrightarrow{BC} = \overrightarrow{OC}$$

을 프레임에 설정된 기저 **IJ**에 대한 성분으로 표현하면 다음과 같다:

$$L_2\begin{bmatrix}\cos\theta_2\\ \sin\theta_2\end{bmatrix} + L_3\begin{bmatrix}\cos\theta_3\\ \sin\theta_3\end{bmatrix} + L_4\begin{bmatrix}\cos\theta_4\\ \sin\theta_4\end{bmatrix} = L_1\begin{bmatrix}1\\ 0\end{bmatrix}.$$

이 방정식을 루프폐쇄방정식loop-closure equation이라 하는데, 관절변수에 관한 방정식을 암시적implicit으로 표현하고 있음을 알 수 있다. θ_2가 주어져 있으므로 두 개의 미지수 θ_3와 θ_4에 대해, 위의 두 개의 방정식을 연립하여 풀어야 한다. 일반적으로, 위치해석을 위해 해결하여야 하는 방정식은 이와 같이 비선형 연립 방정식이다. 방정식의 미지수를 강조하여 방정식 좌변의 첫째 항을 이항하여 다음과 같이 표현한다.

$$\overrightarrow{AB} + \overrightarrow{BC} = \overrightarrow{OC} - \overrightarrow{OA}$$

$$L_3\begin{bmatrix}\cos\theta_3\\ \sin\theta_3\end{bmatrix} + L_4\begin{bmatrix}\cos\theta_4\\ \sin\theta_4\end{bmatrix} = \begin{bmatrix}L_1 - L_2\cos\theta_2\\ -L_2\sin\theta_2\end{bmatrix}$$

편의를 위해 위 식의 우항 $\overrightarrow{OC} - \overrightarrow{OA} = \overrightarrow{AC}$의 x축 성분과 y축 성분을 각기 $a(\theta_2)$와 $b(\theta_2)$로 간략히 표기하자.

$$\left(\overrightarrow{AC} =\right)\ \begin{bmatrix}a(\theta_2)\\ b(\theta_2)\end{bmatrix} \equiv \begin{bmatrix}L_1 - L_2\cos\theta_2\\ -L_2\sin\theta_2\end{bmatrix}$$

즉,

$$a(\theta_2) \equiv L_1 - L_2\cos\theta_2,\ \ b(\theta_2) \equiv -L_2\sin\theta_2$$

결국, 미지수 θ_3와 θ_4에 관한 다음 두 개의 방정식을 연립하여 풀 필요가 있다.

$$L_3\cos\theta_3 + L_4\cos\theta_4 = a(\theta_2) \quad (1)$$

$$L_3\sin\theta_3 + L_4\sin\theta_4 = b(\theta_2) \quad (2)$$

θ_3를 소거하기 위해 방정식을 아래의 꼴로 쓴다.

$$L_3\cos\theta_3 = a - L_4\cos\theta_4 \quad (1)'$$

$$L_3\sin\theta_3 = b - L_4\sin\theta_4 \quad (2)'$$

이제 앞의 두 식의 양변을 각기 제곱하여 더하면, 아래 식

$$L_3{}^2 = a^2 + b^2 + L_4{}^2 - 2L_4(a\cos\theta_4 + b\sin\theta_4) \tag{3}$$

과 같이 θ_4에 관한 방정식을 얻는다.

<그림 8.3>에 보인 바와 같이, 변수 β를 벡터 $\overrightarrow{AC}$의 방향각으로 정의하자. 즉,

$$\sqrt{a^2+b^2}\cos\beta \equiv a,\quad \sqrt{a^2+b^2}\sin\beta \equiv b$$

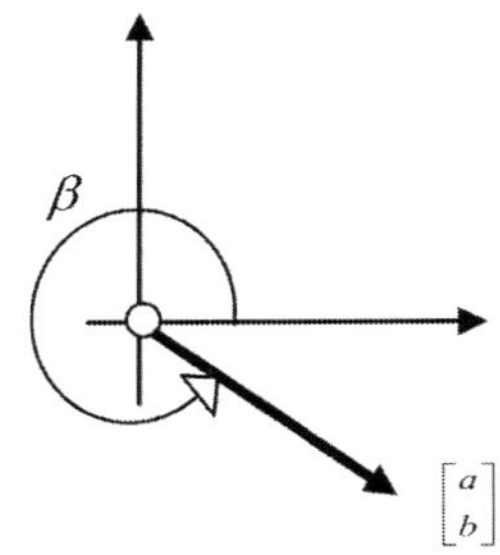

〈그림 8.3〉 방향각 설정

이때, a, b가 θ_2에 의존하므로, θ_2가 정해지면 β의 값을 알 수 있다. 그러면, 방정식 (3)을 아래와 같이 정리할 수 있다.

$$2L_4\sqrt{a^2+b^2}(\cos\beta\cos\theta_4 + \sin\beta\sin\theta_4) = a^2 + b^2 + L_4{}^2 - L_3{}^2$$

이를 코사인 합 공식을 이용하여 다음과 같이 정리한다.

$$\cos(\theta_4 - \beta) = \frac{a^2 + b^2 + L_4{}^2 - L_3{}^2}{2L_4\sqrt{a^2+b^2}} \equiv F(\theta_2)$$

나아가 코사인의 역함수를 취하여, θ_4에 관해 정리하면 다음과 같다:

$$\theta_4 - \beta = \pm\arccos F(\theta_2) \quad \text{단,}\ \ 0 \le \arccos F(\theta_2) \le \pi\,.$$

즉,

$$\theta_4 = \beta(\theta_2) \pm \arccos F(\theta_2)$$

여기서,

$$a(\theta_2) \equiv L_1 - L_2\cos\theta_2,\quad b(\theta_2) \equiv -L_2\sin\theta_2$$

$$\beta = \arg\begin{bmatrix} a \\ b \end{bmatrix},\quad F = \frac{a^2 + b^2 + L_4{}^2 - L_3{}^2}{2L_4\sqrt{a^2+b^2}},\quad 0 \le \arccos F(\theta_2) \le \pi$$

연구문제 <그림 8.1>의 도식적 해법을 참고하여 두 원의 교점을 얻는 방정식을 구성하여 위치해석을 수행하는 방법을 논하시오.

힌트 $A(L_2\cos\theta_2, L_2\sin\theta_2)$를 중심으로 하는 반경 L_3인 원과 $C(L_1, 0)$을 중심으로 하는 원이 다음의 방정식으로 표현된다.

$$(x - L_2\cos\theta_2)^2 + (y - L_2\sin\theta_2)^2 = L_3^{\ 2} \qquad (*)$$

$$(x - L_1)^2 + y^2 = L_4^{\ 2} \qquad (**)$$

두 식의 차로부터 두 원의 교점을 지나는 직선의 방정식을 얻는다.

$$2(L_1 - L_2\cos\theta_2)x - 2L_2\sin\theta_2 y = L_3^{\ 2} - L_4^{\ 2}$$

즉,

$$y = \frac{2(L_1 - L_2\cos\theta_2)x - L_3^{\ 2} + L_4^{\ 2}}{2L_2\sin\theta_2}$$

이를 식 (**)에 대입하여 전개함으로써 점 B의 x좌표에 관한 2차 방정식을 얻는다.

문제 1 $\theta_4 = \beta(\theta_2) \pm \arccos F(\theta_2)$의 기하학적 의미를 반추하시오. **힌트** 코사인 제2법칙

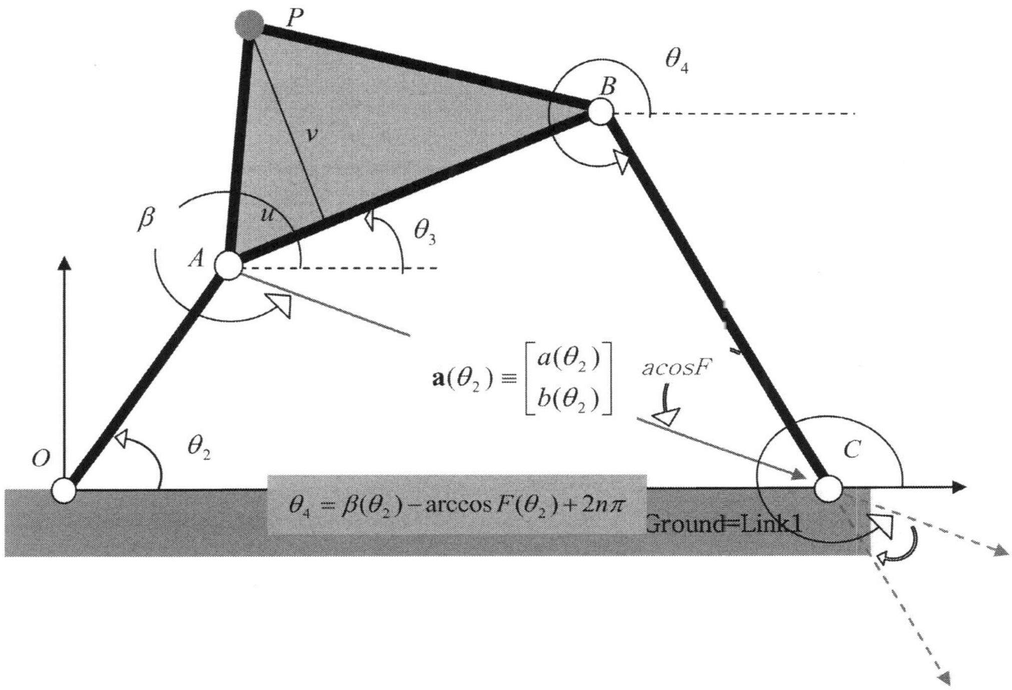

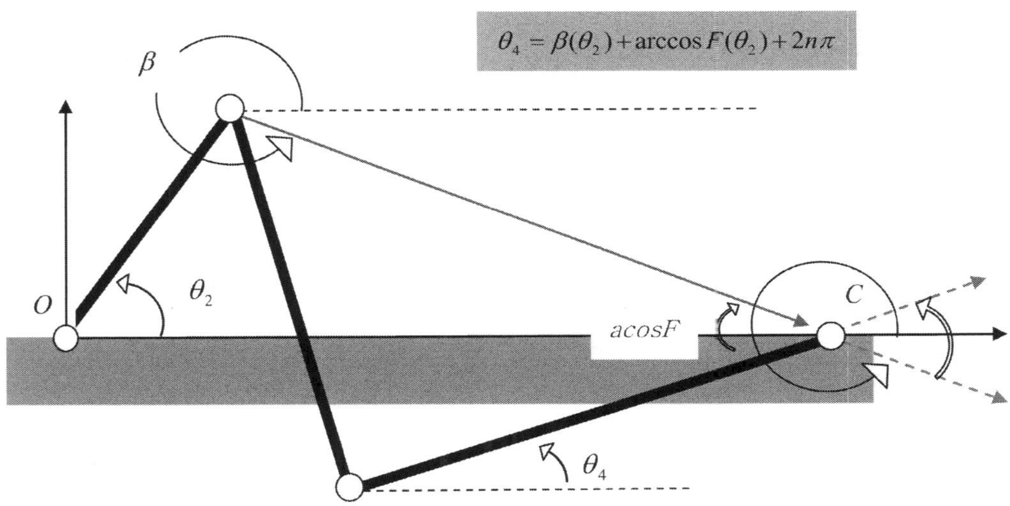

〈그림 8.4〉 명시적 관계식에 나타나는 기호의 의미(다음 페이지 계속)

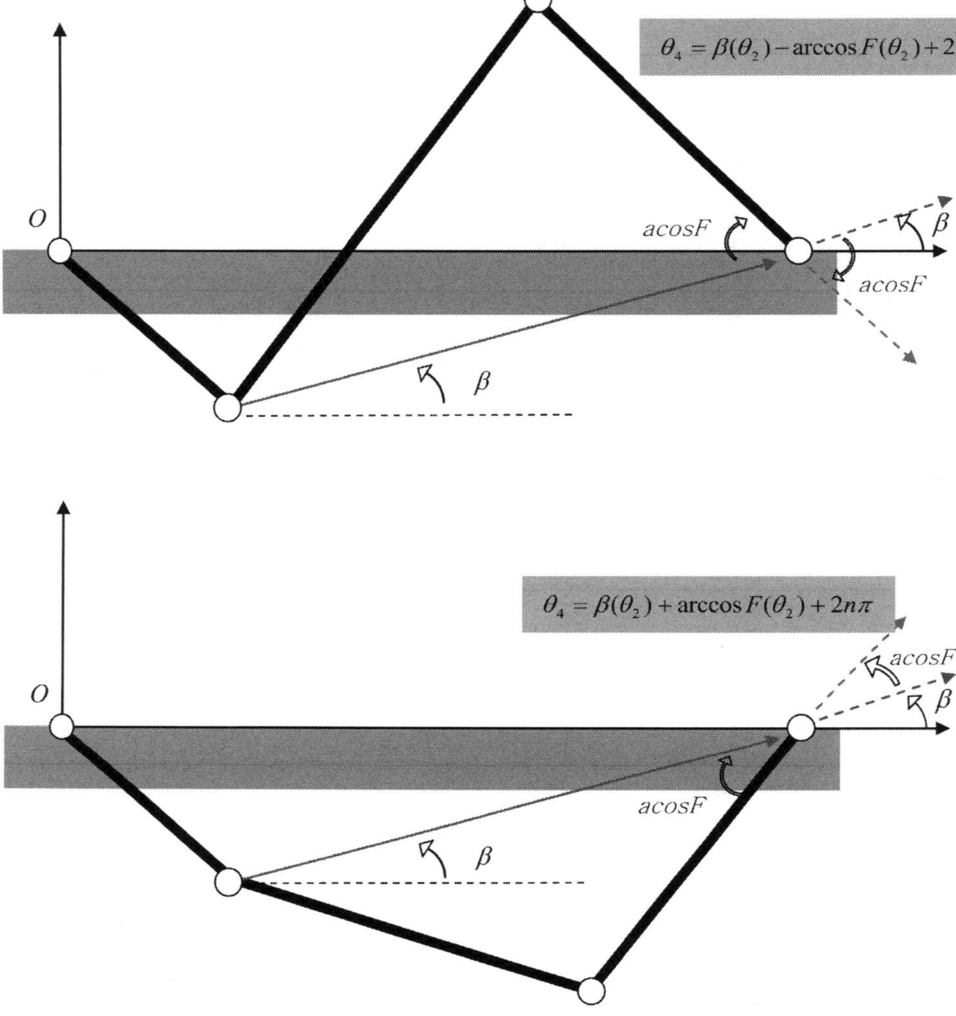

〈그림 8.4〉 명시적 관계식에 나타나는 기호의 의미

문제 2 θ_3에 대해 풀어보시오.

풀이 식 (1)과 (2)로부터,

$$L_4 \cos\theta_4 = a(\theta_2) - L_3 \cos\theta_3$$
$$L_4 \sin\theta_4 = b(\theta_2) - L_3 \sin\theta_3$$

양변을 제곱하여 본문과 비슷한 방법으로 풀 수 있다. 3, 4번 링크에 대한 방정식의 대칭성을 관찰하면,

$$\theta_4 = \beta(\theta_2) \pm \arccos F(\theta_2),\quad F(\theta_2) = \frac{a^2 + b^2 + {L_4}^2 - {L_3}^2}{2L_4\sqrt{a^2 + b^2}}$$

$$\theta_3 = \beta(\theta_2) \mp \arccos G(\theta_2),\quad G(\theta_2) = \frac{a^2 + b^2 + {L_3}^2 - {L_4}^2}{2L_3\sqrt{a^2 + b^2}}$$

하지만, θ_4에 관해 답을 구하였다면 다음과 같이 벡터 $\overrightarrow{AB}$의 방향각을 이용하여 푸는 것이 해의 일관성을 유지하는 좀더 간단한 방법이다.

$$\overrightarrow{OA} + \overrightarrow{AB} + \overrightarrow{BC} = \overrightarrow{OC}$$
$$\overrightarrow{AB} = \overrightarrow{OC} - \overrightarrow{BC} - \overrightarrow{OA}$$
$$\overrightarrow{AB} = L_3\begin{bmatrix}\cos\theta_3 \\ \sin\theta_3\end{bmatrix} = L_1\begin{bmatrix}1 \\ 0\end{bmatrix} - L_2\begin{bmatrix}\cos\theta_2 \\ \sin\theta_2\end{bmatrix} - L_4\begin{bmatrix}\cos\theta_4 \\ \sin\theta_4\end{bmatrix}$$
$$\overrightarrow{AB} = L_3\begin{bmatrix}\cos\theta_3 \\ \sin\theta_3\end{bmatrix} = \begin{bmatrix}L_1 - L_2\cos\theta_2 - L_4\cos\theta_4 \\ -L_2\sin\theta_2 - L_4\sin\theta_4\end{bmatrix}$$

즉,

$$\theta_3 = \arg\begin{bmatrix}L_1 - L_2\cos\theta_2 - L_4\cos\theta_4 \\ -L_2\sin\theta_2 - L_4\sin\theta_4\end{bmatrix}.$$

참고 방향각을 나타내는 *arg*는 많은 프로그램 언어에서 *atan2*함수로 구현된다.

문제 3 <그림 8.2>의 점 P의 위치를 θ_2의 함수로 나타내시오.

풀이 문제 2에 의해 θ_3를 구했다면 링크 2와 3으로 이어지는 벡터 합에 의해,

$$\mathbf{r}_{P/O} = L_2\begin{bmatrix}\cos\theta_2\\ \sin\theta_2\end{bmatrix} + u\begin{bmatrix}\cos\theta_3\\ \sin\theta_3\end{bmatrix} + v\begin{bmatrix}-\sin\theta_3\\ \cos\theta_3\end{bmatrix}$$

문제 4 구동절이 지면에 대해 한 바퀴 회전하고, 종동절이 왕복운동을 하는 4절 기구의 커플러 곡선을 그리는 순차적 방법을 기술하시오.

힌트 θ_2를 바꾸어 가며, 문제 2와 문제 3의 해를 구하여 표기한다.

(1) θ_2, $\Delta\theta_2$, $\theta_{2,\max}$, $sign \in \{+1,-1\}$ 설정

(2) $a \leftarrow L_1 - L_2\cos\theta_2$, $b \leftarrow -L_2\sin\theta_2$,

(3) $\theta_4 \leftarrow \arg\begin{bmatrix}a\\ b\end{bmatrix} + (sign)\cdot\arccos\left(\dfrac{a^2+b^2+L_4{}^2-L_3{}^2}{2L_4\sqrt{a^2+b^2}}\right)$

(4) $\theta_3 \leftarrow \arg\begin{bmatrix}L_1 - L_2\cos\theta_2 - L_4\cos\theta_4\\ -L_2\sin\theta_2 - L_4\sin\theta_4\end{bmatrix}$

(5) $\mathbf{r}_{P/O} \leftarrow L_2\begin{bmatrix}\cos\theta_2\\ \sin\theta_2\end{bmatrix} + u\begin{bmatrix}\cos\theta_3\\ \sin\theta_3\end{bmatrix} + v\begin{bmatrix}-\sin\theta_3\\ \cos\theta_3\end{bmatrix}$

(6) $\mathbf{r}_{P/O}$의 위치에 점을 찍는다.

(7) $\theta_2 \leftarrow \theta_2 + \Delta\theta_2$

(8) $\theta_2 < \theta_{2,\max}$이면 단계 (2)부터 시행 반복, 그렇지 않으면 시행 정지한다.

참고 방향각을 나타내는 *arg*는 많은 프로그램 언어에서 $atan_2$함수로 구현된다.

$$arg\begin{bmatrix}a\\ b\end{bmatrix} = atan_2(b,a)$$

문제 5 아래의 그림에 주어진 기구의 위치해석을 위해 미지수를 설정하고 루프폐쇄식을 수립하시오.

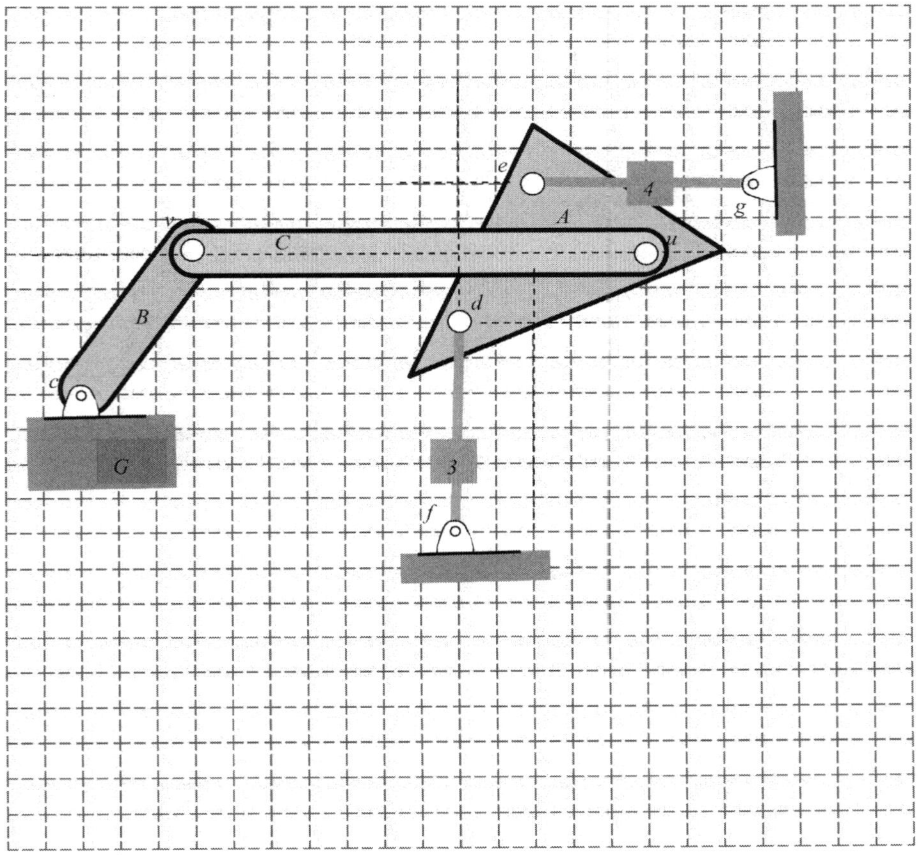

풀이 1 루프 $fdeg$로부터

$$6\begin{bmatrix}\cos\theta_3\\ \sin\theta_3\end{bmatrix}+\begin{bmatrix}\cos\theta_A & -\sin\theta_A\\ \sin\theta_A & \cos\theta_A\end{bmatrix}\begin{bmatrix}2\\ 4\end{bmatrix}+6\begin{bmatrix}\cos\theta_4\\ \sin\theta_4\end{bmatrix}=\begin{bmatrix}8\\ 10\end{bmatrix}$$

루프 $cvudf$ 로부터

$$5\begin{bmatrix}\cos\theta_B\\ \sin\theta_B\end{bmatrix}+12\begin{bmatrix}\cos\theta_C\\ \sin\theta_C\end{bmatrix}+\begin{bmatrix}\cos\theta_A & -\sin\theta_A\\ \sin\theta_A & \cos\theta_A\end{bmatrix}\begin{bmatrix}-5\\ -2\end{bmatrix}-6\begin{bmatrix}\cos\theta_3\\ \sin\theta_3\end{bmatrix}=\begin{bmatrix}10\\ -4\end{bmatrix}$$

5개의 변수 θ_A, θ_B, θ_C, θ_3, θ_4에 대한 4개의 식을 수립하였다. 변수 중 1개를 고정하면, 4개의 변수에 대한 4개의 식으로 구성된 연립 방정식을 구성할 수 있다.

풀이 2 루프 $fdeg$로부터

$$6\begin{bmatrix}\cos\theta_3\\ \sin\theta_3\end{bmatrix}+2\sqrt{5}\begin{bmatrix}\cos(\theta_A+\alpha)\\ \sin(\theta_A+\alpha)\end{bmatrix}+6\begin{bmatrix}\cos\theta_4\\ \sin\theta_4\end{bmatrix}=\begin{bmatrix}8\\ 10\end{bmatrix}$$

루프 *cvude*로부터

$$5\begin{bmatrix}\cos\theta_B\\ \sin\theta_B\end{bmatrix}+12\begin{bmatrix}\cos\theta_C\\ \sin\theta_C\end{bmatrix}+\sqrt{29}\begin{bmatrix}\cos(\theta_A+\beta)\\ \sin(\theta_A+\beta)\end{bmatrix}-6\begin{bmatrix}\cos\theta_3\\ \sin\theta_3\end{bmatrix}=\begin{bmatrix}10\\ -4\end{bmatrix}$$

여기서 $\alpha = atan_2(4,2)$, $\beta = atan_2(-2,-5)$.

참고

이 문제에서 프레임을 제외한 링크마다 지정된 5개의 변수 θ_A, θ_B, θ_C, θ_3, θ_4가 강체계의 일반좌표로 사용되었다. 닫힌 링키지의 경우

링크의 개수 = 해석에 사용된 변수의 수
2X루프의 개수 = 식의 개수

로 해석될 수 있으므로 과구속이 없다면

자유도 = 링크의 개수 − 2 × 루프의 개수

이다. 미끄럼접촉이 있다면 미끄러지는 거리가 변수에 추가되므로

자유도 = (링크의 개수) + (미끄럼접촉의 개수) − 2 × (루프의 개수)

이다. 여기서 링크의 개수는 프레임을 제외하고 계수한 것이다.

또 관절마다의 관절변수(회전관절의 경우 연결된 링크간의 사이각이 될 것인데)를 일반좌표로 설정할 수 있다. 이 때 회전각에 대한 조건이 추가되어 각 루프는 3개의 제한식을 설정한다. 그러므로 닫힌 링키지에 대해

자유도 = (관절의 자유도의 합) − 3 × (루프의 개수)

이다.

3 커플러 곡선의 성질*

다음 문제를 통해 커플러 곡선의 성질에 관해 알아보자.

연구문제1 커플러 곡선을 암시적으로 표현할 때, 6차식으로 표현할 수 있음을 증명하시오.

참고 1 이 곡선을 tricircular sextic이라 한다.

참고 2 슬라이더-크랭크 기구의 커플러 곡선은 4차식으로 표현할 수 있다.

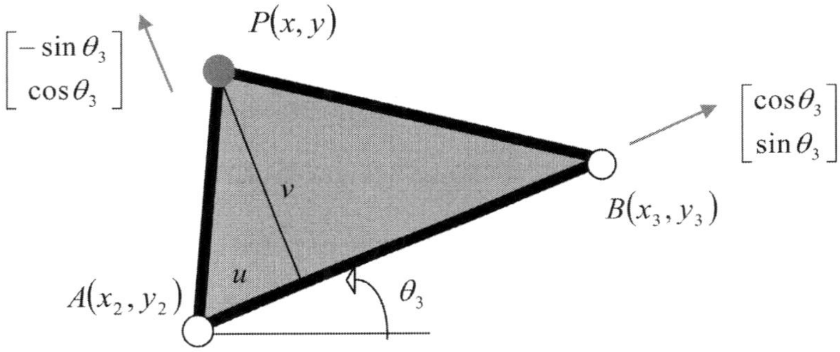

〈그림 8.5〉 커플러 점 간의 관계

풀이 커플러 점 P의 좌표를 (x, y)라 하고, 점 A의 좌표를 (x_2, y_2), 점 B의 좌표를 (x_3, y_3)라 하자. 점 A와 점 B의 좌표를 점 P의 좌표를 이용하여 표현하면 다음과 같다. <그림 8.5> 참조

$$\text{점 } A \quad \begin{bmatrix} x_2 \\ y_2 \end{bmatrix} = \begin{bmatrix} x \\ y \end{bmatrix} - u \begin{bmatrix} \cos\theta_3 \\ \sin\theta_3 \end{bmatrix} - v \begin{bmatrix} -\sin\theta_3 \\ \cos\theta_3 \end{bmatrix} \tag{1}$$

$$\text{점 } B \quad \begin{bmatrix} x_3 \\ y_3 \end{bmatrix} = \begin{bmatrix} x \\ y \end{bmatrix} + (L_3 - u) \begin{bmatrix} \cos\theta_3 \\ \sin\theta_3 \end{bmatrix} - v \begin{bmatrix} -\sin\theta_3 \\ \cos\theta_3 \end{bmatrix} \tag{2}$$

한편, 점 A가 점 O를 중심으로 하는 원 상에 위치하므로, 원의 방정식

$$(x_2)^2 + (y_2)^2 = (L_2)^2$$

에 식 (1)을 대입하여 아래를 얻는다. <그림 8.2> 참조.

$$(x - u\cos\theta_3 + v\sin\theta_3)^2 + (y - u\sin\theta_3 - v\cos\theta_3)^2 = (L_2)^2 \tag{3}$$

이를 전개하여 $\cos\theta_3$와 $\sin\theta_3$에 관해 정리하면 다음과 같다.

$$2(ux+vy)\cos\theta_3 - 2(vx-uy)\sin\theta_3 = x^2+y^2+u^2+v^2-(L_2)^2 \tag{4}$$

마찬가지로, 점 B가 점 C를 중심으로 하는 원 상에 위치하므로, 원의 방정식

$$(x_3-L_1)^2+(y_3)^2=(L_4)^2$$

에 식 (2)를 대입하여 아래를 얻는다. <그림 8.2> 참조.

$$[(x-L_1)-(u-L_3)\cos\theta_3+v\sin\theta_3]^2+[y-(u-L_3)\sin\theta_3-v\cos\theta_3]^2=(L_4)^2$$

이 식이 식 (3)과 유사함에 주목하여 전개하면 다음과 같다.

$$\begin{aligned}2[(u-L_3)(x-L_1)+vy]\cos\theta_3-2[v(x-L_1)-(u-L_3)y]\sin\theta_3\\ =(x-L_1)^2+y^2+(u-L_3)^2+v^2-(L_4)^2\end{aligned} \tag{5}$$

식 (4)와 (5)로 구성된 $\cos\theta_3$와 $\sin\theta_3$에 관한 선형 연립 방정식을 다음과 같이 행렬을 이용하여 표현할 수 있다.

$$\begin{bmatrix}E & F\\ G & H\end{bmatrix}\begin{bmatrix}\cos\theta_3\\ \sin\theta_3\end{bmatrix}=\begin{bmatrix}m\\ n\end{bmatrix}$$

여기서, m, n은

$$m \equiv \frac{x^2+y^2+u^2+v^2-(L_2)^2}{2}$$

$$n \equiv \frac{(x-L_1)^2+y^2+(u-L_3)^2+v^2-(L_4)^2}{2}$$

으로서 x, y에 관해 2차식이고, E, F, G, H는

$$E \equiv ux+vy$$

$$F \equiv -vx+uy$$

$$G \equiv (u-L_3)(x-L_1)+vy$$

$$H \equiv -v(x-L_1)+(u-L_3)y$$

으로서 x, y에 관해 1차식이다. 이 선형 방정식을 풀면 그 결과가 다음과 같다.

$$\begin{bmatrix}\cos\theta_3\\ \sin\theta_3\end{bmatrix}=\frac{1}{EH-FG}\begin{bmatrix}H & -F\\ -G & E\end{bmatrix}\begin{bmatrix}m\\ n\end{bmatrix}=\frac{1}{EH-FG}\begin{bmatrix}Hm-Fn\\ -Gm+En\end{bmatrix}$$

이를 $\cos^2\theta_3+\sin^2\theta_3=1$의 항등식에 대입하여 다음 식을 얻는다.

$$(Hm - Fn)^2 + (Gm - En)^2 = (EH - FG)^2$$

이는

$$(3\text{차식})^2 + (3\text{차식})^2 = (2\text{차식})^2$$

의 형태이다. 결론적으로, 최고차 항이 소거되지 않는다면 커플러 곡선이 x, y에 관한 6차식으로 표현된다.

연구문제2 연구문제 1에서 구한 커플러 곡선의 우항으로 표현되는 곡선의 방정식 $EH - FG = 0$이 원임을 증명하시오. 참고로 이 원을 circle of singular foci라 한다. 이 원을 쉽게 작도하는 방법에 대해서도 논하시오.

풀이 증명은 단순한 대입으로 충분하다. 다음 대입

$$\begin{aligned} &EH - FG \\ &= [ux + vy]\cdot[-v(x - L_1) + (u - L_3)y] - [-vx + uy]\cdot[(u - L_3)(x - L_1) + vy] \\ &= -vL_3 \cdot x(x - L_1) - vL_3 \cdot y^2 + L_1[v^2 + u(u - L_3)]y = 0 \end{aligned}$$

으로부터 아래의 원의 방정식을 얻는다.

$$x(x - L_1) + y\left[y - \frac{\left[1 - \frac{u}{v}\cdot\frac{L_3 - u}{v}\right]}{\frac{L_3}{v}}L_1\right] = 0$$

탄젠트 합의 공식을 이용해 y항 계수를 간단히 하면 다음과 같다.

$$\frac{\left[1 - \frac{u}{v}\cdot\frac{L_3 - u}{v}\right]}{\frac{L_3}{v}} = \frac{\left[1 - \frac{u}{v}\cdot\frac{L_3 - u}{v}\right]}{\frac{u}{v} + \frac{L_3 - u}{v}} = \cot\left(\arctan\left(\frac{u}{v}\right) + \arctan\left(\frac{L_3 - u}{v}\right)\right) = \cot\lambda$$

여기서, λ가 각 APB임을 <그림 8.6>으로부터 알 수 있다. 그러므로 곡선

$$EH - FG = 0$$

은 다음의 방정식으로 표현된다.

$$x(x - L_1) + y(y - L_1 \cot\lambda) = 0$$

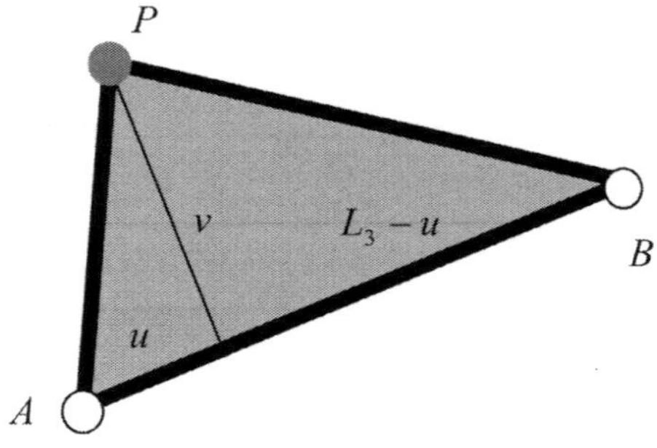

〈그림 8.6〉 커플러 점 간의 관계

이 원은 고정 관절 $O(0,0)$, $C(L_1,0)$을 지나고, 또 $Q(0, L_1 \cot \lambda)$을 지난다. 이 때, 각 OQC가 λ 임을 알 수 있다. 원주각의 정리에 의해서 삼각형 APB와 닮은 삼각형 ORC를 구성하였을 때, 점 R이 circle of singular foci 상에 위치함을 알 수 있다. 이는 <그림 8.7>을 참조하자. 그러므로 circle of singular foci는 삼각형 APB와 닮은 삼각형 ORC의 외접원임을 알 수 있고, 이를 이용하여 작도를 용이하게 할 수 있다.

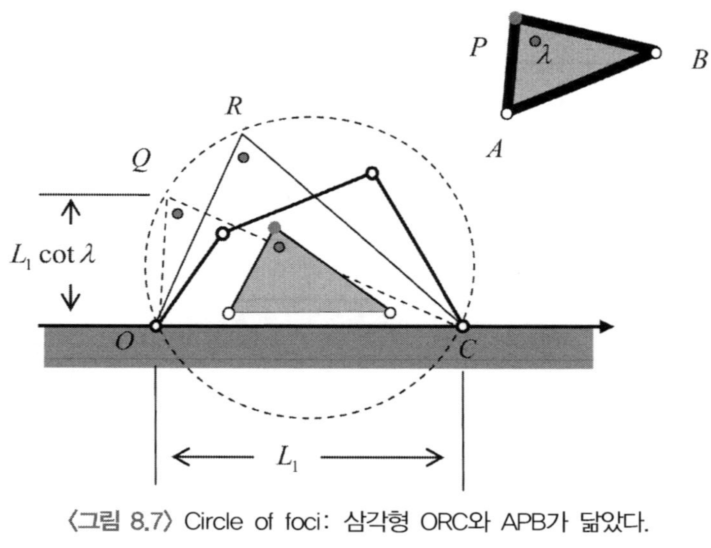

〈그림 8.7〉 Circle of foci: 삼각형 ORC와 APB가 닮았다.

연구문제3 circle of singular foci와 커플러 곡선과의 교점 마다 커플러 곡선의 자기교점self-imtersection이나 첨점cusp이 위치함을 증명하시오.

풀이 암시적으로 표현된 곡선 $V(x,y)=0$을 매개변수 형식으로 표현한 후 암시적 표현에
대입하여, 매개변수 t에 관한 항등식 $V(x(t),y(t))=0$을 얻는다. 이를 매개변수에 대해 미분하면, 연쇄법칙에 의해

$$\frac{\partial V}{\partial x}\cdot\frac{dx}{dt}+\frac{\partial V}{\partial y}\cdot\frac{dy}{dt}=0$$

이다. 만약, 커플러 곡선상의 어떤 점에서 다음 조건

$$\frac{\partial V}{\partial x}=0 \text{ 이고 } \frac{\partial V}{\partial y}=0$$

이 성립하면 곡선의 접선 방향이 일의적으로 정해지지 않는다. 문제 1에 의하면 커플러 곡선의 암시적 표현은 다음과 같은 형태이다.

$$V(x,y)\equiv(Hm-Fn)^2+(Gm-En)^2-(EH-FG)^2=0 \qquad (1)$$

여기서, E, F, G, H, m, n은 변수 x, y에 대한 함수로 연구문제 1에 정의되어 있다. 그러므로 위의 식 (1)과 아래의 편미분 조건 (2)와 (3)을 모두 만족하는 점에는 첨점이나 자기 교점이 존재한다.

$$\frac{\partial V}{\partial x}=2(Hm-Fn)\frac{\partial}{\partial x}(Hm-Fn)+2(Gm-En)\frac{\partial}{\partial x}(Gm-En)-2(EH-FG)\frac{\partial}{\partial x}(EH-FG)=0 \qquad (2)$$

$$\frac{\partial V}{\partial y}=2(Hm-Fn)\frac{\partial}{\partial y}(Hm-Fn)+2(Gm-En)\frac{\partial}{\partial y}(Gm-En)-2(EH-FG)\frac{\partial}{\partial y}(EH-FG)=0 \qquad (3)$$

커플러 곡선이 circle of singular foci 상의 어떤 점 (x, y)를 지난다고 하자. 이 점이 circle of singular foci 위에 있으므로,

$$EH-FG=0 \qquad (4)$$

을 만족하고 식 (1)도 만족하므로, 다음 조건도 만족한다.

$$(Hm-Fn)=0 \text{ 이고 } (Gm-En)=0 \qquad (5)$$

조건 (4)와 (5)를 만족한다면 식 (1)~(3)을 만족한다.

4 수치해석적 기법

닫힌 형태의 해를 찾기가 여의치 않거나, 닫힌 형태의 해가 존재하더라도 해를 계산하는 과정이 효율적이지 않을 경우 연립 대수 방정식의 해를 구하는 데 쓰이는 수치해석의 기법을 이용할 수 있다. 다음은 연립 대수 방정식의 해를 찾는 다양한 기법 중 Newton의 방법을 설명한 것이다.

2절의 예에서 주어진 θ_2에 관한 위치해석을 위해 수립된 연립방정식을 다음과 같이 벡터 함수 **F**를 사용하여 표현할 수 있다.

$$\mathbf{F}(\boldsymbol{\theta}) \equiv \mathbf{F}(\theta_3, \theta_4) \equiv L_3 \begin{bmatrix} \cos\theta_3 \\ \sin\theta_3 \end{bmatrix} + L_4 \begin{bmatrix} \cos\theta_4 \\ \sin\theta_4 \end{bmatrix} + L_2 \begin{bmatrix} \cos\theta_2 \\ \sin\theta_2 \end{bmatrix} - L_1 \begin{bmatrix} 1 \\ 0 \end{bmatrix} = \begin{bmatrix} 0 \\ 0 \end{bmatrix}$$

임의로 설정한 예측 값 $\boldsymbol{\theta}_n$ 근방에서 벡터 함수 $\mathbf{F}(\boldsymbol{\theta})$을 테일러 전개하여 근사적으로 표현하면 다음과 같다.

$$\mathbf{F}(\boldsymbol{\theta}) \approx \mathbf{F}(\boldsymbol{\theta}_n) + \mathbf{J}(\boldsymbol{\theta}_n) \cdot (\boldsymbol{\theta} - \boldsymbol{\theta}_n) = \mathbf{0} \tag{1}$$

여기서, **J**는 벡터 함수 $\mathbf{F}(\boldsymbol{\theta})$의 자코비 행렬로 위의 예의 경우 다음과 같이 정의된다.

$$\mathbf{J} \equiv \begin{bmatrix} \dfrac{\partial \mathbf{F}}{\partial \theta_3} & \dfrac{\partial \mathbf{F}}{\partial \theta_4} \end{bmatrix} = \begin{bmatrix} -L_3 \sin\theta_3 & -L_4 \sin\theta_4 \\ L_3 \cos\theta_3 & L_4 \cos\theta_4 \end{bmatrix}$$

즉, 자코비 행렬은 주어진 함수의 독립변수 각각에 대해 편미분한 결과를 행렬의 각 열로 설정한 행렬이다. 근사식 (1)은 미지수 $\boldsymbol{\theta}$ 에 관한 선형 연립 방정식으로써, 다음과 같이 행렬 대수를 사용하여 용이하게 풀린다.

$$\boldsymbol{\theta} \approx \boldsymbol{\theta}_n - \mathbf{J}^{-1}(\boldsymbol{\theta}_n) \cdot \mathbf{F}(\boldsymbol{\theta}_n)$$

이와 같이 찾은 근사해를 다시 테일러 전개의 기준점으로 삼아 근사해를 찾는 과정을 반복한다면 점점 방정식의 해에 접근할 것으로 기대할 만 하다. 즉, 다음 점화식을 따르는 반복 계산에 의해 방정식의 근사해를 찾는 과정이 Newton의 방법이다.

$$\boldsymbol{\theta}_{n+1} = \boldsymbol{\theta}_n - \mathbf{J}^{-1}(\boldsymbol{\theta}_n) \mathbf{F}(\boldsymbol{\theta}_n)$$

특별히, $f(x) = 0$의 형태로 표현되는 한 개의 미지수에 대한 방정식에 해당하는 점화식은 다음과 같다.

$$x_{n+1} = x_n - \frac{f(x_n)}{f'(x_n)}$$

이 점화식의 기하학적 의미를 <그림 8.8>에 제시하고 있다. 즉, 그래프 $y = f(x)$의 접선과 x축과의 교점을 반복적으로 계산함으로써 해에 근접하는 것을 시도하는 것이다. 함수의 1차 테일러 전개식이 전개의 기준이 되는 점에서의 접선의 방정식임에 주목하라.

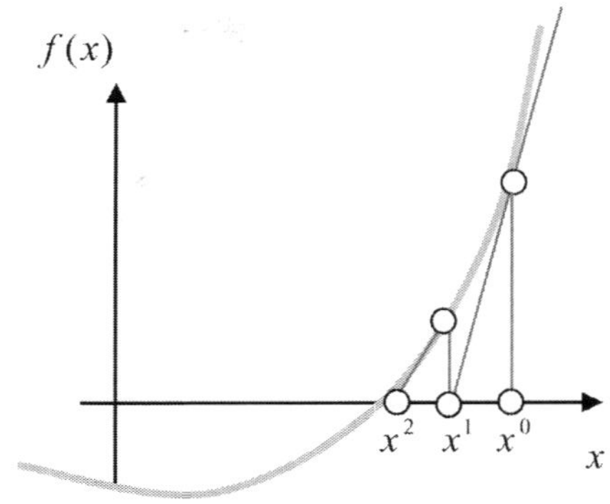

〈그림 8.8〉 뉴튼의 방법의 기하학적 해석

뉴튼의 방법의 다음 단점에 대해서는 주지하고 있어야 한다.

(1) 예측 값(seed value)의 설정에 따라 점화식이 수렴하지 않을 수 있다.
(2) 오직 하나의 해만을 찾는다.

예제 1 방정식 $f(x) \equiv x^2 - 1 = 0$ 의 근을 뉴튼의 방법으로 풀기 위해 필요한 점화식을 수립하시오.

풀이 $f(x) = x^2 - 1$, $f'(x) = 2x$ 이므로, 필요한 점화식은 다음과 같다.

$$x_{n+1} = x_n - \frac{x_n{}^2 - 1}{2x_n}$$

예제 2 연립 방정식 $x^2 + y^2 - 1 = 0$ 과 $x + y = 0$ 의 근을 뉴튼의 방법으로 풀기 위해 필요한 점화식을 수립하시오.

풀이

$$\mathbf{F}(\mathbf{x}) \equiv \mathbf{F}(x, y) \equiv \begin{bmatrix} x^2 + y^2 - 1 \\ x + y \end{bmatrix}$$

인 경우이다. 자코비 행렬은 다음과 같다.

$$\mathbf{J}(\mathbf{x}) \equiv \mathbf{J}(x, y) = \begin{bmatrix} 2x & 2y \\ 1 & 1 \end{bmatrix}$$

그러므로 근을 찾기 위해 필요한 점화식이 다음과 같다.

$$\begin{bmatrix} x_{n+1} \\ y_{n+1} \end{bmatrix} = \begin{bmatrix} x_n \\ y_n \end{bmatrix} - \begin{bmatrix} 2x_n & 2y_n \\ 1 & 1 \end{bmatrix}^{-1} \begin{bmatrix} x_n{}^2 + y_n{}^2 - 1 \\ x_з + y_n \end{bmatrix}$$

즉,

$$\begin{bmatrix} x_{n+1} \\ y_{n+1} \end{bmatrix} = \begin{bmatrix} x_n \\ y_n \end{bmatrix} - \frac{1}{2(x_n - y_n)} \begin{bmatrix} 1 & -2y_n \\ -1 & 2x_n \end{bmatrix} \begin{bmatrix} x_n{}^2 + y_n{}^2 - 1 \\ x_n + y_n \end{bmatrix}$$

한편, 미지수 y를 소거하여 얻은 방정식 $2x^2 - 1 = 0$ 의 근을 찾는 점화식을 수립하여도 된다.

문제 1 뉴튼의 방법으로 4절 기구의 위치해석을 수행하는 프로그램을 작성하시오.

문제 2 <그림 8.9>의 링크 2와 3의 사이각이 α 로 주어졌을 때, 각 링크의 회전각을 찾는 비선형 방정식을 수립하고, 해당 방정식의 풀이에 쓰일 수 있는 자코비 행렬을 구하시오.

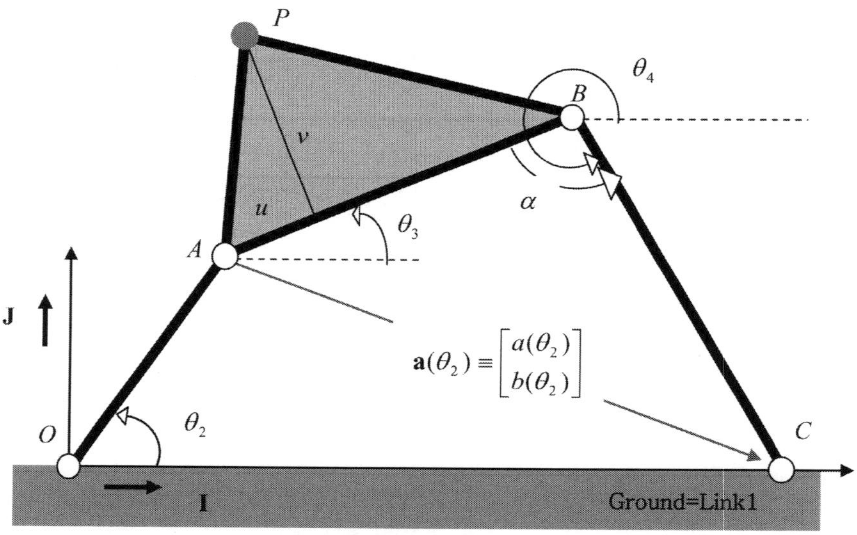

〈그림 8.9〉 좌표 축이 설정된 4절 기구

풀이 이 경우, 식 $\alpha = \theta_4 - \theta_3 + \pi(+2n\pi)$가 기존의 루프폐쇄식으로 형성되는 두 개의 방정식에 추가되어 3개의 미지수 $\theta_2, \theta_3, \theta_4$ 에 대한 다음 3개의 방정식을 연립하여 풀면 된다.

$$L_2 \begin{bmatrix} \cos\theta_2 \\ \sin\theta_2 \end{bmatrix} + L_3 \begin{bmatrix} \cos\theta_3 \\ \sin\theta_3 \end{bmatrix} + L_4 \begin{bmatrix} \cos\theta_4 \\ \sin\theta_4 \end{bmatrix} - L_1 \begin{bmatrix} 1 \\ 0 \end{bmatrix} = \begin{bmatrix} 0 \\ 0 \end{bmatrix}$$

$$-\theta_3 + \theta_4 + \pi - \alpha = 0$$

즉, 문제에서 요구하는 비선형 방정식을 표준형으로 쓰면 다음과 같다.

$$\mathbf{F}(\theta_2, \theta_3, \theta_4) \equiv \begin{bmatrix} L_2\cos\theta_2 + L_3\cos\theta_3 + L_4\cos\theta_4 - L_1 \\ L_2\sin\theta_2 + L_3\sin\theta_3 + L_4\sin\theta_4 \\ -\theta_3 + \theta_4 + \pi - \alpha \end{bmatrix} = \begin{bmatrix} 0 \\ 0 \\ 0 \end{bmatrix}$$

이 방정식에 대응하는 자코비 행렬은 다음과 같다.

$$\mathbf{J}(\theta_2, \theta_3, \theta_4) \equiv \begin{bmatrix} -L_2\sin\theta_2 & -L_3\sin\theta_3 & -L_4\sin\theta_4 \\ L_2\cos\theta_2 & L_3\cos\theta_3 & L_4\cos\theta_4 \\ 0 & -1 & 1 \end{bmatrix}$$

참고

이 문제도 해석적으로 풀 수 있는데, 일단 삼각형 ABC에 대한 코사인 제 2 법칙으로부터 선분 AC의 길이를 구하고 세변의 길이를 알 때 삼각형 OAC를 결정하는 순차적인 방법이 있음이 관찰된다. 상술한 접근법을 식으로 옮기면 다음과 같다.

연립 방정식의 처음 두 식을 다음과 같은 형태로 쓴다.

$$\begin{bmatrix} L_3\cos\theta_3 + L_4\cos\theta_4 \\ L_3\sin\theta_3 + L_4\sin\theta_4 \end{bmatrix} = \begin{bmatrix} L_1 - L_2\cos\theta_2 \\ -L_2\sin\theta_2 \end{bmatrix}$$

양변을 제곱하여 더하면

$$(L_3)^2 + (L_4)^2 + 2L_3L_4(\cos\theta_3\cos\theta_4 + \sin\theta_3\sin\theta_4) = (L_1)^2 + (L_2)^2 - 2L_1L_2\cos\theta_2 .$$

코사인 합의 공식을 적용한다.

$$(L_3)^2 + (L_4)^2 + 2L_3L_4\cos(\theta_4 - \theta_3) = (L_1)^2 + (L_2)^2 - 2L_1L_2\cos\theta_2 .$$

연립 방정식의 3번째 식, $-\theta_3 + \theta_4 + \pi - \alpha = 0$ 을 대입하여,

$$(L_3)^2 + (L_4)^2 + 2L_3L_4\cos(\pi - \alpha) = (L_1)^2 + (L_2)^2 - 2L_1L_2\cos\theta_2$$

$$(L_3)^2 + (L_4)^2 - 2L_3L_4\cos\alpha = (L_1)^2 + (L_2)^2 - 2L_1L_2\cos\theta_2$$

그러므로 다음과 같은 삼각방정식의 표준형을 얻는다.

$$\cos\theta_2 = \frac{(L_1)^2 + (L_2)^2 - (L_3)^2 - (L_4)^2 + 2L_3L_4\cos\alpha}{2L_1L_2}$$

연 | 습 | 문 | 제

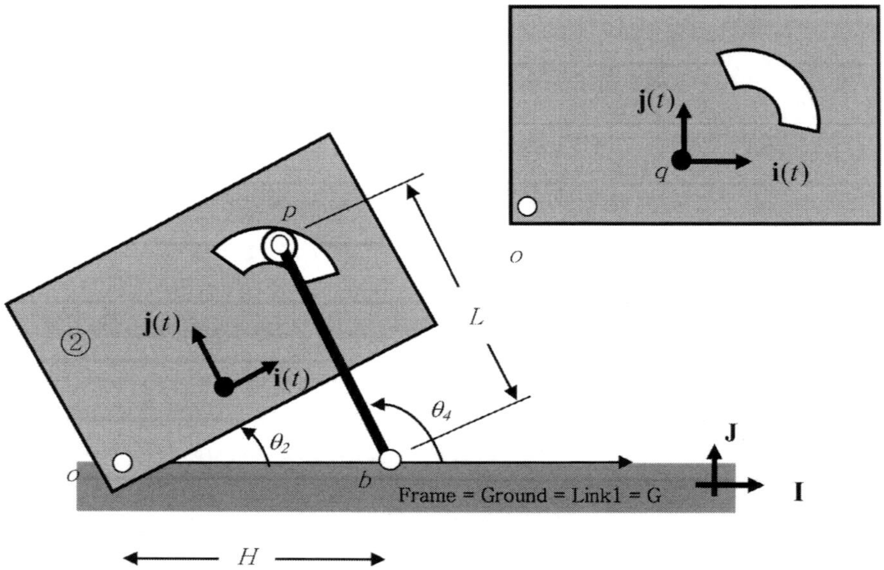

〈그림 8.10〉

문제 1 <그림 8.10>에 주어진 기구의 가이드라인의 궤적이 다음의 매개변수 형식으로 주어진다.

$$\mathbf{r}_{p/q}(u) = f(u)\mathbf{i} + g(u)\mathbf{j}$$

링크 2에 고정된 점 q의 위치가 다음과 같다.

$$\mathbf{r}_{q/O} = x_q\,\mathbf{i} + y_q\,\mathbf{j}$$

(1) 주어진 각 θ_2에 대해 점 p의 위치를 나타내는 가이드 라인의 매개변수 u를 구하는 방정식을 수립하시오.

(2) 주어진 각 θ_4에 대해 점 p의 위치를 나타내는 가이드 라인의 매개변수 u를 구하는 방정식을 수립하시오.

풀이

다음의 벡터 관계식을 사용한다.

$$\mathbf{r}_{q/o} + \mathbf{r}_{p/q} = \mathbf{r}_{b/o} + \mathbf{r}_{p/b}$$

$$\left(x_q + f(u)\right)\mathbf{i} + \left(y_q + g(u)\right)\mathbf{j} = H\mathbf{I} + L\left(\cos\theta_4\mathbf{I} + \sin\theta_4\mathbf{J}\right)$$

앞의 식을 프레임에 고정된 기저 **IJ**에 대한 성분으로 표시하면 다음과 같다.

$$\left(x_q + f(u)\right)\begin{bmatrix}\cos\theta_2\\ \sin\theta_2\end{bmatrix} + \left(y_q + g(u)\right)\begin{bmatrix}-\sin\theta_2\\ \cos\theta_2\end{bmatrix} = \begin{bmatrix}H + L\cos\theta_4\\ L\sin\theta_4\end{bmatrix} \qquad (*)$$

(1) 위 식 (*)는 2개의 미지수, u와 θ_4에 대한 2개의 비선형 방정식으로 구성되어 있다. 항등식 $\cos^2\theta_4 + \sin^2\theta_4 = 1$을 이용하여 미지수 θ_4을 소거하여 u에 관한 방정식을 수립하고자 한다. 식을 단순히 전개할 수도 있지만, 다음과 같이 행렬 대수를 적절히 이용하면 편하다. 위 식을 아래와 같이 다시 쓴다.

$$\begin{bmatrix}\cos\theta_2 & -\sin\theta_2\\ \sin\theta_2 & \cos\theta_2\end{bmatrix}\begin{bmatrix}x_q + f(u)\\ y_q + g(u)\end{bmatrix} - \begin{bmatrix}H\\ 0\end{bmatrix} = L\begin{bmatrix}\cos\theta_4\\ \sin\theta_4\end{bmatrix}$$

편의를 위해 위 식을 다음의 기호를 사용하여 표현한다.

$$\mathbf{Rx} - \mathbf{h} = L\begin{bmatrix}\cos\theta_4\\ \sin\theta_4\end{bmatrix}, \text{ 여기서 } \mathbf{R} \equiv \begin{bmatrix}\cos\theta_2 & -\sin\theta_2\\ \sin\theta_2 & \cos\theta_2\end{bmatrix}, \ \mathbf{x} \equiv \begin{bmatrix}x_q + f(u)\\ y_q + g(u)\end{bmatrix}, \ \mathbf{h} \equiv \begin{bmatrix}H\\ 0\end{bmatrix}$$

이때, $\mathbf{R}^T\mathbf{R} = \mathbf{1}$ 임에 주목하라. 양변의 크기의 제곱을 취함으로써 미지수 θ_4를 아래와 같이 소거한다.

$$\|\mathbf{Rx} - \mathbf{h}\|^2 = L^2$$

$$(\mathbf{Rx} - \mathbf{h})^T(\mathbf{Rx} - \mathbf{h}) = L^2$$

$$(\mathbf{x}^T\mathbf{R}^T - \mathbf{h}^T)(\mathbf{Rx} - \mathbf{h}) = L^2$$

$$\mathbf{x}^T\mathbf{R}^T\mathbf{Rx} - \mathbf{x}^T\mathbf{R}^T\mathbf{h} - \mathbf{h}^T\mathbf{Rx} + \mathbf{h}^T\mathbf{h} = L^2$$

$$\mathbf{x}^T\mathbf{x} - 2\mathbf{h}^T\mathbf{Rx} + H^2 = L^2$$

즉,

$$\left[x_q + f(u)\right]^2 + \left[y_q + g(u)\right]^2 - 2H\left[\cos\theta_2\cdot\left(x_q + f(u)\right) - \sin\theta_2\cdot\left(y_q + g(u)\right)\right] + H^2 - L^2 = 0$$

위 식은 일반적으로 비선형 방정식으로, 닫힌 꼴의 해가 존재하지 않을 가능성이 크다. 그럴 경우, 컴퓨터를 이용하여 수치해석의 기법을 이용하여 근사해를 구하는 것이 일반적이다. 일반적으로는 위와 같은 소거 자체가 용이하지 않을 수도 있으며, 그럴 경우 연립 방정식을 위한 수치해석의 기법을 직접 적용하여야 할 것이다. 가이드 라인이 특수한 형태를 취할 경우, 닫힌 꼴의 해가 존재할 수도 있다. 예를 들어, 가이드라인이 아래의 꼴

$$f(u) = a + bu, \quad g(u) = c + du$$

로 표현되는 직선일 경우, 2차 방정식이 수립되므로 근의 공식을 이용할 수 있다.
(2) 식 (*)의 각 성분을 제곱하여 더하고,

$$\cos^2\theta_4 + \sin^2\theta_4 = 1, \quad \cos^2\theta_2 + \sin^2\theta_2 = 1$$

을 이용하여 식을 간단히 하면 다음과 같다.

답 $(x_q + f(u))^2 + (y_q + g(u))^2 = L^2 + H^2 + 2HL\cos\theta_4$

참고로, 행렬 대수를 이용하면 문제 (1)에서 정의한 기호를 사용하여 다음과 같이 편리하게 전개할 수 있다.

$$\mathbf{Rx} = \mathbf{h} + L\mathbf{e}_4 \quad \text{여기서,} \quad \mathbf{e}_4 \equiv \begin{bmatrix} \cos\theta_4 \\ \sin\theta_4 \end{bmatrix}$$

$$\|\mathbf{Rx}\|^2 = \|\mathbf{h} + L\mathbf{e}_4\|^2$$

$$(\mathbf{Rx})^T(\mathbf{Rx}) = (\mathbf{h} + L\mathbf{e}_4)^T(\mathbf{h} + L\mathbf{e}_4)$$

$$\mathbf{x}^T\mathbf{R}^T\mathbf{Rx} = \mathbf{h}^T\mathbf{h} + L^2\mathbf{e}_4{}^T\mathbf{e}_4 + 2L\mathbf{h}^T\mathbf{e}_4$$

$$\mathbf{x}^T\mathbf{x} = H^2 + L^2 + 2\mathbf{h}^T\mathbf{e}_4, \quad (\because \ \mathbf{R}^T\mathbf{R} = \mathbf{1})$$

$$(x_q + f(u))^2 + (y_q + g(u))^2 = H^2 + L^2 + 2HL\cos\theta_4$$

문제 2 문제 1에서 기구의 형태가 다음과 같이 주어져 있다.

$$H = 3m, \ L = 3m, \ x_q = 1m, \ y_q = 1m$$

$$f(u) = (1m) - u, \ g(u) = (3m) - u$$

위 변수에 의해 정의되는 기구를 스케치하고, $\theta_2 = 0°, 30°, 60°, 90°$ 일 때의 u 및 θ_4의 값을 구하시오.

보너스 적절한 프로그램을 사용하여, 그래프

$$\{(\theta_2, \theta_4) \mid 0° \le \theta_2 < 360°\}$$

를 출력하시오.

문제 3 문제 1의 결과를 이용하여 <그림 8.11>의 기구의 위치해석에 필요한 미지수 1개에 대한 비선형 방정식을 수립하시오. 만약, 수립된 방정식의 해를 닫힌 꼴로 표현할 수 있으면 주어진 변수를 사용하여 그 해를 표현하시오. 단, 그림에 주어진 자세를 $\theta_2 = 0°$인 자세로 설정한다.

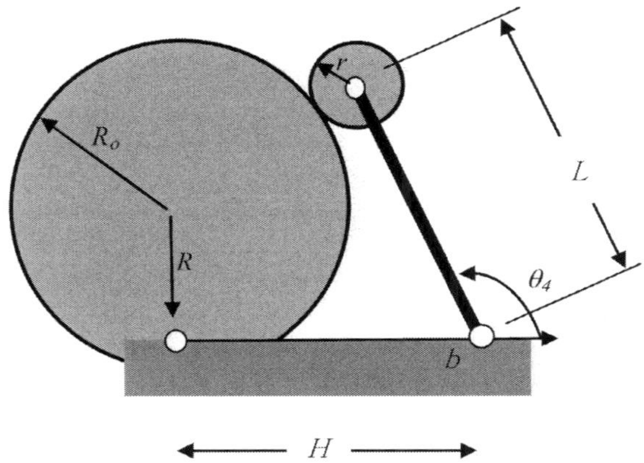

〈그림 8.11〉

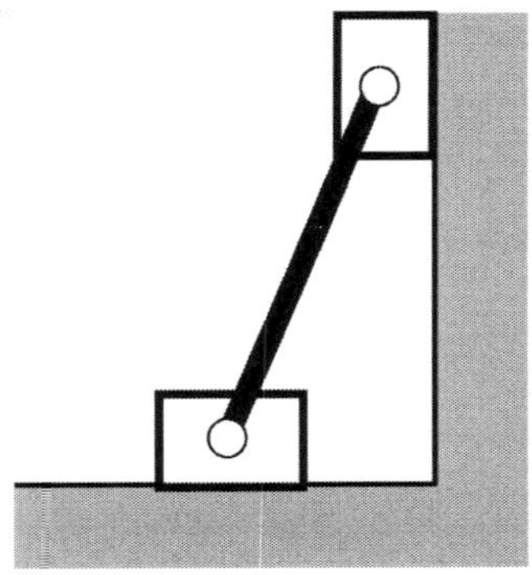

〈그림 8.12〉

문제 4 <그림 8.12>에 주어진 기구의 위치해석을 수행하시오. 위치해석에 필요한 변수를 편의에 따라 설정하여 사용하시오.

문제 5 <그림 8.13>에 주어진 기구의 위치해석을 수행하시오. 위치하석에 필요한 변수를 편의에 따라 설정하여 사용하시오. 문제 1의 특수한 경우로도 다루어 보시오.

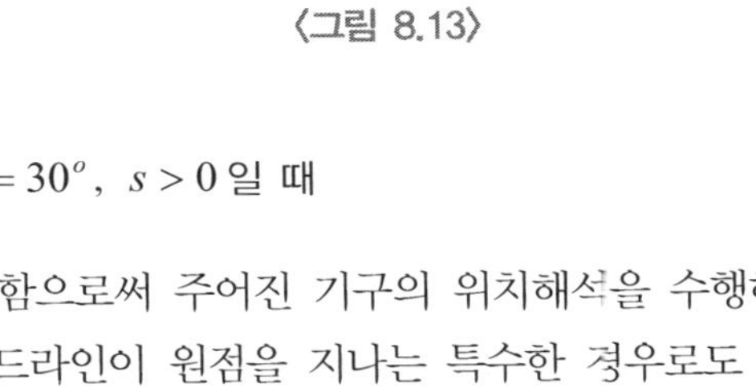

〈그림 8.13〉

문제 6 <그림 8.14>에서 $\theta_A = 30^o$, $s > 0$ 일 때

(1) 변수 s, θ_B를 구함으로써 주어진 기구의 위치해석을 수행하시오.

(2) 문제 1에서 가이드라인이 원점을 지나는 특수한 경우로도 다루어 보시오.

(3) 문제 5와의 관계를 논하시오. 즉, 문제 5의 위치해석의 해를 사용하여 위치해석을 수행하는 방법을 논하시오.

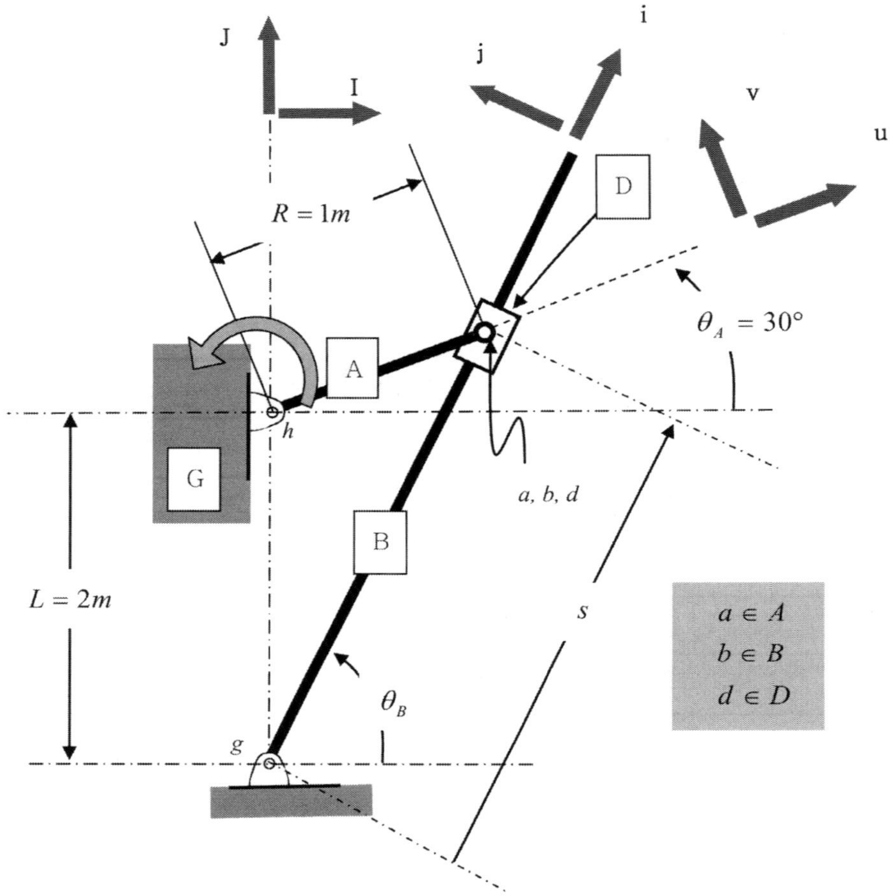

〈그림 8.14〉

풀이

(1) 루프 *ha(bd)gh*로 루프 폐쇄식을 구성하면

$$s\mathbf{i} - R\mathbf{u} = L\mathbf{J}$$

$$s\begin{bmatrix}\cos\theta_B \\ \sin\theta_B\end{bmatrix} - R\begin{bmatrix}\cos\theta_A \\ \sin\theta_A\end{bmatrix} = L\begin{bmatrix}0 \\ 1\end{bmatrix}$$

$$s\begin{bmatrix}\cos\theta_B \\ \sin\theta_B\end{bmatrix} = R\begin{bmatrix}\cos\theta_A \\ \sin\theta_A\end{bmatrix} + L\begin{bmatrix}0 \\ 1\end{bmatrix}$$

$\theta_A = 30^o$ 일 때,

$$s\begin{bmatrix}\cos\theta_B \\ \sin\theta_B\end{bmatrix} = \begin{bmatrix}\cos 30^o \\ \sin 30^o\end{bmatrix} + 2\begin{bmatrix}0 \\ 1\end{bmatrix} = \frac{1}{2}\begin{bmatrix}\sqrt{3} \\ 5\end{bmatrix} \qquad (**)$$

$$s = \frac{1}{2}\left\|\begin{bmatrix}\sqrt{3} \\ 5\end{bmatrix}\right\| = \sqrt{7}\ \ (m)$$

$$\theta_B = arg\begin{bmatrix}\sqrt{3} \\ 5\end{bmatrix} = atan_2\left(5, \sqrt{3}\right) = 1.2373 = 70.89^o$$

참고 θ_B 를 지정하면 두 개의 식을 만족하는 θ_A 가 두 개다.

(2) 문제 1에서 $\theta_4 = 60^o$, $u = s$, $f(s) = s$, $g(s) = 0$, $\theta_2 = 90^o - \theta_B$, $x_q = 0$, $y_q = 0$, $L = 1m$, $H = 2m$ 인 경우로 문제 1-(2)에서 유도한 공식에 대입할 수 있다.

$$(x_q + f(u))^2 + (y_q + g(u))^2 = L^2 + H^2 + 2HL\cos\theta_4$$

$$s^2 = 1^2 + 2^2 + 2\cdot 2\cdot 1\cdot\frac{1}{2} = 7 \quad 즉 \quad s = \sqrt{7}$$

또,

$$[x_q + f(u)]^2 + [y_q + g(u)]^2 - 2H[\cos\theta_2\cdot(x_q + f(u)) - \sin\theta_2\cdot(y_q + g(u))] + H^2 - L^2 = 0$$

으로부터

$$7 + 0 - 2\cdot 2[\cos\theta_2\cdot\sqrt{7} - 0] + 4 - 1 = 0$$

$$\cos\left(90^o - \theta_B\right) = \sin\theta_B = \frac{5}{2\sqrt{7}} = \frac{5\sqrt{7}}{14},\quad \arcsin\frac{5\sqrt{7}}{14} = 70.89^o$$

$$\theta_B = 70.89^o\ or\ 109.11^o$$

이다. 두 해 중 문제 1의 루프폐쇄식 (*)

$$\begin{bmatrix}\cos\theta_2 & -\sin\theta_2 \\ \sin\theta_2 & \cos\theta_2\end{bmatrix}\begin{bmatrix}x_q + f(u) \\ y_q + g(u)\end{bmatrix} - \begin{bmatrix}H \\ 0\end{bmatrix} = L\begin{bmatrix}\cos\theta_4 \\ \sin\theta_4\end{bmatrix}$$

를 만족하는지 점검하여

$$\theta_B = 70.89^o$$

를 선택한다.

또는 원 루프폐쇄식 (*)에 이 경우를 직접 대입하여

$$\begin{bmatrix} \cos\theta_2 & -\sin\theta_2 \\ \sin\theta_2 & \cos\theta_2 \end{bmatrix}\begin{bmatrix} x_q + f(u) \\ y_q + g(u) \end{bmatrix} - \begin{bmatrix} H \\ 0 \end{bmatrix} = L\begin{bmatrix} \cos\theta_4 \\ \sin\theta_4 \end{bmatrix}$$

$$\begin{bmatrix} \cos\theta_2 & -\sin\theta_2 \\ \sin\theta_2 & \cos\theta_2 \end{bmatrix}\begin{bmatrix} s \\ 0 \end{bmatrix} - \begin{bmatrix} 2 \\ 0 \end{bmatrix} = \frac{1}{2}\begin{bmatrix} 1 \\ \sqrt{3} \end{bmatrix}$$

$$\begin{bmatrix} \cos\theta_2 & -\sin\theta_2 \\ \sin\theta_2 & \cos\theta_2 \end{bmatrix}\begin{bmatrix} s \\ 0 \end{bmatrix} = \frac{1}{2}\begin{bmatrix} 5 \\ \sqrt{3} \end{bmatrix}$$

$$s\begin{bmatrix} \cos\theta_2 \\ \sin\theta_2 \end{bmatrix} = \frac{1}{2}\begin{bmatrix} 5 \\ \sqrt{3} \end{bmatrix},\ s\begin{bmatrix} \sin\theta_B \\ \cos\theta_B \end{bmatrix} = \frac{1}{2}\begin{bmatrix} 5 \\ \sqrt{3} \end{bmatrix},\ s\begin{bmatrix} \cos\theta_B \\ \sin\theta_B \end{bmatrix} = \frac{1}{2}\begin{bmatrix} \sqrt{3} \\ 5 \end{bmatrix}$$

이는 식 (**)와 동일하다.

(3) 문제 5에 기하학적 파라미터를 아래 그림과 같이 설정하면 동일한 문제이다.

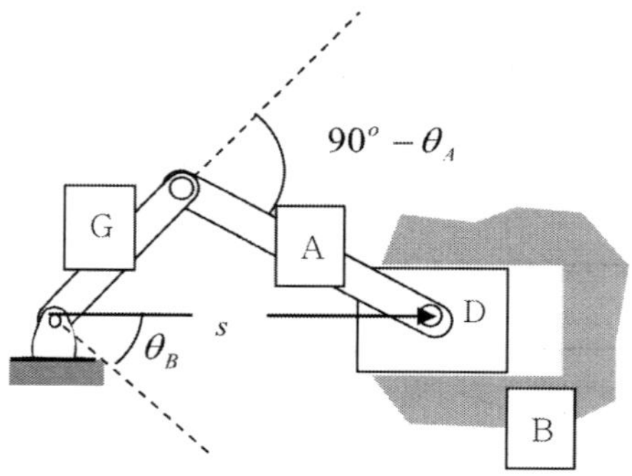

문제 7 그림의 각 칸은 1m이고 기구가 $\| \mathbf{V}_b \| = 4\sqrt{2}m/s$, $\mathbf{V}_b \bullet \mathbf{I} > 0$, $\| \mathbf{A}_b \| = 0$ 인 상태를 그림의 순간 이후 계속 유지한다. **I**와 **J**는 그림에 제시된 방향의 서로 직교하는 단위벡터이다. 그림에 주어진 순간으로부터 0.25초 동안 6번 링크가 회전한 각을 구하고자 한다.

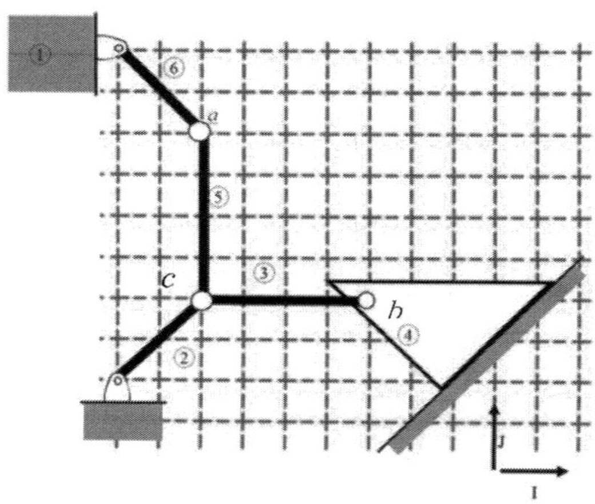

(1) 필요한 아래 루프폐쇄식의 빈칸을 채워 완성하시오.

$$2\sqrt{2}\begin{bmatrix}\cos\theta_2\\ \sin\theta_2\end{bmatrix}+[\quad]\begin{bmatrix}\cos\theta_3\\ \sin\theta_3\end{bmatrix}=\begin{bmatrix}7\\ [\quad]\end{bmatrix}$$

$$2\sqrt{2}\begin{bmatrix}\cos\theta_2\\ \sin\theta_2\end{bmatrix}+[\quad]\begin{bmatrix}\cos\theta_5\\ \sin\theta_5\end{bmatrix}+[\quad]\begin{bmatrix}\cos\theta_6\\ \sin\theta_6\end{bmatrix}=\begin{bmatrix}[\quad]\\ [\quad]\end{bmatrix}$$

(2) 수립한 루프폐쇄식의 해를 구하여 6번 링크가 0.25초 동안 회전한 각을 구하시오.

문제 8 그림의 각 칸은 1m이다. 원통형의 4번 링크가 지면인 1번 링크에 대해 구른다. 기구가 그림의 순간 이후 $\omega_4 = 1\ rad/s$, $\alpha_4 = 0$을 유지한다. 그림에 주어진 순간으로부터 1초 동안 6번 링크가 회전한 각을 구하고자 한다.

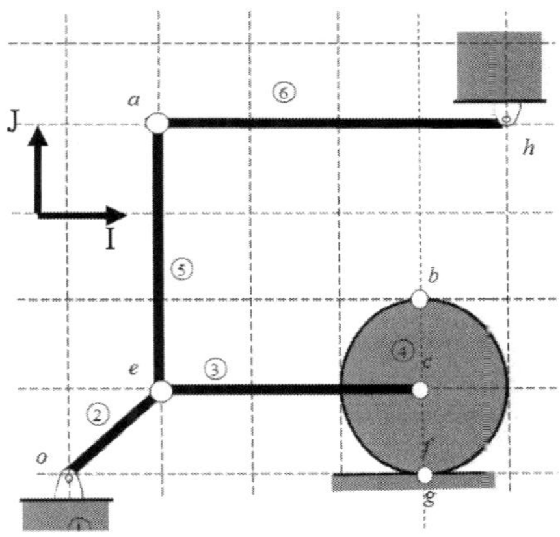

(1) 필요한 아래 루프폐쇄식의 빈칸을 채워 완성하시오.

$$\sqrt{2}\begin{bmatrix}\cos\theta_2\\ \sin\theta_2\end{bmatrix}+[\quad]\begin{bmatrix}\cos\theta_3\\ \sin\theta_3\end{bmatrix}=\begin{bmatrix}[\quad]\\ 1\end{bmatrix}$$

$$\sqrt{2}\begin{bmatrix}\cos\theta_2\\ \sin\theta_2\end{bmatrix}+[\quad]\begin{bmatrix}\cos\theta_5\\ \sin\theta_5\end{bmatrix}+[\quad]\begin{bmatrix}\cos\theta_6\\ \sin\theta_6\end{bmatrix}=\begin{bmatrix}[\quad]\\ [\quad]\end{bmatrix}$$

(2) 수립한 루프폐쇄식의 해를 구하여 6번 링크가 1초 동안 회전한 각을 구하시오.

제 9 장

기구의 속도해석

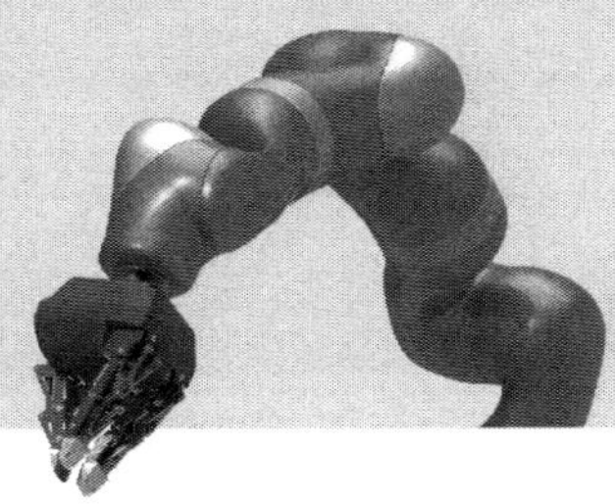

위치해석을 완료한 후, 그 정보를 이용하여 기구의 속도해석을 수행하는 방법을 학습한다. 도해적 방법과 해석적 방법이 있을 수 있다. 일반적으로, 위치해석을 수행하기 위해서는 비선형방정식을 풀어야 하고, 속도해석을 위해서는 선형방정식을 푸는 것으로 충분하다. 선형방정식의 풀이가 훨씬 용이하므로, 위치해석 후의 속도해석은 상대적으로 쉬운 문제에 속한다.

이 장의 1∼4절에는 도해적 해법의 단계를 그림을 통해 설명하고 있다. 5절에서는 행렬을 이용하여 속도해석을 수행하는 방법을 소개한다. 6절은 각속도에 관한 해석을 완료한 후, 링크에 부착된 점의 속도를 구하는 방법을 보인다. 7절에서는 루프폐쇄식의 미분을 기하학적으로 수행하여 상대속도로 표현된 루프폐쇄식으로부터 직접 속도해석을 수행하는 방법을 보인다.

1 상대속도를 이용한 속도해석

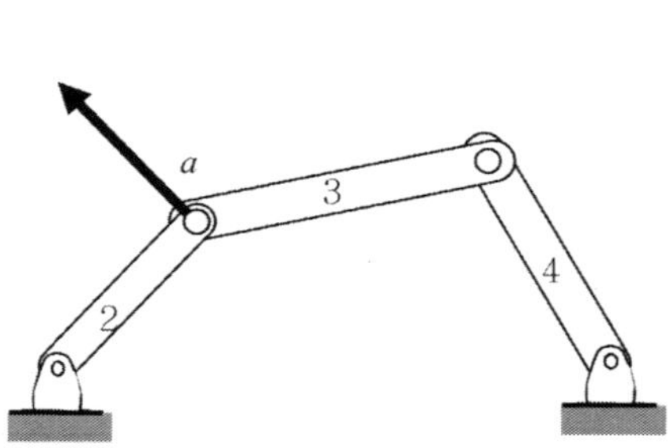

(1) 주어진 자세에서 2번 링크의 각속도를 알면 2, 3번 링크의 교점 a에서의 속도를 알 수 있다.

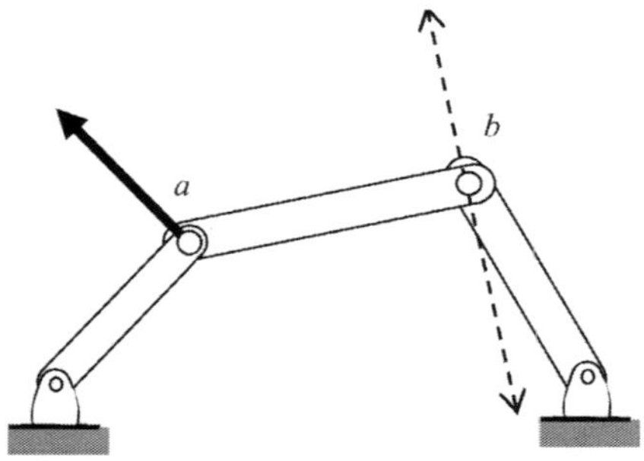

(2) 점 a에 대한 점 b의 상대속도가 두 점을 이은 선분에 수직이다.

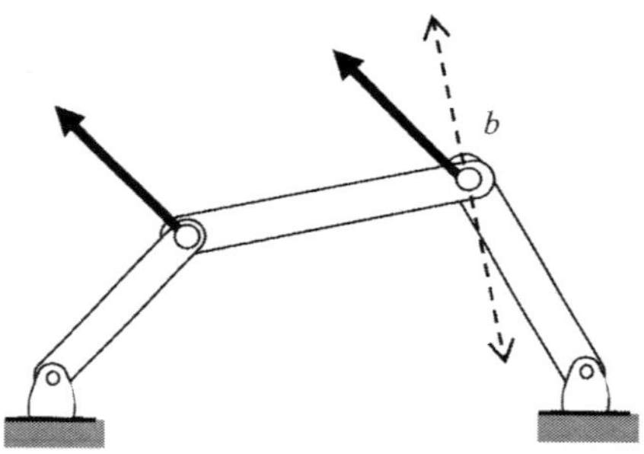

(3) 점 b의 절대 속도는 점 a의 절대 속도에 점 a에 대한 상대 속도를 더하여 구한다.

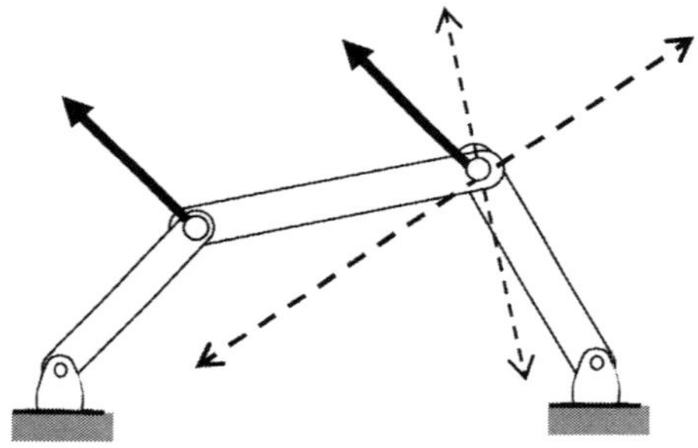

(4) 그런데, 점 b의 절대 속도가 4번 링크에 수직이어야 한다.

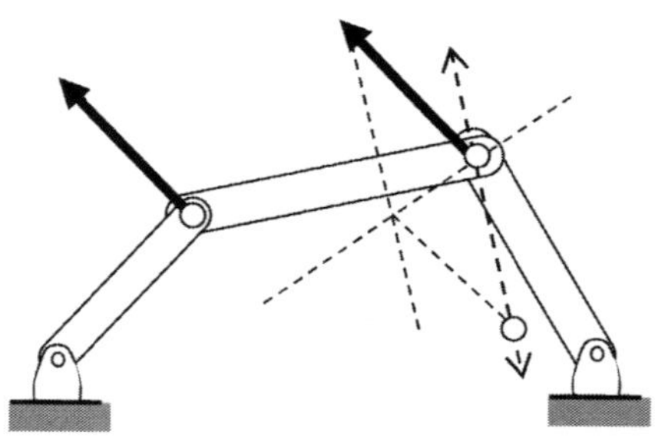

(5) 점 b의 속도의 방향이 4번 링크에 수직이 되도록 상대 속도의 크기를 구한다.

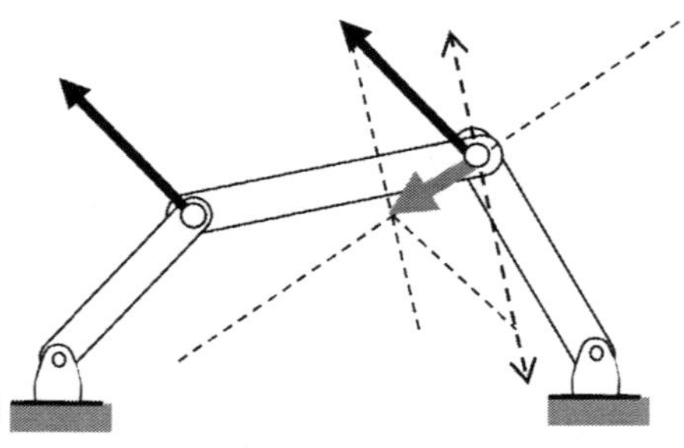

(6) **결정!**

2 순간중심을 이용한 속도해석 I

(1) 주어진 자세에서 2번 링크의 각속도를 알면 2, 3번 링크의 교점 *a*에서의 속도를 알 수 있다.

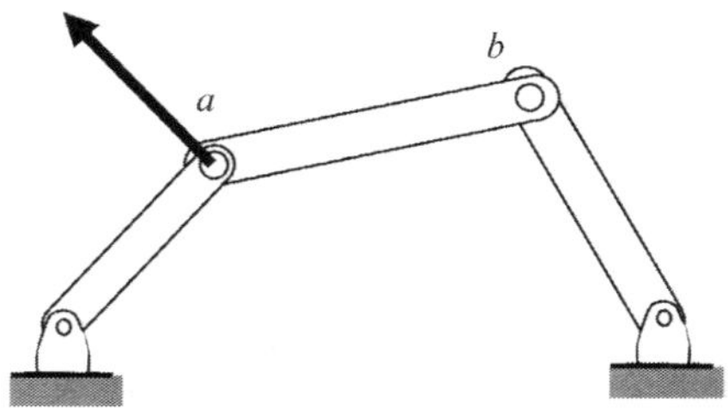

(2) 1번과 3번 링크으 순간 중심을 찾는다.

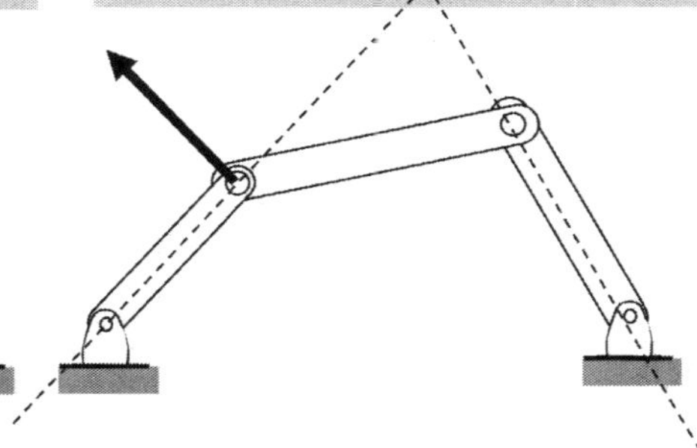

(3) 점 *b*의 속도를 순간중심 (13)을 중심으로 3번 링크가 회전한다고 생각하여 구할 수 있다. 3번 링크가 시계 방향으로 회전함을 알 수 있다.

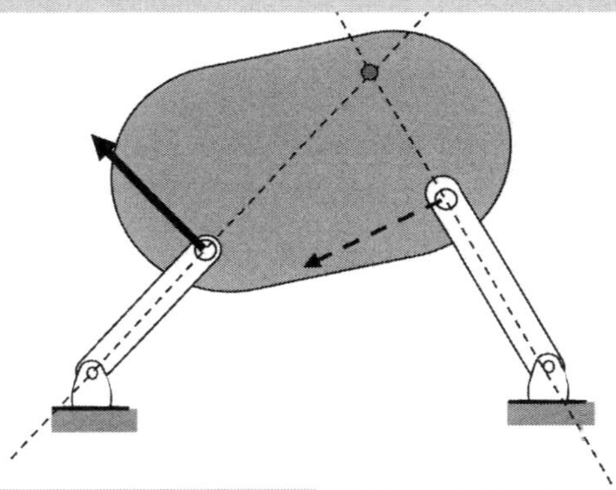

(4) 3번 강체에 고정된 점의 속력은 순간 중심으로부터의 거리에 비례한다.

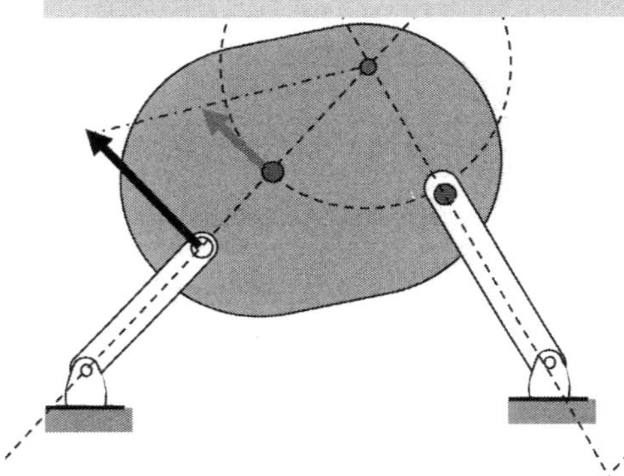

(5) 순간 중심으로부터의 거리가 같은 3번 링크 상의 점의 속력은 같다.

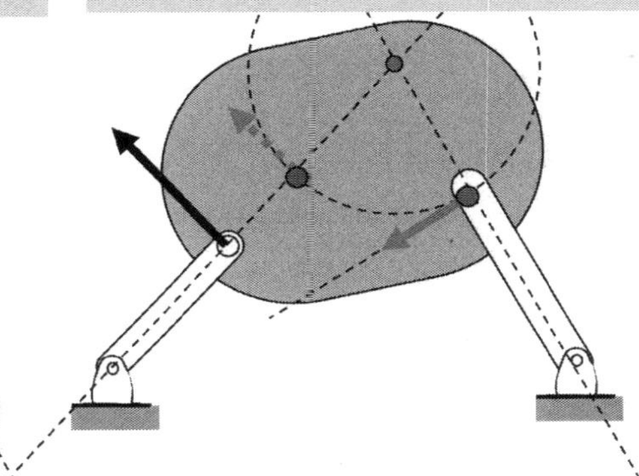

3 순간중심을 이용한 속도해석 II

(1) 주어진 자세에서 2번 링크의 각속도를 알면 2, 3번 링크의 교점 a에서의 속도를 알 수 있다.

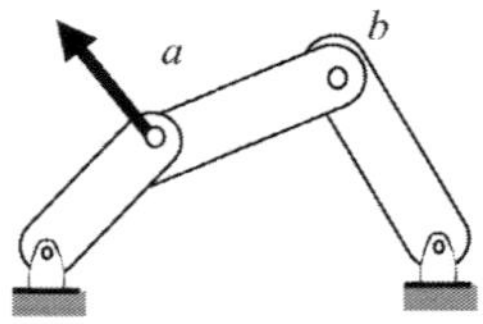

(2) 순간 중심 (24)를 찾는다. 순간 중심 (24)의 위치에 있는 2번 링크 상의 점을 f라 하고 4번 링크 상의 점을 g라 하자.

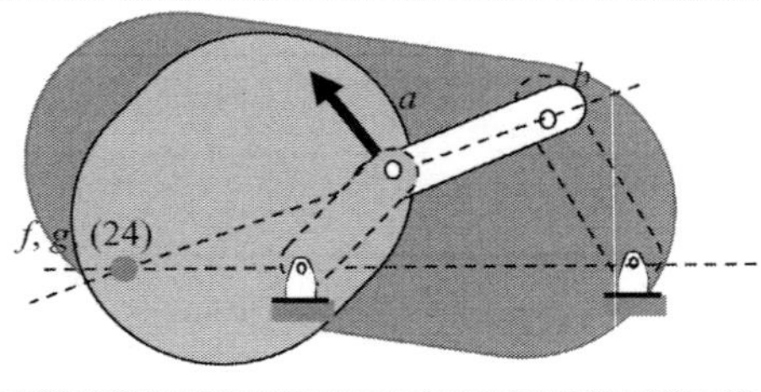

(3) 링크 (1)에서 관찰할 때, 2번 링크 상의 점 f와 a는 순간중심 (12)를 중심으로 회전한다. 이로부터 $\mathbf{V}_f^{(1)}$를 찾는다.

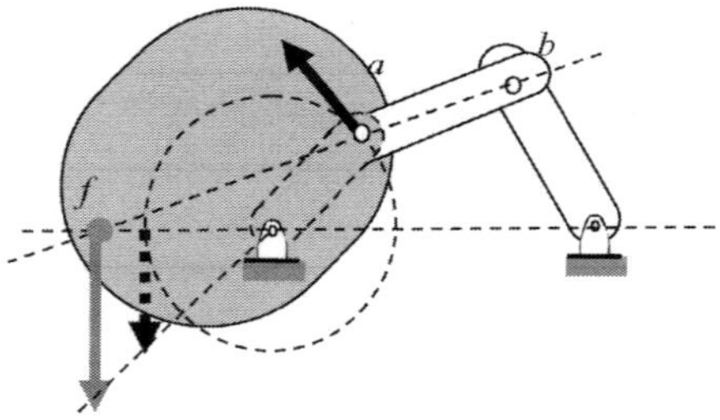

(4) 한편 $\mathbf{V}_g^{(1)}$는 4번 링크에 대해 마찬가지로 생각하여 구할 수 있고, 순간 중심의 정의로부터 $\mathbf{V}_f^{(1)} = \mathbf{V}_g^{(1)}$ 임을 이용하여 결론에 도달한다.

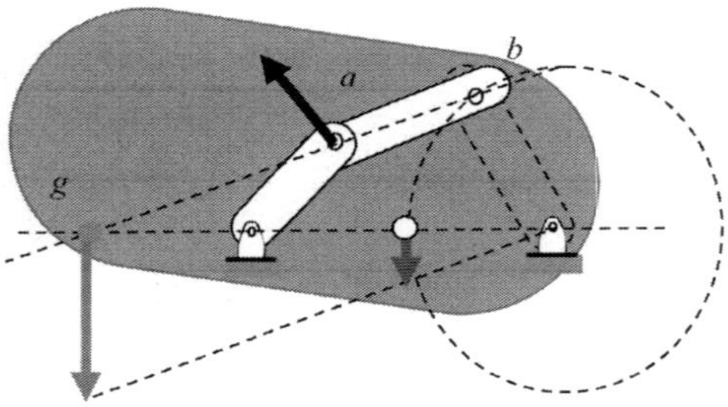

(5) 결정: 중심으로부터 같은 거리에 있는 한 강체에 고정된 두 점의 속도는 같다. 이 방법은 캠 기구 해석에 유용하다.

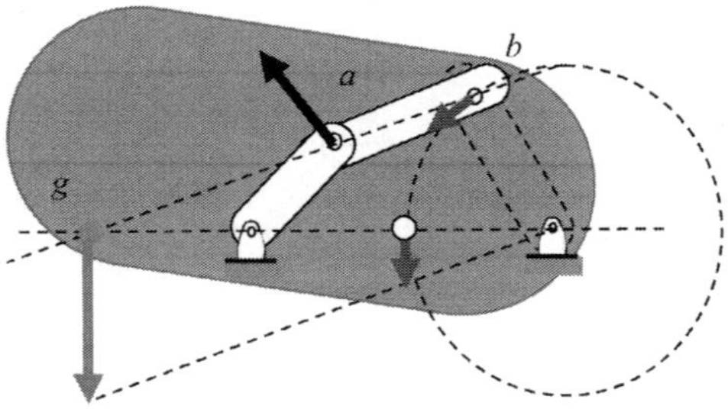

4 성분법을 이용한 속도해석

(1) 주어진 자세에서 2번 링크의 각속도를 알면 2, 3번 링크의 교점 a에서의 속도를 알 수 있다.

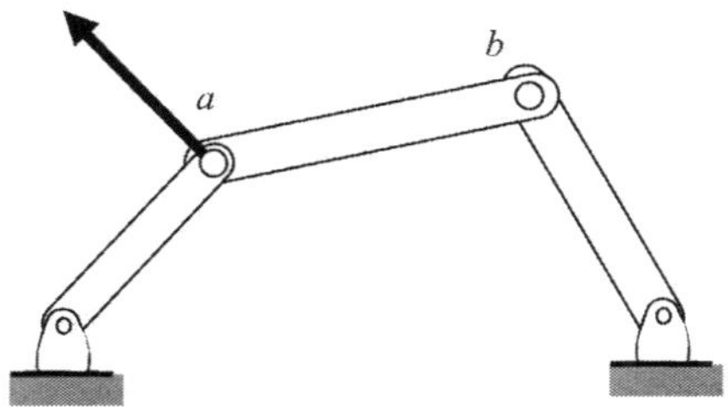

(2) 점 a의 속도를 3번 링크에 평행한 성분과 수직인 성분으로 분해한다.

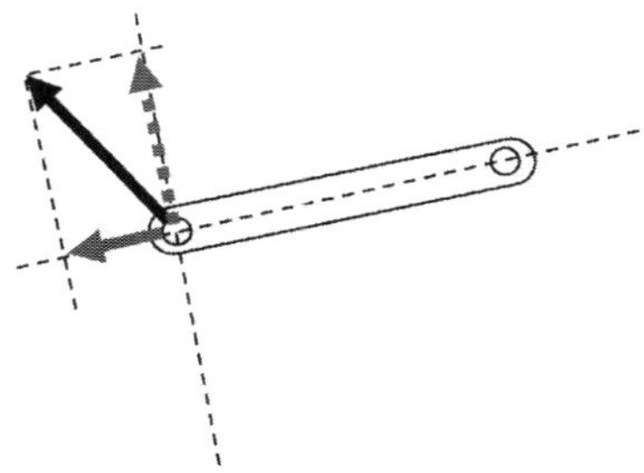

(3) 링크에 평행한 성분의 속도는 a와 b에서 같고 수직한 성분은 아직 모른다.

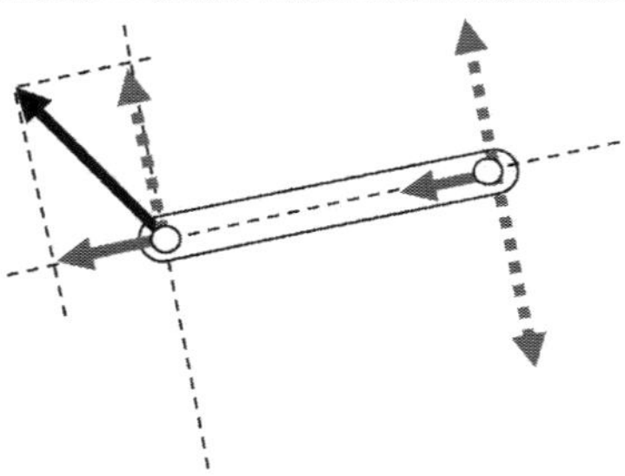

(4) 그런데 점 b의 속도가 (4)번 링크에 수직이다.

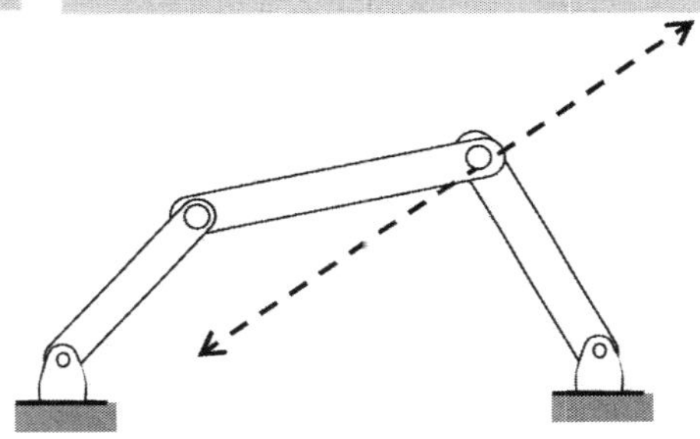

(5) 점 b의 속도의 3번 링크에 평행한 방향으로의 정사영이 과정 (3)에서 구한 속도가 되도록 한다.

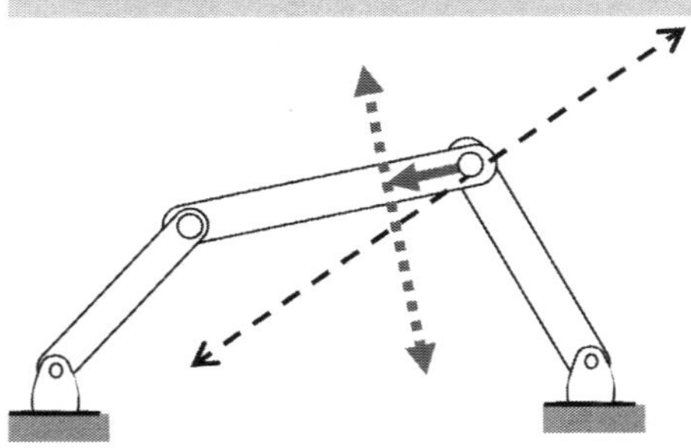

(6) 결정!

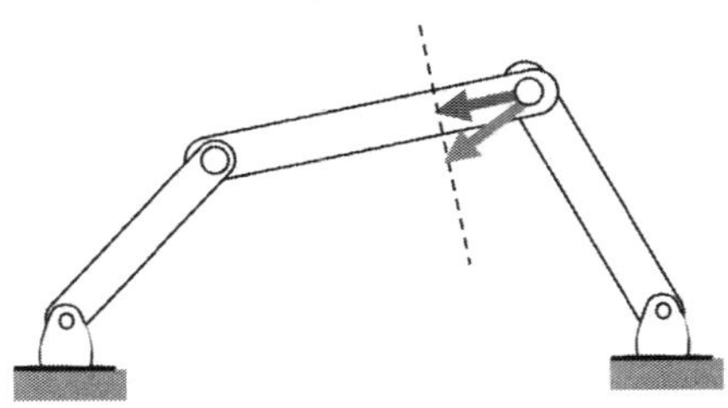

문제 1 점 a와 점 b의 속도를 알 때, 링크 3의 각속도 ω_3을 구하는 방법은?

문제 2 주어진 기구의 모든 순간중심을 구하고 그림에 표시된 점 a의 속도를 이용하여 점 b와 점 c의 속도를 작도하시오. 단, 원통은 지면에 대해 구르고 있다.

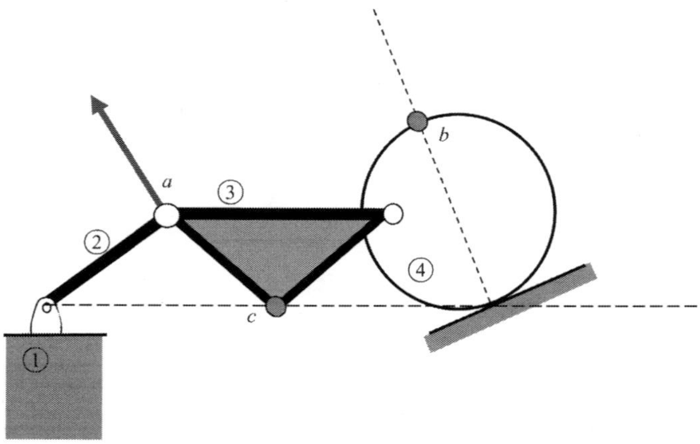

문제 3 주어진 기구의 순간중심, (13), (15)를 찾고 그림에 표시된 점 a의 속도를 이용하여 점 b와 점 c의 속도를 작도하시오.

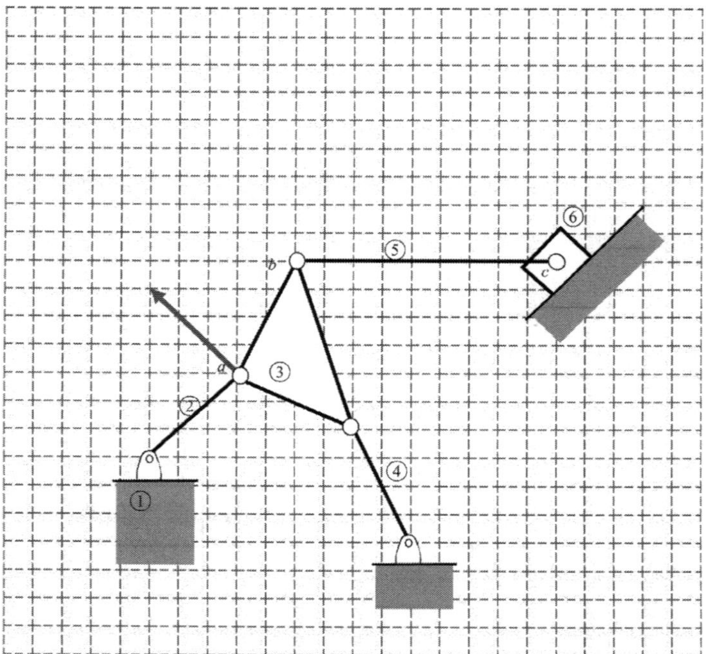

문제 4 그림은 4개의 링크로 이루어진 기구를 표현하고 있다. 2번 링크는 지면과 스프링으로 연결되어 있다. 그림의 각 칸은 1 m이다. 원통형의 4번 링크가 지면인 1번 링크에 대해 구른다. 여기서, $g \in (1)$, $e = (34)$, $c = (23)$, $d \in (2)$, $b \in (3)$, $a \in (4)$. <u>가능하면 답을 기약분수의 형태로 쓰고, 무리수의 경우 유리화하여 기입하시오</u>. (단, **I**와 **J**는 그림에 제시된 방향의 서로 직교하는 단위벡터)

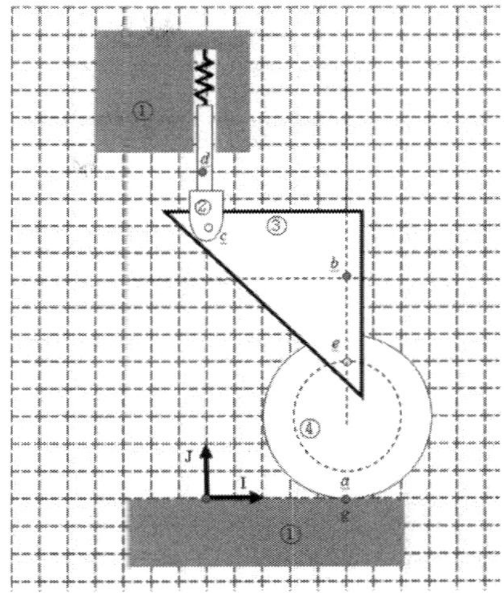

(1) 순간중심 (13)을 구하여 그림에 명확히 표시하시오.

(2) $\omega_{4/1} = 1\, rad/s$ (반시계방향)일 때, $\mathbf{V}_b^{(1)}$ 와 $\mathbf{V}_d^{(1)}$ 를 구하여 아래의 형식으로 표현하시오.

답 $\mathbf{V}_b^{(1)} = (\quad)\mathbf{I} + (\quad)\mathbf{J}\ (m/s)$
$\mathbf{V}_d^{(1)} = (\quad)\mathbf{I} + (\quad)\mathbf{J}\ (m/s)$

(3) 물체 (3)에 고정된 점 b에 우측으로 $1N$의 힘을 주었더니 그림의 자세에서 정역학적 평형을 이루었다면, 스프링에 작용하는 힘은 얼마인가? 힘의 크기를 구하고 스프링이 인장 상태인지 압축 상태인지를 밝히시오.

풀이 (1) 순간중심 (12), (23)을 잇는 선과 순간중심 (14), (34)를 잇는 선의 교점으로 순간중심 (13)을 결정한다. 순간중심 (14)는 땅과 원통의 접촉점에 위치한다.

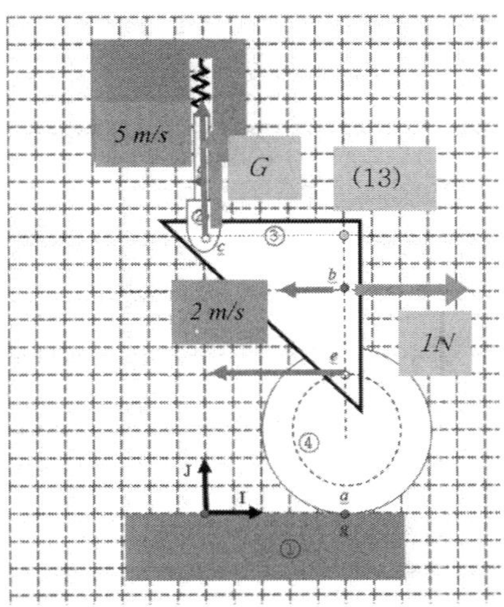

(2) $$\mathbf{V}_e^{(1)} = \boldsymbol{\omega}_{4/1} \times \mathbf{r}_{e/a} = \mathbf{k} \times (5\mathbf{J}) = -5\mathbf{I}\,,\quad \omega_{3/1} = -\frac{V_e}{r_{e/(13)}} = -1$$

$$\mathbf{V}_b^{(1)} = \boldsymbol{\omega}_{3/1} \times \mathbf{r}_{b/(13)} = -\mathbf{k} \times (-2\mathbf{J}) = -2\mathbf{I}$$

$$\mathbf{V}_d^{(1)} = \mathbf{V}_c^{(1)} = \boldsymbol{\omega}_{3/1} \times \mathbf{r}_{c/(13)} = -\mathbf{k} \times (-5\mathbf{I}) = 5\mathbf{J}$$

답 $\mathbf{V}_b^{(1)} = -2\mathbf{I} \quad (m/s),\qquad \mathbf{V}_d^{(1)} = 5\mathbf{J} \quad (m/s)$

(3) 문제의 조건에 의해 점 b에 작용하는 힘 $\mathbf{F}_b = \mathbf{I}$. 스프링의 인장력을 G라 하면, 스프링이 기구에 가하는 힘은 $G\mathbf{J}$이다. 가상일의 정리에 의해

$$\mathbf{F}_b \bullet \mathbf{V}_b^{(1)} + G\mathbf{J} \bullet \mathbf{V}_d^{(1)} = 0\,,\quad \mathbf{I} \bullet (-2\mathbf{I}) + G\mathbf{J} \bullet (5\mathbf{J}) = 0\,,\quad -2 + 5G = 0\,,\quad G = \frac{2}{5}$$

답 스프링에는 $\left(\frac{2}{5}\right)$ N의 인장력이 작용한다.

문제 5 그림의 각 칸은 $1m$이다. 원통형의 4번 링크가 지면인 1번 링크에 대해 구른다. 여기서, $g \in (1)$, $e = (34)$, $c \in (4)$, $b \in (3)$, $a \in (4)$. 가능하면 답을 기약분수의 형태로 표기하고, 무리수는 유리화하여 표기하시오.

1. 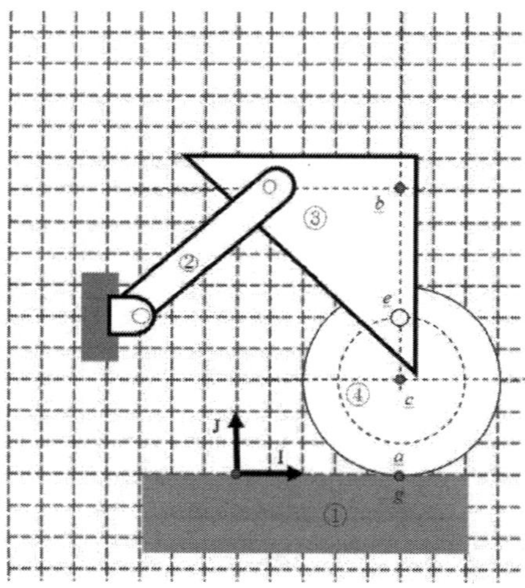

(1) 순간중심 (13)을 구하여 그림에 명확히 표시하시오.

(2) $\omega_{4/1} = 1\, rad/s$ (반시계방향)일 때, $\mathbf{V}_c^{(1)}$, $\mathbf{V}_b^{(1)}$, $\omega_{2/1}$를 구하시오. (단, **I**와 **J**는 그림에 제시된 방향의 서로 직교하는 단위벡터이고, 양의 각속도가 반시계 방향임.)

(3) 물체 (4)에 고정된 점 c에 우측으로 $1N$의 힘을 주고 관절 (12)에 모터를 장착하여 토크를 주었더니 그림의 자세에서 정역학적 평형을 이루었다면, 지면이 링크 (2)에 가하는 토크는 얼마인가? (단, 양의 토크가 반시계 방향)

답 (1)

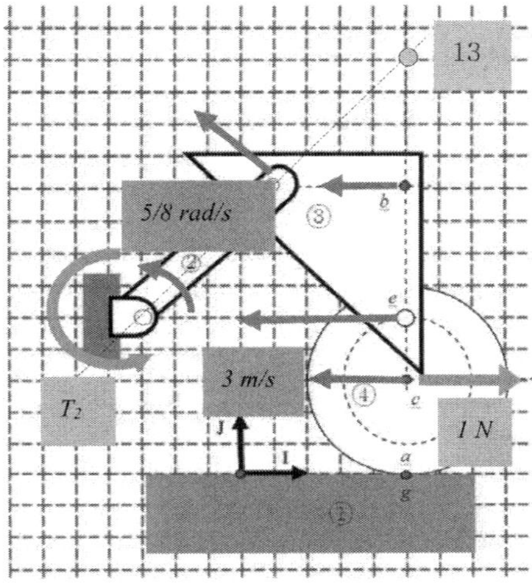

(2)

$$\mathbf{V}_c^{(1)} = (-3)\mathbf{I} + (0)\mathbf{J}\ (m/s)$$

$$\mathbf{V}_b^{(1)} = \left(-\frac{5}{2}\right)\mathbf{I} + (0)\mathbf{J}\ (m/s)$$

$$\omega_{2/1} = \frac{5}{8}\ \text{(rad/s)}$$

(3)

$$T_2 = \frac{24}{5}\ (Nm)$$

문제 6 평판형 종동절을 사용하는 그림의 캠 기구에 대하여 다음 물음에 답하시오. 단, 캠을 B, 종동절을 A로 표기하고 있으며, 그림에서 $a \in A$, $b \in B$이다.

(1) 순간중심 (AB)를 구하여 그림에 명확히 표시하시오.

(2) 그림의 자세에서 캠의 각속도가 1 rad/s일 때, 종동절이 평행이동하는 속도를 구하시오.

답 종동절이 $3m/s$으로 위로 움직인다.

또는 $\mathbf{V}_a = 3\mathbf{J}\ [m/s]$

또는 $3\mathbf{J}\ [m/s]$

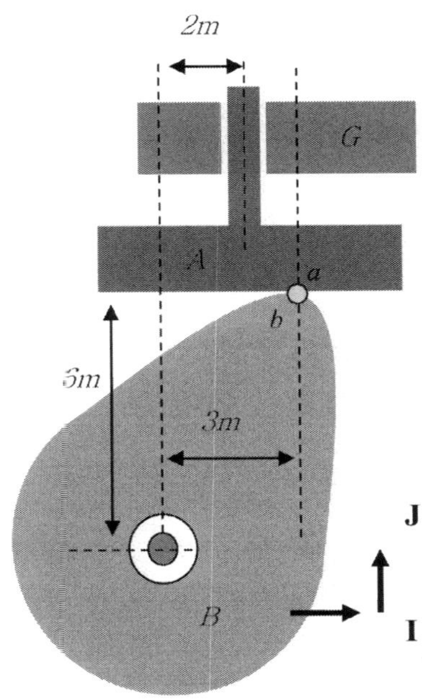

풀이 (1) 순간중심 (GA)와 (GB)를 잇는 선과 접촉점에서의 경계의 법선 상에 순간중심 (AB)가 위치한다.

(2) (방법 1) 순간중심을 이용한 풀이

순간중심 (AB)에 위치하면서 물체 A에 고정된 점을 f, 물체 B에 고정된 점을 g라 하면,

$$\mathbf{V}_f = \mathbf{V}_g = \boldsymbol{\omega}_B \times \mathbf{r}_{g/(GB)} = \mathbf{k} \times (3\mathbf{I}) = 3\mathbf{J}$$

그러므로

답 종동절이 $3m/s$으로 위로 움직인다.

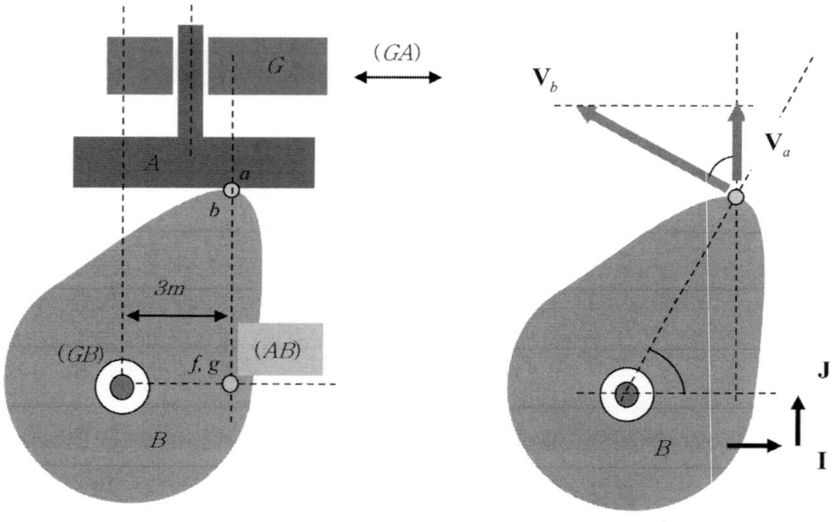

풀이1 풀이2

(방법 2) 접촉점의 상대 운동을 이용한 풀이

$$\mathbf{V}_a = V_a\mathbf{J}$$

$$\mathbf{V}_b = \boldsymbol{\omega}_B \times \mathbf{r}_{b/o} = \mathbf{k} \times (3\mathbf{I} + 6\mathbf{J}) = (-6\mathbf{I} + 3\mathbf{J})$$

두 점 a, b의 경계선의 법선 방향 성분이 동일해야 하므로

$$\mathbf{V}_a \bullet \mathbf{J} = \mathbf{V}_b \bullet \mathbf{J}$$

즉, $V_a = 3$, $\mathbf{V}_a = 3\mathbf{J}$

답 종동절이 $3m/s$의 속력으로 위로 움직인다.

5 해석적인 방법을 이용한 속도해석

<그림 9.1>에 보인 4절 기구의 속도해석을 8장 2절에서와 같은 설정 하에서 수행하여 보자.

8장 2절에서, 주어진 구동절의 회전각 θ_2에 대한 종동절의 회전각을 다음과 같이 명시적으로explicitly 구하였다.

$$\theta_4 = \beta(\theta_2) \pm \arccos F(\theta_2)$$

여기서,

$$F(\theta_2) \equiv \frac{a^2 + b^2 + L_4{}^2 - L_3{}^2}{2L_4\sqrt{a^2 + b^2}},$$

$$\sqrt{a^2 + b^2}\cos\beta \equiv a, \quad \sqrt{a^2 + b^2}\sin\beta \equiv b$$

$$a(\theta_2) \equiv L_1 - L_2\cos\theta_2, \quad b(\theta_2) \equiv -L_2\sin\theta_2 .$$

속도해석을 위해서는 위의 명시적 위치해석 결과를 시간에 대해 미분하면 된다. 미분은 기계적인 과정으로 관련 공식의 반복적 적용으로 수행 가능하다. 다음은 위의 명시적 위치관계식에 미분 공식을 기계적으로 적용한 예이다.

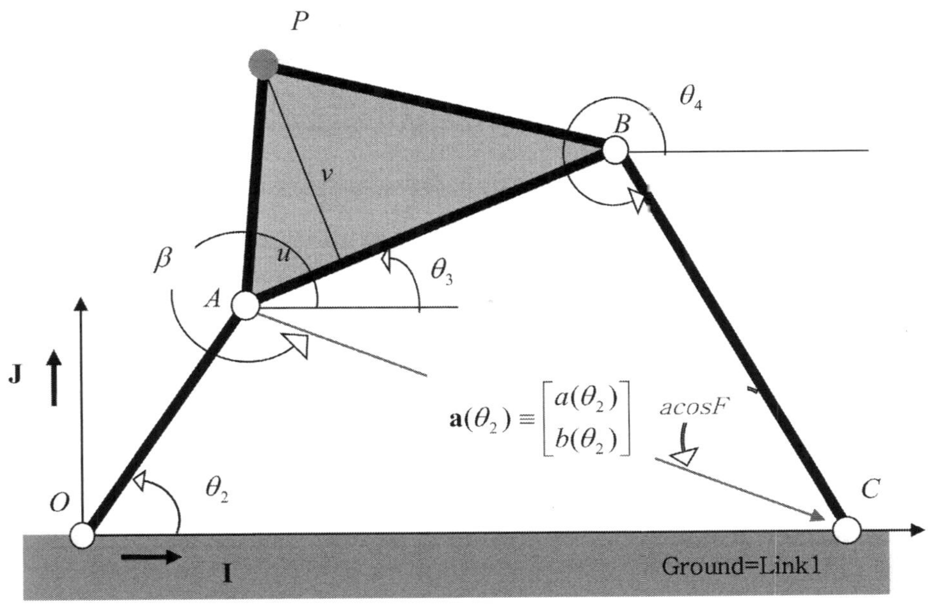

〈그림 9.1〉 좌표 축이 설정된 4절 기구

예 명시적 위치 해에 대한 미분의 기계적 적용*

$$\dot{\theta}_4 = \dot{\theta}_2 \cdot \left(\frac{d\beta}{d\theta_2} \mp \frac{1}{\sqrt{1-(F(\theta_2))^2}} \frac{dF}{d\theta_2} \right)$$

여기서,

$$\frac{d\beta}{d\theta_2} = \frac{1}{\sqrt{a^2+b^2}} \cdot \left(-\sin\beta \cdot \frac{da}{d\theta_2} + \cos\beta \cdot \frac{db}{d\theta_2} \right)$$

$$= \frac{L_2}{\sqrt{a^2+b^2}} \cdot (-\sin\beta \cdot \sin\theta_2 - \cos\beta \cdot \cos\theta_2) = \frac{-L_2\cos(\theta_2-\beta)}{\sqrt{a^2+b^2}}$$

$$\frac{dF}{d\theta_2} = \frac{d}{d\theta_2}\left(\frac{a^2+b^2+L_4{}^2-L_3{}^2}{2L_4\sqrt{a^2+b^2}} \right)$$

$$= \frac{\left(\frac{d}{d\theta_2}(a^2+b^2) \right) \cdot \left(\sqrt{a^2+b^2} - (a^2+b^2+L_4{}^2-L_3{}^2)\frac{1}{2\sqrt{a^2+b^2}} \right)}{2L_4(a^2+b^2)}$$

$$= \frac{2L_2(\sin\theta_2 \cdot a - \cos\theta_2 \cdot b) \cdot \left(\sqrt{a^2+b^2} - (a^2+b^2+L_4{}^2-L_3{}^2)\frac{1}{2\sqrt{a^2+b^2}} \right)}{2L_4(a^2+b^2)}$$

$$= \frac{L_2}{L_4} \cdot (\sin\theta_2 \cdot \cos\beta - \cos\theta_2 \cdot \sin\beta)\left(1 - \frac{1}{2} \cdot \frac{a^2+b^2+L_4{}^2-L_3{}^2}{a^2+b^2} \right)$$

$$= \frac{L_2}{2L_4} \cdot \sin(\theta_2-\beta)\left(1 + \frac{L_3{}^2-L_4{}^2}{a^2+b^2} \right)$$

【노트 1】

$$d\beta = \frac{1}{r}(-\sin\beta \cdot da + \cos\beta \cdot db)$$

【증명】

$a = \sqrt{a^2+b^2}\cos\beta$, $b = \sqrt{a^2+b^2}\sin\beta$

에서, $r = \sqrt{a^2+b^2}$ 의 치환하면 다음과 같다:

$$a = r \cdot \cos\beta, \quad b = r \cdot \sin\beta.$$

위 식 $(\bullet) \to (r, \beta) \to (a, b)$을 미분하면, 연쇄법칙에 의하여

$$da = \cos\beta \cdot dr - r\sin\beta \cdot d\beta$$
$$db = \sin\beta \cdot dr + r\cos\beta \cdot d\beta$$

즉,

$$\begin{bmatrix} da \\ db \end{bmatrix} = \begin{bmatrix} \cos\beta & -r\sin\beta \\ \sin\beta & r\cos\beta \end{bmatrix} \begin{bmatrix} dr \\ d\beta \end{bmatrix}.$$

위 식을 dr 과 $d\beta$ 에 대해 풀면,

$$\begin{bmatrix} dr \\ d\beta \end{bmatrix} = \frac{1}{r} \begin{bmatrix} r\cos\beta & r\sin\beta \\ -\sin\beta & \cos\beta \end{bmatrix} \begin{bmatrix} da \\ db \end{bmatrix}.$$

위 식에서 2번째 줄을 읽으면, 제시된 식을 얻는다.

【노트 2】

$$\frac{d}{dx}\arccos(x) = \frac{-1}{\sqrt{1-x^2}}$$. 단, $0 \le \arccos F(\theta_2) \le \pi$

【증명】

$$y = \arccos(x).\ \text{단, } 0 \le y \le \pi,\ \sin y \ge 0$$

$$x = \cos y,\ \frac{dx}{dy} = -\sin y$$

$$\frac{dy}{dx} = -\frac{1}{\sin y} = -\frac{1}{\sqrt{1-\cos^2 y}} = -\frac{1}{\sqrt{1-x^2}}$$

명시적 위치 관계식의 미분은 위의 예에서 살펴본 바와 같이 기계적인 과정이기는 하지만, 각도가 관계된 경우 그 식이 복잡해지는 경향이 있다. 명시적explicit 위치 관계식을 유도하기가 여의치 않거나, 또는 명시적 관계식의 미분에 의한 복잡함을 피하고 싶을 때, 8장에서 구한 암시적implicit으로 표현된 루프폐쇄식을 미분하여 속도 관계식을 유도할 수 있다. 다음은 4절 기구의 루프폐쇄식이다:

$$L_2\begin{bmatrix} \cos\theta_2 \\ \sin\theta_2 \end{bmatrix} + L_3\begin{bmatrix} \cos\theta_3 \\ \sin\theta_3 \end{bmatrix} + L_4\begin{bmatrix} \cos\theta_4 \\ \sin\theta_4 \end{bmatrix} = L_1\begin{bmatrix} 1 \\ 0 \end{bmatrix}$$

우선 다음을 관찰하라.

$$\frac{d}{dt}\begin{bmatrix} \cos\theta_k \\ \sin\theta_k \end{bmatrix} = \frac{d}{d\theta_k}\begin{bmatrix} \cos\theta_k \\ \sin\theta_k \end{bmatrix} \cdot \frac{d\theta_k}{dt} = \omega_k \begin{bmatrix} -\sin\theta_k \\ \cos\theta_k \end{bmatrix} = \omega_k \mathbf{R}_{90^\circ} \begin{bmatrix} \cos\theta_k \\ \sin\theta_k \end{bmatrix}$$

위의 암시적 위치 관계식을 미분하여 선형 방정식을 구성하면 다음과 같다.

$$L_2\omega_2\begin{bmatrix}-\sin\theta_2\\ \cos\theta_2\end{bmatrix}+L_3\omega_3\begin{bmatrix}-\sin\theta_3\\ \cos\theta_3\end{bmatrix}+L_4\omega_4\begin{bmatrix}-\sin\theta_4\\ \cos\theta_4\end{bmatrix}=\begin{bmatrix}0\\ 0\end{bmatrix}$$

$$L_2\omega_2\begin{bmatrix}\sin\theta_2\\ \cos\theta_2\end{bmatrix}+L_3\omega_3\begin{bmatrix}\sin\theta_3\\ \cos\theta_3\end{bmatrix}+L_4\omega_4\begin{bmatrix}\sin\theta_4\\ \cos\theta_4\end{bmatrix}=\begin{bmatrix}0\\ 0\end{bmatrix}$$

$$L_3\omega_3\begin{bmatrix}\sin\theta_3\\ \cos\theta_3\end{bmatrix}+L_4\omega_4\begin{bmatrix}\sin\theta_4\\ \cos\theta_4\end{bmatrix}=-L_2\omega_2\begin{bmatrix}\sin\theta_2\\ \cos\theta_2\end{bmatrix} \quad (*)$$

$$\begin{bmatrix}\sin\theta_3 & \sin\theta_4\\ \cos\theta_3 & \cos\theta_4\end{bmatrix}\begin{bmatrix}L_3\omega_3\\ L_4\omega_4\end{bmatrix}=-L_2\omega_2\begin{bmatrix}\sin\theta_2\\ \cos\theta_2\end{bmatrix}$$

원한다면, 행렬대수를 이용하여 방정식을 풀 수 있다.

$$\begin{bmatrix}L_3\omega_3\\ L_4\omega_4\end{bmatrix}=-L_2\omega_2\begin{bmatrix}\sin\theta_3 & \sin\theta_4\\ \cos\theta_3 & \cos\theta_4\end{bmatrix}^{-1}\begin{bmatrix}\sin\theta_2\\ \cos\theta_2\end{bmatrix}=\frac{L_2\omega_2}{\sin(\theta_4-\theta_3)}\begin{bmatrix}\cos\theta_4 & -\sin\theta_4\\ -\cos\theta_3 & \sin\theta_3\end{bmatrix}\begin{bmatrix}\sin\theta_2\\ \cos\theta_2\end{bmatrix}$$

결과적으로,

$$\omega_3=\omega_2\cdot\frac{L_2}{L_3}\cdot\frac{\sin(\theta_2-\theta_4)}{\sin(\theta_4-\theta_3)}$$

$$\omega_4=\omega_2\cdot\frac{L_2}{L_4}\cdot\frac{\sin(\theta_3-\theta_2)}{\sin(\theta_4-\theta_3)}$$

이 때, 다음에 주목하라.

(1) 각속도 사이의 관계가 선형이다.

(2) 링크 길이의 비율이 유지되면 각속도에 영향이 없다.

즉, 한 링크의 빠르기가 두 배가 되면 다른 링크도 두 배의 빠르기로 움직이고, 기구를 닮은 꼴로 축소하여 해석하여도 각속도 사이의 관계가 유지됨을 의미한다. 한편, 기구에 고정된 점의 속도는 닮은비에 비례하여 증가한다.

문제 1 1-자유도 기구의 순간중심을 주어진 자세에 관한 정보 만으로 찾을 수 있는 이유에 대해 설명하시오. 2-자유도 기구의 모든 순간중심을 찾는 데 있어서 주어진 자세 만을 활용하는 케네디의 정리만으로 불충분한 이유를 밝히시오.

6 위치 및 속도해석 결과를 이용한 추론

1~4절에서 제시한 도해적 방법이든 5절에서 학습한 해석적 방법을 통해서든, 위치해석이 완료된 상태에서 4절 기구를 구성하는 한 링크의 각속도나 그 링크에 부착된 점의 속도가 주어지면 나머지 링크의 각속도를 결정할 수 있다. 각속도가 결정된 후 각 링크에 부착된 점의 속도를 구하는 방법을 예제를 통해 알아보자.

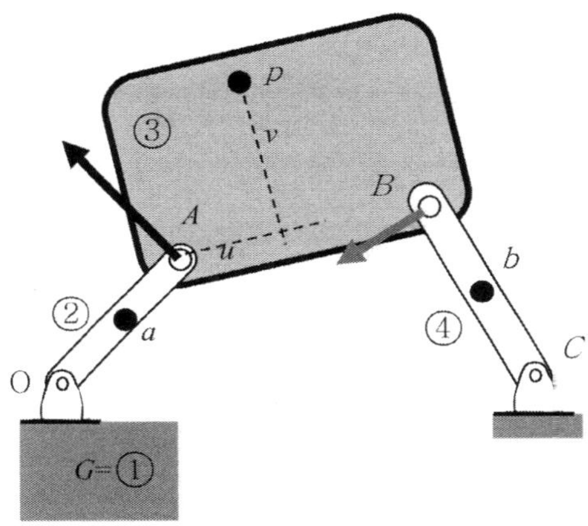

〈그림 9.2〉 4절 기구의 속도해석 적용

예제 위의 4절 기구의 구동절의 각속도

$$\boldsymbol{\omega}_{2/1}$$

가 주어진 상태에서 속도해석을 수행하여 1번 강체인 땅에 대해 링크의 각속도,

$$\boldsymbol{\omega}_{4/1}, \quad \boldsymbol{\omega}_{3/1}$$

를 알고 있다 하자. $\boldsymbol{\omega}_{2/1}$, $\boldsymbol{\omega}_{3/1}$, $\boldsymbol{\omega}_{4/1}$와 $\mathbf{r}_{p/q}$ (p, q는 그림에 표시된 임의의 점) 꼴의 위치 벡터를 사용하여 다음을 표현하시오.

$$\boldsymbol{\omega}_{4/3},\ \boldsymbol{\omega}_{4/2},\ \boldsymbol{\omega}_{3/2},\ \mathbf{V}_a^G,\ \mathbf{V}_b^G,\ \mathbf{V}_p^G = \mathbf{V}_p^{(1)},\ \mathbf{V}_p^{(2)},\ \mathbf{V}_p^{(3)},\ \mathbf{V}_p^{(4)},\ \mathbf{V}_{p/a}^G$$

풀이

$$\boldsymbol{\omega}_{4/3} = \boldsymbol{\omega}_{4/1} - \boldsymbol{\omega}_{3/1},\quad \boldsymbol{\omega}_{4/2} = \boldsymbol{\omega}_{4/1} - \boldsymbol{\omega}_{2/1},\quad \boldsymbol{\omega}_{3/2} = \boldsymbol{\omega}_{3/1} - \boldsymbol{\omega}_{2/1}$$

$$\mathbf{V}_a^G = \mathbf{V}_{a/O}^G = \boldsymbol{\omega}_{2/1} \times \mathbf{r}_{a/O}$$

$$\mathbf{V}_b^G = \mathbf{V}_{b/C}^G = \boldsymbol{\omega}_{4/1} \times \mathbf{r}_{b/C}$$

$$\mathbf{V}_p^G = \mathbf{V}_{p/O}^G = \mathbf{V}_{A/O}^G + \mathbf{V}_{p/A}^G = (\boldsymbol{\omega}_{2/1} \times \mathbf{r}_{A/O}) + (\boldsymbol{\omega}_{3/1} \times \mathbf{r}_{p/A})$$

$$\mathbf{V}_p^{(2)} = \mathbf{V}_{p/A}^{(2)} = \boldsymbol{\omega}_{3/2} \times \mathbf{r}_{p/A} = (\boldsymbol{\omega}_{3/1} - \boldsymbol{\omega}_{2/1}) \times \mathbf{r}_{p/A}$$

$$\mathbf{V}_p^{(3)} = \mathbf{0}$$

$$\mathbf{V}_p^{(4)} = \mathbf{V}_{p/B}^{(4)} = \boldsymbol{\omega}_{3/4} \times \mathbf{r}_{p/B} = (\boldsymbol{\omega}_{3/1} - \boldsymbol{\omega}_{4/1}) \times \mathbf{r}_{p/B}$$

$$\mathbf{V}_{p/a}^G = \mathbf{V}_{A/a}^G + \mathbf{V}_{p/A}^G = (\boldsymbol{\omega}_{2/1} \times \mathbf{r}_{A/a}) + (\boldsymbol{\omega}_{3/1} \times \mathbf{r}_{p/A})$$

참고 위치해석의 결과를 직접 미분하여 $\mathbf{V}_p^G$를 구하는 방법

8장 2절의 문제 3에서 다음의 관계식을 유도하였다.

$$\mathbf{r}_{P/O} = L_2\begin{bmatrix}\cos\theta_2 \\ \sin\theta_2\end{bmatrix} + u\begin{bmatrix}\cos\theta_3 \\ \sin\theta_3\end{bmatrix} + v\begin{bmatrix}-\sin\theta_3 \\ \cos\theta_3\end{bmatrix}$$

위의 식은 해당 위치벡터의 기저 **IJ** 에 대한 성분만을 '약식'으로 표현한 것이다. 위의 위치 벡터를 성분별로 미분하면 $\mathbf{V}_p^G$ 의 **IJ** 성분을 얻는다. 즉,

$$\mathbf{V}_p^G = \frac{{}^G d}{dt}\mathbf{r}_{P/O} = \omega_2 L_2\begin{bmatrix}-\sin\theta_2 \\ \cos\theta_2\end{bmatrix} + \omega_3\left(u\begin{bmatrix}-\sin\theta_3 \\ \cos\theta_3\end{bmatrix} - v\begin{bmatrix}\cos\theta_3 \\ \sin\theta_3\end{bmatrix}\right)$$

한편, 위의 예제에서 유도한 식

$$\mathbf{V}_p^G = \mathbf{V}_{p/O}^G = \mathbf{V}_{A/O}^G + \mathbf{V}_{p/A}^G = (\boldsymbol{\omega}_{2/1} \times \mathbf{r}_{A/O}) + (\boldsymbol{\omega}_{3/1} \times \mathbf{r}_{p/A})$$

에 성분을 구체적으로 대입하면

$$\begin{aligned}\mathbf{V}_p^G &= \omega_2\mathbf{k} \times L_2\begin{bmatrix}\cos\theta_2 \\ \sin\theta_2\end{bmatrix} + \omega_3\mathbf{k} \times \left(u\begin{bmatrix}\cos\theta_3 \\ \sin\theta_3\end{bmatrix} + v\begin{bmatrix}-\sin\theta_3 \\ \cos\theta_3\end{bmatrix}\right) \\ &= \omega_2 L_2\begin{bmatrix}-\sin\theta_2 \\ \cos\theta_2\end{bmatrix} + \omega_3\left(u\begin{bmatrix}-\sin\theta_3 \\ \cos\theta_3\end{bmatrix} - v\begin{bmatrix}\cos\theta_3 \\ \sin\theta_3\end{bmatrix}\right)\end{aligned}$$

로써 8장 2절의 문제 3의 결과를 미분한 것과 같은 결과를 얻는다. 위 식에서 조작자 $(\mathbf{k}\times)$의 역할이 평면 벡터의 90도 회전과 같음에 주목한다.

7 상대속도를 이용한 속도 관계식의 직접적 유도

5절에서 위치관계를 나타내는 루프 폐쇄식을 미분하여 속도 변수들 사이의 관계를 유도하였다. 위치해석에 사용한 루프를 따라 상대속도를 더하여 수립한 식으로부터, 5절에서 유도한 식과 동일한 식을 직접적으로 유도할 수도 있다. 이 방법을 적절히 사용하면 '복잡한' 미분 과정 없이 속도 관계식을 유도할 수 있다.

<그림 9.3>의 4절 기구를 2번 강체의 각속도 ω_2 가 주어진 상태에서 해석하고자 한다. 4절 기구를 이루는 연쇄를 따라 땅에 고정된 두 점 o와 c 사이의 상대속도를 관절 사이의 상대속도로 표현하면 다음과 같다.

$$
\begin{aligned}
\mathbf{V}_{c/o} &= \mathbf{V}_{a/o} + \mathbf{V}_{b/a} + \mathbf{V}_{c/b} \\
&= (\boldsymbol{\omega}_2 \times \mathbf{r}_{a/o}) + (\boldsymbol{\omega}_3 \times \mathbf{r}_{b/a}) + (\boldsymbol{\omega}_4 \times \mathbf{r}_{c/b}) \qquad (1) \\
&= \omega_2(\mathbf{k} \times \mathbf{r}_{a/o}) + \omega_3(\mathbf{k} \times \mathbf{r}_{b/a}) + \omega_4(\mathbf{k} \times \mathbf{r}_{c/b})
\end{aligned}
$$

땅에 고정된 두 점 사이의 상대속도가 0임을 이용하면, 아래의 속도 변수들 사이의 관계식을 얻는다.

$$\omega_2(\mathbf{k} \times \mathbf{r}_{a/o}) + \omega_3(\mathbf{k} \times \mathbf{r}_{b/a}) + \omega_4(\mathbf{k} \times \mathbf{r}_{c/b}) = \mathbf{0} \qquad (2)$$

위 식의 각 항은 $(\mathbf{k}\times)$가 위치벡터에 작용하고 있는 꼴이므로 각 항의 위치벡터를 90도 회전한 것과 방향이 같다. 편의를 위해, 양변에 $-(\mathbf{k}\times)$를 취하여 90도 역회전 시키면, 단위벡터 $\mathbf{k}$가 배제된 표현을 얻을 수 있다.

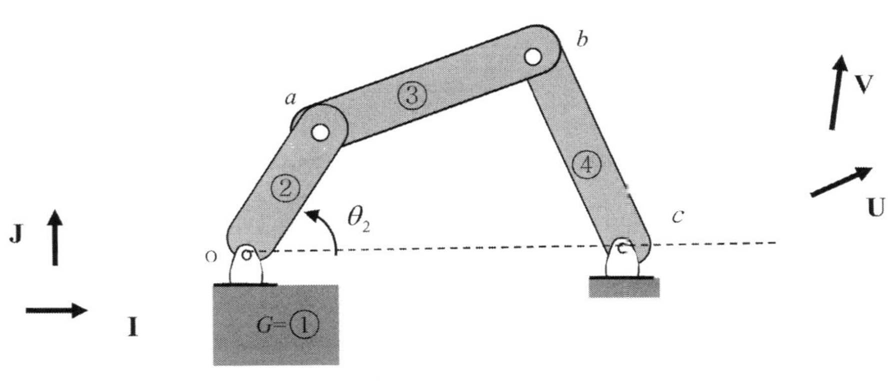

〈그림 9.3〉 상대속도를 이용한 4절 기구의 속도해석

$$\omega_3 \mathbf{r}_{b/a} + \omega_4 \mathbf{r}_{c/b} = -\omega_2 \mathbf{r}_{a/o} \quad (3)$$

이 식의 성분이 두 개이므로 두 개의 방정식이 유도되는데, 미지수 ω_3와 ω_4에 관하여 풀면 속도해석이 완료된다. 예를 들어, 기저 **IJ**에 대해 표현하면 속도관계식이 아래와 같이 표현된다.

$$\omega_3 L_3 \begin{bmatrix} \cos\theta_3 \\ \sin\theta_3 \end{bmatrix} + \omega_4 L_4 \begin{bmatrix} \cos\theta_4 \\ \sin\theta_4 \end{bmatrix} = -\omega_2 L_2 \begin{bmatrix} \cos\theta_2 \\ \sin\theta_2 \end{bmatrix}$$

위 식의 두 행의 순서를 바꾸면 5절의 식 (*)와 일치한다. 서로 평행하지 않은 임의의 두 벡터 **U**, **V**에 관한 성분으로도 2개의 방정식을 추출할 수 있는데, 식 (3)에 기저 벡터 각각의 내적을 취하면 된다. 즉,

$$\omega_3 \begin{bmatrix} \mathbf{r}_{b/a} \bullet \mathbf{U} \\ \mathbf{r}_{b/a} \bullet \mathbf{V} \end{bmatrix} + \omega_4 \begin{bmatrix} \mathbf{r}_{c/b} \bullet \mathbf{U} \\ \mathbf{r}_{c/b} \bullet \mathbf{V} \end{bmatrix} = -\omega_2 \begin{bmatrix} \mathbf{r}_{a/o} \bullet \mathbf{U} \\ \mathbf{r}_{a/o} \bullet \mathbf{V} \end{bmatrix}$$

이를 선형연립방정식의 표준형으로 표현하면 다음과 같다.

$$\begin{bmatrix} (\mathbf{r}_{b/a} \bullet \mathbf{U}) & (\mathbf{r}_{c/b} \bullet \mathbf{U}) \\ (\mathbf{r}_{b/a} \bullet \mathbf{V}) & (\mathbf{r}_{c/b} \bullet \mathbf{V}) \end{bmatrix} \begin{bmatrix} \omega_3 \\ \omega_4 \end{bmatrix} = -\omega_2 \begin{bmatrix} \mathbf{r}_{a/o} \bullet \mathbf{U} \\ \mathbf{r}_{a/o} \bullet \mathbf{V} \end{bmatrix}$$

참고 속도다각형

한 강체에 고정된 두 점 사이의 상대 속도의 방향이 두 점을 이은 선분에 수직이다. 기구의 자세가 정해지면 한 링크에 고정된 두 점 사이의 상대속도의 방향이 확정된다. 식 (1)과 (2)를 이용하여 3개의 상대속도 $\mathbf{V}_{a/o}$, $\mathbf{V}_{b/a}$, $\mathbf{V}_{c/b}$를 연쇄적으로 표현하면 <그림 9.4>와 같이 링크에 수직한 방향으로 배열된 선분을 가지는 삼각형 *a'b'c'*을 구성하는데, 이를 이용하여 기하학적 방법으로 속도해석을 수행할 수 있다. 계산도구가 발달한 오늘날, 기하학적 방법으로 계산결과를 얻는다기보다는, 속도 관계를 도형으로 나타냄으로써 운동에 관한 직관을 형성한다는 의미가 크다.

한편, 강체 3에 고정된 세 점 *a*, *b*, *p*사이의 상대속도 간에 다음의 관계가 성립한다.

$$\mathbf{V}_{a/a} = \mathbf{V}_{b/a} + \mathbf{V}_{p/b} + \mathbf{V}_{a/p} = \mathbf{0}$$

3개 벡터의 합을 나타내는 위의 식을 연쇄적으로 표현하면 <그림 9.4>의 삼각형 *a'b'p'*를 형성한다. 이를 다각형 *abp*의 속도다각형이라 한다. 이 때, 삼각형 *abp*의 변을 나타내는 위치벡터로 상대속도를 표현하면 다음과 같다.

$$\mathbf{V}_{b/a} = \omega_3(\mathbf{k} \times \mathbf{r}_{b/a}), \quad \mathbf{V}_{p/b} = \omega_3(\mathbf{k} \times \mathbf{r}_{p/b}), \quad \mathbf{V}_{a/p} = \omega_3(\mathbf{k} \times \mathbf{r}_{a/p})$$

이로부터, 다각형 *abp*와 속도다각형 *a'b'p'*가 서로 닮았으며, 링크가 양의 방향으로 회전하고 있다면 속도다각형이 90도 회전해 있음을 알 수 있다. 이 때, '닮은비'가 ω_3 이다.

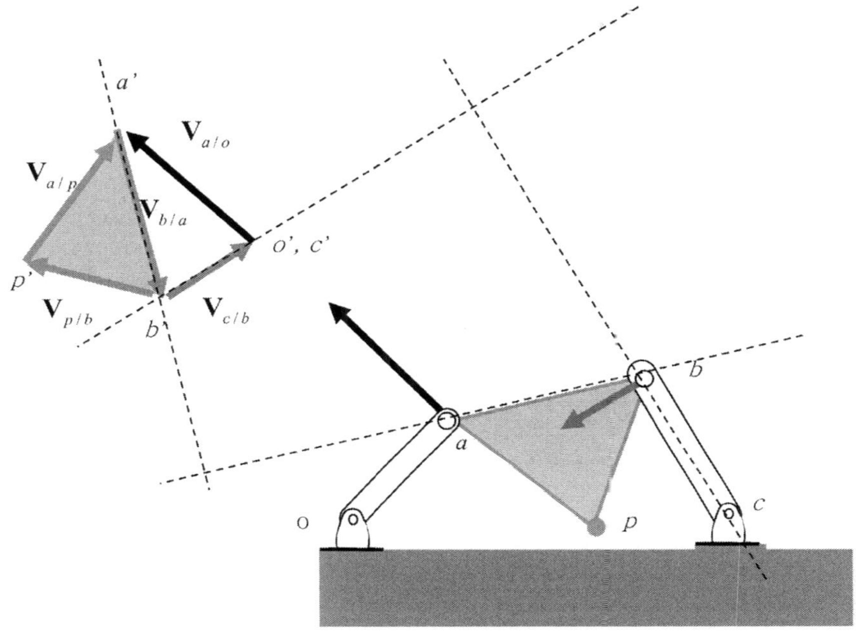

〈그림 9.4〉 속도다각형

연 | 습 | 문 | 제

문제 1 8장 연습문제에 주어진 경우에 대해 속도해석을 수행하시오.

문제 2 8장 연습 문제에 주어진 기구들의 속도해석들 간의 관계에 대해 논하시오. 예를 들어 8장 연습문제 5의 속도해석의 결과를 사용하여 연습문제 6의 속도해석을 수행하는 방법을 논하시오.

문제 3 <그림 9.5>에 $\mathbf{V}_a^{(1)}$가 표시되어 있고, 강체 (4)는 지면에 대해 구르고 있다.

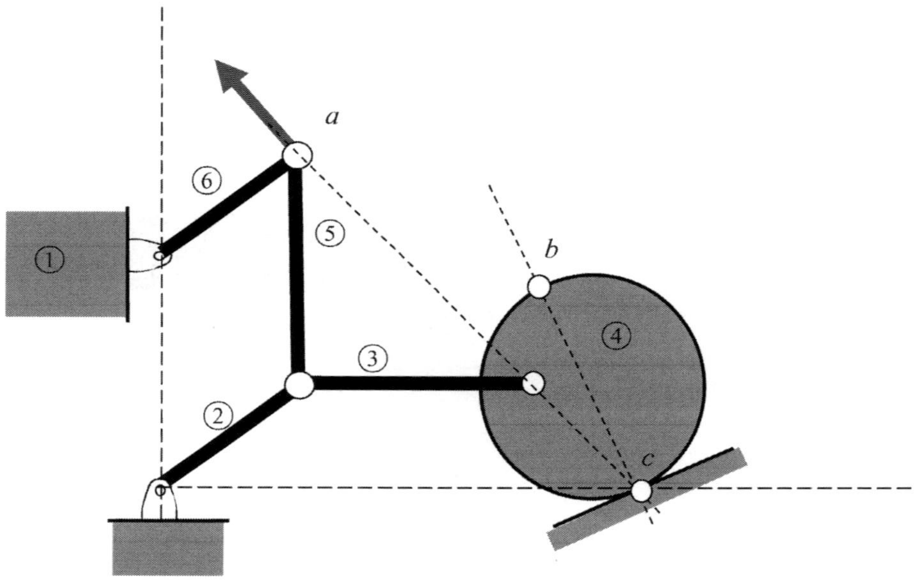

〈그림 9.5〉

(1) 주어진 기구에서 순간중심 (45)를 구하여 그림에 표기하시오.

(2) $\mathbf{V}_{a/b}^{(4)}$를 $\mathbf{V}_a^{(1)}$, $\boldsymbol{\omega}_{4/1}$ 및 $\mathbf{r}_{x/y}$ 꼴의 위치 벡터를 이용하여 표현하시오. 단, 점 b와 c는 강체 (4)에 고정된 점이다.

(3) 문제 (1)과 (2)의 결과에 의존하여 $\mathbf{V}_{a/b}^{(4)}$를 그림에 표기하시오.

(4) 위의 결과에 비추어 볼 때 강체 (1)에 대한 (4)의 각속도의 방향은?
 (a) 시계방향 (b) 반시계 방향

풀이

(1) 단계 1: (12)(25)와 (16)(56)의 교점으로 (15)를 찾는다.
단계 2: (23)(34)와 (12)(14)의 교점으로 (24)를 찾는다.
단계 3: (24)(25)와 (14)(15)의 교점으로 (45)를 찾는다.

(2) 강체 (4)와 (1)사이의 속도 변환을 적용하면 다음과 같다.

$$\mathbf{V}_{a/b}^{(4)} = \mathbf{V}_{a}^{(4)} = \mathbf{V}_{a/c}^{(4)} = \mathbf{V}_{a/c}^{(1)} + \boldsymbol{\omega}_{1/4} \times \mathbf{r}_{a/c} = \mathbf{V}_{a}^{(1)} - \mathbf{V}_{c}^{(1)} + \boldsymbol{\omega}_{1/4} \times \mathbf{r}_{a/c}$$

여기서, 구름조건에 의하여 $\mathbf{V}_{c}^{(1)} = \mathbf{0}$ 이고, 정의에 의해 $\boldsymbol{\omega}_{1/4} = -\boldsymbol{\omega}_{4/1}$ 임을 적용하면 원하는 표현이 다음과 같다.

$$\mathbf{V}_{a/b}^{(4)} = \mathbf{V}_{a}^{(1)} - \boldsymbol{\omega}_{4/1} \times \mathbf{r}_{a/c} \leftarrow \text{답}$$

(3) b가 강체 (4)에 고정된 점이므로, $\mathbf{V}_{a/b}^{(4)}$가 강체 (4)에서 관찰한 절대속도 $\mathbf{V}_{a}^{(4)}$와 동일하다. 점 a가 강체 (5)에 고정된 점이므로 강체 (4)에서 관찰하면 순간중심 (45)를 중심으로 회전한다고 생각할 수 있다. 이로부터 점 a의 속도의 방향이 결정된다. 이것이 문제 (2)의 결과와 일치하여야 한다는 사실을 이용하여 다음과 같이 작도할 수 있다.

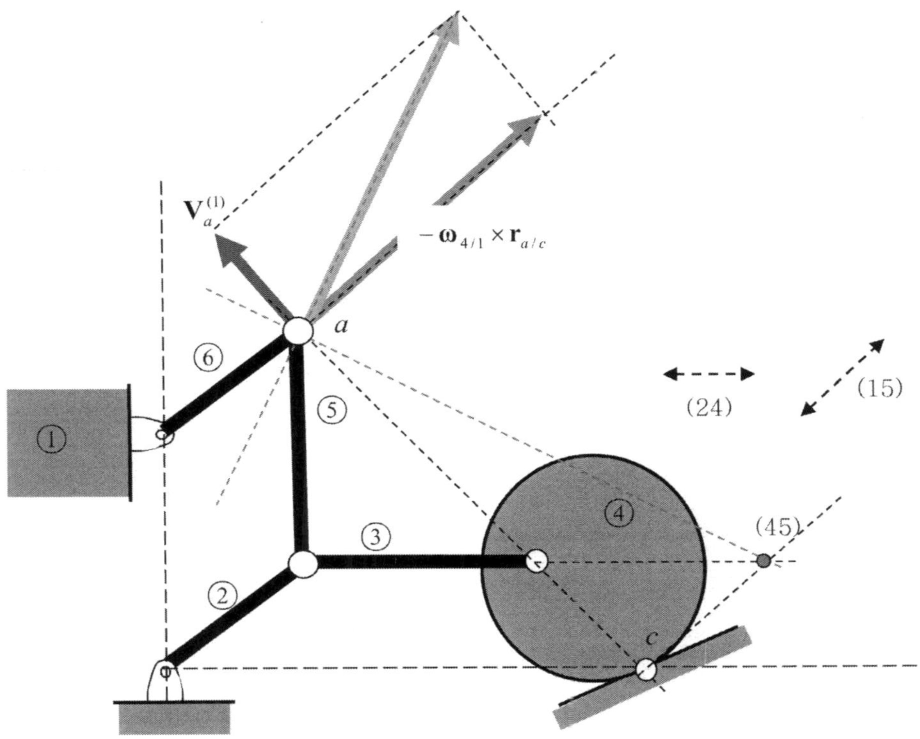

〈그림 9.6〉 문제 3 풀이

(4) 문제 (3)의 풀이에 나타나는 벡터 $-\boldsymbol{\omega}_{4/1} \times \mathbf{r}_{a/c}$ 의 방향으로부터, $\omega_{4/1}$가 양수임을 알 수 있다.

답 강체 (4)가 지면에 대해 반시계 방향으로 회전한다.

문제 4 그림의 각 칸은 1m이다. 원통형의 4번 링크가 지면인 1번 링크에 대해 구른다. 여기서, $g\in(1)$, $c\in(4)$, $b\in(4)$. 다음 물음에 답하시오. 답을 기약분수의 형태로 표기하고, 무리수는 유리화하여 표기하시오.

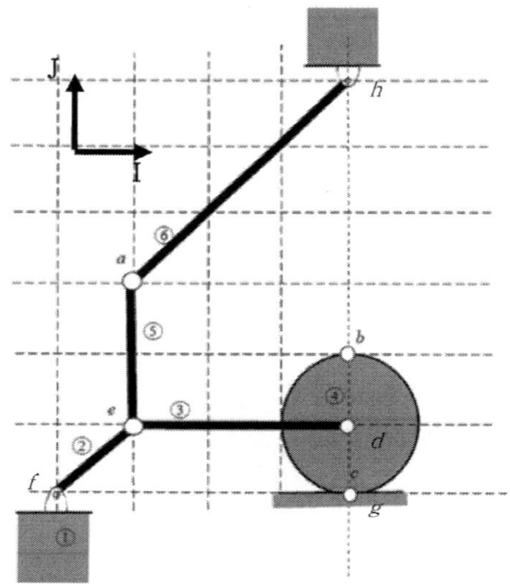

(1) 순간 중심 (13), (15)를 구하여 그림에 명확히 표시하시오.

(2) $\omega_2 = 1\,rad/s$ (반시계방향)일 때, $\mathbf{V}_a$, $\mathbf{V}_b$, ω_3, ω_4 구하시오. (단, **I**와 **J**는 그림에 제시된 방향의 서로 직교하는 단위벡터)

답 $\mathbf{V}_a = (\quad)\mathbf{I} + (\quad)\mathbf{J}\ (m/s)$

$\mathbf{V}_b = (\quad)\mathbf{I} + (\quad)\mathbf{J}\ (m/s)$

$\omega_3 =$ ________ (rad/s)

$\omega_4 =$ ________ (rad/s)

(3) 관절 (34)에 모터가 설치되어 있고, 점 a (즉, 관절 (56))에 왼쪽 ($-\mathbf{I}$ 방향)으로 2N의 힘이 작용하고 있다. 주어진 자세에서 기구가 움직이지 않는다면 물체 (3)에서 물체 (4)에 전달되는 모터 토크는?

답 (　　) Nm 　(양의 토크가 반시계 방향)

문제 5 그림의 각 칸은 $1m$이다. 다음 물음에 답하시오. 답을 기약분수의 형태로 표기하고, 무리수는 유리화하여 표기하시오.

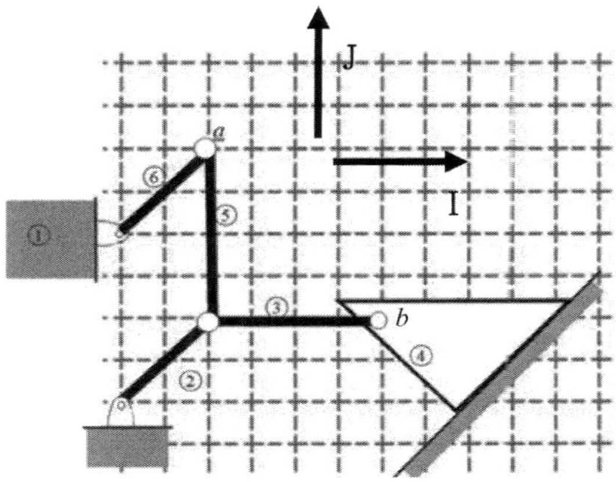

(1) 순간중심 (13), (15)를 구하여 그림에 명확히 표시하시오.

(2) $\omega_2 = 1\,rad/s$(반시계방향)일 때, $\mathbf{V}_a$, $\mathbf{V}_b$, ω_3, ω_4 를 구하시오. (단, **I**와 **J**는 그림에 제시된 방향의 서로 직교하는 단위벡터)

답 $\mathbf{V}_a = (\quad)\mathbf{I} + (\quad)\mathbf{J}\ (m/s)$

$\mathbf{V}_b = (\quad)\mathbf{I} + (\quad)\mathbf{J}\ (m/s)$

$\omega_3 =$ ________ (rad/s)

$\omega_4 =$ ________ (rad/s)

(3) 관절 (34)에 모터가 설치되어 있고, 점 a (즉, 관절 (56))에 왼쪽 ($-\mathbf{I}$ 방향)으로 $2N$의 힘이 작용하고 있다. 주어진 자세에서 기구가 움직이지 않는다면 물체 (3)에서 물체 (4)에 전달되는 모터 토크는?

답 ( ) Nm (양의 토크가 반시계 방향)

제 10 장

두 강체에서 관찰한 가속도

두 강체에서 관찰한 한 점의 겉보기 운동의 가속도 간의 관계를 알아보자.

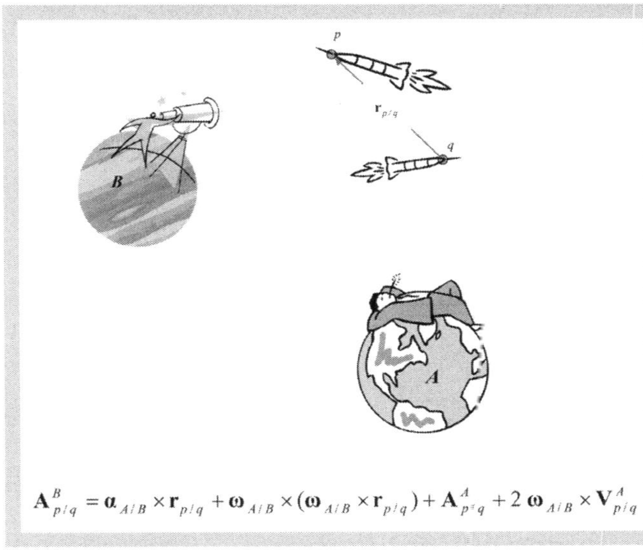

$$\mathbf{A}^{B}_{p/q} = \boldsymbol{\alpha}_{A/B} \times \mathbf{r}_{p/q} + \boldsymbol{\omega}_{A/B} \times (\boldsymbol{\omega}_{A/B} \times \mathbf{r}_{p/q}) + \mathbf{A}^{A}_{p/q} + 2\,\boldsymbol{\omega}_{A/B} \times \mathbf{V}^{A}_{p/q}$$

1 관찰자 사이의 가속도 변환

점 o가 강체 A에, 점 O가 강체 B에 고정되어 있다 하자. 강체 B에 고정된 서로 수직인 단위 벡터 $\mathbf{I}$, $\mathbf{J}$와 A에 고정된 서로 수직인 단위 벡터 $\mathbf{i}$, $\mathbf{j}$를 사용하여 점 p와 o의 위치를 다음과 같이 나타낼 수 있다.

$$\mathbf{R}_p \equiv \mathbf{r}_{p/O} = X\mathbf{I} + Y\mathbf{J}$$
$$\mathbf{R}_o \equiv \mathbf{r}_{o/O} = X_o\mathbf{I} + Y_o\mathbf{J}$$
$$\mathbf{r}_{p/o} = x\cdot\mathbf{i} + y\cdot\mathbf{j}$$

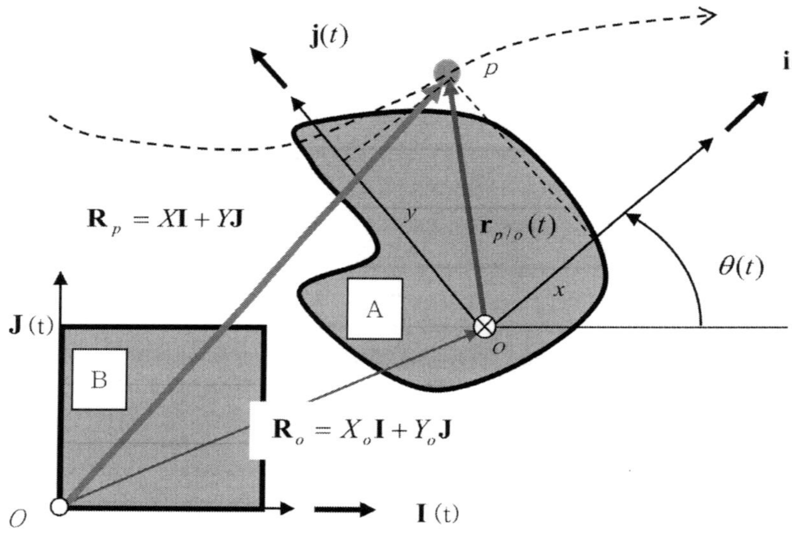

〈그림 10.1〉 두 강체에서 관찰한 가속도

언급한 점들 사이의 위치 관계식은 다음과 같다:

$$\mathbf{R}_p - \mathbf{R}_o = \mathbf{r}_{p/o} = x\mathbf{i} + y\mathbf{j}$$

위에서 설정한 강체 A와 B에서 관찰한 점 p의 가속도를 다음과 같이 정의한다.

$$\mathbf{A}_p^A \equiv \frac{{}^A d}{dt}\left(\mathbf{V}_p^A\right) = \ddot{x}\cdot\mathbf{i} + \ddot{y}\cdot\mathbf{j} \ : \qquad A\text{에서 관찰한 점 } p\text{의 가속도}$$

$\mathbf{A}_p^B \equiv \frac{{}^B d}{dt}\left(\mathbf{V}_p^B\right) = \ddot{X}\cdot\mathbf{I} + \ddot{Y}\cdot\mathbf{J}$:	B에서 관찰한 점 p의 가속도
$\mathbf{A}_{p/o}^B \equiv \frac{{}^B d}{dt}\mathbf{V}_{p/o}^B$:	B에서 관찰한 점 p의 점 o에 대한 상대가속도
$\boldsymbol{\alpha}_{A/B} \equiv \alpha_{A/B}\mathbf{k} \equiv \frac{d}{dt}\boldsymbol{\omega}_{A/B} = \dot{\omega}_{A/B}\mathbf{k}$:	B에 대한 A의 상대 각가속도 벡터

위의 정의에 의하면, 강체 B에서 관찰한 점 p의 가속도 $\mathbf{A}_p^B$는 점 p의 위치벡터,

$$\mathbf{R}_p = \mathbf{R}_o + \mathbf{r}_{p/o} = \left(X_o\mathbf{I} + Y_o\mathbf{J}\right) + \left(x\mathbf{i} + y\mathbf{j}\right)$$

를 물체 B에 고정된 벡터 **I**, **J**를 상수로 다루면서 두 번 미분하여 구한다. 이 때, 물체 A에 고정된 벡터 **i**와 **j**의 미분이 각기 $\boldsymbol{\omega}_{A/B}\times\mathbf{i}$ 와 $\boldsymbol{\omega}_{A/B}\times\mathbf{j}$ 임을 이용한다. 5장에서 이를 일반화하여 다음의 미분 작용소에 관한 관계를 유도하였다:

$$\left(\frac{{}^B d}{dt}\right) = \left(\frac{{}^A d}{dt} + \boldsymbol{\omega}_{A/B}\times\right)$$

위의 관계식을 이용하여 위치벡터를 미분하여 아래의 속도 관계식을 얻었음을 상기하자:

$$\begin{aligned}
\mathbf{V}_{p/o}^B &\equiv \mathbf{V}_p^B - \mathbf{V}_o^B \\
&= \frac{{}^B d}{dt}\left(\mathbf{r}_{p/o}\right) = \left[\frac{{}^A d}{dt} + \boldsymbol{\omega}_{A/B}\times\right]\mathbf{r}_{p/o} = \frac{{}^A d}{dt}\left(\mathbf{r}_{p/c}\right) + \boldsymbol{\omega}_{A/B}\times\mathbf{r}_{p/o} \\
&= \mathbf{V}_p^A + \boldsymbol{\omega}_{A/B}\times\mathbf{r}_{p/o}
\end{aligned}$$

위 식의 상대속도를 한번 더 미분하여 강체 B에서 관찰한 상대 가속도를 A에서 관찰한 양으로 표현할 수 있다:

$$\begin{aligned}
\mathbf{A}_{p/o}^B &\equiv \frac{{}^B d}{dt}\mathbf{V}_{p/o}^B = \frac{{}^B d}{dt}\left(\mathbf{V}_p^A + \boldsymbol{\omega}_{A/B}\times\mathbf{r}_{p/o}\right) \\
&= \left[\frac{{}^A d}{dt} + \boldsymbol{\omega}_{A/B}\times\right]\left(\mathbf{V}_p^A + \boldsymbol{\omega}_{A/B}\times\mathbf{r}_{p/o}\right) \\
&= \mathbf{A}_p^A + \boldsymbol{\omega}_{A/B}\times\mathbf{V}_p^A + \boldsymbol{\alpha}_{A/B}\times\mathbf{r}_{p/o} + \boldsymbol{\omega}_{A/B}\times\mathbf{V}_p^A + \boldsymbol{\omega}_{A/B}\times\left(\boldsymbol{\omega}_{A/B}\times\mathbf{r}_{p/o}\right) \\
&= \mathbf{A}_p^A + 2\,\boldsymbol{\omega}_{A/B}\times\mathbf{V}_p^A + \boldsymbol{\alpha}_{A/B}\times\mathbf{r}_{p/o} + \boldsymbol{\omega}_{A/B}\times(\boldsymbol{\omega}_{A/B}\times\mathbf{r}_{p/o})
\end{aligned}$$

즉,

> 강체 A에 고정된 점 o에 대하여,
> $$\mathbf{A}^{B}_{p/o} = \boldsymbol{\alpha}_{A/B} \times \mathbf{r}_{p/o} + \boldsymbol{\omega}_{A/B} \times (\boldsymbol{\omega}_{A/B} \times \mathbf{r}_{p/o}) + \mathbf{A}^{A}_{p} + 2\,\boldsymbol{\omega}_{A/B} \times \mathbf{V}^{A}_{p}$$
> = (접선방향 성분) + (법선방향 성분) + (동체 관찰 항) + (Coriolis 항)

여기서, 접선방향 성분과 법선방향 성분이라 함은 점 p의 위치에 있는 동체 A에 고정된 점의 점 o에 대한 상대운동의 접선 및 법선 방향 성분을 의미한다.

위의 식을 사용하여 $\mathbf{A}^{B}_{p/o}$를 구한 후,

$$\mathbf{A}^{B}_{p} = \mathbf{A}^{B}_{o} + \mathbf{A}^{B}_{p/o}$$

를 이용하여 (B에서 관찰한) 절대가속도를 구하는 작업이 흔하다.

특히, 움직이는 점 p와 강체 A에 고정된 점 o의 위치가 일치할 때, 즉

> 순간적으로 $\mathbf{r}_{p/o} = \mathbf{0}$일 때, $\mathbf{A}^{B}_{p/o} = \mathbf{A}^{A}_{p} + 2\,\boldsymbol{\omega}_{A/B} \times \mathbf{V}^{A}_{p}$.

일반적으로, 동체 A에서 관찰한 속도와 가속도를 다음과 같은 꼴로 설정할 수 있음을 4.1절에서 살펴본 바 있다.

$$\mathbf{A}^{A}_{p} = \ddot{s}\mathbf{T} + \kappa\dot{s}^{2}\mathbf{N}\,,\quad \mathbf{V}^{A}_{p} = \dot{s}\mathbf{T}$$

여기서, s는 점 p가 A상에서 그리는 궤적의 이동거리를 나타내는 변수, κ는 그 궤적의 곡률, $\mathbf{T}$는 단위접선벡터, $\mathbf{N}$은 주법선 방향의 단위벡터이다. 이와 같은 설정은 어떤 점이 물체 A상의 가이드를 따라 움직일 때의 해석에 유효하다.

> **주** 위 식들은 3차원 해석에도 이용될 수 있는 일반적인 식이다. 하지만, 우리는 3차원 공간상의 각속도 $\boldsymbol{\omega}$를 엄밀히 정의하지 않았다. 각속도 벡터 $\boldsymbol{\omega}_{A/B}$의 엄밀한 정의는 2차원 공간상의 그것보다 복잡하며 동역학이나 로봇공학 등의 교과에서 학습할 기회가 있을 것이다.

평면상의 해석에서는 $\boldsymbol{\omega} \equiv \omega\mathbf{k}$와 $\boldsymbol{\alpha} \equiv \alpha\mathbf{k}$를 이용하여 위의 식을 간단히 할 수 있다. 즉,

> 강체 A에 고정된 점 o에 대하여,
> $$\mathbf{A}^{B}_{p/o} = \alpha_{A/B}(\mathbf{k} \times \mathbf{r}_{p/o}) - (\omega_{A/B})^{2}\mathbf{r}_{p/o} + \ddot{s}\mathbf{T} + \kappa\dot{s}^{2}\mathbf{N} + 2\omega_{A/B}\dot{s}(\mathbf{k} \times \mathbf{T})$$

일반적으로, 점 p와 q에 대해, 위치벡터 $\mathbf{r}_{p/q}$를 두 번 미분하면,

$$\mathbf{A}^{B}_{p/q} = \boldsymbol{\alpha}_{A/B} \times \mathbf{r}_{p/q} + \boldsymbol{\omega}_{A/B} \times (\boldsymbol{\omega}_{A/B} \times \mathbf{r}_{p/q}) + \mathbf{A}^{A}_{p/q} + 2\,\boldsymbol{\omega}_{A/B} \times \mathbf{V}^{A}_{p/q}$$

이는 가속도에 관한 가장 일반적인 식이다.

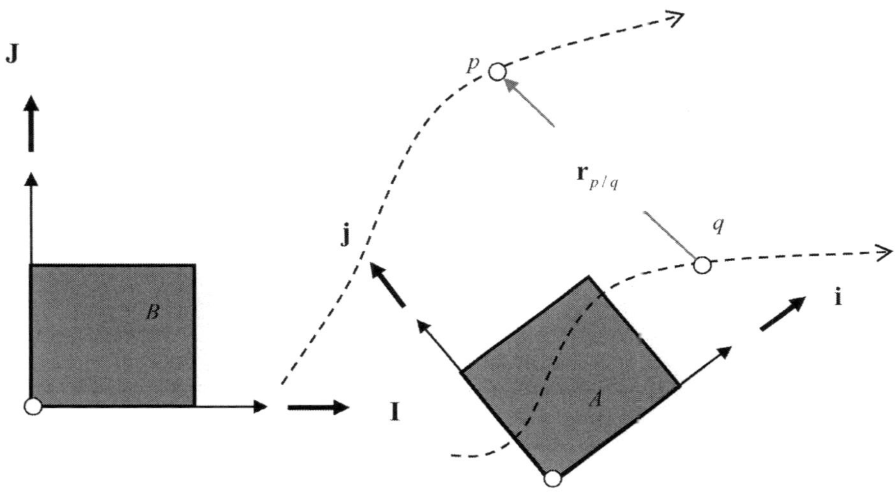

〈그림 10.2〉 두 강체에서 관찰한 상대가속도

정리

임의의 점 p, q에 대한 다음 공식,

$$\mathbf{V}^{B}_{p/q} = \mathbf{V}^{A}_{p/q} + \boldsymbol{\omega}_{A/B} \times \mathbf{r}_{p/q}$$

$$\mathbf{A}^{B}_{p/q} = \boldsymbol{\alpha}_{A/B} \times \mathbf{r}_{p/q} + \boldsymbol{\omega}_{A/B} \times (\boldsymbol{\omega}_{A/B} \times \mathbf{r}_{p/q}) + \mathbf{A}^{A}_{p/q} + 2\,\boldsymbol{\omega}_{A/B} \times \mathbf{V}^{A}_{p/q}$$

$$\mathbf{V}^{B}_{p} = \mathbf{V}^{B}_{q} + \mathbf{V}^{B}_{p/q}$$

$$\mathbf{A}^{B}_{p} = \mathbf{A}^{B}_{q} + \mathbf{A}^{B}_{p/q}$$

<그림 10.2> 참조

을 몇 가지 특수한 경우에 대해 정리하면 아래와 같다.

(1) 강체 A에 고정된 두 점 o와 a에 대해

$$\mathbf{V}_a^A = \mathbf{0}, \quad \mathbf{A}_a^A = \mathbf{0}$$

$$\mathbf{V}_{a/o}^B = \boldsymbol{\omega}_{A/B} \times \mathbf{r}_{a/o}$$

$$\mathbf{A}_{a/o}^B = \boldsymbol{\alpha}_{A/B} \times \mathbf{r}_{a/o} + \boldsymbol{\omega}_{A/B} \times (\boldsymbol{\omega}_{A/B} \times \mathbf{r}_{a/o})$$

<그림 10.3> 참조

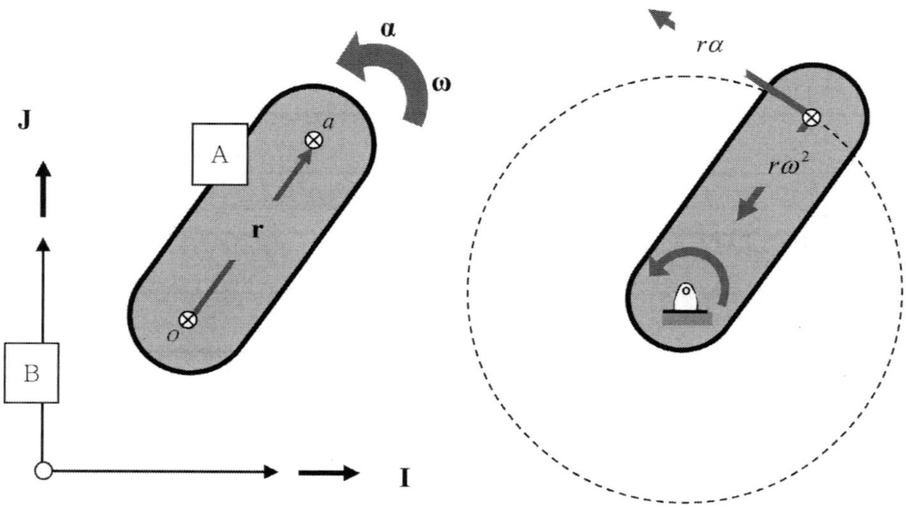

〈그림 10.3〉 강체에 고정된 두 점의 상대가속도: 원심 및 접선 가속도 성분

(2) 강체 A에 고정된 점 a와 그 점을 통과하는 점 p에 대해,

$$\mathbf{r}_{p/a} = \mathbf{0}$$

$$\mathbf{V}_{p/a}^B = \mathbf{V}_p^A$$

$$\mathbf{A}_{p/a}^B = \mathbf{A}_p^A + 2\,\boldsymbol{\omega}_{A/B} \times \mathbf{V}_p^A$$

$$\mathbf{V}_p^B = \mathbf{V}_a^B + \mathbf{V}_{p/a}^B$$

$$\mathbf{A}_p^B = \mathbf{A}_a^B + \mathbf{A}_{p/a}^B$$

물체 A위에서의 점 p의 경로가 알려지면 다음 공식을 사용하는 것이 편리하다.

$$\mathbf{A}_p^A = \ddot{s}\mathbf{T} + \kappa\dot{s}^2\mathbf{N},$$

$$\mathbf{V}_p^A = \dot{s}\mathbf{T}$$

<그림 10.4> 참조

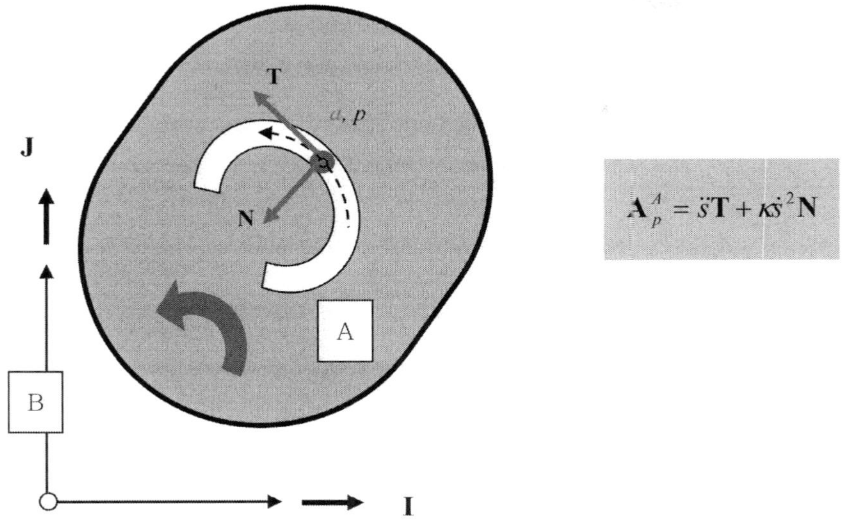

〈그림 10.4〉 통과하는 위치에 대한 상대속도 및 가속도

(3) 강체 A에 고정된 점 o와 a에 대해, 점 p가 점 a를 통과할 때

$$\mathbf{r}_{p/a} = \mathbf{0}$$

$$\mathbf{V}_{p/o}^B = \mathbf{V}_p^A + \boldsymbol{\omega}_{A/B} \times \mathbf{r}_{p/o}$$

$$\mathbf{A}_{p/o}^B = \underbrace{\boldsymbol{\alpha}_{A/B} \times \mathbf{r}_{p/o} + \boldsymbol{\omega}_{A/B} \times (\boldsymbol{\omega}_{A/B} \times \mathbf{r}_{p/o})}_{\mathbf{A}_{a/o}^B} + \underbrace{\mathbf{A}_p^A + 2\,\boldsymbol{\omega}_{A/B} \times \mathbf{V}_p^A}_{\mathbf{A}_{p/a}^B}$$

$$= \mathbf{A}_{a/o}^B + \mathbf{A}_{p/a}^B$$

$$\mathbf{V}_p^B = \mathbf{V}_o^B + \mathbf{V}_{p/o}^B$$

$$\mathbf{A}_p^B = \mathbf{A}_o^B + \mathbf{A}_{p/o}^B$$

$$\mathbf{A}_p^A = \ddot{s}\mathbf{T} + \kappa\dot{s}^2\mathbf{N},$$

$$\mathbf{V}_p^A = \dot{s}\mathbf{T}$$

<그림 10.5> 참조

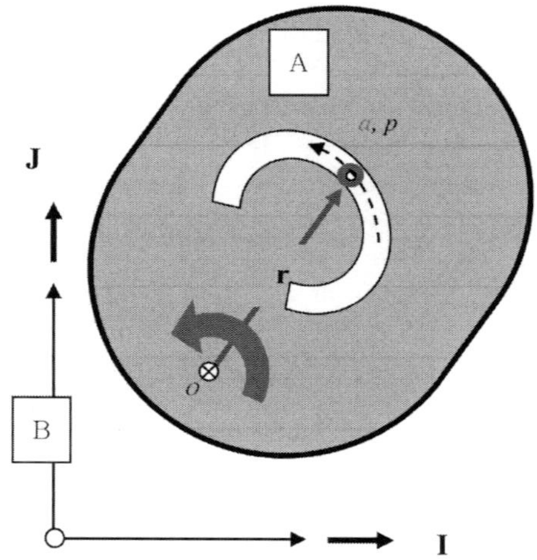

〈그림 10.5〉 두 강체에서 관찰한 가속도

(4) 점 p, q가 같은 위치에 있을 때, 즉 $\mathbf{r}_{p/q} = \mathbf{0}$ 일 때,

$$\mathbf{V}^{B}_{p/q} = \mathbf{V}^{A}_{p/q}$$

$$\mathbf{A}^{B}_{p/q} = \mathbf{A}^{A}_{p/q} + 2\,\boldsymbol{\omega}_{A/B} \times \mathbf{V}^{A}_{p/q}$$

$$\mathbf{V}^{B}_{p} = \mathbf{V}^{B}_{q} + \mathbf{V}^{B}_{p/q}$$

<그림 10.6> 참조

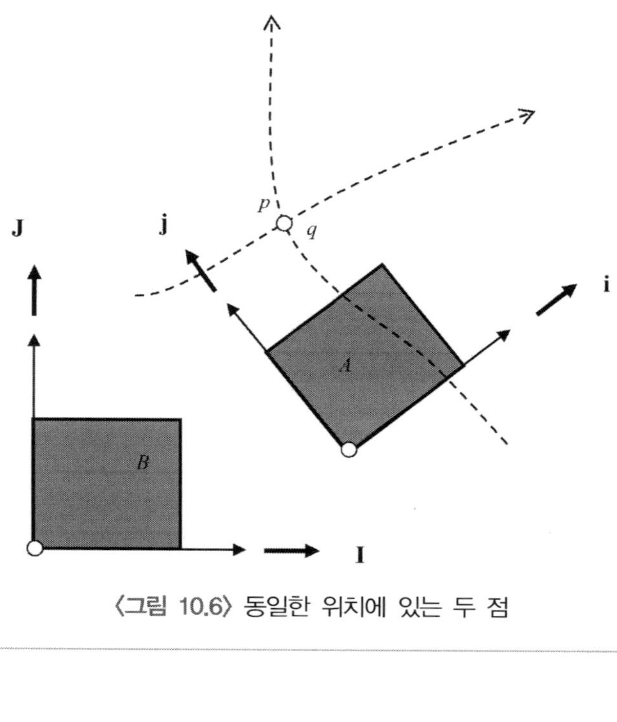

〈그림 10.6〉 동일한 위치에 있는 두 점

문제 1 어떤 순간 일정한 각속도 20 rad/s으로 돌고 있는 회전 목마에 두 사람 a, b가 그림의 위치에 앉아 있다. 지면에 대해 원의 중심을 지나면서 오른쪽으로 10m/s의 속도로 등속 운동하는 공이 있다.

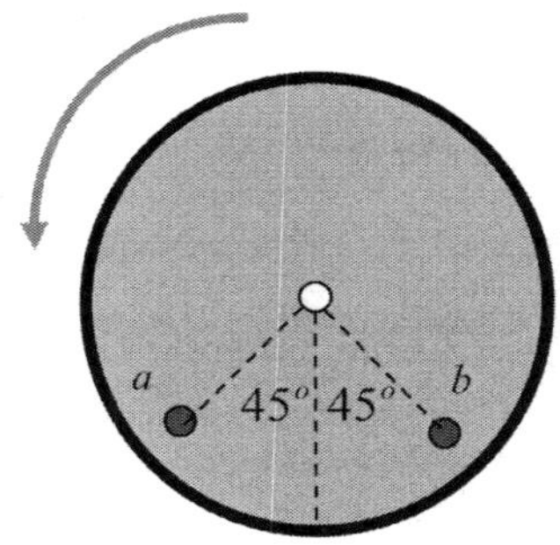

(1) 이 순간 공이 회전 목마의 중심을 지난다면, a가 관찰한 공의 가속도와 b가 관찰한 공의 가속도 중 큰 것은?

(2) 이 순간 a가 보는 공의 가속도는?

문제 2 어떤 순간 일정한 각속도 20 rad/s으로 돌고 있는 회전 목마 위에서 어떤 사람 p가 그림과 같이 중심에서 1m 벗어난 직선을 따라 회전 목마에 대해 1m/s으로 걸어가고 있다. 즉, 그림의 궤적은 회전목마에 그려진 것이다. 땅에서 관찰하였을 때, 이 순간 사람의 가속도는?

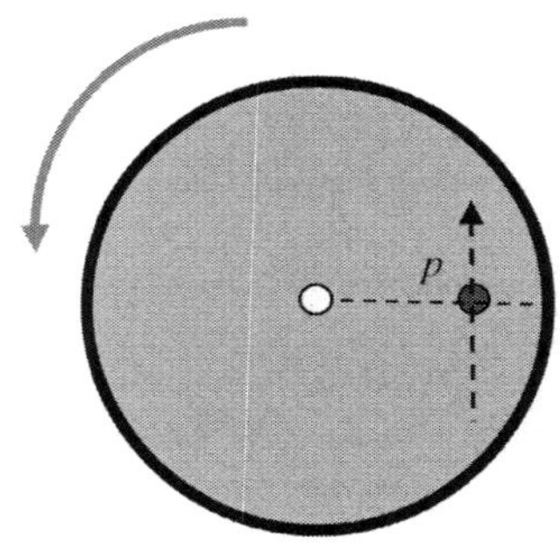

풀이 땅을 G, 원판을 B, 원판의 회전 중심을 o라 하자. 문제로부터 다음을 알 수 있다.

$$o \in B, G,\ \mathbf{V}_p^B = \mathbf{J},\ \mathbf{A}_p^B = \mathbf{0},\ \boldsymbol{\omega}_{B/G} = 20\mathbf{k},\ \boldsymbol{\alpha}_{B/G} = \mathbf{0},\ \mathbf{r}_{p/o} = \mathbf{I}$$

이를 공식에 대입하여 결론에 도달한다.

$$\begin{aligned}
\mathbf{A}_p^G = \mathbf{A}_{p/o}^G &= \boldsymbol{\alpha}_{B/G} \times \mathbf{r}_{p/o} + \boldsymbol{\omega}_{B/G} \times (\boldsymbol{\omega}_{B/G} \times \mathbf{r}_{p/o}) + \mathbf{A}_{p/o}^B + 2\,\boldsymbol{\omega}_{B/G} \times \mathbf{V}_{p/o}^B \\
&= \boldsymbol{\alpha}_{B/G} \times \mathbf{r}_{p/o} + \boldsymbol{\omega}_{B/G} \times (\boldsymbol{\omega}_{B/G} \times \mathbf{r}_{p/o}) + \mathbf{A}_p^B + 2\,\boldsymbol{\omega}_{B/G} \times \mathbf{V}_p^B \quad (\because\ o \in B, G) \\
&= \boldsymbol{\omega}_{B/G} \times (\boldsymbol{\omega}_{B/G} \times \mathbf{r}_{p/o}) + 2\,\boldsymbol{\omega}_{B/G} \times \mathbf{V}_p^B \quad (\because\ \mathbf{A}_p^B = \mathbf{0}, \boldsymbol{\alpha}_{B/G} = \mathbf{0}) \\
&= 400\,\mathbf{k} \times (\mathbf{k} \times \mathbf{r}_{p/o}) + 40\,(\mathbf{k} \times \mathbf{V}_p^B) \quad (\because\ \boldsymbol{\omega}_{B/G} = 20\mathbf{k}) \\
&= -400\mathbf{I} - 40\mathbf{I} = -440\mathbf{I} \quad (\because\ \mathbf{r}_{p/o} = \mathbf{I}, \mathbf{V}_p^B = \mathbf{J})
\end{aligned}$$

답 $\mathbf{A}_p^G = -440\,\mathbf{I}\,[m/s^2]$

문제 3 반경 $1m$의 원형 가이드라인이 설치된 원판이 반시계 방향으로 지면에 대해 일정한 각속도 20 rad/s으로 돌고 있다. 어떤 점 p가 이 가이드라인을 따라 원판에 대해 시계방향으로 움직인다. 점 p의 속력이 원판에서 관찰하였을 때 $10m/s$으로 일정하다. 점 p가 그림의 위치에 있을 때 땅에서 관찰한 점 p의 속도 및 가속도를 구하시오.

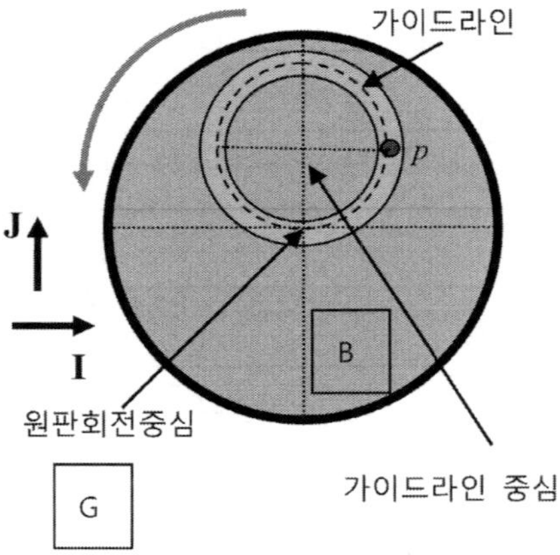

풀이 1 땅을 G, 원판을 B, 원판의 회전 중심을 o, 가이드 라인의 중심을 a라 하자. 문제로부터 다음을 알 수 있다.

$$o \in B,G\,,\ \mathbf{V}_p^B = -10\mathbf{J}\,,\ \boldsymbol{\omega}_{B/G} = 20\mathbf{k}\,,\ \boldsymbol{\alpha}_{B/G} = \mathbf{0}\,,$$

$$\mathbf{r}_{p/o} = \mathbf{I} + \mathbf{J}\,,\ \mathbf{r}_{p/a} = \mathbf{I}$$

$$\mathbf{A}_p^B = \kappa \dot{s}^2 \mathbf{N} = -\left(\frac{V^2}{\rho}\right)\mathbf{I} = -100\mathbf{I}\,,\ \text{여기서},\ V = \dot{s} = \left\|\mathbf{V}_p^B\right\|,\ \rho = 1/\kappa = 1$$

이를 G와 B사이의 속도 및 가속도 변환 공식에 대입하여 결론에 도달한다.

$$\begin{aligned}\mathbf{V}_p^G &= \mathbf{V}_{p/o}^G = \mathbf{V}_{p/o}^B + \boldsymbol{\omega}_{B/G} \times \mathbf{r}_{p/o} \\ &= \mathbf{V}_p^B + \boldsymbol{\omega}_{B/G} \times \mathbf{r}_{p/o} \\ &= -10\mathbf{J} + 20\,\mathbf{k} \times (\mathbf{I} + \mathbf{J}) = -10\mathbf{J} + 20(\mathbf{J} - \mathbf{I}) = -20\mathbf{I} + 10\mathbf{J}\end{aligned}$$

$$\begin{aligned}\mathbf{A}_p^G &= \mathbf{A}_{p/o}^G = \boldsymbol{\alpha}_{B/G} \times \mathbf{r}_{p/o} + \boldsymbol{\omega}_{B/G} \times (\boldsymbol{\omega}_{B/G} \times \mathbf{r}_{p/o}) + \mathbf{A}_{p/o}^B + 2\,\boldsymbol{\omega}_{B/G} \times \mathbf{V}_{p/o}^B \\ &= \boldsymbol{\alpha}_{B/G} \times \mathbf{r}_{p/o} + \boldsymbol{\omega}_{B/G} \times (\boldsymbol{\omega}_{B/G} \times \mathbf{r}_{p/o}) + \mathbf{A}_p^B + 2\,\boldsymbol{\omega}_{B/G} \times \mathbf{V}_p^B \quad (\because\ o \in B,G) \\ &= \boldsymbol{\omega}_{B/G} \times (\boldsymbol{\omega}_{B/G} \times \mathbf{r}_{p/o}) + \mathbf{A}_p^B + 2\,\boldsymbol{\omega}_{B/G} \times \mathbf{V}_p^B \quad (\because\ \boldsymbol{\alpha}_{B/G} = \mathbf{0}) \\ &= 400\,\mathbf{k} \times (\mathbf{k} \times \mathbf{r}_{p/o}) + \mathbf{A}_p^B + 40\,(\mathbf{k} \times \mathbf{V}_p^B) \quad (\because\ \boldsymbol{\omega}_{B/G} = 20\mathbf{k}) \\ &= -400(\mathbf{I} + \mathbf{J}) - 100\mathbf{I} + 400\mathbf{I} \quad (\because\ \mathbf{r}_{p/o} = \mathbf{I},\ \mathbf{V}_p^B = -10\mathbf{J},\ \mathbf{A}_p^B = -100\mathbf{I})\end{aligned}$$

답 $\mathbf{V}_p^G = (-20\,\mathbf{I} + 10\mathbf{J})\,[m/s]$, $\mathbf{A}_p^G = (-100\,\mathbf{I} - 400\mathbf{J})\,[m/s^2]$

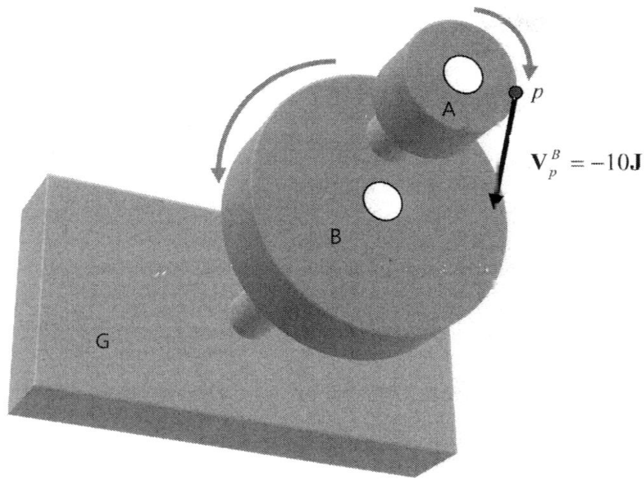

풀이2 이 문제는 가이드라인이 원인 경우로 마치 원판이 추가로 물체 B에 부착되어 회전하고 있는 것으로 볼 수도 있다. 추가된 원판을 A라 하자. 이 때,

$$o, a \in B,\ \ a, p \in A,$$

$$\boldsymbol{\omega}_{B/G} = 20\mathbf{k},\ \ \boldsymbol{\omega}_{A/B} = -10\mathbf{k}$$

$$\boldsymbol{\alpha}_{B/G} = \boldsymbol{\alpha}_{A/B} = \mathbf{0}$$

상대각속도 관계식에 의해 다음을 유도할 수 있다.

$$\boldsymbol{\omega}_{A/G} = \boldsymbol{\omega}_{B/G} + \boldsymbol{\omega}_{A/B} = 10\mathbf{k}$$

동일한 강체에 고정된 두 점 사이의 상대 속도 공식을 이용하여 다음을 얻는다.

$$\mathbf{V}_p^G = \mathbf{V}_{p/o}^G = \mathbf{V}_{a/o}^G + \mathbf{V}_{p/a}^G = \boldsymbol{\omega}_{B/G} \times \mathbf{r}_{a/o} + \boldsymbol{\omega}_{A/G} \times \mathbf{r}_{p/a} = -20\mathbf{I} + 10\mathbf{J}$$

동일한 강체에 고정된 두 점 사이의 상대 가속도 공식을 이용하여 다음을 얻는다.

$$\begin{aligned}
\mathbf{A}_p^G = \mathbf{A}_{p/o}^G = \mathbf{A}_{a/o}^G + \mathbf{A}_{p/a}^G \\
&= \boldsymbol{\omega}_{B/G} \times (\boldsymbol{\omega}_{B/G} \times \mathbf{r}_{a/o}) + \boldsymbol{\omega}_{A/G} \times (\boldsymbol{\omega}_{A/G} \times \mathbf{r}_{p/a}) \\
&= 400\,\mathbf{k} \times (\mathbf{k} \times \mathbf{r}_{a/o}) + 100\,\mathbf{k} \times (\mathbf{k} \times \mathbf{r}_{p/a}) \\
&= -400\mathbf{J} - 100\mathbf{I}
\end{aligned}$$

답 $\mathbf{V}_p^G = (-20\,\mathbf{I} + 10\mathbf{J})\,[m/s]$, $\mathbf{A}_p^G = (-100\,\mathbf{I} - 400\mathbf{J})\,[m/s^2]$

문제 4 반경 $1m$의 두 원판 A, B가 반시계 방향으로 지면에 대해 각기 일정한 각속도 $20rad/s$과 $10rad/s$으로 돌고 있다. 그림에 보인 바와 같이 두 원판의 지면에 대한 회전중심은 $3m$ 떨어져 있다.

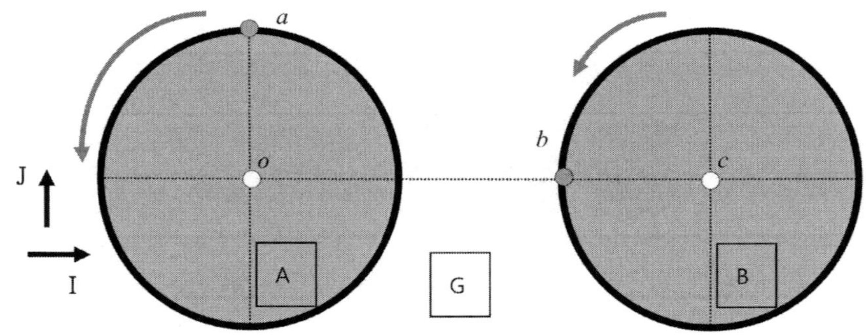

원판 A에 고정된 점 a와 원판 B에 고정된 점 b가 그림의 위치에 있을 때, $\mathbf{V}^{A}_{a/b}$와 $\mathbf{A}^{A}_{a/b}$를 구하시오.

풀이 1

$$\mathbf{V}^{A}_{a/b} = -\mathbf{V}^{A}_{b/a} = -\mathbf{V}^{A}_{b} = -\mathbf{V}^{A}_{b/o} = -\left(\mathbf{V}^{G}_{b/o} + \boldsymbol{\omega}_{G/A} \times \mathbf{r}_{b/o}\right) = -\mathbf{V}^{G}_{b/c} + \boldsymbol{\omega}_{A/G} \times \mathbf{r}_{b/o}$$
$$= -\boldsymbol{\omega}_{B/G} \times \mathbf{r}_{b/c} + \boldsymbol{\omega}_{A/G} \times \mathbf{r}_{b/o} = -10\mathbf{k} \times (-\mathbf{I}) + 20\mathbf{k} \times (2\mathbf{I}) = 50\mathbf{J}$$

$$\mathbf{A}^{A}_{a/b} = -\mathbf{A}^{A}_{b/a} = -\mathbf{A}^{A}_{b}$$
$$= -\mathbf{A}^{A}_{b/o} = -\left(\mathbf{A}^{G}_{b/o} + 2\boldsymbol{\omega}_{G/A} \times \mathbf{V}^{G}_{b/o} + \boldsymbol{\alpha}_{G/A} \times \mathbf{r}_{b/o} + \boldsymbol{\omega}_{G/A} \times \left(\boldsymbol{\omega}_{G/A} \times \mathbf{r}_{b/o}\right)\right)$$
$$= -\mathbf{A}^{G}_{b/c} + 2\boldsymbol{\omega}_{A/G} \times \left(\boldsymbol{\omega}_{B/G} \times \mathbf{r}_{b/c}\right) + \mathbf{0} + \omega^{2}_{A/G}\mathbf{r}_{b/o}$$
$$= \omega^{2}_{B/G}\mathbf{r}_{b/c} - 2\omega_{A/G}\omega_{B/G}\mathbf{r}_{b/c} + \omega^{2}_{A/G}\mathbf{r}_{b/o}$$
$$= -100\mathbf{I} + 400\mathbf{I} + 800\mathbf{I} = 1100\mathbf{I}$$

답 $\mathbf{V}^{A}_{a/b} = 50\mathbf{J}\ [m/s]$, $\mathbf{A}^{A}_{a/b} = 1100\mathbf{I}\ [m/s^2]$

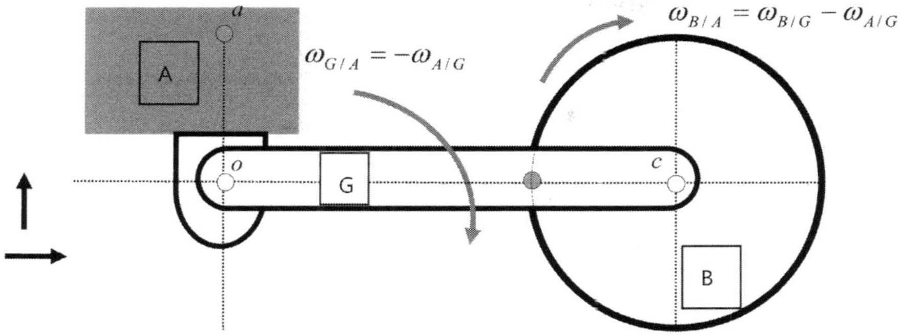

풀이2 그림과 같이 전위된 기구를 구성하여 해결하여도 된다.

$$\mathbf{V}_b^A = \mathbf{V}_{b/o}^A = \mathbf{V}_{c/o}^A + \mathbf{V}_{b/c}^A$$

$$= \boldsymbol{\omega}_{G/A} \times \mathbf{r}_{c/o} + \boldsymbol{\omega}_{B/A} \times \mathbf{r}_{b/c} = (-20\mathbf{k}) \times (3\mathbf{I}) - (-10\mathbf{k}) \times (-\mathbf{I}) = -50\mathbf{J}$$

$$\mathbf{V}_{a/b}^A = -\mathbf{V}_{b/a}^A = -\mathbf{V}_b^A = 50\mathbf{J}$$

$$\mathbf{A}_b^A = \mathbf{A}_{b/o}^A = \mathbf{A}_{c/o}^A + \mathbf{A}_{b/c}^A$$

$$= -\omega_{G/A}^2 \mathbf{r}_{c/o} - \omega_{B/A}^2 \mathbf{r}_{b/c} = -(400) \cdot (3\mathbf{I}) - 100 \cdot (-\mathbf{I}) = -1100\mathbf{I}$$

$$\mathbf{A}_{a/b}^A = -\mathbf{A}_{b/a}^A = -\mathbf{A}_b^A = 1100\mathbf{I}$$

2 접촉점에서의 상대운동 공식

각 강체의 각속도와 각가속도를 미지수로 설정하고 동일한 강체에 속한 두 점의 상대 운동의 합으로 구성된 루프페쇄식을 사용하는 것이 순간운동을 해석하는 간단한 방법임이 9.7절과 11.3절에 제시되어 있다. 동일한 강체에 속한 두 점 사이의 상대 운동에 관해서는 1절에 정리되어 있다. 동일한 강체에 고정된 두 점 사이의 상대속도 및 가속도를 다시 한번 정리하여 <그림 10.7>에 제시한다.

두 물체 사이의 접촉을 포함하는 기구의 해석을 위해, 접촉점에 위치한 두 물체에 고정된 점 들 사이의 상대 운동에 관한 공식도 필요하므로 <그림 10.8>에 제시한다. 그림에서 첨점이 미끄러지는 경우 (3)과 프리즘관절의 경우 (4)에 대해서는 1절의 가속도 변환공식을 바로 적용하여 유도할 수 있다. 일반적인 구름접촉과 미끄럼접촉인 경우 (1)과 (2)에 대해서는 12장과 13장에 그 증명이 제시되어 있다. 12장과 13장에 제시된 문제들은 모두 이 공식으로 해결할 수 있다.

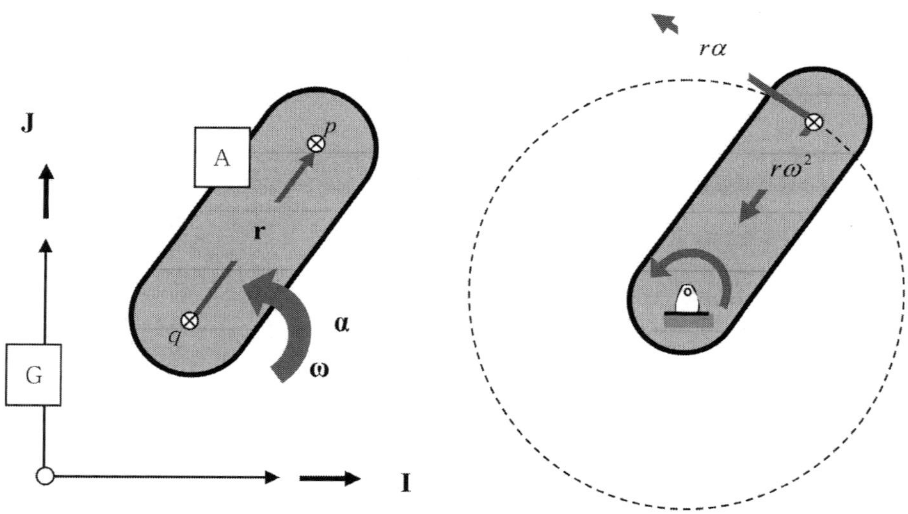

$$\mathbf{V}^{G}_{p/q} = \boldsymbol{\omega}_{A/G} \times \mathbf{r}_{p/q}$$

$$\mathbf{A}^{G}_{p/q} = \boldsymbol{\alpha}_{A/G} \times \mathbf{r}_{p/q} + \boldsymbol{\omega}_{A/G} \times (\boldsymbol{\omega}_{A/G} \times \mathbf{r}_{p/q})$$

〈그림 10.7〉 동일한 강체에 고정된 두 점

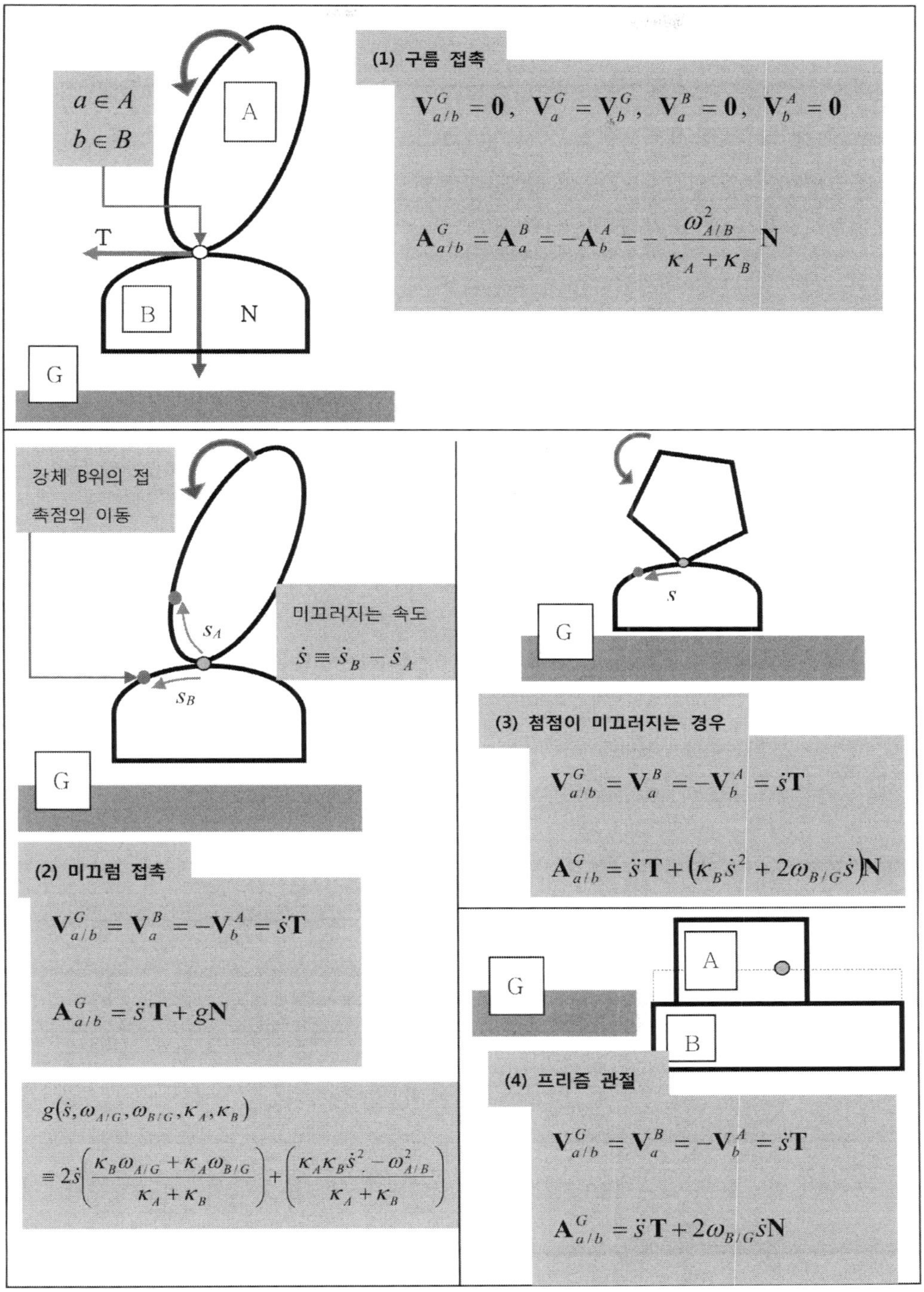

〈그림 10.8〉 접촉점에서의 상대속도 및 가속도

그림에서 $\mathbf{T}$는 물체 B가 아래쪽에 있다고 가정하였을 때, 접촉을 이루는 두 물체의 경계에 접하면서 접촉점에서 왼쪽을 가리키는 단위벡터, $\mathbf{N}(=\mathbf{k}\times\mathbf{T})$은 아래쪽, 즉 접촉점에서부터 물체 B를 가리키면서 경계에 수직한 방향을 가리키는 벡터이다. 곡률에는 부호가 주어져 있는데 그림과 같이 B의 경계가 아래로, A의 경계가 위로 휠 때 양의 부호가 주어져 있다. 미끄럼접촉의 속도해석을 위해 $\dot{s}$을, 가속도해석을 위해 $\ddot{s}$을 다른 링크의 각속도 및 각 가속도와 함께 미지수로 다루어 루프폐쇄식을 수립한다.

문제 1 평평한 강체 B가 지면에 고정된 점을 중심으로 반시계 방향으로 10*rad/s*으로 일정한 각속도로 돌고, 반경 2*m*인 원통형 강체 A가 지면에 대해 반시계 방향으로 20*rad/s*으로 일정한 각속도로 돌고 있다. 그림에 표시된 강체 B에 고정된 점 p, q의 속도 및 가속도를 구하시오.

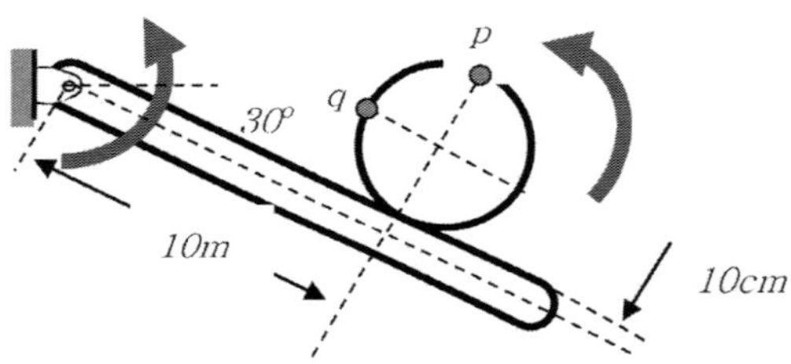

〈그림 10.9〉 문제 1

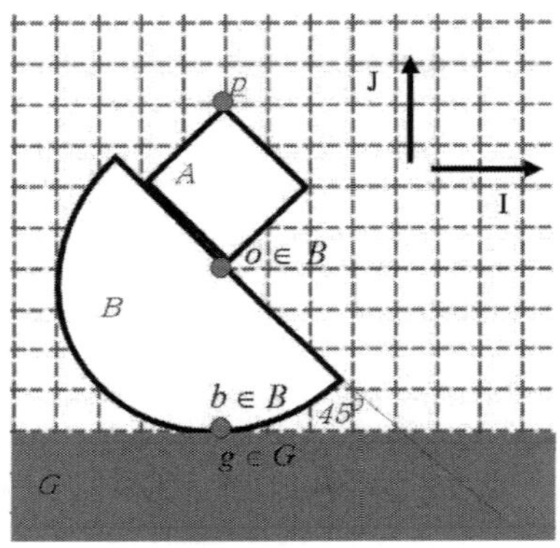

〈그림 10.10〉 문제 2

문제 2 그림에 제시된 바와 같이 지면에 대해 반시계 방향으로 1*rad/s*으로 구르는 반원 형의 강체 B에서 관찰하였을 때, 정방형 물체 A가 물체 B의 경계를 따라 우하 방향 $\sqrt{2}\,m/s$의 속도로 등속 직선 운동하고 있다. 물체 A에 고정된 점 p를 지면에서 관찰하였을 때의 속도와 가속도를 구하여 제시된 형식으로 표시하시오. 단, 그림의 한 칸은 1*m*이다. $\mathbf{I}$와 $\mathbf{J}$는 그림에 제시된 방향의 서로 직교하는 단위벡터임.

답 $\mathbf{V}_p^G=(-7)\mathbf{I}+(-1)\mathbf{J}\ (m/s)\qquad \mathbf{A}_p^G=(2)\mathbf{I}+(-2)\mathbf{J}\ (m/s^2)$

풀이 1 점 q를 점 p의 위치에 있으면서 강체 B에 고정된 점이라 하자. 즉, $\mathbf{r}_{p/q}=0$이고 $q\in B$. 문제에 의하면,

$$\mathbf{V}_p^B=\sqrt{2}\mathbf{i}=\mathbf{I}-\mathbf{J},\ \mathbf{A}_p^B=\mathbf{0}.\ \text{여기서}\ \mathbf{i}=\frac{1}{\sqrt{2}}(\mathbf{I}-\mathbf{J}),\ \mathbf{j}=\frac{1}{\sqrt{2}}(\mathbf{I}+\mathbf{J}).$$

$$\mathbf{V}_p^G = \mathbf{V}_{p/g}^G = \mathbf{V}_{b/g}^G + \mathbf{V}_{q/b}^G + \mathbf{V}_{p/q}^G = \mathbf{0} + \mathbf{V}_{q/b}^G + \mathbf{V}_{p/q}^G = \mathbf{V}_{q/b}^G + \mathbf{V}_{p/q}^B$$

$$= \boldsymbol{\omega}_B \times \mathbf{r}_{q/b} + \mathbf{V}_p^B = \mathbf{k} \times (8\mathbf{J}) + \sqrt{2}\mathbf{i} = -8\mathbf{I} + (\mathbf{I} - \mathbf{J}) = -7\mathbf{I} - \mathbf{J}$$

$$\mathbf{A}_p^G = \mathbf{A}_{p/g}^G = \mathbf{A}_{b/g}^G + \mathbf{A}_{q/b}^G + \mathbf{A}_{p/q}^G = \mathbf{A}_{b/g}^G + \mathbf{A}_{q/b}^G + \mathbf{A}_{p/q}^B + 2\boldsymbol{\omega}_B \times \mathbf{V}_{p/q}^B$$

$$= \mathbf{A}_{b/g}^G + \mathbf{A}_{q/b}^G + \mathbf{A}_p^B + 2\boldsymbol{\omega}_B \times \mathbf{V}_p^B = -\frac{\omega_B^{\ 2}}{\kappa_G + \kappa_B}(-\mathbf{J}) - \omega_B^{\ 2}\mathbf{r}_{q/b} + \mathbf{A}_p^B + 2\boldsymbol{\omega}_B \times \mathbf{V}_p^B$$

$$= 4\mathbf{J} - 8\mathbf{J} + \mathbf{0} + 2\mathbf{k} \times \sqrt{2}\mathbf{i} = -4\mathbf{J} + 2\sqrt{2}\mathbf{j} = -4\mathbf{J} + 2(\mathbf{I} + \mathbf{J}) = 2\mathbf{I} - 2\mathbf{J}$$

풀이 2

문제의 조건에서, $\mathbf{V}_p^B = \mathbf{I} - \mathbf{J}$, $\mathbf{A}_p^B = \mathbf{0}$.

점 $o \in B$가 등속 직선 운동하므로, $\mathbf{V}_o = -4\mathbf{I}$, $\mathbf{A}_o = \mathbf{0}$.

$$\mathbf{V}_p = \mathbf{V}_o + \mathbf{V}_{p/o} = \mathbf{V}_o + \mathbf{V}_{p/o}^B + \boldsymbol{\omega}_B \times \mathbf{r}_{p/o} = -4\mathbf{I} + (\mathbf{I} - \mathbf{J}) + \mathbf{k} \times (4\mathbf{J}) = -7\mathbf{I} - \mathbf{J}$$

$$\mathbf{A}_p = \mathbf{A}_o + \mathbf{A}_{p/o} = \mathbf{A}_o + \boldsymbol{\alpha}_B \times \mathbf{r}_{p/o} + \boldsymbol{\omega}_B \times (\boldsymbol{\omega}_B \times \mathbf{r}_{p/o}) + \mathbf{A}_p^B + 2\boldsymbol{\omega}_B \times \mathbf{V}_{p/o}^B$$

$$= \mathbf{0} + \mathbf{0} - 4\mathbf{J} + \mathbf{0} + 2\mathbf{k} \times (\mathbf{I} - \mathbf{J}) = 2\mathbf{I} - 2\mathbf{J}$$

문제 3 <그림 10.8>의 경우 (3)과 (4)에 제시된 공식을 유도하시오.

문제 4 13장 1절의 문제 1을 경우 (2)의 공식을 사용하여 풀어노시오.

제 11 장

가속도해석

위치해석과 속도해석을 완료한 후, 그 정보를 이용하여 기구의 가속도해석을 수행하는 방법을 학습한다. 속도해석과 마찬가지로 가속도해석을 위해서 선형 방정식을 푸는 것으로 충분하다. 4절 기구의 가속도해석을 수행하는 방법을 보이고, 10장에서 유도한 관계식을 이용하여 기구에 부착된 점의 가속도를 구하는 방법을 알아본다. 그 후, 루프폐쇄식을 상대가속도로 표현하여 미분 과정을 생략하고 가속도 공식만으로 가속도해석을 수행하는 방법을 보인다.

1 루프폐쇄식의 미분에 의한 가속도해석

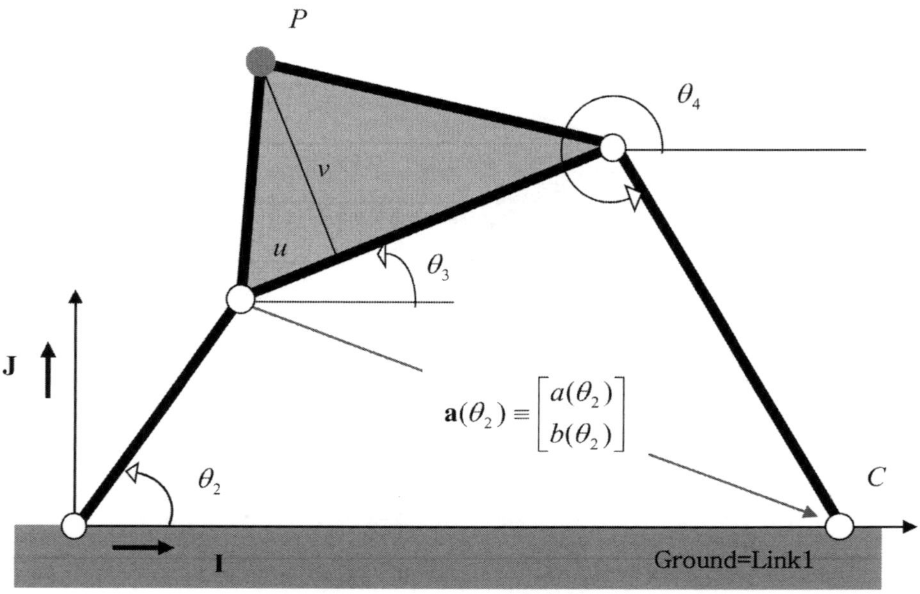

〈그림 11.1〉 좌표 축이 설정된 4절 기구

위치 관계식을 미분하여 속도 관계식을 얻듯이 속도관계식을 미분하면 가속도 관계식을 얻는다. 명시적 속도 관계식을 미분하는 것－명시적 위치관계식을 두 번 미분하는 것－은 개념적으로 매우 간단한 작업이지만 속도해석에서 살펴보았듯이 그 과정이 겉보기에 복잡하다. 속도해석과 마찬가지로 폐회로를 이루는 위치벡터 사이의 관계에서 유래한 암시적 속도 관계식을 미분하는 것이 가속도 관계식을 얻는 간편한 방법 중 하나이다.

8장에서 구한 다음의 암시적 위치관계식,

$$L_2\begin{bmatrix}\cos\theta_2\\ \sin\theta_2\end{bmatrix}+L_3\begin{bmatrix}\cos\theta_3\\ \sin\theta_3\end{bmatrix}+L_4\begin{bmatrix}\cos\theta_4\\ \sin\theta_4\end{bmatrix}=L_1\begin{bmatrix}1\\ 0\end{bmatrix}$$

을 미분하여 9장에서 속도관계식,

$$L_2\omega_2\begin{bmatrix}-\sin\theta_2\\ \cos\theta_2\end{bmatrix}+L_3\omega_3\begin{bmatrix}-\sin\theta_3\\ \cos\theta_3\end{bmatrix}+L_4\omega_4\begin{bmatrix}-\sin\theta_4\\ \cos\theta_4\end{bmatrix}=\begin{bmatrix}0\\ 0\end{bmatrix}$$

을 얻었다. 이를 한번 더 미분하면 가속도 사이의 관계식을 얻을 수 있다:

$$L_2\alpha_2\begin{bmatrix}-\sin\theta_2\\ \cos\theta_2\end{bmatrix}+L_3\alpha_3\begin{bmatrix}-\sin\theta_3\\ \cos\theta_3\end{bmatrix}+L_4\alpha_4\begin{bmatrix}-\sin\theta_4\\ \cos\theta_4\end{bmatrix}-L_2\omega_2^2\begin{bmatrix}\cos\theta_2\\ \sin\theta_2\end{bmatrix}-L_3\omega_3^2\begin{bmatrix}\cos\theta_3\\ \sin\theta_3\end{bmatrix}-L_4\omega_4^2\begin{bmatrix}\cos\theta_4\\ \sin\theta_4\end{bmatrix}=\begin{bmatrix}0\\ 0\end{bmatrix}$$

속도해석이 완료된 후, 링크 2의 각가속도를 알 때, 나머지 링크의 각가속도를 구하는 것이 문제라면 미지수 α_3, α_4에 대해 다음의 선형 방정식을 구성한다.

$$L_3\alpha_3\begin{bmatrix}-\sin\theta_3\\ \cos\theta_3\end{bmatrix}+L_4\alpha_4\begin{bmatrix}-\sin\theta_4\\ \cos\theta_4\end{bmatrix}=L_2\omega_2^2\begin{bmatrix}\cos\theta_2\\ \sin\theta_2\end{bmatrix}+L_3\omega_3^2\begin{bmatrix}\cos\theta_3\\ \sin\theta_3\end{bmatrix}+L_4\omega_4^2\begin{bmatrix}\cos\theta_4\\ \sin\theta_4\end{bmatrix}-L_2\alpha_2\begin{bmatrix}-\sin\theta_2\\ \cos\theta_2\end{bmatrix} \quad (*)$$

$$\begin{bmatrix}-\sin\theta_3 & -\sin\theta_4\\ \cos\theta_3 & \cos\theta_4\end{bmatrix}\begin{bmatrix}L_3\alpha_3\\ L_4\alpha_4\end{bmatrix}=L_2\omega_2^2\begin{bmatrix}\cos\theta_2\\ \sin\theta_2\end{bmatrix}+L_3\omega_3^2\begin{bmatrix}\cos\theta_3\\ \sin\theta_3\end{bmatrix}+L_4\omega_4^2\begin{bmatrix}\cos\theta_4\\ \sin\theta_4\end{bmatrix}-L_2\alpha_2\begin{bmatrix}-\sin\theta_2\\ \cos\theta_2\end{bmatrix}$$

위 방정식을 풀면 다음과 같다.

$$\begin{bmatrix}L_3\alpha_3\\ L_4\alpha_4\end{bmatrix}=\begin{bmatrix}-\sin\theta_3 & -\sin\theta_4\\ \cos\theta_3 & \cos\theta_4\end{bmatrix}^{-1}\left(L_2\omega_2^2\begin{bmatrix}\cos\theta_2\\ \sin\theta_2\end{bmatrix}+L_3\omega_3^2\begin{bmatrix}\cos\theta_3\\ \sin\theta_3\end{bmatrix}+L_4\omega_4^2\begin{bmatrix}\cos\theta_4\\ \sin\theta_4\end{bmatrix}-L_2\alpha_2\begin{bmatrix}-\sin\theta_2\\ \cos\theta_2\end{bmatrix}\right)$$

$$\begin{bmatrix}L_3\alpha_3\\ L_4\alpha_4\end{bmatrix}=\frac{1}{\sin(\theta_4-\theta_3)}\begin{bmatrix}\cos\theta_4 & \sin\theta_4\\ -\cos\theta_3 & -\sin\theta_3\end{bmatrix}\left(-L_2\alpha_2\begin{bmatrix}-\sin\theta_2\\ \cos\theta_2\end{bmatrix}+L_2\omega_2^2\begin{bmatrix}\cos\theta_2\\ \sin\theta_2\end{bmatrix}+L_3\omega_3^2\begin{bmatrix}\cos\theta_3\\ \sin\theta_3\end{bmatrix}+L_4\omega_4^2\begin{bmatrix}\cos\theta_4\\ \sin\theta_4\end{bmatrix}\right)$$

$$\alpha_3=\alpha_2\left(\frac{L_2}{L_3}\frac{\sin(\theta_4-\theta_2)}{\sin(\theta_3-\theta_4)}\right)-\omega_2^2\left(\frac{L_2}{L_3}\frac{\cos(\theta_4-\theta_2)}{\sin(\theta_3-\theta_4)}\right)-\omega_3^2\left(\frac{\cos(\theta_4-\theta_3)}{\sin(\theta_3-\theta_4)}\right)-\omega_4^2\left(\frac{L_4}{L_3}\frac{1}{\sin(\theta_3-\theta_4)}\right)$$

$$\alpha_4=\alpha_2\left(\frac{L_2}{L_4}\frac{\sin(\theta_3-\theta_2)}{\sin(\theta_4-\theta_3)}\right)-\omega_2^2\left(\frac{L_2}{L_4}\frac{\cos(\theta_3-\theta_2)}{\sin(\theta_4-\theta_3)}\right)-\omega_3^2\left(\frac{L_3}{L_4}\frac{1}{\sin(\theta_4-\theta_3)}\right)-\omega_4^2\left(\frac{\cos(\theta_3-\theta_4)}{\sin(\theta_4-\theta_3)}\right)$$

위와 같이 각가속도에 관한 연립방방정식이 해결된 후, 10장에서 유도한 가속도 간의 관계식을 활용하여 기구를 이루는 임의 링크에 고정된 임의 점의 가속도를 구할 수 있다.

문제 1 4절 기구의 링크의 길이를 임의로 정하고, 특정 각도에서의 속도 및 가속도해석을 수행하시오.

문제 2 어떤 4절 기구의 $\theta_2 = 1rad$ 일 때의 자세에 대해 다음의 실험 결과를 얻었다.

(1) $\omega_2 = 1rad/s$, $\alpha_2 = 10rad/s^2$ 일 때, $\alpha_4 = 20rad/s^2$
(2) $\omega_2 = 2rad/s$, $\alpha_2 = 20rad/s^2$ 일 때, $\alpha_4 = 40rad/s^2$

$\theta_2 = 1rad$, $\omega_2 = 4rad/s^2$, $\alpha_2 = 40rad/s^2$ 일 때, α_4는?

힌트 $\alpha_4 = A\alpha_2 + B\omega_2^2$ 의 꼴로 표현된다. 여기서 A와 B는 자세에만 의존한다.

2 가속도해석 결과를 이용한 추론

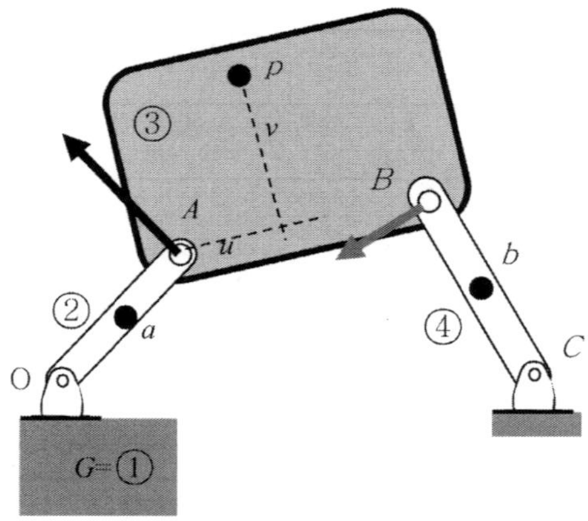

〈그림 11.2〉 4절 기구의 가속도해석 적용

문제 1 <그림 11.2>의 4절 기구의 구동절의 각속도와 각가속도,

$$\boldsymbol{\omega}_{2/1},\ \boldsymbol{\alpha}_{2/1}$$

가 주어진 상태에서 속도해석을 수행하여 1번 강체인 땅에 대해 링크의 각속도 및 각가속도,

$$\boldsymbol{\omega}_{4/1},\ \boldsymbol{\omega}_{3/1},\ \boldsymbol{\alpha}_{4/1},\ \boldsymbol{\alpha}_{3/1}$$

을 구하였다고 하자. $\boldsymbol{\omega}_{2/1}$, $\boldsymbol{\omega}_{3/1}$, $\boldsymbol{\omega}_{4/1}$, $\boldsymbol{\alpha}_{2/1}$, $\boldsymbol{\alpha}_{3/1}$, $\boldsymbol{\alpha}_{4/1}$와 $\mathbf{r}_{p/q}$ (p, q는 그림에 표시된 임의의 점) 꼴의 위치 벡터를 사용하여 다음을 표현하시오.

$$\boldsymbol{\alpha}_{4/3},\ \boldsymbol{\alpha}_{4/2},\ \boldsymbol{\alpha}_{3/2},$$

$$\mathbf{V}_a^G,\ \mathbf{V}_b^G,\ \mathbf{V}_p^G = \mathbf{V}_p^{(1)},\ \mathbf{V}_p^{(2)},\ \mathbf{V}_p^{(3)},\ \mathbf{V}_p^{(4)},\ \mathbf{V}_{p/a}^G$$

$$\mathbf{A}_a^G,\ \mathbf{A}_b^G,\ \mathbf{A}_p^G = \mathbf{A}_p^{(1)},\ \mathbf{A}_p^{(2)},\ \mathbf{A}_p^{(3)},\ \mathbf{A}_p^{(4)},\ \mathbf{A}_{p/a}^G$$

풀이 $\boldsymbol{\alpha}_{4/3} = \boldsymbol{\alpha}_{4/1} - \boldsymbol{\alpha}_{3/1},\ \boldsymbol{\alpha}_{4/2} = \boldsymbol{\alpha}_{4/1} - \boldsymbol{\alpha}_{2/1},\ \boldsymbol{\alpha}_{3/2} = \boldsymbol{\alpha}_{3/1} - \boldsymbol{\alpha}_{2/1}$

$$\mathbf{V}_a^G = \mathbf{V}_{a/O}^G = \boldsymbol{\omega}_{2/1} \times \mathbf{r}_{a/O}$$

$$\mathbf{A}_a^G = \mathbf{A}_{a/O}^G = \boldsymbol{\alpha}_{2/1} \times \mathbf{r}_{a/O} + \boldsymbol{\omega}_{2/1} \times (\boldsymbol{\omega}_{2/1} \times \mathbf{r}_{a/O})$$

$$\mathbf{V}_b^G = \mathbf{V}_{b/C}^G = \boldsymbol{\omega}_{4/1} \times \mathbf{r}_{b/C}$$

$$\mathbf{A}_b^G = \mathbf{A}_{b/C}^G = \boldsymbol{\alpha}_{4/1} \times \mathbf{r}_{b/C} + \boldsymbol{\omega}_{4/1} \times (\boldsymbol{\omega}_{4/1} \times \mathbf{r}_{b/C})$$

$$\mathbf{V}_p^G = \mathbf{V}_{p/O}^G = \mathbf{V}_{A/O}^G + \mathbf{V}_{p/A}^G = (\boldsymbol{\omega}_{2/1} \times \mathbf{r}_{A/O}) + (\boldsymbol{\omega}_{3/1} \times \mathbf{r}_{p/A})$$

$$\mathbf{A}_p^G = \mathbf{A}_{p/O}^G = \mathbf{A}_{A/O}^G + \mathbf{A}_{p/A}^G$$

$$= [\boldsymbol{\alpha}_{2/1} \times \mathbf{r}_{A/O} + \boldsymbol{\omega}_{2/1} \times (\boldsymbol{\omega}_{2/1} \times \mathbf{r}_{A/O})] + [\boldsymbol{\alpha}_{3/1} \times \mathbf{r}_{F/A} + \boldsymbol{\omega}_{3/1} \times (\boldsymbol{\omega}_{3/1} \times \mathbf{r}_{p/A})]$$

$$\mathbf{V}_p^{(2)} = \mathbf{V}_{p/A}^{(2)} = \boldsymbol{\omega}_{3/2} \times \mathbf{r}_{p/A} = (\boldsymbol{\omega}_{3/1} - \boldsymbol{\omega}_{2/1}) \times \mathbf{r}_{p/A}$$

$$\mathbf{A}_p^{(2)} = \mathbf{A}_{p/A}^{(2)} = \boldsymbol{\alpha}_{3/2} \times \mathbf{r}_{p/A} + \boldsymbol{\omega}_{3/2} \times (\boldsymbol{\omega}_{3/2} \times \mathbf{r}_{p/A})$$

$$= (\boldsymbol{\alpha}_{3/1} - \boldsymbol{\alpha}_{2/1}) \times \mathbf{r}_{p/A} + (\boldsymbol{\omega}_{3/1} - \boldsymbol{\omega}_{2/1}) \times [(\boldsymbol{\omega}_{3/1} - \boldsymbol{\omega}_{2/1}) \times \mathbf{r}_{p/A}]$$

$$\mathbf{V}_p^{(3)} = \mathbf{0}$$

$$\mathbf{A}_p^{(3)} = \mathbf{0}$$

$$\mathbf{V}_p^{(4)} = \mathbf{V}_{p/B}^{(4)} = \boldsymbol{\omega}_{3/4} \times \mathbf{r}_{p/B} = (\boldsymbol{\omega}_{3/1} - \boldsymbol{\omega}_{4/1}) \times \mathbf{r}_{p/B}$$

$$\mathbf{A}_p^{(4)} = \mathbf{A}_{p/B}^{(4)} = \boldsymbol{\alpha}_{3/4} \times \mathbf{r}_{p/B} + \boldsymbol{\omega}_{3/4} \times (\boldsymbol{\omega}_{3/4} \times \mathbf{r}_{p/B})$$

$$= (\boldsymbol{\alpha}_{3/1} - \boldsymbol{\alpha}_{4/1}) \times \mathbf{r}_{p/B} + (\boldsymbol{\omega}_{3/1} - \boldsymbol{\omega}_{4/1}) \times ((\boldsymbol{\omega}_{3/} - \boldsymbol{\omega}_{4/1}) \times \mathbf{r}_{p/B})$$

$$\mathbf{V}_{p/a}^G = \mathbf{V}_{A/a}^G + \mathbf{V}_{p/A}^G = (\boldsymbol{\omega}_{2/1} \times \mathbf{r}_{A/a}) + (\boldsymbol{\omega}_{3/1} \times \mathbf{r}_{p/A})$$

$$\mathbf{A}_{p/a}^G = \mathbf{A}_{A/a}^G + \mathbf{A}_{p/A}^G$$

$$= [\boldsymbol{\alpha}_{2/1} \times \mathbf{r}_{A/a} + \boldsymbol{\omega}_{2/1} \times (\boldsymbol{\omega}_{2/1} \times \mathbf{r}_{A/a})] + [\boldsymbol{\alpha}_{3/1} \times \mathbf{r}_{p/A} + \boldsymbol{\omega}_{3/1} \times (\boldsymbol{\omega}_{3/1} \times \mathbf{r}_{p/A})]$$

3 상대가속도를 이용한 가속도해석

1 절에서 위치관계를 나타내는 루프 폐쇄식을 두 번 미분하여 가속도 변수들 사이의 관계를 유도하였다. 위치해석에 사용한 루프를 따라 상대가속도를 더하여 수립한 식으로부터, 1 절에서 유도한 식과 동일한 식을 직접적으로 유도할 수도 있다. 이 방법을 적절히 사용하면 '복잡한' 미분 과정 없이 가속도 관계식을 유도할 수 있다.

<그림 11.3>의 4절 기구를 2번 강체의 각가속도 α_2가 주어진 상태에서 해석하고자 한다. 4절 기구를 이루는 연쇄를 따라 땅에 고정된 두 점 o와 c 사이의 상대가속도를 관절 사이의 상대가속도로 표현하면 다음과 같다.

$$\begin{aligned}\mathbf{A}_{c/o} &= \mathbf{A}_{a/o} + \mathbf{A}_{b/a} + \mathbf{A}_{c/b} \\ &= (\boldsymbol{\alpha}_2 \times \mathbf{r}_{a/o}) + (\boldsymbol{\alpha}_3 \times \mathbf{r}_{b/a}) + (\boldsymbol{\alpha}_4 \times \mathbf{r}_{c/b}) + \boldsymbol{\omega}_2 \times (\boldsymbol{\omega}_2 \times \mathbf{r}_{a/o}) + \boldsymbol{\omega}_3 \times (\boldsymbol{\omega}_3 \times \mathbf{r}_{b/a}) + \boldsymbol{\omega}_4 \times (\boldsymbol{\omega}_4 \times \mathbf{r}_{c/b}) \\ &= \alpha_2(\mathbf{k} \times \mathbf{r}_{a/o}) + \alpha_3(\mathbf{k} \times \mathbf{r}_{b/a}) + \alpha_4(\mathbf{k} \times \mathbf{r}_{c/b}) - \omega_2^2 \mathbf{r}_{a/o} - \omega_3^2 \mathbf{r}_{b/a} - \omega_4^2 \mathbf{r}_{c/b} \end{aligned} \quad (1)$$

땅에 고정된 두 점 사이의 상대가속도가 0임을 이용하면, 아래의 가속도 변수들 사이의 관계식을 얻는다.

$$\alpha_2(\mathbf{k} \times \mathbf{r}_{a/o}) + \alpha_3(\mathbf{k} \times \mathbf{r}_{b/a}) + \alpha_4(\mathbf{k} \times \mathbf{r}_{c/b}) - \omega_2^2 \mathbf{r}_{a/o} - \omega_3^2 \mathbf{r}_{b/a} - \omega_4^2 \mathbf{r}_{c/b} = \mathbf{0} \quad (2)$$

이 식의 성분이 두 개이므로 두 개의 방정식이 유도되는데, 미지수 α_3와 α_4에 관하여 풀면 가속도해석이 완료된다. 미지수 α_3와 α_4에 관계된 항을 좌변에 남기고 나머지 항들을 이항하면 다음과 같다.

$$\alpha_3(\mathbf{k} \times \mathbf{r}_{b/a}) + \alpha_4(\mathbf{k} \times \mathbf{r}_{c/b}) = -\alpha_2(\mathbf{k} \times \mathbf{r}_{a/o}) + \omega_2^2 \mathbf{r}_{a/o} + \omega_3^2 \mathbf{r}_{b/a} + \omega_4^2 \mathbf{r}_{c/b} \quad (3)$$

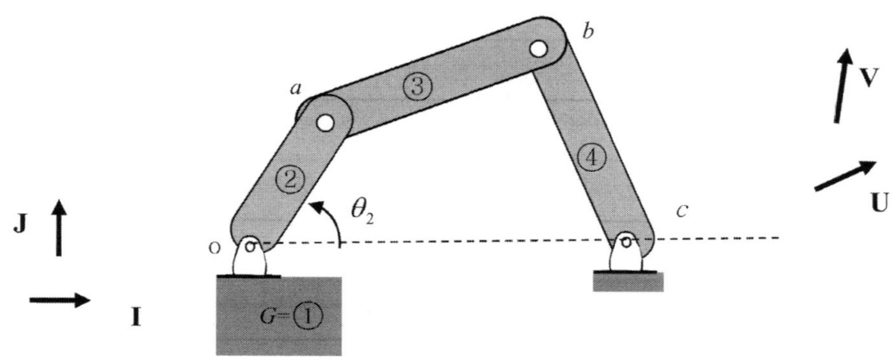

〈그림 11.3〉 상대속도를 이용한 4절 기구의 속도해석

앞의 식에서 $(\mathbf{k}\times)$가 작용하는 각 항은 그 항의 위치벡터를 90도 회전한 것과 방향이 같다. 기저 **IJ**에 대해 표현하면 가속도관계식이 아래와 같이 표현된다.

$$\alpha_3 L_3\begin{bmatrix}-\sin\theta_3\\ \cos\theta_3\end{bmatrix}+\alpha_4 L_4\begin{bmatrix}-\sin\theta_4\\ \cos\theta_4\end{bmatrix}=-\alpha_2 L_2\begin{bmatrix}-\sin\theta_2\\ \cos\theta_2\end{bmatrix}+\omega_2^2 L_2\begin{bmatrix}\cos\theta_2\\ \sin\theta_2\end{bmatrix}+\omega_3^2 L_3\begin{bmatrix}\cos\theta_3\\ \sin\theta_3\end{bmatrix}+\omega_4^2 L_4\begin{bmatrix}\cos\theta_4\\ \sin\theta_4\end{bmatrix}$$

위 식은 1절(p.193)의 식 (*)와 일치한다. 이를 선형연립방정식의 표준형으로 표현하면 다음과 같다.

$$\begin{bmatrix}-\sin\theta_3 & -\sin\theta_4\\ \cos\theta_3 & \cos\theta_4\end{bmatrix}\begin{bmatrix}\alpha_3 L_3\\ \alpha_4 L_4\end{bmatrix}=-\alpha_2 L_2\begin{bmatrix}-\sin\theta_2\\ \cos\theta_2\end{bmatrix}+\omega_2^2 L_2\begin{bmatrix}\cos\theta_2\\ \sin\theta_2\end{bmatrix}+\omega_3^2 L_3\begin{bmatrix}\cos\theta_3\\ \sin\theta_3\end{bmatrix}+\omega_4^2 L_4\begin{bmatrix}\cos\theta_4\\ \sin\theta_4\end{bmatrix}$$

서로 평행하지 않은 임의 두 벡터 **U**, **V**에 관한 성분으로도 2개의 방정식을 추출할 수 있는데, 식 (3)에 기저 벡터 각각의 내적을 취하면 된다. 즉,

$$\alpha_3\begin{bmatrix}(\mathbf{k}\times\mathbf{r}_{b/a})\bullet\mathbf{U}\\ (\mathbf{k}\times\mathbf{r}_{b/a})\bullet\mathbf{V}\end{bmatrix}+\alpha_4\begin{bmatrix}(\mathbf{k}\times\mathbf{r}_{c/b})\bullet\mathbf{U}\\ (\mathbf{k}\times\mathbf{r}_{c/b})\bullet\mathbf{V}\end{bmatrix}=-\alpha_2\begin{bmatrix}(\mathbf{k}\times\mathbf{r}_{a/o})\bullet\mathbf{U}\\ (\mathbf{k}\times\mathbf{r}_{a/o})\bullet\mathbf{V}\end{bmatrix}+\omega_2^2\begin{bmatrix}\mathbf{r}_{a/o}\bullet\mathbf{U}\\ \mathbf{r}_{a/o}\bullet\mathbf{V}\end{bmatrix}+\omega_3^2\begin{bmatrix}\mathbf{r}_{b/a}\bullet\mathbf{U}\\ \mathbf{r}_{b/a}\bullet\mathbf{V}\end{bmatrix}+\omega_4^2\begin{bmatrix}\mathbf{r}_{c/b}\bullet\mathbf{U}\\ \mathbf{r}_{c/b}\bullet\mathbf{V}\end{bmatrix}$$

이를 선형연립방정식의 표준형으로 표현하면 다음과 같다.

$$\begin{bmatrix}(\mathbf{k}\times\mathbf{r}_{b/a})\bullet\mathbf{U} & (\mathbf{k}\times\mathbf{r}_{c/b})\bullet\mathbf{U}\\ (\mathbf{k}\times\mathbf{r}_{b/a})\bullet\mathbf{V} & (\mathbf{k}\times\mathbf{r}_{c/b})\bullet\mathbf{V}\end{bmatrix}\begin{bmatrix}\alpha_3\\ \alpha_4\end{bmatrix}=-\alpha_2\begin{bmatrix}(\mathbf{k}\times\mathbf{r}_{a/o})\bullet\mathbf{U}\\ (\mathbf{k}\times\mathbf{r}_{a/o})\bullet\mathbf{V}\end{bmatrix}+\omega_2^2\begin{bmatrix}\mathbf{r}_{a/o}\bullet\mathbf{U}\\ \mathbf{r}_{a/o}\bullet\mathbf{V}\end{bmatrix}+\omega_3^2\begin{bmatrix}\mathbf{r}_{b/a}\bullet\mathbf{U}\\ \mathbf{r}_{b/a}\bullet\mathbf{V}\end{bmatrix}+\omega_4^2\begin{bmatrix}\mathbf{r}_{c/b}\bullet\mathbf{U}\\ \mathbf{r}_{c/b}\bullet\mathbf{V}\end{bmatrix}$$

연 | 습 | 문 | 제

문제 1 강체 (4)는 지면에 대해 구르고 있다. 그림의 자세에서 $\| \mathbf{V}_a^{(1)} \| = 1 m/s$, $\omega_{6/1} > 0$, $\alpha_{2/1} = 0$ 이고, 각 눈금은 1미터 간격이다.

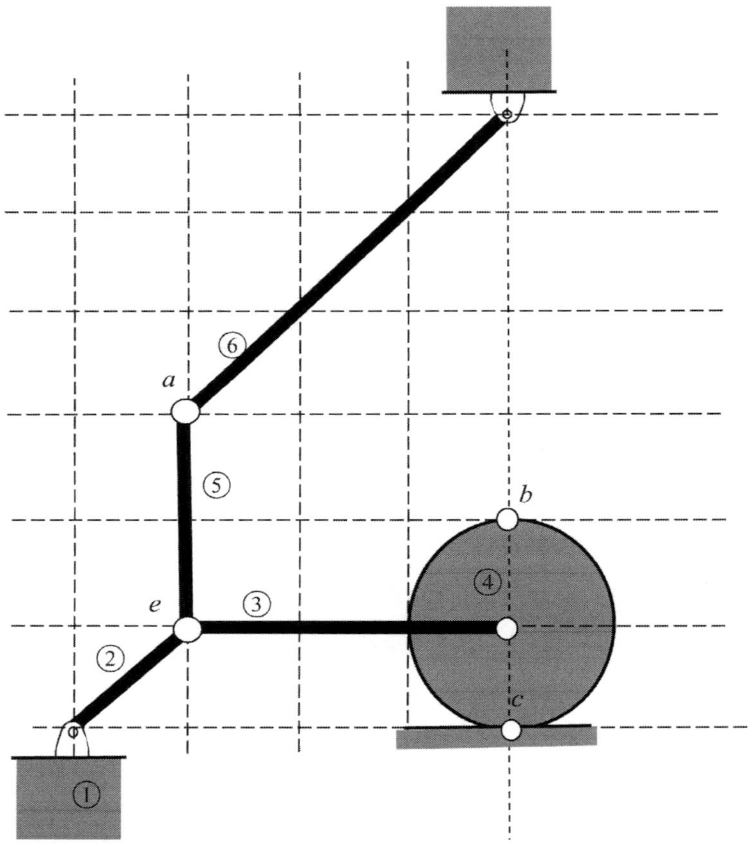

(1) 주어진 기구에서 순간 중심 (15), (13), (45)를 구하여 그림에 표기하시오. (만약 구하는 점이 지면 밖에 있을 경우 어떤 직선의 교점으로 구할지를 밝히시오.)

(2) 다음 물음에 답하시오. **힌트** 순간중심

(a) 그림의 자세에서 $\mathbf{V}_e^{(1)}$ 는? **답** (　　　　)**I** + (　　　　)**J**

(b) 그림의 자세에서 $\mathbf{V}_b^{(1)}$ 는? **답** (　　　　)**I** + (　　　　)**J**

(c) 그림의 자세에서 $\omega_{3/1}$은?

(d) 그림의 자세에서 $\omega_{4/1}$는?

(e) 그림의 자세에서 $\alpha_{3/1}$과 $\alpha_{4/1}$는?

힌트 $$L_2\begin{bmatrix}\cos\theta_2\\ \sin\theta_2\end{bmatrix}+L_3\begin{bmatrix}\cos\theta_3\\ \sin\theta_3\end{bmatrix}=\begin{bmatrix}L_1-R\theta_4\\ R\end{bmatrix}$$

(f) 그림의 자세에서 $\mathbf{A}_b^{(1)}$는? 답 (　　　)**I** + (　　　)**J**

문제 2 늘어나지 않는 실 E, 강체 G, A, D, B로 이루어진 시스템에 대한 문제이다. 강체 D는 반지름 $R = 1m$인 도르래이고, 도르래는 실 E에 대해 미끄러지지 않으며 돈다. 각 점의 정의는 다음과 같다.

g: 물체 A와 G의 순간중심
a: 점 g로부터 $10m$ 떨어진 곳에 위치하며 A와 E의 교점
e: 실 E에 고정된 점으로 이 순간 도르래의 중심으로부터의 수직선 상에 위치하는 점
b: 물체 B와 실 E가 만나는 점
d: 도르래 D와 강체 G의 순간중심

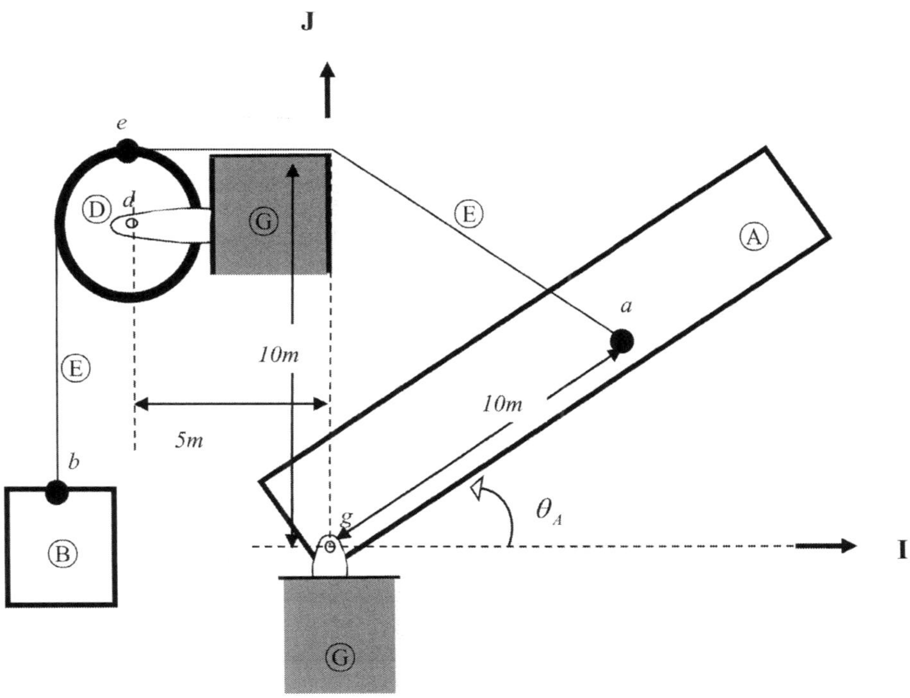

그림의 자세에서

$$\mathbf{V}_b^G = -(3m/s)\mathbf{J}\text{ , } \mathbf{A}_b^G = -(10m/s^2)\mathbf{J}\text{ , } \theta_A = 30^o$$

이다.

1. 다음 물리량은?

(1) $\mathbf{V}_e^G = (\qquad)\mathbf{I} + (\qquad)\mathbf{J}$

(2) $\mathbf{A}_a^G = (\qquad)\mathbf{I} + (\qquad)\mathbf{J}$

(3) $\omega_{D/G} =$

(4) $\omega_{A/G} =$

(5) $\alpha_{D/G} =$

(6) $\alpha_{A/G} =$

2. 기호, $\mathbf{V}_e^G$, $\omega_{D/G}$, $\omega_{A/G}$, $\alpha_{D/G}$, $\alpha_{A/G}$와 $\mathbf{r}_{x/y}$ 형태의 기호를 이용하여 다음 물리량을 표현하시오. 여기서 x, y는 문제에서 주어진 점. (이 문제는 기호로 만 답한다.)

(7) $\mathbf{V}_b^B =$

(8) $\mathbf{V}_a^B =$

(9) $\mathbf{A}_a^D =$

(10) $\omega_{D/A} =$

문제 3 그림에 주어진 기호를 사용하여 다음 물음에 답하시오. 그림에서, H, β, L은 상수이고 θ, s, α는 변수이다.

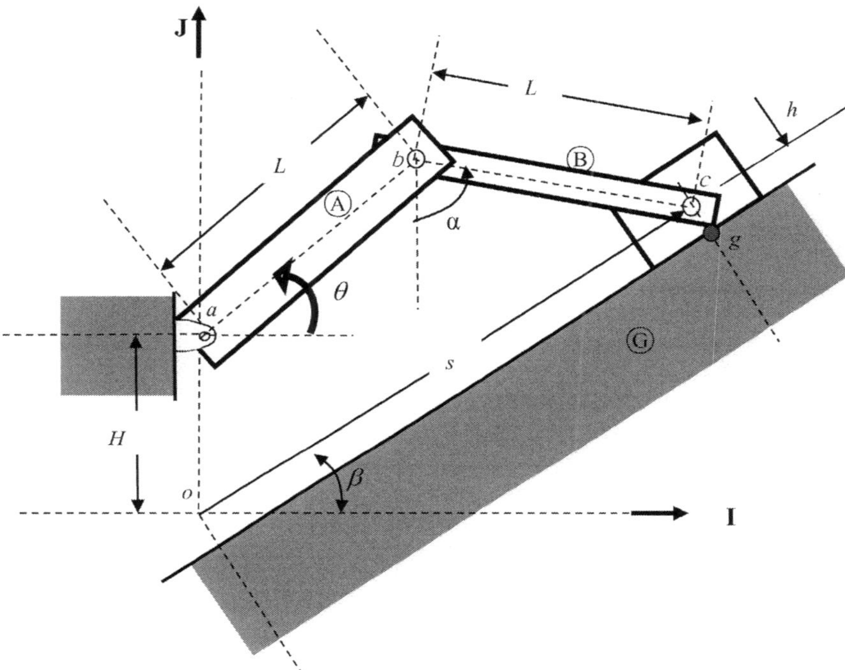

(1) 위치해석을 수행한 결과 어떤 θ에 대해 s와 α의 값을 알고 있다고 하자. 이 자세에서 $\dot{s}$, $\dot{\alpha}$을 $\dot{\theta}$, θ, s, α와 상수 H, β, L을 사용하여 표현하시오. ($\dot{s}$, $\dot{\alpha}$에 관한 선형 연립 방정식을 수립하기만 하여도 된다.)

(2) $\mathbf{A}_g^A$를 기저 **IJ**에 대한 성분으로 표기하여, 아래의 형태

$$\mathbf{A}_g^A = \dot{\theta}^2 \begin{bmatrix} F_1 \\ F_2 \end{bmatrix} + \ddot{\theta} \begin{bmatrix} G_1 \\ G_2 \end{bmatrix}$$

로 쓸 때, F_1, F_2, G_1, G_2를 θ, s, H, β, L, h로 표현하여 아래에 기입하시오. (단, $g \in G$)

$F_1 =$

$F_2 =$

$G_1 =$

$G_2 =$

문제 4 그림은 4개의 링크로 이루어진 기구를 표현하고 있다. 그림의 각 칸은 1m이다. 원통형의 3번 링크가 2번 링크에 대해 구른다.

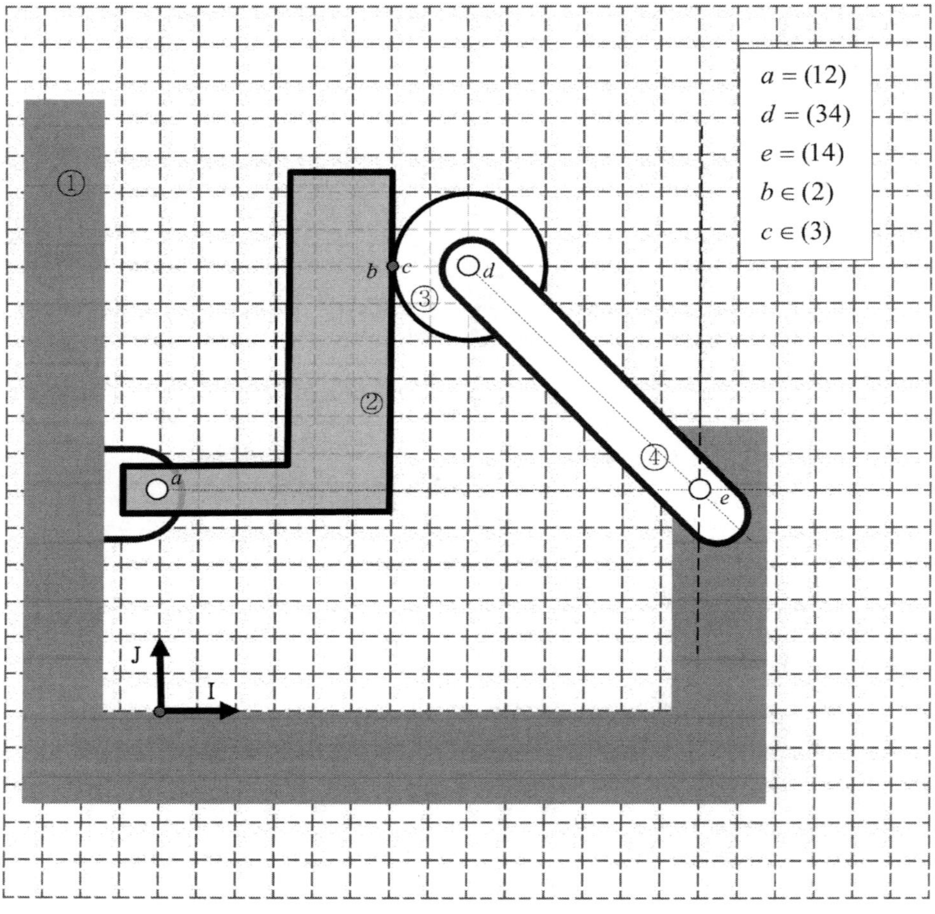

1. 그림의 자세에서 순간중심 (13)을 그림에 표시하시오.
2. 그림의 자세로부터 2번 링크가 30도 회전하였을 때, 4번 링크가 그림의 자세로부터 지면에 대해 회전한 각도는?
3. 그림의 자세에서 $\omega_{2/1} = 1rad/\sec$, $\alpha_{2/1} = 1rad/\sec^2$ 일 때, 다음 속도 및 가속도를 구하시오.

   (1) $\omega_{4/1} =($ $\qquad\qquad$ $)$ rad/s

   (2) $\mathbf{V}_d^{(2)} = ($ $\qquad\qquad$ $)\mathbf{I} + ($ $\qquad\qquad$ $)\mathbf{J}$ $[m/s]$

   (3) $\alpha_{4/1} =($ $\qquad\qquad$ $)$ rad/s^2

   (4) $\mathbf{A}_d^{(1)} = ($ $\qquad\qquad$ $)\mathbf{I} + ($ $\qquad\qquad$ $)\mathbf{J}$ $[m/s^2]$

답

1.

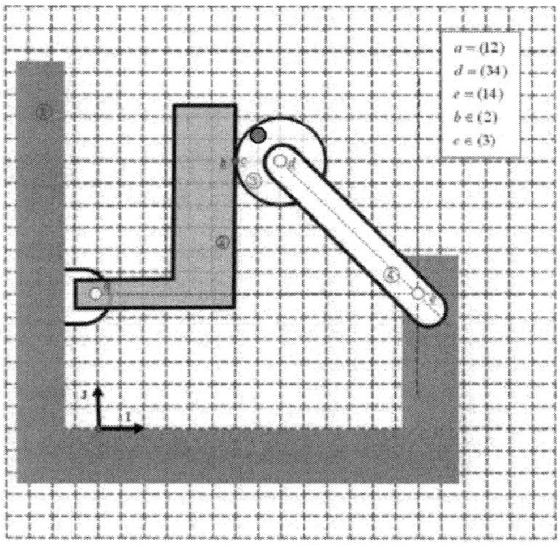

2. 14.0819도

3. (1) $\omega_{4/1} = 1 \quad [rad/s]$ (2) $\mathbf{V}_d^{(2)} = 0\mathbf{I} - 14\mathbf{J} \quad [m/s]$

(3) $\alpha_{4/1} = -\frac{4}{3} \quad or \quad 1.33 \quad [rad/s^2]$ (4) $\mathbf{A}_d^{(1)} = 14\mathbf{I} + 2\mathbf{J} \quad [m/s^2]$

풀이

1. 그림의 자세에서 순간중심 (13)을 그림에 표시하시오.

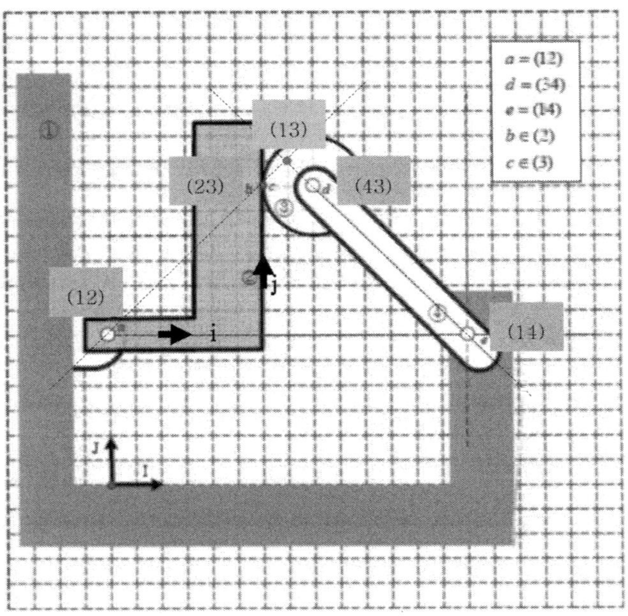

2. 그림의 자세로부터 2번 링크가 30도 회전하였을 때, 4번 링크가 그림의 자세로부터 지면에 대해 회전한 각도는?

【풀이 1】

$$\mathbf{r}_{d/a} + \mathbf{r}_{e/d} = \mathbf{r}_{e/a}$$

$$(8\mathbf{i} + u\mathbf{j}) + 6\sqrt{2}(\cos\theta_4\,\mathbf{I} + \sin\theta_4\,\mathbf{J}) = 14\mathbf{I}$$ 여기서, $\mathbf{i} = \cos\theta_2\,\mathbf{I} + \sin\theta_2\,\mathbf{J}$

변수 u를 소거하기 위해 양변에 $\mathbf{i}$에 대한 내적을 취하면,

$$8 + 6\sqrt{2}(\cos\theta_4\cos\theta_2 + \sin\theta_4\sin\theta_2) = 14\cos\theta_2$$

$$8 + 6\sqrt{2}\cos(\theta_4 - \theta_2) = 14\cos\theta_2$$

$\theta_2 = 30^\circ$ 일 때, $6\sqrt{2}\cos(\theta_4 - \theta_2) = 7\sqrt{3} - 8$, $\cos(\theta_4 - \theta_2) = \dfrac{7\sqrt{3} - 8}{6\sqrt{2}} = 0.4862$

$$\theta_4 - \frac{\pi}{6} = \arccos(0.4862) = \pm 1.0632$$

$$\theta_4 = 1.5868 = 90.9158^\circ \text{ or } \theta_4 = -0.5396 = -30.9181^\circ$$

이 중 두 번째 답이 현재 상태에서 도달할 수 있는 자세임을 알 수 있다. 현재 $\theta_4 = -45^\circ$ 이므로 링크 4가

$$(-30.9181^\circ) - (-45^\circ) = 14.0819^\circ$$

더 돌게 된다.

【풀이 2】

8장 연습문제에서

$$x_q = 0,\ y_q = 0,\ f(u) = 8,\ g(u) = u,\ H = 14,\ L = 6\sqrt{2},\ \theta_2 = 30^\circ$$

인 경우이다. 8장에서 유도한 루프폐쇄식

$$(x_q + f(u))\begin{bmatrix}\cos\theta_2 \\ \sin\theta_2\end{bmatrix} + (y_q + g(u))\begin{bmatrix}-\sin\theta_2 \\ \cos\theta_2\end{bmatrix} = \begin{bmatrix}H + L\cos\theta_4 \\ L\sin\theta_4\end{bmatrix}$$

에 알려진 값들을 대입하면

$$4\begin{bmatrix}\sqrt{3} \\ 1\end{bmatrix} + \frac{u}{2}\begin{bmatrix}-1 \\ \sqrt{3}\end{bmatrix} = \begin{bmatrix}14 + 6\sqrt{2}\cos\theta_4 \\ 6\sqrt{2}\sin\theta_4\end{bmatrix}$$

$$\frac{u}{2}\begin{bmatrix}-1 \\ \sqrt{3}\end{bmatrix} = \begin{bmatrix}14 - 4\sqrt{3} + 6\sqrt{2}\cos\theta_4 \\ 6\sqrt{2}\sin\theta_4 - 4\end{bmatrix}$$

$$\frac{u}{2}\begin{bmatrix}-1 \\ \sqrt{3}\end{bmatrix} = 2\begin{bmatrix}7 - 2\sqrt{3} + 3\sqrt{2}\cos\theta_4 \\ 3\sqrt{2}\sin\theta_4 - 2\end{bmatrix}$$

변수 u를 소거하기 위해 양변의 벡터의 평행 조건을 이용한다.

$$\sqrt{3}\left(7-2\sqrt{3}+3\sqrt{2}\cos\theta_4\right)+\left(3\sqrt{2}\sin\theta_4-2\right)=0$$

$$3\sqrt{6}\cos\theta_4+3\sqrt{2}\sin\theta_4=8-7\sqrt{3}$$

$$\sqrt{3}\cos\theta_4+\sin\theta_4=\frac{8-7\sqrt{3}}{3\sqrt{2}}$$

$$2\cos\left(\theta_4-30^o\right)=\frac{8-7\sqrt{3}}{3\sqrt{2}}$$

$$\cos\left(\theta_4-30^o\right)=\frac{8-7\sqrt{3}}{6\sqrt{2}}=-0.4862$$

로 (풀이 1)과 같은 결론에 이른다. 단, 여기서의 θ_4는 (풀이 1)의 그것과 180도 차이가 난다.

【풀이 3】

8장 연습문제에서 유도한 u에 관한 방정식

$$\left[x_q+f(u)\right]^2+\left[y_q+g(u)\right]^2-2H\left[\cos\theta_2\cdot\left(x_q+f(u)\right)-\sin\theta_2\cdot\left(y_q+g(u)\right)\right]+H^2-L^2=0$$

에 문제의 조건을 대입하면

$$[8]^2+[u]^2-2\cdot 14\left[\frac{\sqrt{3}}{2}\cdot 8-\frac{1}{2}\cdot u\right]+14^2-\left(6\sqrt{2}\right)^2=0$$

$$16+\left(\frac{u}{2}\right)^2-7\left[4\sqrt{3}-\left(\frac{u}{2}\right)\right]+31=0$$

$$\left(\frac{u}{2}\right)^2+7\left(\frac{u}{2}\right)+\left(47-28\sqrt{3}\right)=0$$

$$\left(\frac{u}{2}\right)=\frac{-7\pm\sqrt{49-4\left(47-28\sqrt{3}\right)}}{2}$$

$$u=-7\pm\sqrt{49-4\left(47-28\sqrt{3}\right)}=-7\pm 7.4155=0.4155 \quad \text{or} \quad -14.4155$$

원 위치 관계식

$$\left(x_q+f(u)\right)\begin{bmatrix}\cos\theta_2\\ \sin\theta_2\end{bmatrix}+\left(y_q+g(u)\right)\begin{bmatrix}-\sin\theta_2\\ \cos\theta_2\end{bmatrix}-\begin{bmatrix}H\\ 0\end{bmatrix}=L\begin{bmatrix}\cos\theta_4\\ \sin\theta_4\end{bmatrix}$$

에 문제의 알려진 변수들을 대입하면

$$6\sqrt{2}\begin{bmatrix}\cos\theta_4\\ \sin\theta_4\end{bmatrix}=4\begin{bmatrix}\sqrt{3}\\ 1\end{bmatrix}+\frac{u}{2}\begin{bmatrix}-1\\ \sqrt{3}\end{bmatrix}-\begin{bmatrix}14\\ 0\end{bmatrix}=\begin{bmatrix}-7.2795\\ 4.3598\end{bmatrix} \quad \text{or} \quad \begin{bmatrix}0.1360\\ -8.4842\end{bmatrix}$$

방향각으로부터

$$\theta_4 = 149.0819^\circ \text{ 또는 } -89.0819^\circ$$

임을 알 수 있고, 이 중 첫째 해가 현재 상태에서 도달할 수 있는 자세임을 알 수 있다. 현재 $\theta_4 = 135^\circ$ 이므로 링크 4가

$$149.0819^\circ - 135^\circ = 14.0819^\circ$$

더 돌게 된다.

3. 그림의 자세에서 $\omega_{2/1} = 1rad/\sec$, $\alpha_{2/1} = 1rad/\sec^2$ 일 때, 다음 속도 및 가속도를 구하시오.

(1) $\omega_{4/1} = 1rad/s$

【풀이 1】

순간 중심에서부터의 거리가 동일하므로 $V_d = V_c$, 또 $r_{d/e} = r_{c/o}$ 로부터 $\omega_2 = \omega_4$ 임을 알 수 있다. 회전 방향을 고려하면 그림의 자세에서 4번 링크가 반시계 방향으로 회전함을 알 수 있다.

【풀이 2】

속도해석을 수행한다.

$$\mathbf{V}_{b/a} + \mathbf{V}_{c/b} + \mathbf{V}_{d/c} + \mathbf{V}_{e/d} = \mathbf{0}$$

링크 2와 3이 구르므로 $\mathbf{V}_{c/b} = \mathbf{0}$

$$\omega_2 \mathbf{k} \times \mathbf{r}_{b/a} + \omega_3 \mathbf{k} \times \mathbf{r}_{d/c} + \omega_4 \mathbf{k} \times \mathbf{r}_{e/d} = \mathbf{0}$$

$$\omega_2 \mathbf{r}_{b/a} + \omega_3 \mathbf{r}_{d/c} + \omega_4 \mathbf{r}_{e/d} = \mathbf{0}$$

$$\omega_3 \mathbf{r}_{d/c} + \omega_4 \mathbf{r}_{e/d} = -\omega_2 \mathbf{r}_{b/a}$$

$$\omega_3 \begin{bmatrix} 2 \\ 0 \end{bmatrix} + \omega_4 \begin{bmatrix} 6 \\ -6 \end{bmatrix} = -\omega_2 \begin{bmatrix} 6 \\ 6 \end{bmatrix}$$

$$\begin{bmatrix} 1 & 3 \\ 0 & -3 \end{bmatrix} \begin{bmatrix} \omega_3 \\ \omega_4 \end{bmatrix} = -\begin{bmatrix} 3 \\ 3 \end{bmatrix}$$

$$\begin{bmatrix} \omega_3 \\ \omega_4 \end{bmatrix} = \frac{1}{3} \begin{bmatrix} -3 & -3 \\ 0 & 1 \end{bmatrix} \begin{bmatrix} 3 \\ 3 \end{bmatrix} = \begin{bmatrix} -6 \\ 1 \end{bmatrix}$$

【풀이 3】

$$\mathbf{r}_{d/a} + \mathbf{r}_{e/d} = \mathbf{r}_{e/a}$$

$$(8\mathbf{i} + u\mathbf{j}) + \mathbf{r}_{e/d} = 14\mathbf{I}$$

미분하면

$$\left(8\omega_2\mathbf{k}\times\mathbf{i}+u\omega_2\mathbf{k}\times\mathbf{j}+\dot{u}\mathbf{j}\right)+\omega_4\mathbf{k}\times\mathbf{r}_{e/d}=\mathbf{0}$$

자세를 대입하면

$$\left(8\mathbf{J}-6\mathbf{I}+\dot{u}\mathbf{J}\right)+\omega_4\left(6\mathbf{I}+6\mathbf{J}\right)=\mathbf{0}$$

$$\dot{u}\mathbf{J}+\omega_4\left(6\mathbf{I}+6\mathbf{J}\right)=\left(6\mathbf{I}-8\mathbf{J}\right)$$

$$\begin{bmatrix}0 & 6\\1 & 6\end{bmatrix}\begin{bmatrix}\dot{u}\\\omega_4\end{bmatrix}=\begin{bmatrix}6\\-8\end{bmatrix}$$

$$\begin{bmatrix}\dot{u}\\\omega_4\end{bmatrix}=-\frac{1}{6}\begin{bmatrix}6 & -6\\-1 & 0\end{bmatrix}\begin{bmatrix}6\\-8\end{bmatrix}=\begin{bmatrix}-14\\1\end{bmatrix}$$

【풀이 4】

8장에서 유도한 루프폐쇄식

$$\left(x_q+f(u)\right)\begin{bmatrix}\cos\theta_2\\\sin\theta_2\end{bmatrix}+\left(y_q+g(u)\right)\begin{bmatrix}-\sin\theta_2\\\cos\theta_2\end{bmatrix}=\begin{bmatrix}H+L\cos\theta_4\\L\sin\theta_4\end{bmatrix}$$

에 문제의 조건을 대입하여, 위치 관계식

$$8\begin{bmatrix}\cos\theta_2\\\sin\theta_2\end{bmatrix}+u\begin{bmatrix}-\sin\theta_2\\\cos\theta_2\end{bmatrix}=6\sqrt{2}\begin{bmatrix}\cos\theta_4\\\sin\theta_4\end{bmatrix}+\begin{bmatrix}14\\0\end{bmatrix}$$

을 얻는다. 이를 미분하면 속도관계식을 얻는다.

$$8\omega_2\begin{bmatrix}-\sin\theta_2\\\cos\theta_2\end{bmatrix}+\dot{u}\begin{bmatrix}-\sin\theta_2\\\cos\theta_2\end{bmatrix}-u\omega_2\begin{bmatrix}\cos\theta_2\\\sin\theta_2\end{bmatrix}-6\sqrt{2}\omega_4\begin{bmatrix}-\sin\theta_4\\\cos\theta_4\end{bmatrix}=0$$

자세를 대입하면

$$8\begin{bmatrix}0\\1\end{bmatrix}+\dot{u}\begin{bmatrix}0\\1\end{bmatrix}-6\begin{bmatrix}1\\0\end{bmatrix}-6\omega_4\begin{bmatrix}-1\\-1\end{bmatrix}=0$$

$$\begin{bmatrix}0 & 6\\1 & 6\end{bmatrix}\begin{bmatrix}\dot{u}\\\omega_4\end{bmatrix}=\begin{bmatrix}6\\-8\end{bmatrix}$$

(2) $\mathbf{V}_d^{(2)}=-14\mathbf{J}\quad[m/s]$

【풀이 1】

$$\mathbf{V}_d^{(2)}=\mathbf{V}_{d/o}^{(2)}=\mathbf{V}_{d/o}^{(1)}+\boldsymbol{\omega}_{1/2}\times\mathbf{r}_{d/o}=\mathbf{V}_d^{(1)}-\boldsymbol{\omega}_2\times\mathbf{r}_{d/o}=\mathbf{V}_{d/e}^{(1)}-\boldsymbol{\omega}_2\times\mathbf{r}_{d/o}$$

$$=\boldsymbol{\omega}_4\times\mathbf{r}_{d/e}-\boldsymbol{\omega}_2\times\mathbf{r}_{d/o}\qquad\leftarrow\left(\boldsymbol{\omega}_2=\boldsymbol{\omega}_2=\mathbf{k}\right)\ \text{문제 (1)}$$

$$=\mathbf{k}\times\left(-6\mathbf{I}+6\mathbf{J}\right)-\mathbf{k}\times\left(8\mathbf{I}+6\mathbf{J}\right)=\left(-6\mathbf{I}-6\mathbf{J}\right)-\left(-6\mathbf{I}+8\mathbf{J}\right)=-14\mathbf{J}$$

【풀이 2】

(1)을 풀이 3이나 풀이 4의 방법으로 풀었으면

$$\mathbf{V}_d^{(2)} = \dot{u}\mathbf{J} = -14\mathbf{J}$$

【풀이 3】

(1)을 풀이 2의 방법으로 풀었으면

$$\mathbf{V}_d^{(2)} = \omega_{3/2}\mathbf{k} \times \mathbf{r}_{d/c} = (-6-1)\mathbf{k} \times (2\mathbf{I}) = -14\mathbf{J}$$

(3) $\alpha_{4/1} = -\dfrac{4}{3} rad/s^2$

【풀이 1】

$$\mathbf{A}_{d/a} + \mathbf{A}_{e/d} = \mathbf{0}$$

$$\alpha_2\mathbf{k} \times \mathbf{r}_{d/o} - \omega_2^2\mathbf{r}_{d/o} + \mathbf{A}_{d/o}^{(2)} + 2\boldsymbol{\omega}_2 \times \mathbf{V}_{d/o}^{(2)} + \alpha_4\mathbf{k} \times \mathbf{r}_{e/d} - \omega_2^2\mathbf{r}_{e/d} = \mathbf{0}$$

$$(-6\mathbf{I} + 8\mathbf{J}) - (8\mathbf{I} + 6\mathbf{J}) + \ddot{u}\mathbf{J} + 28\mathbf{I} + \alpha_4(6\mathbf{I} + 6\mathbf{J}) - (6\mathbf{I} - 6\mathbf{J}) = \mathbf{0}$$

$$\ddot{u}\mathbf{J} + \alpha_4(6\mathbf{I} + 6\mathbf{J}) = (-8\mathbf{I} - 8\mathbf{J})$$

양변에 **I**에 대한 내적을 취하면

$$6\alpha_4 = -8,\quad \alpha_4 = -4/3 = -1.33\,[rad/s^2]$$

【풀이 2】

$$\mathbf{r}_{d/a} + \mathbf{r}_{e/d} = \mathbf{r}_{e/a}$$

$$(8\mathbf{i} + u\mathbf{j}) + \mathbf{r}_{e/d} = 14\mathbf{I}$$

한번 미분

$$(8\omega_2\mathbf{k} \times \mathbf{i} + u\omega_2\mathbf{k} \times \mathbf{j} + \dot{u}\mathbf{j}) + \omega_4\mathbf{k} \times \mathbf{r}_{e/d} = \mathbf{0}$$

$$(8\omega_2\mathbf{j} - u\omega_2\mathbf{i} + \dot{u}\mathbf{j}) + \omega_4\mathbf{k} \times \mathbf{r}_{e/d} = \mathbf{0} \qquad (*)$$

두 번 미분

$$(8\alpha_2\mathbf{j} - 8\omega_2^2\mathbf{i} - \dot{u}\omega_2\mathbf{i} - u\alpha_2\mathbf{i} - u\omega_2^2\mathbf{j} + \ddot{u}\mathbf{j} - \dot{u}\omega_2\mathbf{i}) + \alpha_4\mathbf{k} \times \mathbf{r}_{e/d} - \omega_4^2\mathbf{r}_{e/d} = \mathbf{0}$$

현재의 위치, 속도 및 알려진 가속도를 대입하면

$$(8\mathbf{J} - 8\mathbf{I} + 14\mathbf{I} - 6\mathbf{I} - 6\mathbf{J} + \ddot{u}\mathbf{J} + 14\mathbf{I}) + \alpha_4(6\mathbf{I} + 6\mathbf{J}) - (6\mathbf{I} - 6\mathbf{J}) = \mathbf{0}$$

$$(2\mathbf{J} + \ddot{u}\mathbf{J} + 14\mathbf{I}) + \alpha_4(6\mathbf{I} + 6\mathbf{J}) - (6\mathbf{I} - 6\mathbf{J}) = \mathbf{0}$$

$$\ddot{u}\mathbf{J} + \alpha_4(6\mathbf{I} + 6\mathbf{J}) + (8\mathbf{I} + 8\mathbf{J}) = \mathbf{0}$$

【풀이 3】

8장에서 유도한 루프폐쇄식

$$(x_q + f(u))\begin{bmatrix}\cos\theta_2\\ \sin\theta_2\end{bmatrix} + (y_q + g(u))\begin{bmatrix}-\sin\theta_2\\ \cos\theta_2\end{bmatrix} = \begin{bmatrix}H + L\cos\theta_4\\ L\sin\theta_4\end{bmatrix}$$

에 문제의 조건을 대입하여

$$8\begin{bmatrix}\cos\theta_2\\ \sin\theta_2\end{bmatrix} + u\begin{bmatrix}-\sin\theta_2\\ \cos\theta_2\end{bmatrix} = 6\sqrt{2}\begin{bmatrix}\cos\theta_4\\ \sin\theta_4\end{bmatrix} + \begin{bmatrix}14\\ 0\end{bmatrix}$$

을 얻는다. 이를 미분하면 속도관계식을 얻는다.

$$8\omega_2\begin{bmatrix}-\sin\theta_2\\ \cos\theta_2\end{bmatrix} + \dot{u}\begin{bmatrix}-\sin\theta_2\\ \cos\theta_2\end{bmatrix} - u\omega_2\begin{bmatrix}\cos\theta_2\\ \sin\theta_2\end{bmatrix} - 6\sqrt{2}\omega_4\begin{bmatrix}-\sin\theta_4\\ \cos\theta_4\end{bmatrix} = 0$$

속도관계식을 미분하면 가속도 관계식을 얻는다

$$8\alpha_2\begin{bmatrix}-\sin\theta_2\\ \cos\theta_2\end{bmatrix} - 8\omega_2^2\begin{bmatrix}\cos\theta_2\\ \sin\theta_2\end{bmatrix} + \ddot{u}\begin{bmatrix}-\sin\theta_2\\ \cos\theta_2\end{bmatrix} - \dot{u}\omega_2\begin{bmatrix}\cos\theta_2\\ \sin\theta_2\end{bmatrix}$$

$$-\dot{u}\omega_2\begin{bmatrix}\cos\theta_2\\ \sin\theta_2\end{bmatrix} - u\alpha_2\begin{bmatrix}\cos\theta_2\\ \sin\theta_2\end{bmatrix} - u\omega_2^2\begin{bmatrix}-\sin\theta_2\\ \cos\theta_2\end{bmatrix} - 6\sqrt{2}\alpha_4\begin{bmatrix}-\sin\theta_4\\ \cos\theta_4\end{bmatrix} + 6\sqrt{2}\omega_4^2\begin{bmatrix}\cos\theta_4\\ \sin\theta_4\end{bmatrix} = 0$$

$$8\alpha_2\begin{bmatrix}-\sin\theta_2\\ \cos\theta_2\end{bmatrix} - 8\omega_2^2\begin{bmatrix}\cos\theta_2\\ \sin\theta_2\end{bmatrix} + \ddot{u}\begin{bmatrix}-\sin\theta_2\\ \cos\theta_2\end{bmatrix} - 2\dot{u}\omega_2\begin{bmatrix}\cos\theta_2\\ \sin\theta_2\end{bmatrix}$$

$$-u\alpha_2\begin{bmatrix}\cos\theta_2\\ \sin\theta_2\end{bmatrix} - u\omega_2^2\begin{bmatrix}-\sin\theta_2\\ \cos\theta_2\end{bmatrix} - 6\sqrt{2}\alpha_4\begin{bmatrix}-\sin\theta_4\\ \cos\theta_4\end{bmatrix} + 6\sqrt{2}\omega_4^2\begin{bmatrix}\cos\theta_4\\ \sin\theta_4\end{bmatrix} = 0$$

$$\ddot{u}\begin{bmatrix}-\sin\theta_2\\ \cos\theta_2\end{bmatrix} - 6\sqrt{2}\alpha_4\begin{bmatrix}-\sin\theta_4\\ \cos\theta_4\end{bmatrix} =$$

$$-8\alpha_2\begin{bmatrix}-\sin\theta_2\\ \cos\theta_2\end{bmatrix} + 8\omega_2^2\begin{bmatrix}\cos\theta_2\\ \sin\theta_2\end{bmatrix} + 2\dot{u}\omega_2\begin{bmatrix}\cos\theta_2\\ \sin\theta_2\end{bmatrix} + u\alpha_2\begin{bmatrix}\cos\theta_2\\ \sin\theta_2\end{bmatrix} + u\omega_2^2\begin{bmatrix}-\sin\theta_2\\ \cos\theta_2\end{bmatrix} - 6\sqrt{2}\omega_4^2\begin{bmatrix}\cos\theta_4\\ \sin\theta_4\end{bmatrix}$$

문제에서 주어진 자세 : $\theta_2 = 0^\circ$, $\theta_4 = 135^\circ$, $u = 6$

속도조건: $\omega_2 = 1$

가속도 조건 : $\alpha_2 = 1$

앞의 문제에서 유도한 속도 조건 : $\dot{u} = -14$, $\omega_2 = 1$

을 대입하면

$$\ddot{u}\begin{bmatrix}0\\ 1\end{bmatrix} + 6\alpha_4\begin{bmatrix}1\\ 1\end{bmatrix} = -8\begin{bmatrix}0\\ 1\end{bmatrix} + 8\begin{bmatrix}1\\ 0\end{bmatrix} - 28\begin{bmatrix}1\\ 0\end{bmatrix} + 6\begin{bmatrix}1\\ 0\end{bmatrix} + 6\begin{bmatrix}0\\ 1\end{bmatrix} - 6\begin{bmatrix}-1\\ 1\end{bmatrix}$$

$$\begin{bmatrix} 0 & 1 \\ 1 & 1 \end{bmatrix}\begin{bmatrix} \ddot{u} \\ 6\alpha_4 \end{bmatrix} = \begin{bmatrix} -8 \\ -8 \end{bmatrix}$$

$$\alpha_4 = -\frac{4}{3}$$

【풀이 4】

링크 2와 3이 구르므로 10장 2절의 구름조건으로부터

$$\mathbf{A}_{c/b} = -\frac{\omega_{3/2}^2}{0+(1/2)}\mathbf{N} = -2\omega_{3/2}^2\mathbf{N}$$

$$\mathbf{A}_{b/a} + \mathbf{A}_{c/b} + \mathbf{A}_{d/c} + \mathbf{A}_{e/d} = \mathbf{0}$$

$$\alpha_2\mathbf{k}\times\mathbf{r}_{b/a} - \omega_2^2\mathbf{r}_{b/a} - 2\omega_{3/2}^2\mathbf{N} + \alpha_3\mathbf{k}\times\mathbf{r}_{d/c} - \omega_3^2\mathbf{r}_{d/c} + \alpha_4\mathbf{k}\times\mathbf{r}_{e/d} - \omega_4^2\mathbf{r}_{e/d} = \mathbf{0}$$

속도해석의 결과 풀이 2의 (1)

$$\omega_3 = -6,\ \omega_4 = 1$$

을 대입하면

$$(-6\mathbf{I}+6\mathbf{J}) - (6\mathbf{I}+6\mathbf{J}) + 98\mathbf{I} + \alpha_3(2\mathbf{J}) - 72\mathbf{I} + \alpha_4(6\mathbf{I}+6\mathbf{J}) - (6\mathbf{I}-6\mathbf{J}) = \mathbf{0}$$

$$2\alpha_3\mathbf{J} + \alpha_4(6\mathbf{I}+6\mathbf{J}) = -8\mathbf{I} - 6\mathbf{J}$$

$$\alpha_3\mathbf{J} + \alpha_4(3\mathbf{I}+3\mathbf{J}) = -4\mathbf{I} - 3\mathbf{J}$$

양변에 **I**에 대한 내적을 취하면

$$6\alpha_4 = -8,\ \ \alpha_4 = -4/3 = -1.33\,[rad/s^2],$$

$$\alpha_3 = 1\,[rad/s^2]$$

(4) $\mathbf{A}_d^{(1)} = 14\mathbf{I} + 2\mathbf{J} \quad [m/s^2]$

【풀이】

$$\mathbf{A}_d^{(1)} = \mathbf{A}_{d/e}^{(1)} = \alpha_4\mathbf{k}\times\mathbf{r}_{d/e} - \omega_4^2\mathbf{r}_{d/e}$$

$$= \left(-\frac{4}{3}\right)(-6\mathbf{I}-6\mathbf{J}) - (-6\mathbf{I}+6\mathbf{J}) = (8\mathbf{I}+8\mathbf{J}) - (-6\mathbf{I}+6\mathbf{J}) = 14\mathbf{I}+2\mathbf{J}$$

문제 5 8장 연습문제에 주어진 경우에 대해 가속도해석을 수행하시오.

문제 6 8장 연습문제에 주어진 기구들의 가속도해석들 간의 관계에 대해 논하시오. 예를 들어, 8장 연습문제 5의 가속도해석의 결과를 사용하여 연습문제 6의 가속도해석을 수행하는 방법을 논하시오.

문제 7 그림의 각 칸은 1m이다. 원통형의 4번 링크가 지면인 1번 링크에 대해 구른다. 여기서, $g\in(1)$, $o=(12)$, $d=(23)$, $e=(34)$, $c\in(4)$, $a\in(4)$. **I**와 **J**는 그림에 제시된 방향의 서로 직교하는 단위벡터이다.

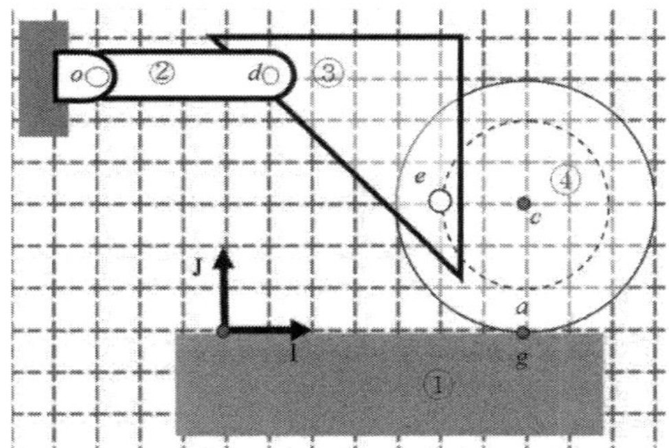

(1) 위치 해석을 위해 루프 폐쇄식을 아래와 같이 수립하였다. 빈 칸을 채우시오.

$$\mathbf{r}_{d/o}+\mathbf{r}_{e/d}+\mathbf{r}_{c/e}=\mathbf{r}_{c/o}$$

$$4\begin{bmatrix}\cos\theta_2\\ \sin\theta_2\end{bmatrix}+[\quad]\begin{bmatrix}\cos\theta_3\\ \sin\theta_3\end{bmatrix}+2\begin{bmatrix}[\quad]\theta_4\\ [\quad]\theta_4\end{bmatrix}=\begin{bmatrix}10-[\quad]\theta_4\\ -3\end{bmatrix}$$

여기서, θ_4 는 그림의 자세로부터 강체 4번이 반시계 방향으로 회전한 각이다.

(2) 그림의 자세에서 순간 중심 (13)을 구하여 그림에 명확히 표시하시오.

(3) 그림의 자세에서 $\omega_{2/1}=1\,rad/s$ 일 때, $\omega_{4/1}$, $\omega_{3/1}$를 구하시오.

(4) 그림의 자세에서 $\omega_{2/1}=1\,rad/s$, $\alpha_{2/1}=0\,rad/s$ 일 때, $\alpha_{4/1}$는?

답

(1) $4\begin{bmatrix}\cos\theta_2\\ \sin\theta_2\end{bmatrix}+5\begin{bmatrix}\cos\theta_3\\ \sin\theta_3\end{bmatrix}+2\begin{bmatrix}\cos\theta_4\\ \sin\theta_4\end{bmatrix}=\begin{bmatrix}10-3\theta_4\\ -3\end{bmatrix}$

(2)

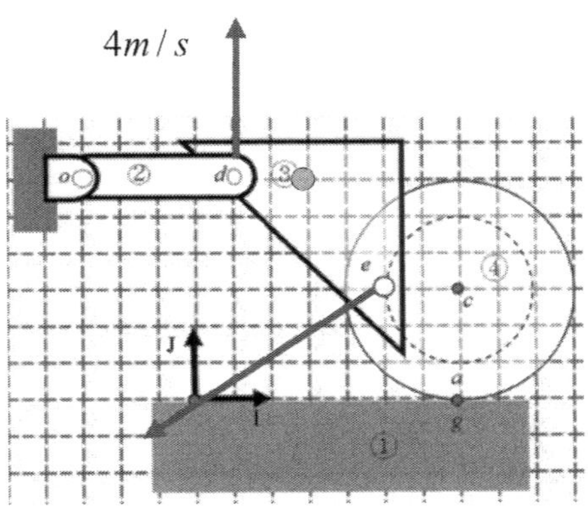

(3) $\omega_{4/1} = 2(rad/s)$, $\omega_{3/1} = -2(rad/s)$

(4) $\alpha_{4/1} = \dfrac{74}{3} = 24.6667 \quad (rad/s^2)$

풀이

(3)

【풀이 1】 순간 중심을 이용

$$\mathbf{V}_d = \boldsymbol{\omega}_3 \times \mathbf{r}_{d/o} = (1\mathbf{k}) \times (4\mathbf{I}) = 4\mathbf{J}$$

순간 중심 $m = (13)$로부터,

$$|\omega_3| = \frac{V_d}{r_{d/m}} = \frac{V_e}{r_{e/m}} \quad , \; |\omega_3| = \frac{4}{2} = \frac{V_e}{\sqrt{13}}, \; V_e = 2\sqrt{13}$$

순간 중심 $n = (14)$로부터,

$$|\omega_4| = \frac{V_e}{r_{e/g}} = \frac{2\sqrt{13}}{\sqrt{13}} = 2$$

그림으로부터, 방향을 고려하면, $\omega_3 = -2$, $\omega_4 = 2$.

【풀이 2】 속도 루프 폐쇄식

$$\mathbf{V}_{d/o} + \mathbf{V}_{e/d} + \mathbf{V}_{a/e} = \mathbf{V}_a, \; \mathbf{V}_a = \mathbf{0} \; (\text{구름 조건})$$

$$\boldsymbol{\omega}_2 \times \mathbf{r}_{d/o} + \boldsymbol{\omega}_3 \times \mathbf{r}_{e/d} + \boldsymbol{\omega}_4 \times \mathbf{r}_{a/e} = \mathbf{0}$$

$$\mathbf{k} \times (4\mathbf{I}) + \omega_3 \mathbf{k} \times (4\mathbf{I} - 3\mathbf{J}) + \omega_4 \mathbf{k} \times (2\mathbf{I} - 3\mathbf{J}) = \mathbf{0}$$

$$(4\mathbf{I}) + \omega_3 (4\mathbf{I} - 3\mathbf{J}) + \omega_4 (2\mathbf{I} - 3\mathbf{J}) = \mathbf{0}$$

$$\omega_3 (4\mathbf{I} - 3\mathbf{J}) + \omega_4 (2\mathbf{I} - 3\mathbf{J}) = -4\mathbf{I}$$

$$\begin{bmatrix} 4 & 2 \\ -3 & -3 \end{bmatrix} \begin{bmatrix} \omega_3 \\ \omega_4 \end{bmatrix} = \begin{bmatrix} -4 \\ 0 \end{bmatrix}, \; \begin{bmatrix} \omega_3 \\ \omega_4 \end{bmatrix} = \frac{1}{-6} \begin{bmatrix} -3 & -2 \\ 3 & 4 \end{bmatrix} \begin{bmatrix} -4 \\ 0 \end{bmatrix} = \begin{bmatrix} -2 \\ 2 \end{bmatrix}$$

【풀이 3】 위치 관계식을 미분

$$4\begin{bmatrix} \cos\theta_2 \\ \sin\theta_2 \end{bmatrix} + 5\begin{bmatrix} \cos\theta_3 \\ \sin\theta_3 \end{bmatrix} + 2\begin{bmatrix} \cos\theta_4 \\ \sin\theta_4 \end{bmatrix} = \begin{bmatrix} 10 - 3\theta_4 \\ -3 \end{bmatrix}$$

$$4\omega_2 \begin{bmatrix} -\sin\theta_2 \\ \cos\theta_2 \end{bmatrix} + 5\omega_3 \begin{bmatrix} -\sin\theta_3 \\ \cos\theta_3 \end{bmatrix} + 2\omega_4 \begin{bmatrix} -\sin\theta_4 \\ \cos\theta_4 \end{bmatrix} = \omega_4 \begin{bmatrix} -3 \\ 0 \end{bmatrix}$$

$$5\omega_3 \begin{bmatrix} -\sin\theta_3 \\ \cos\theta_3 \end{bmatrix} + \omega_4 \begin{bmatrix} -2\sin\theta_4 + 3 \\ 2\cos\theta_4 \end{bmatrix} = -4\omega_2 \begin{bmatrix} -\sin\theta_2 \\ \cos\theta_2 \end{bmatrix}$$

$$\omega_3\begin{bmatrix}3\\4\end{bmatrix}+\omega_4\begin{bmatrix}3\\2\end{bmatrix}=-4\cdot 1\cdot\begin{bmatrix}0\\1\end{bmatrix}$$

$$\begin{bmatrix}3&3\\4&2\end{bmatrix}\begin{bmatrix}\omega_3\\\omega_4\end{bmatrix}=-4\cdot\begin{bmatrix}0\\1\end{bmatrix},\ \begin{bmatrix}\omega_3\\\omega_4\end{bmatrix}=\frac{-4}{-6}\begin{bmatrix}2&-3\\-4&3\end{bmatrix}\begin{bmatrix}0\\1\end{bmatrix}=\frac{2}{3}\begin{bmatrix}-3\\3\end{bmatrix}=\begin{bmatrix}-2\\2\end{bmatrix}$$

(4)

【풀이 1】

루프폐쇄식 $\mathbf{A}_{d/o}+\mathbf{A}_{e/d}+\mathbf{A}_{a/e}=\mathbf{A}_a$

$$\left(\alpha_2\mathbf{k}\times\mathbf{r}_{d/o}-\omega_2^2\mathbf{r}_{d/o}\right)+\left(\alpha_3\mathbf{k}\times\mathbf{r}_{e/d}-\omega_3^2\mathbf{r}_{e/d}\right)+\left(\alpha_4\mathbf{k}\times\mathbf{r}_{a/e}-\omega_4^2\mathbf{r}_{a/e}\right)=R\omega_4^2\mathbf{J}$$

$(R=3m)$

$$\alpha_3\left(\mathbf{k}\times\mathbf{r}_{e/d}\right)+\alpha_4\left(\mathbf{k}\times\mathbf{r}_{a/e}\right)=\omega_2^2\mathbf{r}_{d/o}+\omega_3^2\mathbf{r}_{e/d}+\omega_4^2\mathbf{r}_{a/e}+R\omega_4^2\mathbf{J}$$

$$\begin{bmatrix}3&3\\4&2\end{bmatrix}\begin{bmatrix}\alpha_3\\\alpha_4\end{bmatrix}=\begin{bmatrix}4\\0\end{bmatrix}+4\begin{bmatrix}4\\-3\end{bmatrix}+4\begin{bmatrix}2\\-3\end{bmatrix}+12\begin{bmatrix}0\\1\end{bmatrix},\qquad \begin{bmatrix}3&3\\4&2\end{bmatrix}\begin{bmatrix}\alpha_3\\\alpha_4\end{bmatrix}=\begin{bmatrix}28\\-12\end{bmatrix}$$

$$\begin{bmatrix}\alpha_3\\\alpha_4\end{bmatrix}=-\frac{1}{6}\begin{bmatrix}2&-3\\-4&3\end{bmatrix}\begin{bmatrix}28\\-12\end{bmatrix}=-\frac{1}{3}\begin{bmatrix}2&-3\\-4&3\end{bmatrix}\begin{bmatrix}14\\-6\end{bmatrix}=-\frac{1}{3}\begin{bmatrix}46\\-74\end{bmatrix}=\begin{bmatrix}-15.3333\\24.6667\end{bmatrix}$$

【풀이 2】 원통에 특화된 해법

원통의 구름 성질로부터

$$x_c=10m-R\theta_4,\ \mathbf{V}_c=-R\omega_4\mathbf{I},\ \mathbf{A}_c=-R\alpha_4\mathbf{I}$$

루프폐쇄식

$$\mathbf{A}_{d/o}+\mathbf{A}_{e/d}+\mathbf{A}_{c/e}=\mathbf{A}_c$$

$$\left(\alpha_2\mathbf{k}\times\mathbf{r}_{d/o}-\omega_2^2\mathbf{r}_{d/o}\right)+\left(\alpha_3\mathbf{k}\times\mathbf{r}_{e/d}-\omega_3^2\mathbf{r}_{e/d}\right)+\left(\alpha_4\mathbf{k}\times\mathbf{r}_{c/e}-\omega_4^2\mathbf{r}_{c/e}\right)=-R\alpha_4\mathbf{I}$$

$$\alpha_3\left(\mathbf{k}\times\mathbf{r}_{e/d}\right)+\alpha_4\left[\left(\mathbf{k}\times\mathbf{r}_{c/e}\right)+R\mathbf{I}\right]=\omega_2^2\mathbf{r}_{d/o}+\omega_3^2\mathbf{r}_{e/d}+\omega_4^2\mathbf{r}_{c/e}$$

$$\alpha_3\left(\mathbf{k}\times\mathbf{r}_{e/d}\right)+\alpha_4\left[2\mathbf{J}+3\mathbf{I}\right]=\omega_2^2\mathbf{r}_{d/o}+\omega_3^2\mathbf{r}_{e/d}+\omega_4^2\mathbf{r}_{c/e}$$

$$\begin{bmatrix}3&3\\4&2\end{bmatrix}\begin{bmatrix}\alpha_3\\\alpha_4\end{bmatrix}=\begin{bmatrix}4\\0\end{bmatrix}+4\begin{bmatrix}4\\-3\end{bmatrix}+4\begin{bmatrix}2\\0\end{bmatrix},$$

$$\begin{bmatrix}3&3\\4&2\end{bmatrix}\begin{bmatrix}\alpha_3\\\alpha_4\end{bmatrix}=\begin{bmatrix}28\\-12\end{bmatrix}$$ 【풀이 1】에서 수립된 방정식과 동일

【풀이 3】 위치 관계식을 직접 미분

$$4\begin{bmatrix}\cos\theta_2\\ \sin\theta_2\end{bmatrix}+5\begin{bmatrix}\cos\theta_3\\ \sin\theta_3\end{bmatrix}+2\begin{bmatrix}\cos\theta_4\\ \sin\theta_4\end{bmatrix}=\begin{bmatrix}10-3\theta_4\\ -3\end{bmatrix}$$

$$4\omega_2\begin{bmatrix}-\sin\theta_2\\ \cos\theta_2\end{bmatrix}+5\omega_3\begin{bmatrix}-\sin\theta_3\\ \cos\theta_3\end{bmatrix}+2\omega_4\begin{bmatrix}-\sin\theta_4\\ \cos\theta_4\end{bmatrix}=\omega_4\begin{bmatrix}-3\\ 0\end{bmatrix}$$

$$4\omega_2\begin{bmatrix}-\sin\theta_2\\ \cos\theta_2\end{bmatrix}+5\omega_3\begin{bmatrix}-\sin\theta_3\\ \cos\theta_3\end{bmatrix}+\omega_4\begin{bmatrix}-2\sin\theta_4+3\\ 2\cos\theta_4\end{bmatrix}=\begin{bmatrix}0\\ 0\end{bmatrix}$$

$$4\alpha_2\begin{bmatrix}-\sin\theta_2\\ \cos\theta_2\end{bmatrix}+5\alpha_3\begin{bmatrix}-\sin\theta_3\\ \cos\theta_3\end{bmatrix}+\alpha_4\begin{bmatrix}-2\sin\theta_4+3\\ 2\cos\theta_4\end{bmatrix}=4\omega_2^2\begin{bmatrix}\cos\theta_2\\ \sin\theta_2\end{bmatrix}+5\omega_3^2\begin{bmatrix}\cos\theta_3\\ \sin\theta_3\end{bmatrix}+2\omega_4^2\begin{bmatrix}\cos\theta_4\\ \sin\theta_4\end{bmatrix}$$

$$5\alpha_3\begin{bmatrix}-\sin\theta_3\\ \cos\theta_3\end{bmatrix}+\alpha_4\begin{bmatrix}-2\sin\theta_4+3\\ 2\cos\theta_4\end{bmatrix}=4\omega_2^2\begin{bmatrix}\cos\theta_2\\ \sin\theta_2\end{bmatrix}+5\omega_3^2\begin{bmatrix}\cos\theta_3\\ \sin\theta_3\end{bmatrix}+2\omega_4^2\begin{bmatrix}\cos\theta_4\\ \sin\theta_4\end{bmatrix}$$

$$\alpha_3\begin{bmatrix}3\\ 4\end{bmatrix}+\alpha_4\begin{bmatrix}-2\cdot 0+3\\ 2\end{bmatrix}=1^2\begin{bmatrix}4\\ 0\end{bmatrix}+4\begin{bmatrix}4\\ -3\end{bmatrix}+4\begin{bmatrix}2\\ 0\end{bmatrix}$$

$$\begin{bmatrix}3 & 3\\ 4 & 2\end{bmatrix}\begin{bmatrix}\alpha_3\\ \alpha_4\end{bmatrix}=\begin{bmatrix}28\\ -12\end{bmatrix}$$ 【풀이 1】에서 수립된 방정식과 동일

제 12 장

구름접촉

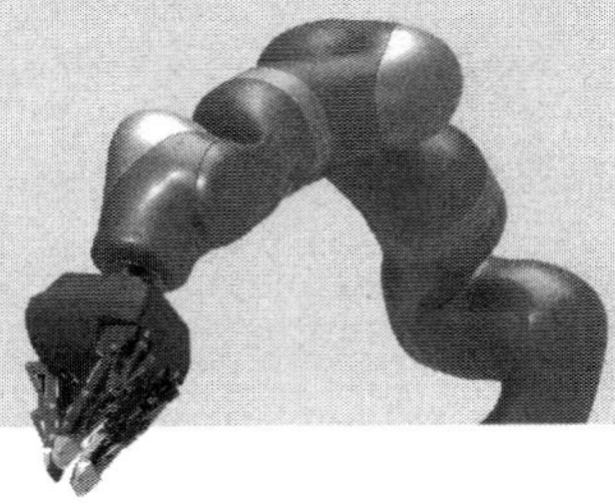

구름접촉을 유지하는 두 물체 사이의 상대 각속도 및 각가속도에 의해 두 물체 사이의 상대운동이 결정된다. 두 물체의 접촉점에 위치한 각 물체에 고정된 점 사이의 상대 속도는 0, 상대가속도는 경계면의 공통 법선 방향 성분만을 가진다.

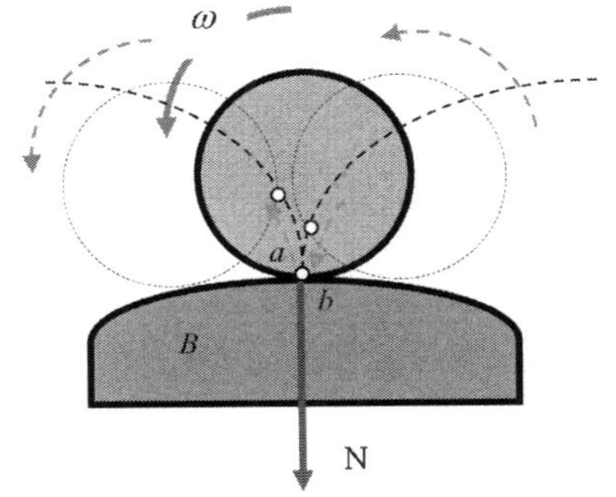

$$\mathbf{V}_{a/b}^{G} = \mathbf{0}$$

$$\mathbf{A}_{a/b}^{G} = -\frac{\omega_{A/B}^{2}}{\kappa_A + \kappa_B}\mathbf{N}$$

1 구름조건

정의

두 물체가 접촉하고 있을 때, 두 물체의 경계를 따라 접촉점이 이동한 거리가 일치하면 두 물체가 구른다고 한다.

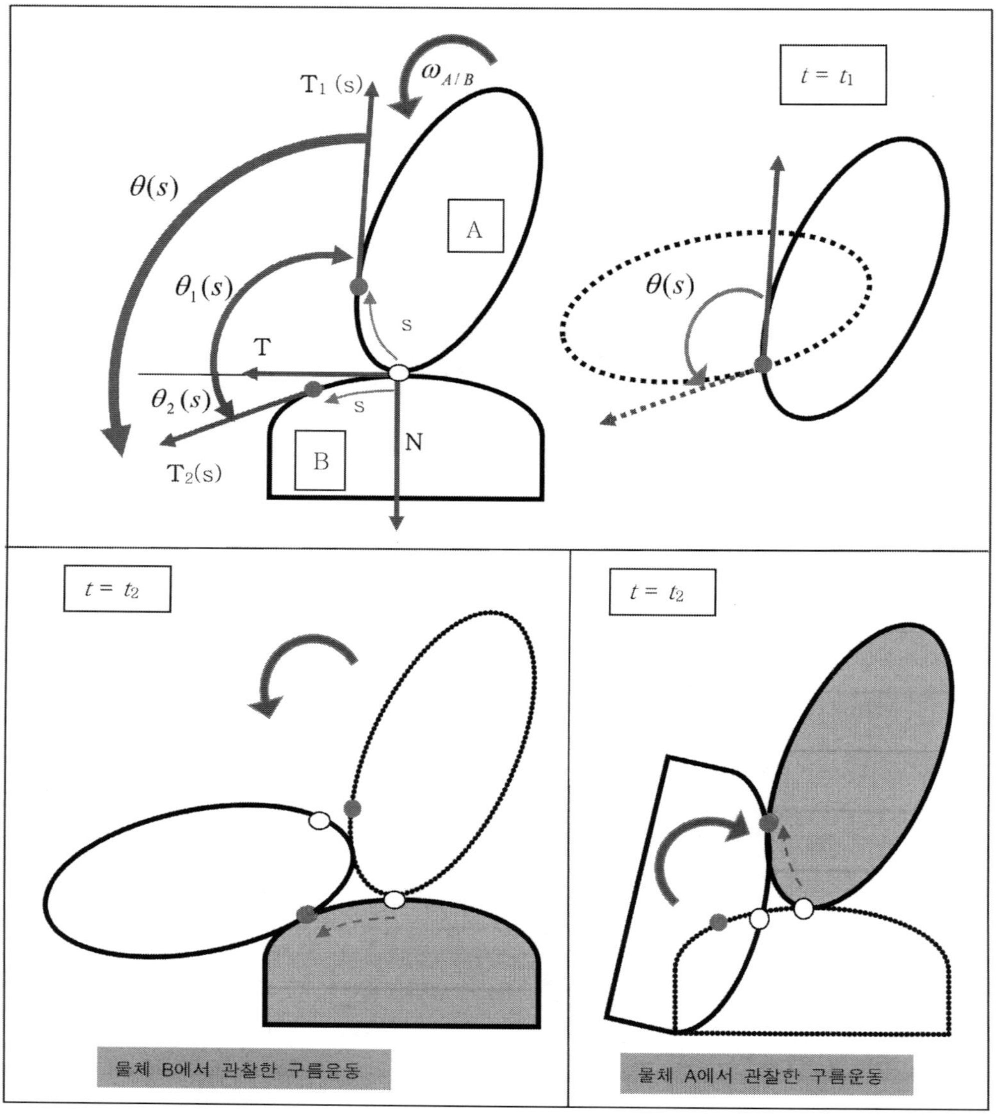

〈그림 12.1〉 각 물체에서 관찰한 접촉점의 이동

<그림 12.1>의 첫 번째 그림은 정지해 있는 물체 B 위에서 각속도 $\omega_{A/B}$ 로 구르고 있는 물체 A를 시각 $t=t_1$ 에서 묘사한 것이다. 하얀 점이 주어진 순간의 접촉점을 나타낸다. 시간이 경과함에 따라, 접촉점이 B의 경계선을 따라 움직이는데 시각 t_2 에서의 접촉점의 위치가 B의 경계 위의 색칠된 점으로 표시되어 있다. 마찬가지로 물체 A를 고정시킨 상대 운동을 고려하면 접촉점이 물체 A 위에서도 그 경계를 따라 움직인다고 볼 수 있다. <그림 12.1>의 하단 참조. 즉, 접촉점이 각 물체의 경계를 따라 이동하고 있다. 구름운동의 정의에 의하여 두 순간, t_1, t_2 사이에 접촉점이 각 물체 위에서 이동한 거리가 일치한다. 두 물체가 접촉점에서 접하므로 각 물체 위에서의 접촉점의 궤적의 접선 방향도 일치하게 된다. 접촉점의 이동거리를 s, 이 공통접선 방향의 단위 벡터를 $\mathbf{T}$로 표기하여 두 물체에서 관찰한 접촉점의 속도를 표기하면 다음과 같다.

$$\mathbf{V}_C^A = \mathbf{V}_C^B = \dot{s}\mathbf{T} \equiv \mathbf{V}_C \tag{1}$$

즉, 접촉점의 속도의 일치성이 이동거리의 일치성으로부터 자연스럽게 유도된다.

한편, a를 주어진 순간 접촉점에 위치한 물체 A에 고정된 점이라 하고, b를 그 순간 접촉점에 위치한 물체 B에 고정된 점이라 하자. 이 때, 세 점 C, a, b의 위치가 일치하게 된다: $\mathbf{r}_{C/b} = \mathbf{r}_{C/a} = \mathbf{0}$. 제 3의 물체 G에서 관찰하였을 때, 두 점 a, b의 상대속도를 다음과 같이 구할 수 있다.

$$\mathbf{V}_{a/b}^G = \mathbf{V}_{C/b}^G - \mathbf{V}_{C/a}^G = \left(\mathbf{V}_{C/b}^B + \boldsymbol{\omega}_{B/G} \times \mathbf{r}_{C/b}\right) - \left(\mathbf{V}_{C/a}^A + \boldsymbol{\omega}_{A/G} \times \mathbf{r}_{C/a}\right) = \mathbf{V}_C^B - \mathbf{V}_C^A = \dot{s}\mathbf{T} - \dot{s}\mathbf{T} = \mathbf{0}$$

즉, 접촉점 C에 위치한 두 물체에 고정된 점의 속도가 일치하게 된다:

$$\mathbf{V}_{a/b}^G = \mathbf{0}, \ \ \mathbf{V}_a^G = \mathbf{V}_b^G \tag{2}$$

순간중심의 정의에 의해, 접촉점 C가 접촉을 이루는 두 물체의 순간 중심이기도 하다. 위 식의 특별한 경우로 $G=A$, B를 각기 대입하여 아래를 얻는다.

$$\mathbf{V}_a^B = \mathbf{0}, \ \ \mathbf{V}_b^A = \mathbf{0} \tag{3}$$

즉, 구름접촉을 유지하는 두 물체 중 한 물체의 움직임이 없다고 할 때, 접촉점에 위치한 다른 물체에 고정된 점의 속도가 **0**이다.

참고

일반적으로는 위치가 일치하는 두 점, $a \in A$, $b \in B$ 에 대하여

$$\mathbf{V}^{G}_{a/b} = \mathbf{V}^{B}_{a} = -\mathbf{V}^{A}_{b}$$

이를 다음과 같이 유도한다:

$$\mathbf{V}^{B}_{a} = \mathbf{V}^{B}_{a/b} = \mathbf{V}^{A}_{a/b} + \boldsymbol{\omega}_{A/B} \times \mathbf{r}_{a/b} = \mathbf{V}^{A}_{a/b} = -\mathbf{V}^{A}_{b/a} = -\mathbf{V}^{A}_{b}$$

$$\mathbf{V}^{B}_{a} = \mathbf{V}^{B}_{a/b} = \mathbf{V}^{G}_{a/b} + \boldsymbol{\omega}_{G/B} \times \mathbf{r}_{a/b} = \mathbf{V}^{G}_{a/b}$$

참고

이와 같이, 어떤 '점'의 움직임과 그 점과 같은 위치에 있는 물체에 고정된 점의 움직임을 잘 구별하여야 한다. 지면에 대해 구르는 원통의 순간중심의 속도가 원통 중심의 속도와 일치한다. 하지만 순간중심이 가리키는 위치에 있는 원통에 고정된 점의 속도는 0이다. (참조 7.2절)

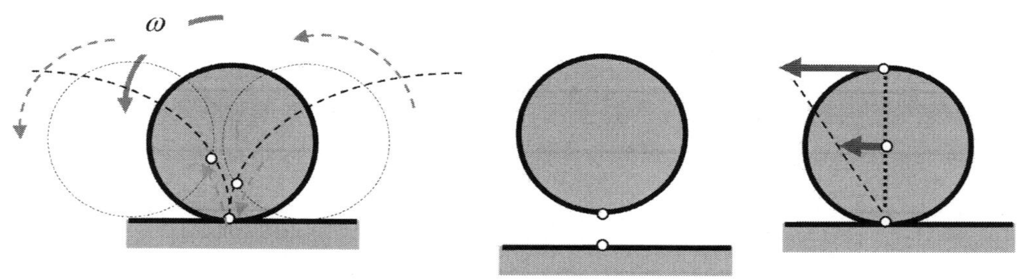

〈그림 12.2〉 접촉점과 접촉점에 위치한 강체에 고정된 점

정리 12.1

두 강체 A와 B가 구를 때, 접촉점 C에 위치한 물체 A에 부착된 점을 a라 하고, 물체 B에 부착된 점을 b라 하면, 다음이 성립한다.

(1) $\mathbf{V}^{A}_{C} = \mathbf{V}^{B}_{C} = \dot{s}\mathbf{T} \equiv \mathbf{V}_{C}$

(2) $\mathbf{V}^{G}_{a/b} = \mathbf{0}$, $\mathbf{V}^{G}_{a} = \mathbf{V}^{G}_{b}$

(3) $\mathbf{V}^{B}_{a} = \mathbf{0}$, $\mathbf{V}^{A}_{b} = \mathbf{0}$

(4) 두 물체의 접촉점 C가 두 물체의 순간 중심이다.

<그림 12.1>에서 접촉점이 s만큼 이동한 시각 t_2 에서의 물체 A의 물체 B에 대한 상대 각변위 θ가 그림에 표시된 각 θ_1과 θ_2의 합으로 표시되므로 다음이 성립한다.

$$\frac{d\theta}{ds} = \frac{d}{ds}[\theta_1 + \theta_2] = \kappa_A + \kappa_B$$

이로부터 다음의 상대 각속도와 접촉점의 이동거리 간의 관계식을 얻는다.

$$\omega_{A/B} \equiv \dot{\theta} = \dot{\theta}_1 + \dot{\theta}_2 = \dot{s} \cdot (\kappa_A + \kappa_B) \tag{4}$$

이를 **구름조건**이라 하자. 여기서, κ_A는 A의 접촉점에서의 곡률이며, B에 대해서도 마찬가지로 표기한다. 이 식을 유도함에 있어 두 물체가 모두 볼록하다고 생각하였고, 곡률의 정의,

$$\kappa_A \equiv \left|\frac{d\theta_1}{ds}\right| \text{와 } \kappa_B \equiv \left|\frac{d\theta_2}{ds}\right|$$

를 사용하였다. 두 물체가 모두 볼록하면 θ_1과 θ_2 모두 s에 대해 증가하므로 $d\theta_1/ds$와 $d\theta_2/ds$가 모두 양수임을 알 수 있으며, 곡률의 정의에서 절대값 기호를 무시할 수 있다. 만약, 오목한 물체가 있다면 관련공식에서 해당 곡률 앞에 음수 기호를 사용하여야 한다. 또한, 물체 B가 아래쪽에 있다는 설정 하에, 접촉점이 왼쪽으로 이동할 때, $\dot{s}$을 양의 방향으로 설정했음에 주의하여야 한다. 이를 정리하면 다음과 같다.

정리 12.2 – 구름조건

두 물체 A와 B가 서로 구르고 있을 때, 접촉점의 이동 속력을 $V_C (= \dot{s})$로 표기하면

$$V_C = \frac{\omega_{A/B}}{\kappa_A + \kappa_B} = \dot{s} \tag{5}$$

다시 말해,

$$\frac{d}{ds}\theta_{A/B} = \kappa_A + \kappa_B$$

여기서, 곡률의 기호는 해당 물체의 경계선이 접촉점에서 볼록하면 ⊕, 오목하면 ⊖이고, V_C는 B가 접촉평면 아래쪽에 있다는 설정 하에, 접촉점이 왼쪽으로 이동할 때, ⊕임.

순간 중심 C가 각 물체 위에서 이동함을 상기하고, 각 물체에서 관찰한 순간중심의 가속도를 표현하면 다음과 같다:

$$\mathbf{A}_C^A = \ddot{s}\mathbf{T} - \kappa_A \dot{s}^2 \mathbf{N}$$

$$\mathbf{A}_C^B = \ddot{s}\mathbf{T} + \kappa_B \dot{s}^2 \mathbf{N}.$$

여기서, s는 순간 중심의 이동거리이고, **N**은 경계선에 수직하면서 물체 B쪽으로 향하는 단위벡터이다. 정리 12.2와 같이 곡률에 대해 부호를 주고 있음에 주의하라. $\mathbf{V}_C^A = \dot{s}\mathbf{T}$ 와 위의 가속도 관계식에 기반하여, A에 고정된 점 a의 가속도를 다음과 같이 표현할 수 있다:

$$\begin{aligned}\mathbf{A}_a^B &= \mathbf{A}_C^B + \mathbf{A}_{a/C}^B = \mathbf{A}_C^B - \mathbf{A}_{C/a}^B = \mathbf{A}_C^B - \left\{\mathbf{A}_{C/a}^A + 2\boldsymbol{\omega}_{A/B} \times \mathbf{V}_C^A\right\} \\ &= \mathbf{A}_C^B - \mathbf{A}_C^A - \left(2\omega_{A/B} \cdot \dot{s}\right) \cdot \mathbf{N} \\ &= (\kappa_A + \kappa_B - 2\omega_{A/B} / \dot{s})\dot{s}^2\mathbf{N}\end{aligned}$$

이제, 정리 12.2 구름조건 $\omega_{A/B} = \dot{s} \cdot (\kappa_A + \kappa_B)$ 을 위 식에 대입하면,

$$\mathbf{A}_a^B = -(\kappa_A + \kappa_B)\dot{s}^2\mathbf{N} = -\frac{\omega_{A/B}^2}{\kappa_A + \kappa_B}\mathbf{N} \tag{6}$$

의 관계식이 성립한다. 한편, 제 3의 물체 G에서 관찰하면,

$$\mathbf{A}_{a/b}^G = \mathbf{A}_{a/b}^B + 2\boldsymbol{\omega}_{B/G} \times \mathbf{V}_{a/b}^B = \mathbf{A}_a^B \tag{7}$$

또,
$$\mathbf{A}_{a/b}^G = \mathbf{A}_{a/b}^A + 2\boldsymbol{\omega}_{A/G} \times \mathbf{V}_{a/b}^A = -\mathbf{A}_{b/a}^A = -\mathbf{A}_b^A$$

이를 정리하여 접촉점에 위치한 두 점 사이의 관계를 표시하면 다음과 같다.

정리 12.3

두 강체 A와 B가 구를 때, 접촉점에 위치한 물체 A에 부착된 점을 a라 하고, 물체 B에 부착된 점을 b라 하면, 다음이 성립한다.

$$\mathbf{A}_{a/b}^G = \mathbf{A}_a^B = -\mathbf{A}_b^A = -(\kappa_A + \kappa_B)\dot{s}^2\mathbf{N} = -\frac{\omega_{A/B}^2}{\kappa_A + \kappa_B}\mathbf{N} \tag{6, 7}$$

이 때, **N**은 경계선에 수직하면서 물체 B쪽으로 향하는 단위벡터이고, 곡률에 대한 부호 규약은 정리 12.2를 따른다.

문제 1 <그림 12.2>와 같이 지면 B에 대해 반경 R인 원통 A가 각속도 ω와 각가속도 α로 구르고 있다. 접촉점에 위치한 물체 A에 고정된 점 a의 지면에서 관찰한 가속도는?

풀이 $\kappa_A = 1/R$, $\kappa_B = 0$, $\omega_{A/B} = \omega$를 정리 12.3에 대입하여,

$$\mathbf{A}_a^B = -R\omega^2\mathbf{N}$$

여기서, **N**은 지면 안쪽으로 향하며 지면에 수직인 단위벡터

참고

지면을 구르는 강체의 경계선에 고정된 한 점 p가 그리는 궤적을 싸이클로이드cycloid라고 한다. <그림 12.2> 참조. 그 궤적을 회전각 θ를 매개로 다음과 같이 표현할 수 있다.

$$\begin{bmatrix} x \\ y \end{bmatrix} = R\begin{bmatrix} -\theta + \sin\theta \\ 1-\cos\theta \end{bmatrix}$$

여기서, $\theta = 2n\pi\ (n = 1,2,\cdots)$일 때마다 점 p가 지면과 접촉하게 된다. 이를 시간에 대해 두 번 미분하여 점 p의 가속도벡터를 구할 수 있다.

$$\begin{bmatrix} \dot{x} \\ \dot{y} \end{bmatrix} = R\omega\begin{bmatrix} -1+\cos\theta \\ \sin\theta \end{bmatrix}, \quad \begin{bmatrix} \ddot{x} \\ \ddot{y} \end{bmatrix} = R\omega^2\begin{bmatrix} -\sin\theta \\ \cos\theta \end{bmatrix}$$

이 가속도벡터에 점 p가 지면과 접촉하는 순간을 나타내는 조건

$$\theta = 2n\pi\ (n = 1,2,\cdots)$$

를 대입하면, 다음과 같이 정리 3을 이용한 것과 동일한 결과를 얻는다.

$$\begin{bmatrix} \ddot{x} \\ \ddot{y} \end{bmatrix}_{\theta=2n\pi} = \begin{bmatrix} 0 \\ R\omega^2 \end{bmatrix}$$

연구문제 접촉점이 이동하는 가속도의 경계면 접선방향 성분 $\ddot{s}$을 곡률, 각속도, 각가속도로 표현하여 보시오.

답

$$\ddot{s} = \frac{1}{\kappa_A + \kappa_B}\left(\alpha_{A/B} - \frac{\kappa_A' + \kappa_B'}{(\kappa_A + \kappa_B)^2}\omega_{A/B}^2\right) \text{ 여기서, } \kappa_A' \equiv \frac{d\kappa_A}{ds},\ \kappa_B' \equiv \frac{d\kappa_B}{ds}$$

풀이 구름조건 식 (5) $\omega_{A/B} \equiv \dot{\theta} = \dot{\theta}_1 + \dot{\theta}_2 = \dot{s}\cdot(\kappa_A + \kappa_B)$를 시간에 대해 미분한다.

2 프레임에서 관찰한 구름운동

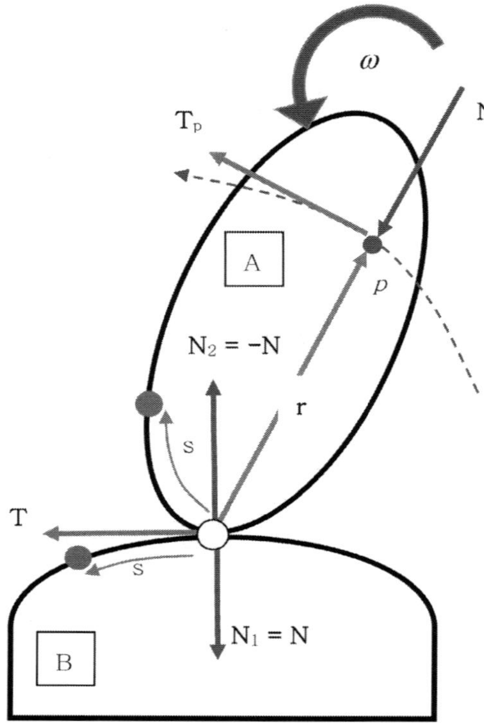

〈그림 12.3〉 구르는 물체에 고정된 점의 가속도

물체 B 위를 구르고 있는 물체 A에 고정된 점 p의 속도 및 가속도에 관심이 있다. 접촉점에서 p까지의 위치 벡터를 $\mathbf{r}$로 표현하고 그 크기를 $r = \|\mathbf{r}\|$로 표기하자. 또, $-\mathbf{r}(= \mathbf{k} \times \mathbf{k} \times \mathbf{r})$ 방향의 단위 벡터를 $\mathbf{N}_p$라 하고 $\mathbf{k} \times \mathbf{r}$ 방향의 단위 벡터를 $\mathbf{T}_p$라 하자.

$\mathbf{V}_a^B = \mathbf{0}$ 으로부터 점 p의 속도가 다음과 같다.

$$\mathbf{V}_p^B = \mathbf{V}_a^B + \mathbf{V}_{p/a}^B = \boldsymbol{\omega}_{A/B} \times \mathbf{r} = r\omega_{A/B}\mathbf{T}_p$$

또,

$$\mathbf{V}_p^G = \mathbf{V}_b^G + \mathbf{V}_{a/b}^G + \mathbf{V}_{p/a}^G = \mathbf{V}_b^G + \boldsymbol{\omega}_{A/G} \times \mathbf{r}_{p/a}$$

이로써, 강체 B 위를 구르는 물체 A에 고정된 점 p의 속도를 다음과 같이 표현할 수 있다.

정리 12.4

$$\mathbf{V}_p^B = \boldsymbol{\omega}_{A/B} \times \mathbf{r}_{p/a} = r\omega_{A/B}\mathbf{T}_p$$

$$\mathbf{V}_p^G = \mathbf{V}_b^G + \boldsymbol{\omega}_{A/G} \times \mathbf{r}_{p/a} = \mathbf{V}_b^G + r\omega_{A/G}\mathbf{T}_p$$

가속도 $\mathbf{A}_a^B$에 관한 정리 12.3을 이용하여 점 p의 가속도를 아래와 같이 표현할 수 있다.

$$\begin{aligned}\mathbf{A}_p^B &= \mathbf{A}_a^B + \mathbf{A}_{p/a}^B = \mathbf{A}_a^B + r\cdot\left(\alpha_{A/B}\mathbf{T}_p + \omega_{A/B}^2\mathbf{N}_p\right)\\ &= -\frac{\omega_{A/B}^2}{\kappa_A + \kappa_B}\mathbf{N} + r\cdot\left(\alpha_{A/B}\mathbf{T}_p + \omega_{A/B}^2\mathbf{N}_p\right)\end{aligned}$$

또, 임의의 물체 G를 상정하면,

$$\begin{aligned}\mathbf{A}_p^G &= \mathbf{A}_b^G + \mathbf{A}_{a/b}^G + \mathbf{A}_{p/a}^G = \mathbf{A}_b^G + \mathbf{A}_a^B + r\cdot\left(\alpha_{A/G}\mathbf{T}_p + \omega_{A/G}^2\mathbf{N}_p\right)\\ &= \mathbf{A}_b^G - \frac{\omega_{A/B}^2}{\kappa_A + \kappa_B}\mathbf{N} + r\cdot\left(\alpha_{A/G}\mathbf{T}_p + \omega_{A/G}^2\mathbf{N}_p\right)\end{aligned}$$

이로써, 구르는 물체에 부착된 점 p에 관한 가속도해석이 완료된다.

정리 12.5

강체 B 위를 구르는 물체 A에 고정된 점 p의 가속도

$$\mathbf{A}_p^B = \mathbf{A}_a^B + \mathbf{A}_{p/a}^B = -\frac{\omega_{A/B}^2}{\kappa_A + \kappa_B}\mathbf{N} + r\cdot\left(\alpha_{A/B}\mathbf{T}_p + \omega_{A/B}^2\mathbf{N}_p\right)$$

$$\mathbf{A}_p^G = \mathbf{A}_b^G + \mathbf{A}_{a/b}^G + \mathbf{A}_{p/a}^G = \mathbf{A}_b^G - \frac{\omega_{A/B}^2}{\kappa_A + \kappa_B}\mathbf{N} + r\cdot\left(\alpha_{A/G}\mathbf{T}_p + \omega_{A/G}^2\mathbf{N}_p\right).$$

본 절의 유도과정을 살펴보면, 두 물체의 경계선의 곡률만이 두 물체의 구름운동을 특징짓는 기하학적 변수로 쓰였음을 알 수 있다. 그러므로 곡률반경과 동일한 반경을 가지는 두 원을 경계선으로 가지는 물체의 구름운동으로 대체하여 속도 및 가속드해석을 수행하여도 동일한 결과를 얻는다.

문제 1 그림의 두 판이 구르고 있다. 주어진 자세에서의 속도해석과 가속도해석을 어떻게 완성할지 서술하시오. 그림에 경계선의 곡률중심이 표시되어 있다.

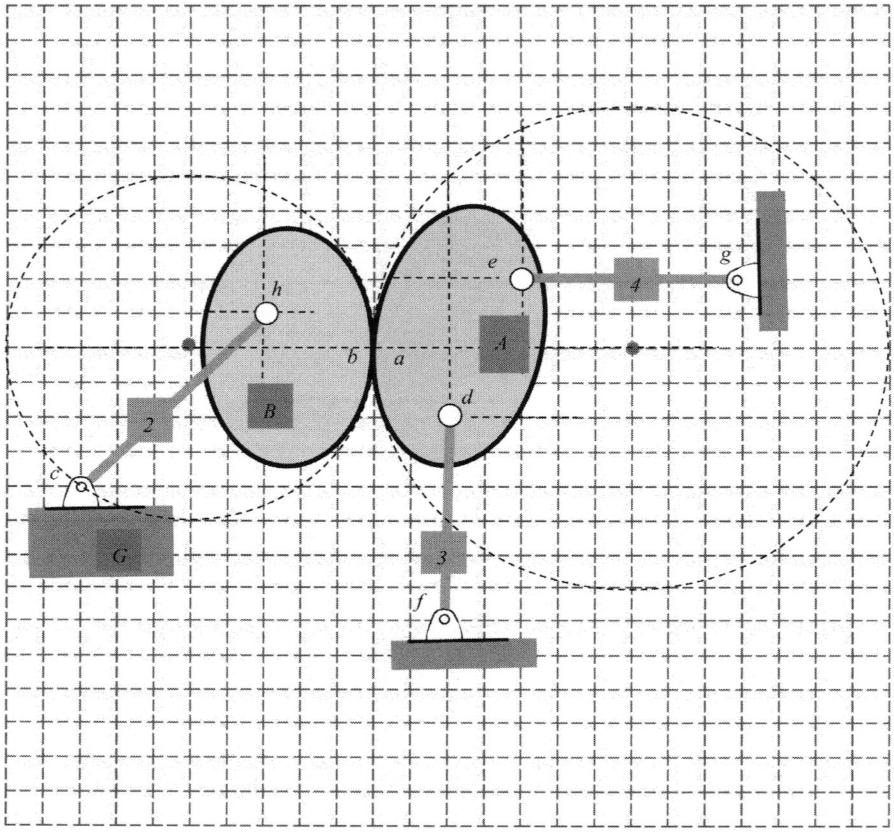

〈그림 12.4〉 구르는 물체를 포함한 기구

힌트 (1) 자유도 해석을 통해 1자유도 기구임을 확인한다.

(2) 5개의 링크의 회전각을 설정한다. 구르는 물체에 관계하는 강체 A, B에 대해서는 현재의 자세에서 회전각을 0으로 설정하는 것이 편리하다.

(3) 두 개의 루프폐쇄식, ($2BA3G$)와 ($3A4G$)로부터 각각 2개씩 4개의 방정식을 구성한다. 이 때, $\mathbf{V}_{a/b}^{G} = \mathbf{0}$과 $\mathbf{A}_{a/b}^{G} = \omega_{A/B}^{2} / (\kappa_A + \kappa_B)\mathbf{I}$를 이용한다. 이 때, $\kappa_A = 1/5$, $\kappa_B = 1/7$.

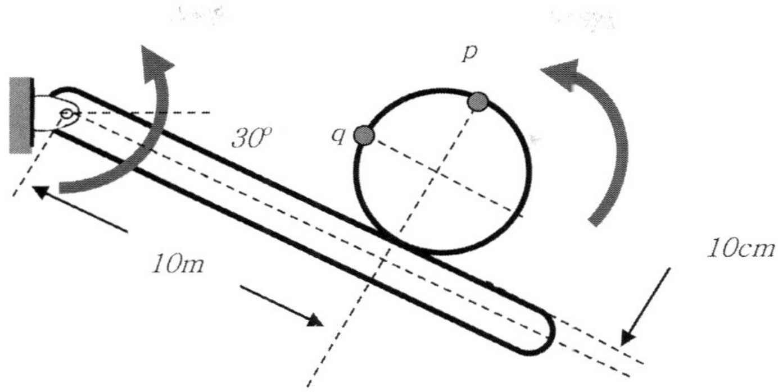

〈그림 12.5〉 문제 2

문제 2 평평한 강체 B가 지면에 고정된 점을 중심으로 반시계 방향으로 10 rad/s으로 일정한 각속도로 돌고, 반경 $2m$인 원통형 강체 A가 지면에 대해 반시계 방향으로 20 rad/s으로 일정한 각속도로 돌고 있다. 그림에 표시된 강체 B에 고정된 점 p, q의 속도 및 가속도를 구하시오.

연구문제 곡률이 불연속인 점에서 접촉하는 두 물체의 경우 접촉점에 위치한 각 물체에 고정된 두 점의 상대가속도를 표현하시오. **힌트** 경우의 수를 나누어 생각한다.

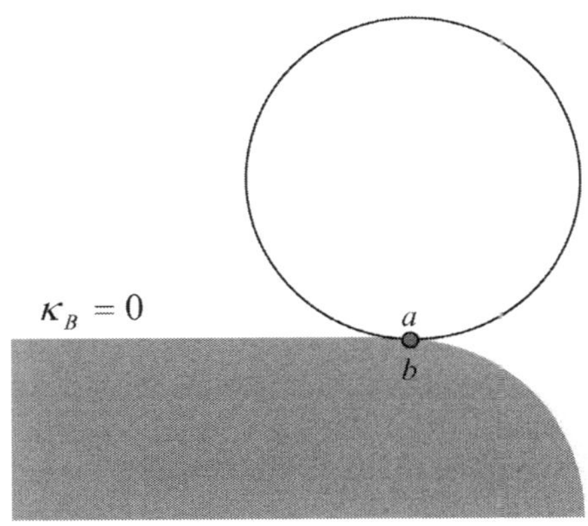

〈그림 12.6〉 곡률이 불연속인 위치. 예를 들어 직선과 원이 만나는 위치

3 동체 상의 점이 그리는 궤적의 곡률*

1절에서와 마찬가지로 물체 B 위를 각속도 ω와 각가속도 α로 구르고 있는 물체 A에 고정된 점 p를 고려하자(<그림 12.7> 참조). 이번엔, 점 p가 그리는 곡선의 곡률 κ에 관심이 있다.

점 p가 물체 B 위에 그리는 궤적을 점 p의 이동거리를 나타내는 매개변수 β로 표현할 수 있다. 점 p의 가속도를 매개변수 β로 표현하면 아래와 같다.

$$\mathbf{A}_p^B = \ddot{\beta}\mathbf{T}_p + \kappa\dot{\beta}^2\mathbf{N}_p = \ddot{\beta}\mathbf{T}_p + \kappa r^2\omega^2\mathbf{N}_p \tag{1}$$

이 공식에서 <u>궤적이 순간 중심을 향해 휠 때</u>, 곡률 κ의 부호가 (+)로 약속되어 있다.

한편, 앞 절의 정리 12.5로부터

$$\mathbf{A}_p^B = r\cdot\left(\alpha\mathbf{T}_p + \omega^2\mathbf{N}_p\right) - \frac{\omega^2}{\kappa_A + \kappa_B}\mathbf{N} \tag{2}$$

식 (1)과 (2)를 비교하여 아래의 관계식을 얻는다:

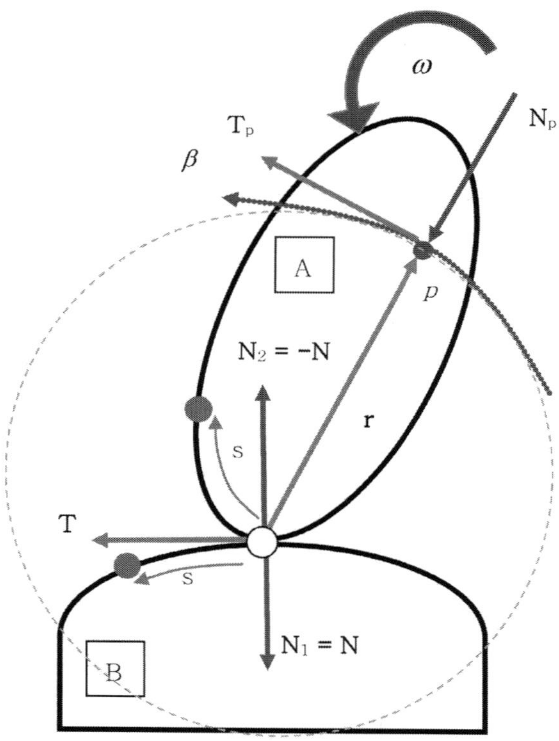

〈그림 12.7〉 구르는 물체에 고정된 점의 곡률

$$\ddot{\beta}\mathbf{T}_p + \kappa r^2 \omega^2 \mathbf{N}_p = r \cdot (\alpha \mathbf{T}_p + \omega^2 \mathbf{N}_p) - \frac{\omega^2}{\kappa_A + \kappa_B}\mathbf{N}$$

양변에 $\mathbf{N}_p$ 에 대한 내적을 취하여 정리하면

$$\frac{\omega^2}{\kappa_A + \kappa_B}(\mathbf{N} \bullet \mathbf{N}_p) = (1 - \kappa r) \cdot r\omega^2$$

$$(\mathbf{N} \bullet \mathbf{N}_p) = r\kappa(1/\kappa - r)(\kappa_A + \kappa_B)$$

을 얻고 계속 정리하여 오일러-세베르 방정식Euler-Savary Equation을 얻는다.

$$\kappa_A + \kappa_B = \left(\frac{1}{r} + \frac{1}{1/\kappa - r}\right)(\mathbf{N} \bullet \mathbf{N}_p)$$

이 방정식을 점 p의 곡률반경에 대해 정리하면 다음과 같다.

$$\frac{1}{\kappa} = \frac{r}{1 - (\mathbf{N} \bullet \mathbf{N}_p)/r(\kappa_A + \kappa_B)} \qquad (*)$$

점 p의 속력을 $V_p(= r\omega)$, 접촉점의 이동속력을 $V_C(= \dot{s})$라 하면, 정리 12.2, $V_C = \omega/(\kappa_A + \kappa_B)$를 이용하여 식 (*)를 다음과 같이 정리할 수 있다.

$$\frac{1/\kappa - r}{1/\kappa} = \frac{V_C \mathbf{T} \bullet \mathbf{T}_p}{V_p}\left(= \frac{\dot{s}\mathbf{N} \bullet \mathbf{N}_p}{r\omega}\right)$$

또는

$$\frac{1}{\kappa} = \frac{r}{1 - V_C(\mathbf{T} \bullet \mathbf{T}_p)/V_p}$$

이 식에서 경계선의 곡률 κ_A, κ_B가 명시적으로 사용되지 않은 것이 특징적인데, 다음의 하트만의 작도법Hartmann's Construction의 원리가 된다. 특히, 점 p가 A의 경계선의 곡률 중심일 경우, 즉 $r = 1/\kappa_A$, $\mathbf{N} = \mathbf{N}_p$일 때, 다음을 얻는다.

$$\frac{1}{\kappa} = \frac{1}{\kappa_A} + \frac{1}{\kappa_B}$$

이 식은 순간적으로 두 원이 구르고 있다고 생각하여 얻은 결론과 일치한다. 이 절의 모든 유도과정에서 두 물체의 곡률만이 구름접촉을 특징짓는 기하학적 변수로 쓰였음에 주목하라.

정리 12.6 – 오일러-세베르 방정식

물체 A가 물체 B 위에서 구르고 있을 때, 접촉점에서부터 $-r\mathbf{N}_p$에 위치한 동체 A에 고정된 점이 B 위에 그리는 궤적의 곡률 κ는 다음의 오일러-세베르 방정식에 의해 결정된다.

$$\frac{1}{\kappa} = \frac{r}{1-(\mathbf{N} \bullet \mathbf{N}_p)/r(\kappa_A + \kappa_B)} \quad \text{또는} \quad \kappa_A + \kappa_B = \left(\frac{1}{r} + \frac{1}{1/\kappa - r}\right)(\mathbf{N} \bullet \mathbf{N}_p)$$

이 공식에서 궤적이 순간중심을 향해 휠 때, 그 곡률을 (+)로 약속한다. $\mathbf{N}$은 경계선에 수직하면서 물체 B쪽으로 향하는 단위벡터이며, $\mathbf{N}_p$는 점 p에서 순간중심을 향하는 단위벡터이다. 경계선의 곡률에는 1절의 정리 12.2와 같은 부호가 설정되어 있다.

특히, 접촉점에서 A의 곡률중심이 가리키고 있는 점의 궤적의 곡률이 다음과 같이 표현된다:

$$\frac{1}{\kappa} = \frac{1}{\kappa_A} + \frac{1}{\kappa_B}$$

이는 순간적으로 두 원이 구르고 있다고 생각하여 얻는 결론과 같다. 이 식은 다음

$$\frac{1/\kappa - r}{1/\kappa} = \frac{V_C \mathbf{T} \bullet \mathbf{T}_p}{V_p} \quad \text{또는} \quad \frac{1}{\kappa} = \frac{r}{1 - V_C(\mathbf{T} \bullet \mathbf{T}_p)/V_p}$$

과 같이도 정리되는데 하트만 작도법의 원리로 쓰인다.

위 식의 유도과정에서 두 물체의 경계선의 곡률만이 두 물체의 구름운동을 특징짓는 변수로 쓰였으므로 곡률반경과 같은 반경을 가지는 두 원을 경계선으로 가지는 물체의 구름운동으로 대체하여 식을 유도하여도 동일한 결론에 이른다.

가속도해석을 위하여 그 궤적의 곡률이 알려진 점의 가속도를 매개로 하여 다른 점의 가속도를 계산하는 것이 쉬울 때가 있으므로, 이 방정식이 유용하다. 이의 이용에 관한 예제가 13장에 제시되어 있다. 하지만, 가속도해석을 위하여 이 식을 반드시 이용하여야 하는 것은 아니다.

이제, 다음 <그림 12.8>을 통하여 하트만의 작도법으로 물체 A에 고정된 점의 궤적의 곡률중심을 찾는 방법을 보인다.

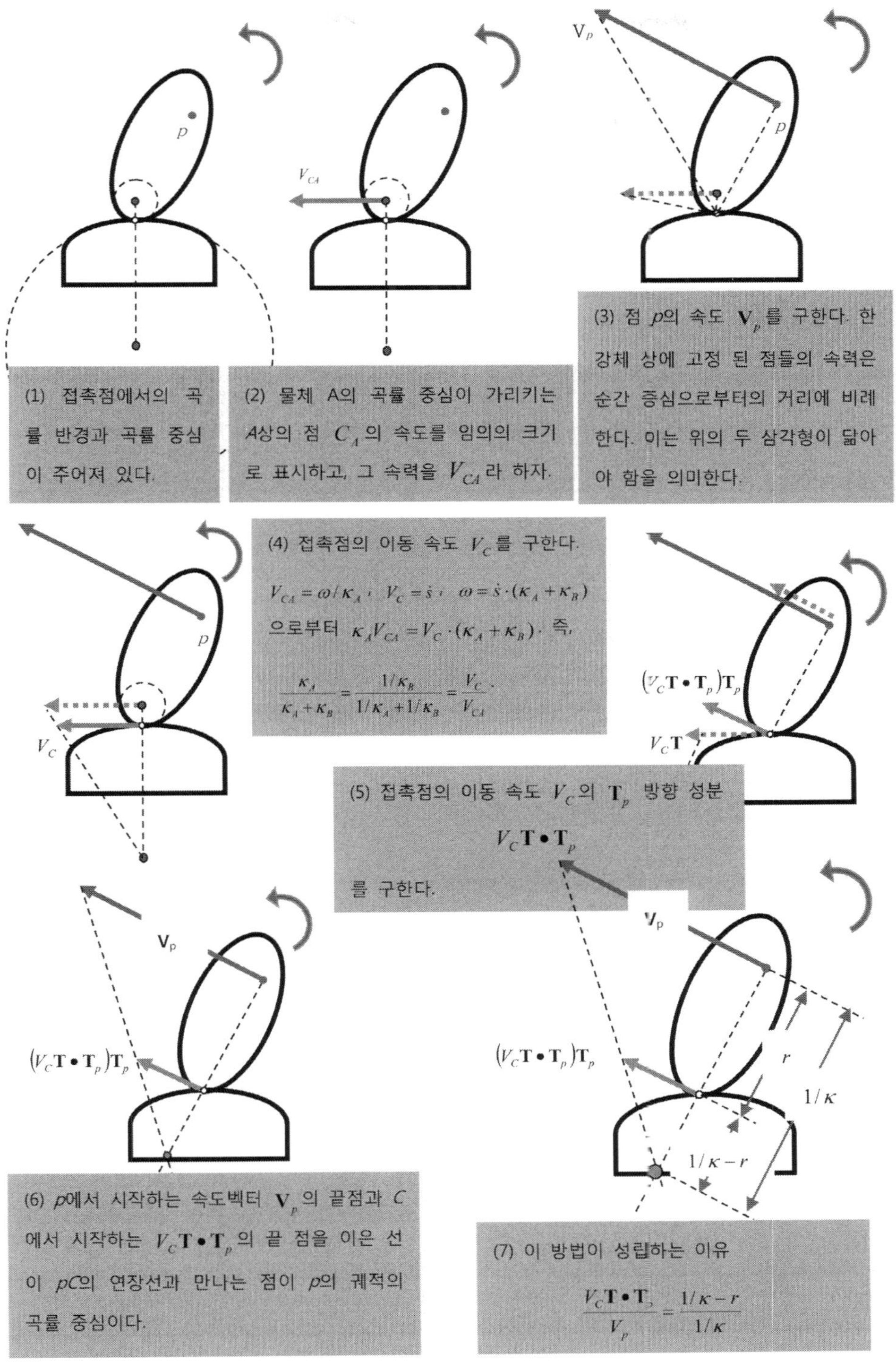

〈그림 12.8〉 하트만의 작도법

연 | 습 | 문 | 제

문제 1 그림의 각 칸은 1m이다. 원통형의 4번 링크는 지면에 대해 구른다. 그림의 각 점의 정의는 다음과 같다.

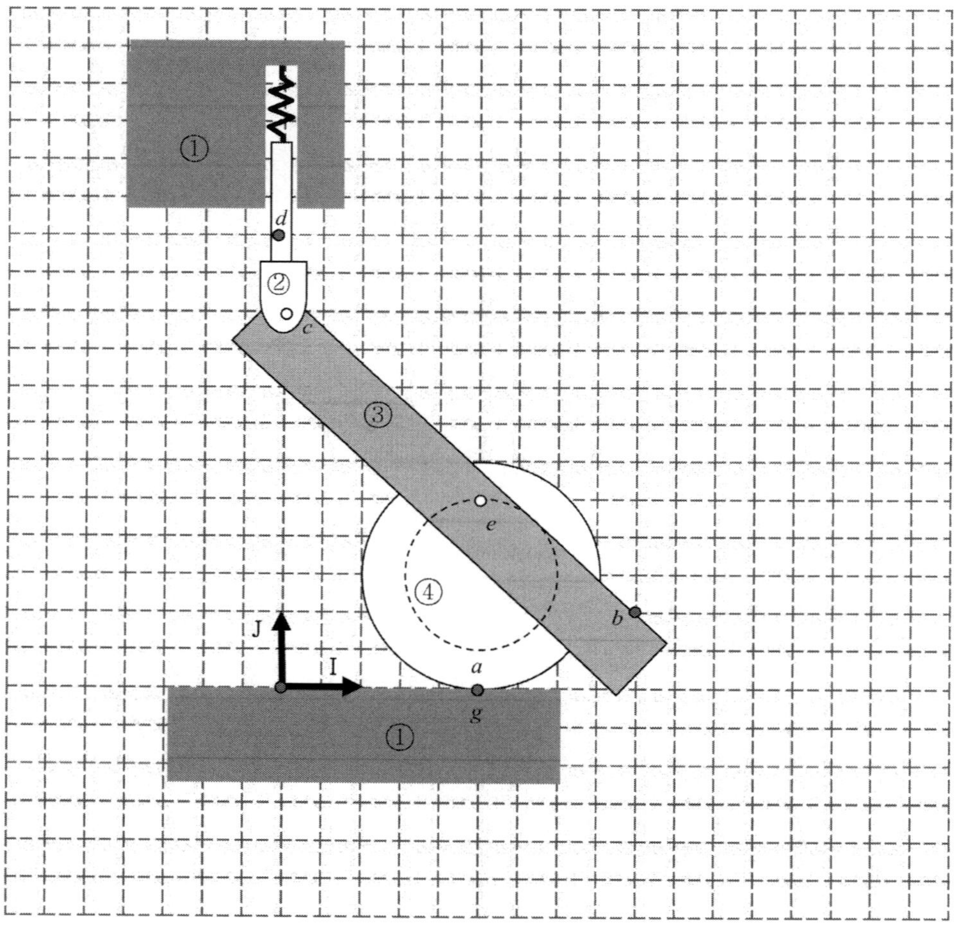

g: 그림의 자세에서 1번과 4번 링크의 접촉점에 위치한 점으로 물체 1에 부착되어 있다.
a: 그림의 자세에서 1번과 4번 링크의 접촉점에 위치한 점으로 물체 4에 부착되어 있다.
b: 물체 3에 부착되어 있다.
d: 물체 2에 부착되어 있다.
c: 물체 2와 3에 부착되어 있다.
e: 물체 3과 4에 부착되어 있다.

1. 그림의 자세에서 순간중심 (13)을 그림에 표시하시오.

2. 그림의 자세에서 $\omega_{4/1} = 1rad/\sec$, $\alpha_{4/1} = 10rad/\sec^2$ 일 때, 다음 속도 및 가속도를 구하시오.

(1) $\mathbf{V}_e^{(1)} = ($ $\qquad\qquad$ $)\mathbf{I} + ($ $\qquad\qquad$ $)\mathbf{J}$

(2) $\mathbf{V}_d^{(1)} = ($ $\qquad\qquad$ $)\mathbf{I} + ($ $\qquad\qquad$ $)\mathbf{J}$

(3) $\omega_{3/1} =$

(4) $\mathbf{V}_b^{(1)} = ($ $\qquad\qquad$ $)\mathbf{I} + ($ $\qquad\qquad$ $)\mathbf{J}$

(5) $\mathbf{V}_{b/g}^{(4)} = ($ $\qquad\qquad$ $)\mathbf{I} + ($ $\qquad\qquad$ $)\mathbf{J}$

(6) $\mathbf{A}_a^{(1)} = ($ $\qquad\qquad$ $)\mathbf{I} + ($ $\qquad\qquad$ $)\mathbf{J}$

3. 그림의 자세에서 $\omega_{4/1} = 1rad/\sec$, $\alpha_{4/1} = 0$ 일 때, $\alpha_{3/1} = ($ $\qquad\qquad$ $)$ rad/sec^{2}은?

4. 그림의 자세에서 원통의 중심이 지면에 대해 왼쪽으로 $1m$진행 하였을 때, 2번 링크의 진행거리는?

힌트

$$(Y+y)\begin{bmatrix}0\\1\end{bmatrix} + L_3\begin{bmatrix}\cos\theta_3\\\sin\theta_3\end{bmatrix} - r\begin{bmatrix}\cos(\theta_4+\pi/2)\\\sin(\theta_4+\pi/2)\end{bmatrix} - R\begin{bmatrix}0\\1\end{bmatrix} = (X - R\theta_4)\begin{bmatrix}1\\0\end{bmatrix}$$

5. 그림의 자세에서 원통이 구르는 지면의 곡률이 각기 1/10, -1/10일 경우에 대하여 위 2, 3, 4번 문제를 풀어보시오.

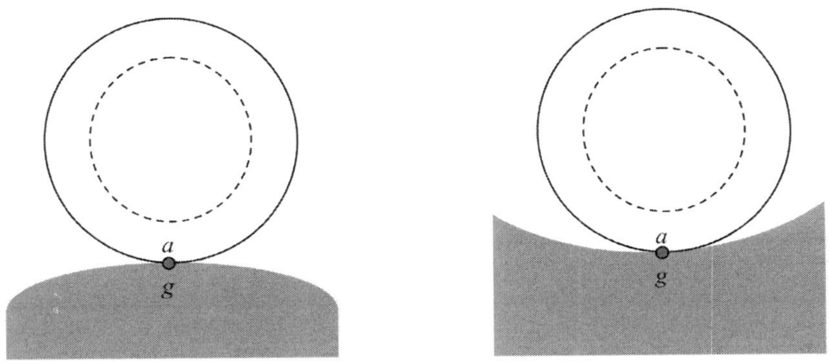

문제 2 그림은 4개의 링크로 이루어진 기구를 표현하고 있다. 그림의 각 칸은 1m이다. 원통형의 2번, 4번 링크가 지면에 대해 구른다. 그림의 각 점의 정의는 다음과 같다.

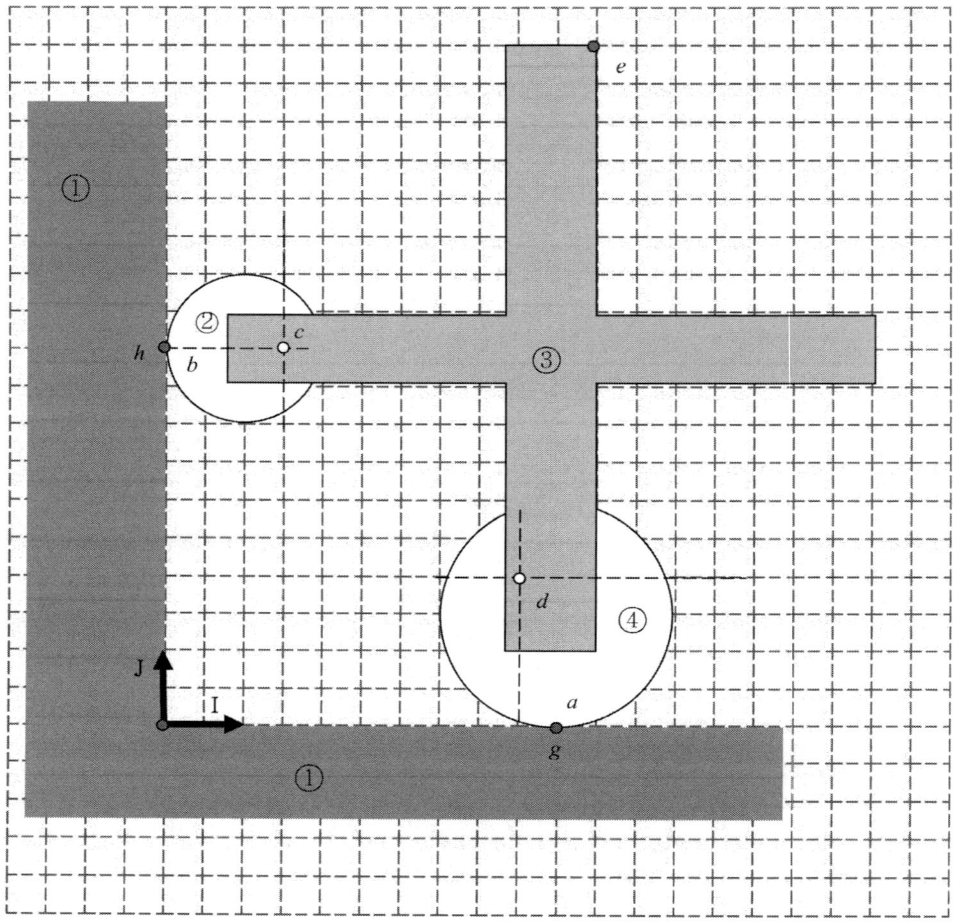

g: 그림의 자세에서 1번과 4번 링크의 접촉점에 위치한 점으로 물체 1에 부착되어 있다.
h: 그림의 자세에서 1번과 2번 링크의 접촉점에 위치한 점으로 물체 1에 부착되어 있다.
a: 그림의 자세에서 1번과 4번 링크의 접촉점에 위치한 점으로 물체 4에 부착되어 있다.
b: 그림의 자세에서 1번과 2번 링크의 접촉점에 위치한 점으로 물체 2에 부착되어 있다.
e: 물체 3에 부착되어 있다.
c: 물체 2와 3의 순간중심이다.
d: 물체 3과 4의 순간중심이다.

1. 그림의 자세에서 순간중심 (13)을 그림에 표시하시오.

2. 그림의 자세에서 $\omega_{4/1} = 1 rad/\sec$ 일 때, 다음 속도 및 가속도를 구하시오.

(1) $\mathbf{V}_d^{(1)} = (\qquad)\mathbf{I} + (\qquad)\mathbf{J}$

(2) $\omega_{3/1} =$

(3) $\mathbf{V}_c^{(1)} = (\qquad)\mathbf{I} + (\qquad)\mathbf{J}$

(4) $\mathbf{V}_b^{(1)} = (\qquad)\mathbf{I} + (\qquad)\mathbf{J}$

(5) $\mathbf{V}_{d/e}^{(4)} = (\qquad)\mathbf{I} + (\qquad)\mathbf{J}$

(6) $\mathbf{A}_b^{(1)} = (\qquad)\mathbf{I} + (\qquad)\mathbf{J}$

3. 그림의 자세에서 $\omega_{4/1} = 1 rad/\sec$, $\alpha_{4/1} = 0$ 일 때, $\alpha_{3/1} = (\qquad)$ rad/sec^2

답

1. (12)(23)과 (14)(43)으로부터 순간중심 (13)을 찾는다. 풀이 참조.

2. (1) $\mathbf{V}_d^{(1)} = -4\mathbf{I} - \mathbf{J}\ [m/s]$

(2) $\omega_{3/1} = -\dfrac{2}{3} = -0.6666 \quad [rad/s]$

(3) $\mathbf{V}_c^{(1)} = 0\mathbf{I} + 3\mathbf{J}\ [m/s]$

(4) $\mathbf{V}_b^{(1)} = (0)\mathbf{I} + (0)\mathbf{J}$

(5) $\mathbf{V}_{d/e}^{(4)} = \left(-\dfrac{70}{3}\right)\mathbf{I} + \left(\dfrac{10}{3}\right)\mathbf{J} = (-23.33)\mathbf{I} + (3.33)\mathbf{J} \quad [m/s]$

(6) $\mathbf{A}_b^{(1)} = 2\mathbf{I} + 0\mathbf{J} \quad [m/s^2]$

3. $\alpha_{3/1} = \dfrac{7}{9} = 0.77\ [rad/s^2]$

풀이

1. (12)(23)과 (14)(43)으로부터 순간중심 (13)을 찾는다.

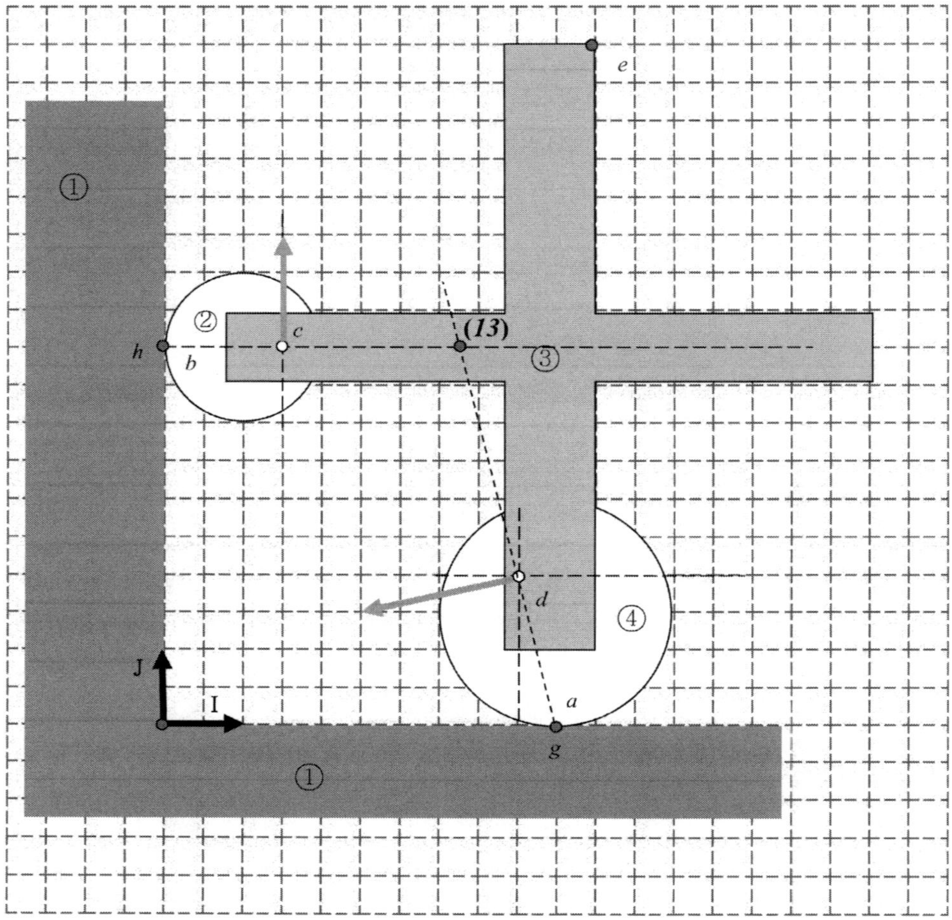

2.

(1) $\boldsymbol{\omega}_4 = \mathbf{k}$, $\mathbf{r}_{d/a} = -\mathbf{I} + 4\mathbf{J}$, $\mathbf{V}_a = \mathbf{0}$

$$\mathbf{V}_d^{(1)} = \mathbf{V}_a + \mathbf{V}_{d/a} = 0 + \boldsymbol{\omega}_4 \times \mathbf{r}_{d/a} = \mathbf{k} \times \left(-\mathbf{I} + 4\mathbf{J}\right) = -4\mathbf{I} - \mathbf{J}, \ \mathbf{V}_d^{(1)} = -4\mathbf{I} - \mathbf{J} \ [m/s]$$

(2) 여러 가지 해법이 있는데, 여기서는 순간중심을 이용하였다.

$$\| \mathbf{V}_d \| = \| -4\mathbf{I} - \mathbf{J} \| = \sqrt{17}, \ \| \mathbf{r}_{d/(13)} \| = \frac{3}{2}\sqrt{17}, \ |\omega_{3/1}| = \frac{\| \mathbf{V}_d \|}{\| \mathbf{r}_{d/(13)} \|} = \frac{2}{3}$$

그림에서 방향을 고려하면 3번 강체가 시계방향으로 회전함을 알 수 있다. 그러므로

$$\omega_{3/1} = -\frac{2}{3} = -0.6666 \quad [rad/s]$$

(3) $\mathbf{V}_c = \boldsymbol{\omega}_3 \times \mathbf{r}_{c/(13)} = \left(-\frac{2}{3}\mathbf{k}\right) \times \left(-\frac{9}{2}\mathbf{I}\right) = 3\mathbf{J}$

(4) 구름 조건에 의해 자명하다. $\mathbf{V}_b^{(1)} = \mathbf{0}$

(5) $\mathbf{V}_{d/e}^{(4)} = \mathbf{V}_{d/e}^{(3)} + \boldsymbol{\omega}_{3/4} \times \mathbf{r}_{d/e} = \boldsymbol{\omega}_{3/4} \times \mathbf{r}_{d/e}$ 왜냐하면 $d, e \in (3)$.

한편, $\omega_3 = (-2/3)$, $\omega_4 = 1$ 이므로 $\omega_{3/4} = \omega_3 - \omega_4 = -5/3$ 이고 $\mathbf{r}_{d/e} = -2\mathbf{I} - 14\mathbf{J}$.

그러므로 $\mathbf{V}_{d/e}^{(4)} = \boldsymbol{\omega}_{3/4} \times \mathbf{r}_{d/e}$

$$= \left(-\frac{5}{3}\mathbf{k}\right) \times (-2\mathbf{I} - 14\mathbf{J}) = \left(\frac{10}{3}\right)\mathbf{k} \times (\mathbf{I} + 7\mathbf{J}) = \left(\frac{10}{3}\right)(-7\mathbf{I} + 1\mathbf{J})$$

(6) $|\omega_2| = \frac{\|\mathbf{V}_c\|}{\|\mathbf{r}_{b/c}\|} = \frac{3}{3} = 1$ 이고 구름조건의 가속도 공식을 이용하면

$$\mathbf{A}_b = R_2\omega_2^2\mathbf{I} = 2 \cdot (1)^2\,\mathbf{I} = 2\mathbf{I}$$

3.

$$\mathbf{A}_a = R_4\omega_4^2\mathbf{J} = 3 \cdot (1)^2\,\mathbf{J} = 3\mathbf{J}$$

$$\mathbf{A}_{d/a} + \mathbf{A}_{c/d} + \mathbf{A}_{b/c} = \mathbf{A}_b - \mathbf{A}_a$$

$$\boldsymbol{\alpha}_4 \times \mathbf{r}_{d/a} + \boldsymbol{\alpha}_3 \times \mathbf{r}_{c/d} + \boldsymbol{\alpha}_2 \times \mathbf{r}_{b/c} + \boldsymbol{\omega}_4 \times (\boldsymbol{\omega}_4 \times \mathbf{r}_{d/a}) + \boldsymbol{\omega}_3 \times (\boldsymbol{\omega}_3 \times \mathbf{r}_{c/d}) + \boldsymbol{\omega}_2 \times (\boldsymbol{\omega}_2 \times \mathbf{r}_{b/c}) = 2\mathbf{I} - 3\mathbf{J}$$

$$\alpha_3(\mathbf{k} \times \mathbf{r}_{c/d}) + \alpha_2(\mathbf{k} \times \mathbf{r}_{b/c}) - \mathbf{r}_{d/a} - \frac{4}{9}\mathbf{r}_{c/d} - \mathbf{r}_{b/c} = 2\mathbf{I} - 3\mathbf{J}$$

$$\alpha_3(\mathbf{k} \times \mathbf{r}_{c/d}) + \alpha_2(\mathbf{k} \times \mathbf{r}_{b/c}) = 2\mathbf{I} - 3\mathbf{J} + \mathbf{r}_{d/a} + \frac{4}{9}\mathbf{r}_{c/d} + \mathbf{r}_{b/c}$$

$$\alpha_3\begin{bmatrix} -6 \\ -6 \end{bmatrix} + \alpha_2\begin{bmatrix} 0 \\ -3 \end{bmatrix} = \begin{bmatrix} 2 \\ -3 \end{bmatrix} + \begin{bmatrix} -1 \\ 4 \end{bmatrix} + \frac{4}{9}\begin{bmatrix} -6 \\ 6 \end{bmatrix} + \begin{bmatrix} -3 \\ 0 \end{bmatrix}$$

$$\alpha_3\begin{bmatrix} -6 \\ -6 \end{bmatrix} + \alpha_2\begin{bmatrix} 0 \\ -3 \end{bmatrix} = \frac{1}{3}\begin{bmatrix} -14 \\ 11 \end{bmatrix},\ \alpha_3\begin{bmatrix} 2 \\ 2 \end{bmatrix} + \alpha_2\begin{bmatrix} 0 \\ 1 \end{bmatrix} = \frac{1}{9}\begin{bmatrix} 14 \\ -11 \end{bmatrix}$$

$$\begin{bmatrix} 2 & 0 \\ 2 & 1 \end{bmatrix}\begin{bmatrix} \alpha_3 \\ \alpha_2 \end{bmatrix} = \frac{1}{9}\begin{bmatrix} 14 \\ -11 \end{bmatrix},\ \begin{bmatrix} \alpha_3 \\ \alpha_2 \end{bmatrix} = \frac{1}{18}\begin{bmatrix} 1 & 0 \\ -2 & 2 \end{bmatrix}\begin{bmatrix} 14 \\ -11 \end{bmatrix} = \frac{1}{18}\begin{bmatrix} 14 \\ -50 \end{bmatrix} = \frac{1}{9}\begin{bmatrix} 7 \\ -25 \end{bmatrix}$$

$$\alpha_{3/1} = \frac{7}{9} = 0.77\ [rad/s^2]$$

제 **13** 장

미끄럼접촉과 기어

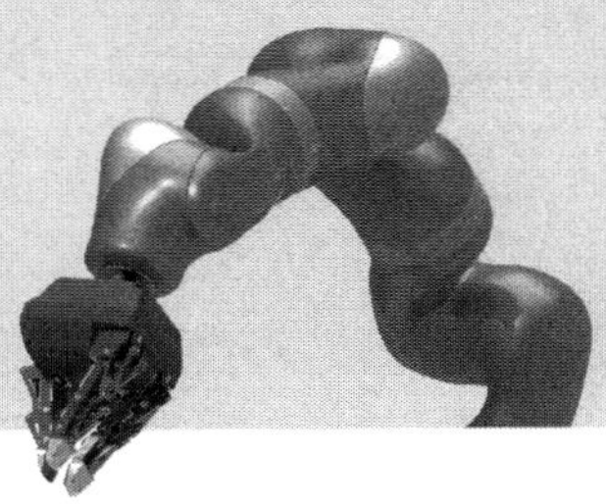

1. 접촉점에서 상대 속도 및 가속도
2. 미끄럼접촉 기구의 속도 해석과 가속도 해석
3. 미끄럼접촉 기구의 등가 링키지와 속도 및 가속도 등가성
4. 등가 원리의 직접적 증명과 등가 링키지의 관절 변수*
5. Euler-Savary 방정식을 이용한 미끄럼접촉 기구의 가속도 해석*
6. 기어의 치형

참고 1절의 문제 1을 풀 수 있는 능력을 기르는 것이 핵심이다. 2절의 결과 중 속도해석은 기어를 해석함에 중요하다. 3절을 이해하여 등가링키지의 원리를 이해한다.

1 미끄러지는 두 물체와 접촉점에서의 상대 속도 및 가속도

<그림 13.1>과 같이 두 물체 *A*와 *B*가 서로 미끄러지는 경우를 고려하자. 물체 *B*가 아래쪽에 있다고 가정하였을 때, 접촉을 이루는 두 물체의 경계에 접하면서 왼쪽을 가리키는 단위벡터를 **T**로 표기하자. 단위벡터 $\mathbf{N}(=\mathbf{k}\times\mathbf{T})$은 아래쪽, 즉 접촉점에서부터 물체 *B*를 가리키면서 경계에 수직한 방향을 가리키는 벡터이다.

미끄럼접촉의 경우, 구름접촉과 달리, 두 물체 위의 접촉점의 이동거리가 일치하지 않는다. 접촉점을 *C*, 접촉점이 물체 *A*에서 이동한 거리를 s_A, 물체 *B*의 경계를 따라 이동한 거리를 s_B라 하자. 두 변수 s_A, s_B를 결정하면 두 물체의 상대 자세가 결정된다. 즉, 미끄럼 운동을 묘사하기 위한 독립적인 변수의 개수가 2개로 미끄럼접촉을 유지하는 운동의 자유도가 2이다.

구름 운동과 같은 논리로, 각속도와 이동거리의 관계를 다음과 같이 유도할 수 있다.

$$\omega \equiv \omega_{A/B} \equiv \dot{\theta} = \dot{\theta}_1 + \dot{\theta}_2 = \dot{s}_A\kappa_A + \dot{s}_B\kappa_B \tag{1}$$

이 공식에서, 곡률의 부호가 경계선이 오목한지 볼록한지에 따라 달라짐에 주의하여야 한다. (12장 정리 12.2 참조.) 문제의 대칭성을 유지하기 위해 다음과 같이 변수를 설정하자.

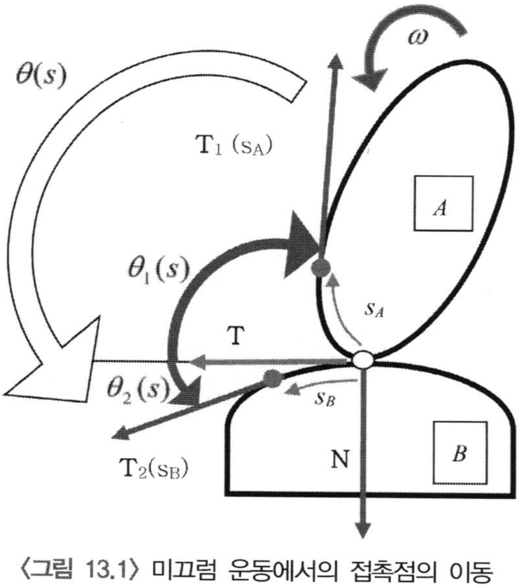

〈그림 13.1〉 미끄럼 운동에서의 접촉점의 이동

$$\dot{s} \equiv \dot{s}_B - \dot{s}_A \tag{2}$$

이를 미끄럼속도라 하자. 접촉점의 이동속도 $\dot{s}_A$과 $\dot{s}_B$ 대신에 두 물체 사이의 미끄럼속도 $\dot{s}$과 상대각속도 ω를 독립변수로 설정하고자, 식 (1)과 (2)를 연립방정식으로 보아, 다음을 얻는다.

$$\begin{bmatrix} -1 & 1 \\ \kappa_A & \kappa_B \end{bmatrix} \begin{bmatrix} \dot{s}_A \\ \dot{s}_B \end{bmatrix} = \begin{bmatrix} \dot{s} \\ \omega \end{bmatrix} \qquad \text{즉, } \begin{bmatrix} \dot{s}_A \\ \dot{s}_B \end{bmatrix} = \frac{1}{\kappa_A + \kappa_B} \begin{bmatrix} -\kappa_B & 1 \\ \kappa_A & 1 \end{bmatrix} \begin{bmatrix} \dot{s} \\ \omega \end{bmatrix}$$

이를 정리하면 관련된 속도 변수들 사이의 관계가 다음과 같다.

$$\dot{s}_A = \frac{\omega - \kappa_B \dot{s}}{\kappa_A + \kappa_B}, \quad \dot{s}_B = \frac{\omega + \kappa_A \dot{s}}{\kappa_A + \kappa_B}, \quad \dot{s} \equiv \dot{s}_B - \dot{s}_A, \quad \omega \equiv \omega_{A/B} = \dot{s}_A \kappa_A + \dot{s}_B \kappa_B$$

물체 A에 고정된 점으로서 접촉점 C와 같은 위치를 점하고 있는 점을 a, 물체 B에 고정된 점으로서 접촉점 C와 같은 위치를 점하고 있는 점을 b라 하자. 이 때, 세 점 C, a, b는 그 위치가 일치하게 된다: $\mathbf{r}_{C/b} = \mathbf{r}_{C/a} = \mathbf{r}_{a/b} = \mathbf{0}$. 이 위치관계를 이용하여 구름접촉의 경우와 마찬가지 방식으로 접촉점에서의 상대속도 사이의 관계를 아래와 같이 유도할 수 있다.

$$\mathbf{V}_{a/b}^{G} = \mathbf{V}_{a/b}^{B} + \boldsymbol{\omega}_{B/G} \times \mathbf{r}_{a/b} = \mathbf{V}_{a}^{B}$$

$$\mathbf{V}_{a/b}^{G} = \mathbf{V}_{a/b}^{A} + \boldsymbol{\omega}_{A/G} \times \mathbf{r}_{a/b} = -\mathbf{V}_{b}^{A}$$

한편, 각 물체에서 관찰한 접촉점의 속도가 다음과 같다.

$$\mathbf{V}_{C}^{A} = \dot{s}_A \mathbf{T}, \quad \mathbf{V}_{C}^{B} = \dot{s}_B \mathbf{T} \tag{3}$$

제 3의 물체 G에서 관찰한 두 점 a, b의 상대속도를 위의 관계를 이용하여 다음과 같이 유도할 수 있다.

$$\begin{aligned} \mathbf{V}_{a/b}^{G} &= \mathbf{V}_{C/b}^{G} - \mathbf{V}_{C/a}^{G} = \left(\mathbf{V}_{C/b}^{B} + \boldsymbol{\omega}_{B/G} \times \mathbf{r}_{C/b}\right) - \left(\mathbf{V}_{C/a}^{A} + \boldsymbol{\omega}_{A/G} \times \mathbf{r}_{C/a}\right) \\ &= \mathbf{V}_{C}^{B} - \mathbf{V}_{C}^{A} = \dot{s}_B \mathbf{T} - \dot{s}_A \mathbf{T} = \dot{s} \mathbf{T} \end{aligned} \tag{4}$$

이로부터 어떤 강체에서 관찰하더라도 두 점 a와 b사이의 상대속도가 경계선의 접선방향에 평행하고, 그에 수직한 성분이 없음을 알 수 있다.

한편, 점 a가 물체 B 위에서 그리는 궤적의 이동거리를 β로 표기하면, 그 속도가 다음과 같이 표현된다.

$$\mathbf{V}_{a}^{B} = \dot{\beta} \mathbf{T} \tag{5}$$

식 (4)와 (5)를 비교하면 미끄럼속도 $\dot{s}(\equiv \dot{s}_B - \dot{s}_A)$과 점 a의 물체 B 위에서의 이동속도를 적절한 부호규약에 따라 일치시킬 수 있음을 알 수 있다. 즉, $\dot{s} \equiv \dot{s}_B - \dot{s}_A = \dot{\beta}$.

이상의 미끄럼접촉을 유지하는 두 물체의 속도 관계식을 정리하면 다음과 같다.

정리 13.1 – 미끄럼 운동의 상대속도

두 물체 A와 B가 점 C에서 접촉을 유지하고 있다. 물체 A에 고정된 점으로서 접촉점 C와 같은 위치를 점하고 있는 점을 a, 물체 B에 고정된 점으로 접촉점 C와 같은 위치를 점하고 있는 점을 b라 하자. 접촉점이 물체 A에서 이동한 거리를 s_A, 물체 B의 경계를 따라 이동한 거리를 s_B, 점 a가 물체 B 위에서 그리는 궤적의 이동거리를 β로 표기한다. 이 때, 속도와 관련된 변수들 사이에 다음의 관계가 성립한다.

$$\mathbf{V}_C^A = \dot{s}_A\mathbf{T}, \quad \mathbf{V}_C^B = \dot{s}_B\mathbf{T}$$

$$\mathbf{V}_{a/b}^G = \mathbf{V}_a^B = -\mathbf{V}_b^A = \mathbf{V}_C^B - \mathbf{V}_C^A = \dot{s}\mathbf{T} = \dot{\beta}\mathbf{T}$$

$$\dot{s}_A = \frac{\omega_{A/B} - \kappa_B\dot{s}}{\kappa_A + \kappa_B}, \quad \dot{s}_B = \frac{\omega_{A/B} + \kappa_A\dot{s}}{\kappa_A + \kappa_B}$$

미끄럼 속도 $\quad \dot{s} \equiv \dot{s}_B - \dot{s}_A = \dot{\beta}$

상대 각속도 $\quad \omega_{A/B} \equiv \omega_A - \omega_B = \dot{s}_A\kappa_A + \dot{s}_B\kappa_B$

여기서, $\mathbf{T}$는 물체 B가 아래쪽에 있다고 가정하였을 때, 접촉을 이루는 두 물체의 경계에 접하면서 왼쪽을 가리키는 단위벡터이고, 곡률에는 12장 정리 12.2와 같이 부호가 주어져 있다.

한편, 미끄럼접촉을 이루는 각 강체에서 접촉점을 관찰하면 가속도가 다음과 같다.

$$\mathbf{A}_C^A = \ddot{s}_A\mathbf{T} - \kappa_A\dot{s}_A^2\mathbf{N}$$

$$\mathbf{A}_C^B = \ddot{s}_B\mathbf{T} + \kappa_B\dot{s}_B^2\mathbf{N}$$

물체 B에서 관찰한 점 a의 가속도를 결정하는 것이 가속도 해석에서 필수적이므로 이를 선택한 독립 변수로 표현해 보자.

$$\begin{aligned}\mathbf{A}_a^B = \mathbf{A}_C^B + \mathbf{A}_{a/C}^B = \mathbf{A}_C^B - \mathbf{A}_{C/a}^B &= \mathbf{A}_C^B - \left\{\mathbf{A}_C^A + 2\boldsymbol{\omega}_{A/B} \times \mathbf{V}_C^A\right\} \\ &= \mathbf{A}_C^B - \mathbf{A}_C^A - (2\omega_{A/B}\cdot\dot{s}_A)\cdot\mathbf{N} \\ &= \ddot{s}\,\mathbf{T} + (\kappa_A\dot{s}_A^2 + \kappa_B\dot{s}_B^2 - 2\omega_{A/B}\cdot\dot{s}_A)\mathbf{N}\end{aligned}$$

위의 식에 정리 13.1에서 구한 속도변수 사이의 관계식,

$$\dot{s}_A = \frac{\omega_{A/B} - \kappa_B \dot{s}}{\kappa_A + \kappa_B}, \quad \dot{s}_B = \frac{\omega_{A/B} + \kappa_A \dot{s}}{\kappa_A + \kappa_B}$$

을 대입하여 다음을 얻는다.

$$\mathbf{A}_a^B = \ddot{s}\,\mathbf{T} + 2\dot{s}\left(\frac{\kappa_B \omega_{A/B}}{\kappa_A + \kappa_B}\right)\mathbf{N} + \left(\frac{\kappa_A \kappa_B \dot{s}^2 - \omega_{A/B}^2}{\kappa_A + \kappa_B}\right)\mathbf{N} \tag{6}$$

위의 식 (6)을 제 3의 물체 G에서 관찰한 두 점의 상대 가속도를 구하는 공식에 대입하면 다음과 같다.

$$\begin{aligned}\mathbf{A}_{a/b}^G &= \mathbf{A}_a^B + 2\boldsymbol{\omega}_{B/G} \times \mathbf{V}_a^B = \mathbf{A}_a^B + 2\dot{s}\omega_{B/G}\mathbf{N} \\ &= \ddot{s}\,\mathbf{T} + 2\dot{s}\left(\frac{\kappa_B \omega_{A/G} + \kappa_A \omega_{B/G}}{\kappa_A + \kappa_B}\right)\mathbf{N} + \left(\frac{\kappa_A \kappa_B \dot{s}^2 - (\omega_{A/B})^2}{\kappa_A + \kappa_B}\right)\mathbf{N}\end{aligned}$$

기구의 가속도를 해석하고자 할 때, 위의 공식이 미끄럼접촉을 표현하기 위하여 필요한 식의 전부이다. 다만, 이 식을 외워 사용하기에는 다소 불편하고 유도하기에도 다소 긴 시간이 소요된다는 단점이 있어, 점 a가 물체 B 위에서 이동하는 가속도를 다음과 같이 보다 일반적인 공식을 사용하여 표현하기도 한다.

$$\mathbf{A}_a^B = \ddot{\beta}\mathbf{T} + \kappa_a \dot{\beta}^2 \mathbf{N} \tag{7}$$

여기서, β는 점 a가 물체 B 위에서 그리는 궤적의 이동거리를 나타내는 매개변수이고, κ_a는 그 곡률로 점 a의 궤적이 물체 B쪽으로 휠 때, 그 부호가 +이다. 단, 식 (7)을 사용할 때, 점 a의 궤적의 곡률을 미리 결정하여 놓아야 한다.

식 (6)과 (7)의 접선 성분을 비교하면 미끄럼가속도 $\ddot{s} \equiv \ddot{s}_B - \ddot{s}_A$과 점 a가 물체 B 위에서 이동할 때의 가속도가 일치함을 알 수 있다. 즉, $\ddot{s} = \ddot{\beta}$. 또, 두 식의 법선 방향 성분을 비교하여 점 a의 곡률을 얻을 수 있다.

$$\kappa_a = \frac{1}{\kappa_A + \kappa_B}\left(2\kappa_B\left(\frac{\omega_{A/B}}{\dot{\beta}}\right) + \kappa_A \kappa_B - \left(\frac{\omega_{A/B}}{\dot{\beta}}\right)^2\right)$$

두 물체의 순간 중심 o의 위치를 안다면, 순간중심의 성질,

$$\mathbf{V}_a^B = \boldsymbol{\omega}_{A/B} \times \mathbf{r}_{a/o} \Rightarrow (\mathbf{k}\times) \qquad \dot{\beta}\mathbf{T} = \omega_{A/B}\mathbf{k} \times \mathbf{r}_{a/o} \Rightarrow \qquad \dot{\beta}\,\mathbf{N} = -\omega_{A/B}\mathbf{r}_{a/o}$$

을 이용하여 점 a의 곡률을 속도 변수들을 배제하여 다음과 같이 표현할 수 있다.

$$\kappa_a = \frac{1}{\kappa_A + \kappa_B}\left(2\frac{\kappa_B}{c_a} + \kappa_A\kappa_B - \left(\frac{1}{c_a}\right)^2\right) \tag{8}$$

여기서, c_a는 두 물체의 순간중심으로부터 $-\mathbf{N}$ 방향으로 측정한 점 a의 위치이다. 즉, $c_a = -\mathbf{N} \bullet \mathbf{r}_{a/o}$. 본 장의 5절에는 이 곡률을 구하는 작도법을 소개한다.

정리 13.2 – 미끄럼접촉의 상대 가속도

(1) 물체 A와 B가 미끄럼접촉을 유지할 때, 접촉점에 위치한 강체 A에 고정된 점 a의 가속도를 다음과 같이 표현할 수 있다.

$$\mathbf{A}_a^B = \ddot{s}\mathbf{T} + \kappa_a \dot{s}^2 \mathbf{N}$$

또는

$$\mathbf{A}_a^B = \ddot{s}\mathbf{T} + 2\dot{s}\left(\frac{\kappa_B \omega_{A/B}}{\kappa_A + \kappa_B}\right)\mathbf{N} + \left(\frac{\kappa_A\kappa_B\dot{s}^2 - \omega_{A/B}^2}{\kappa_A + \kappa_B}\right)\mathbf{N}$$

여기서, $\mathbf{T}$는 물체 B가 아래쪽에 있다고 가정하였을 때, 접촉을 이루는 두 물체의 경계에 접하면서 접촉점에서 왼쪽을 가리키는 단위벡터, $\mathbf{N}(=\mathbf{k}\times\mathbf{T})$은 아래쪽, 즉 접촉점에서부터 물체 B를 가리키면서 경계에 수직한 방향을 가리키는 벡터이다. 곡률에는 12장 정리 12.2와 같이 부호가 주어져 있다.

(2) 임의의 강체 G에서 관찰하면, 접촉점에 위치한 강체 B에 고정된 점 b에 대한 점 a의 상대 가속도가 다음과 같다.

$$\mathbf{A}_{a/b}^G = \mathbf{A}_a^B + 2\boldsymbol{\omega}_{B/G} \times \mathbf{V}_a^B$$

즉,

$$\mathbf{A}_{a/b}^G = \ddot{s}\mathbf{T} + \left(\kappa_a \dot{s}^2 + 2\dot{s}\omega_{B/G}\right)\mathbf{N}$$

또는

$$\mathbf{A}_{a/b}^G = \ddot{s}\mathbf{T} + g\mathbf{N}$$

여기서,

$$g(\dot{s}, \omega_{A/G}, \omega_{B/G}, \kappa_A, \kappa_B) \equiv 2\dot{s}\left(\frac{\kappa_B\omega_{A/G} + \kappa_A\omega_{B/G}}{\kappa_A + \kappa_B}\right) + \left(\frac{\kappa_A\kappa_B\dot{s}^2 - \omega_{A/B}^2}{\kappa_A + \kappa_B}\right)$$

$$\kappa_a = \frac{1}{\kappa_A + \kappa_B}\left(2\frac{\kappa_B}{c_a} + \kappa_A\kappa_B - \left(\frac{1}{c_a}\right)^2\right), \quad c_a = -\mathbf{N} \bullet \mathbf{r}_{a/o}$$

κ_a는 점 a가 물체 B위에서 그리는 궤적의 곡률, c_a는 두 물체의 순간중심으로부터 $-\mathbf{N}$ 방향으로 측정한 점 a의 위치이다. 점 a가 물체 B 위에서 그리는 궤적이 물체 B 쪽으로 휠 때, 그 곡률 κ_a의 부호가 +로 계산되고, 이 궤적을 따르는 점 a의 가속도와 미끄럼가속도가 일치한다.

$$\ddot{s} \equiv \ddot{s}_B - \ddot{s}_A = \ddot{\beta}$$

여기서, 접촉점이 물체 A에서 이동한 거리를 s_A, 물체 B의 경계를 따라 이동한 거리를 s_B, 점 a가 물체 B 위에서 그리는 궤적의 이동거리를 β로 표기하고 있다.

위의 두 점 사이의 상대 가속도 표현에 각가속도가 나타나지 않음에 주목하라.

문제 1 좌측 링크의 각속도 및 각가속도가 알려져 있다. 정리 1과 정리 2를 사용하여 그림에 주어진 자세에서 <그림>에 주어진 기구의 속도 및 가속도 해석을 수행하시오. 그림에서 한 칸의 길이를 L로 표기한다.

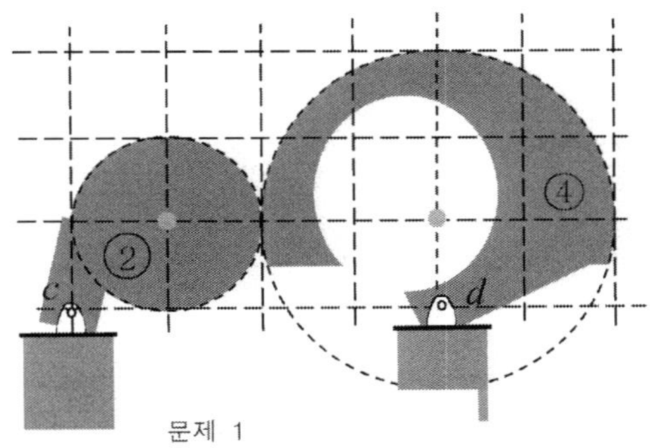

문제 1

답 $\dot{s} = -4L\omega_2, \ \omega_4 = \omega_2,$

$$\ddot{s} = -4L\left\{\alpha_2 + \frac{2}{3}\omega_2^2\right\}, \quad \alpha_4 = \left\{\alpha_2 + \frac{4}{3}\omega_2^2\right\}$$

풀이 루프($cbad$)를 따라 루프폐쇄식을 수립하여 문제를 해결한다. 여기서, a∈(4), b∈(2)가 접촉점에 위치한다.

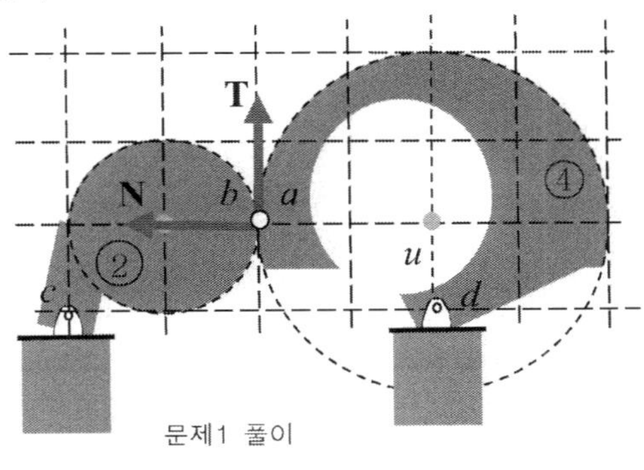

문제1 풀이

속도해석

$\mathbf{V}_{d/c} = \mathbf{V}_{b/c} + \mathbf{V}_{a/b} + \mathbf{V}_{d/a} = \mathbf{0}$ $\boldsymbol{\omega}_2 \times \mathbf{r}_{b/c} + \dot{s}\mathbf{T} + \boldsymbol{\omega}_4 \times \mathbf{r}_{d/a} = \mathbf{0}$ $\omega_2(\mathbf{k} \times \mathbf{r}_{b/c}) + \dot{s}\mathbf{T} + \omega_4(\mathbf{k} \times \mathbf{r}_{d/a}) = \mathbf{0}$ $\omega_2 L \begin{bmatrix} -1 \\ 2 \end{bmatrix} + \dot{s}\begin{bmatrix} 0 \\ 1 \end{bmatrix} + \omega_4 L \begin{bmatrix} 1 \\ 2 \end{bmatrix} = \begin{bmatrix} 0 \\ 0 \end{bmatrix}$	$\left(\dfrac{\dot{s}}{L}\right)\begin{bmatrix} 0 \\ 1 \end{bmatrix} + \omega_4 \begin{bmatrix} 1 \\ 2 \end{bmatrix} = \omega_2 \begin{bmatrix} 1 \\ -2 \end{bmatrix}$ $\begin{bmatrix} 0 & 1 \\ 1 & 2 \end{bmatrix}\begin{bmatrix} \dot{s}/L \\ \omega_4 \end{bmatrix} = \omega_2 \begin{bmatrix} 1 \\ -2 \end{bmatrix}$ $\begin{bmatrix} \dot{s}/L \\ \omega_4 \end{bmatrix} = \omega_2 \begin{bmatrix} 0 & 1 \\ 1 & 2 \end{bmatrix}^{-1}\begin{bmatrix} 1 \\ -2 \end{bmatrix} = \omega_2 \begin{bmatrix} -2 & 1 \\ 1 & 0 \end{bmatrix}\begin{bmatrix} 1 \\ -2 \end{bmatrix} = \omega_2 \begin{bmatrix} -4 \\ 1 \end{bmatrix}$

가속도해석

$\mathbf{A}_{a/b} = \ddot{s}\,\mathbf{T} + g\mathbf{N}$

$\kappa_2 = 1/L$, $\kappa_4 = 1/(2L)$, $\dot{s} = -4L\omega_2$, $\omega_4 = \omega_2$를 상대가속도 공식에 대입하여 **N**방향 성분을 얻는다. 이 때,

$$\begin{aligned} g &= 2\dot{s}\left(\frac{\kappa_2\omega_4 + \kappa_4\omega_2}{\kappa_2 + \kappa_4}\right) + \left(\frac{\kappa_2\kappa_4\dot{s}^2 - \omega_{4/2}^2}{\kappa_2 + \kappa_4}\right) \\ &= L\omega_2^2\left[2\cdot(-4)\left(\frac{1\cdot 1 + 1/2\cdot 1}{1 + 1/2}\right) + \left(\frac{1\cdot(1/2)\cdot(-4)^2 - 0^2}{1 + 1/2}\right)\right] \\ &= L\omega_2^2\left[2\cdot(-4)\left(\frac{3}{3}\right) + \left(\frac{16}{3}\right)\right] = \left(-\frac{8}{3}\right)L\,\omega_2^2 \end{aligned}$$

$$\mathbf{A}_{d/c} = \mathbf{A}_{b/c} + \mathbf{A}_{a/b} + \mathbf{A}_{d/a} = \mathbf{0}$$

$$[\boldsymbol{\alpha}_2 \times \mathbf{r}_{b/c} + \boldsymbol{\omega}_2 \times (\boldsymbol{\omega}_2 \times \mathbf{r}_{b/c})] + (\ddot{s}\,\mathbf{T} + g\mathbf{N}) + [\boldsymbol{\alpha}_4 \times \mathbf{r}_{d/a} + \boldsymbol{\omega}_4 \times (\boldsymbol{\omega}_4 \times \mathbf{r}_{d/a})] = \mathbf{0}$$

$$\ddot{s}\,\mathbf{T} + \boldsymbol{\alpha}_4 \times \mathbf{r}_{d/a} + \boldsymbol{\alpha}_2 \times \mathbf{r}_{b/c} + \boldsymbol{\omega}_2 \times (\boldsymbol{\omega}_2 \times \mathbf{r}_{b/c}) + g\mathbf{N} + \boldsymbol{\omega}_4 \times (\boldsymbol{\omega}_4 \times \mathbf{r}_{d/a}) = \mathbf{0}$$

$$\ddot{s}\,\mathbf{T} + \alpha_4(\mathbf{k} \times \mathbf{r}_{d/a}) + \alpha_2(\mathbf{k} \times \mathbf{r}_{b/c}) - \omega_2^2\mathbf{r}_{b/c} - \frac{8}{3}L\omega_2^2\mathbf{N} - \omega_2^2\mathbf{r}_{d/a} = \mathbf{0}$$

$$\ddot{s}\,\mathbf{T} + \alpha_4(\mathbf{k} \times \mathbf{r}_{d/a}) = -\alpha_2(\mathbf{k} \times \mathbf{r}_{b/c}) + \omega_2^2\mathbf{r}_{b/c} + \frac{8}{3}L\omega_2^2\mathbf{N} + \omega_2^2\mathbf{r}_{d/a}$$

$$\ddot{s}\begin{bmatrix} 0 \\ 1 \end{bmatrix} + \alpha_4 L\begin{bmatrix} 1 \\ 2 \end{bmatrix} = \alpha_2 L\begin{bmatrix} 1 \\ -2 \end{bmatrix} + L\omega_2^2\begin{bmatrix} 2 \\ 1 \end{bmatrix} - \frac{8}{3}L\omega_2^2\begin{bmatrix} 1 \\ 0 \end{bmatrix} + L\omega_2^2\begin{bmatrix} 2 \\ -1 \end{bmatrix}$$

$$\begin{bmatrix} 0 & 1 \\ 1 & 2 \end{bmatrix}\begin{bmatrix} \ddot{s}/L \\ \alpha_4 \end{bmatrix} = \alpha_2\begin{bmatrix} 1 \\ -2 \end{bmatrix} + \omega_2^2\left(\frac{4}{3}\right)\cdot\begin{bmatrix} 1 \\ 0 \end{bmatrix},\quad \begin{bmatrix} 0 & 1 \\ 1 & 2 \end{bmatrix}\begin{bmatrix} \ddot{s}/L \\ \alpha_4 \end{bmatrix} = \begin{bmatrix} 1 & 4/3 \\ -2 & 0 \end{bmatrix}\begin{bmatrix} \alpha_2 \\ \omega_2^2 \end{bmatrix}$$

$$\begin{bmatrix} \ddot{s}/L \\ \alpha_4 \end{bmatrix} = \begin{bmatrix} 0 & 1 \\ 1 & 2 \end{bmatrix}^{-1}\begin{bmatrix} 1 & 4/3 \\ -2 & 0 \end{bmatrix}\begin{bmatrix} \alpha_2 \\ \omega_2^2 \end{bmatrix} = \begin{bmatrix} -2 & 1 \\ 1 & 0 \end{bmatrix}\begin{bmatrix} 1 & 4/3 \\ -2 & 0 \end{bmatrix}\begin{bmatrix} \alpha_2 \\ \omega_2^2 \end{bmatrix} = \begin{bmatrix} -4 & -8/3 \\ 1 & 4/3 \end{bmatrix}\begin{bmatrix} \alpha_2 \\ \omega_2^2 \end{bmatrix}$$

문제 2 식 (8)을 이용하여 문제 1의 기구의 가속도해석에 필요한 상대가속도 $\mathbf{A}_{a/b}$ 를 표현하고, 문제 1의 결과와 비교하시오.

풀이 이 미끄럼접촉 기구의 순간중심 (24)가 우측 무한대에 위치한다(7.6절 참조). 그러므로

$$c_a = \infty, \text{ 즉, } \frac{1}{c_a} = 0.$$

이를 식 (8)에 대입하면 다음과 같다.

$$\kappa_a = \frac{1}{\kappa_A + \kappa_B}\left(2\frac{\kappa_B}{c_a} + \kappa_A\kappa_B - \left(\frac{1}{c_a}\right)^2\right) = \frac{\kappa_A\kappa_B}{\kappa_A + \kappa_B} = \frac{1}{1/\kappa_B + 1/\kappa_A} = \frac{1}{L + 2L} = \left(\frac{1}{3L}\right)$$

이로부터, 두 점 a, b의 상대속도를 다음과 같이 표현할 수 있다.

$$\mathbf{A}^G_{a/b} = \mathbf{A}^{(2)}_a + 2\boldsymbol{\omega}_2 \times \mathbf{V}^{(2)}_a = \ddot{s}\,\mathbf{T} + \left(\kappa_a \dot{s}^2 + 2\dot{s}\omega_2\right)\mathbf{N}$$

위 식에 문제1의 속도해석 결과,

$$\dot{s} = -4L\omega_2, \quad \omega_4 = \omega_2$$

를 대입하면

$$\mathbf{A}^G_{a/b} = \ddot{s}\,\mathbf{T} + \left(\kappa_a \dot{s}^2 + 2\dot{s}\omega_2\right)\mathbf{N} = \ddot{s}\,\mathbf{T} + L\omega_2^2\left(\frac{1}{3}\cdot(-4)^2 + 2\cdot(-4)\right)\mathbf{N} = \ddot{s}\,\mathbf{T} - \frac{8}{3}L\omega_2^2\,\mathbf{N}$$

이는 $\mathbf{A}^G_{a/b} = \ddot{s}\,\mathbf{T} + g\,\mathbf{N}$ 으로 표기하였을 때,

$$g = -\frac{8}{3}L\omega_2^2$$

인 경우로 문제 1의 결과와 일치한다.

2 미끄럼접촉 기구의 속도 해석 및 가속도 해석

<그림 13.2>에 주어진 미끄럼접촉 기구의 속도해석을 실행하고자 한다. 1절의 공식과의 기호의 일관성을 유지하기 위해 $G=(1)$, $B=(2)$, $A=(4)$로 약속한다. 기구의 자세가 결정되었을 경우에 속도 및 가속도 해석법을 1절 문제 1에서 예제로 이미 다루었다. 1절의 문제 1에서는 기저 **IJ**에 관한 성분을 사용하였는데, 본 절에서는 '전달선'과 관련된 기하학적 의미를 추출하기 위해 기저 **TN**에 관한 성분을 사용하여 일반 공식을 유도한다.

고정 관절 c로부터 접촉점에 위치한 두 물체에 고정된 점 b, a를 경유하여 d까지 이르는 경로를 고려하여 아래의 루프폐쇄식을 구성할 수 있다.

$$\mathbf{0} = \mathbf{V}^G_{d/c} = \mathbf{V}^G_{d/a} + \mathbf{V}^G_{a/b} + \mathbf{V}^G_{b/c} = \dot{s}\mathbf{T} - \mathbf{V}^G_{a/d} + \mathbf{V}^G_{b/c} = \dot{s}\mathbf{T} - \boldsymbol{\omega}_A \times \mathbf{r}_{a/d} + \boldsymbol{\omega}_B \times \mathbf{r}_{b/c}$$

즉,

$$\dot{s}\mathbf{T} - \boldsymbol{\omega}_A \times \mathbf{r}_{a/d} + \boldsymbol{\omega}_B \times \mathbf{r}_{b/c} = \mathbf{0} \tag{1}$$

위 식 (1)의 양변에 **T**에 관한 외적을 취하면 다음과 같다. 이는 **N**에 관한 내적을 취하는 것과 그 효과가 동일하다.

$$\mathbf{T} \times (\boldsymbol{\omega}_A \times \mathbf{r}_{a/d}) - \mathbf{T} \times (\boldsymbol{\omega}_B \times \mathbf{r}_{b/c}) = \mathbf{0}$$

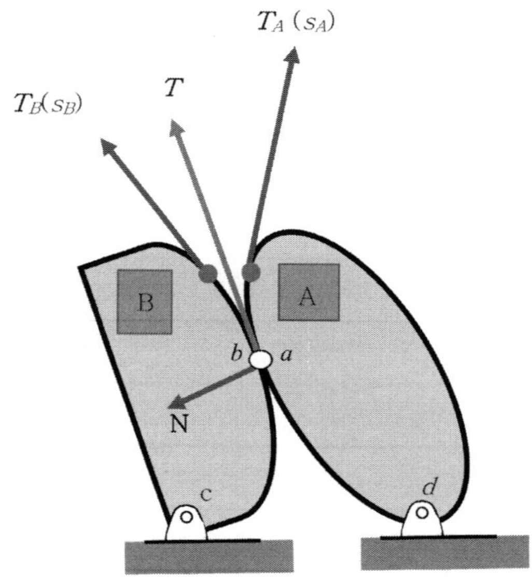

〈그림 13.2〉 미끄럼접촉 기구의 속도해석

참고 벡터의 삼중 외적에 관한 라그랑지의 공식

$$\mathbf{a}\times(\mathbf{b}\times\mathbf{c})=(\mathbf{a}\bullet\mathbf{c})\mathbf{b}-(\mathbf{a}\bullet\mathbf{b})\mathbf{c}\,.$$

위 식에 라그랑지의 공식을 적용하여 다음과 같이 전개한다.

$$(\mathbf{T}\bullet\mathbf{r}_{a/d})\boldsymbol{\omega}_A-(\mathbf{T}\bullet\boldsymbol{\omega}_A)\mathbf{r}_{a/d}-(\mathbf{T}\bullet\mathbf{r}_{b/c})\boldsymbol{\omega}_B+(\mathbf{T}\bullet\boldsymbol{\omega}_B)\mathbf{r}_{b/c}=\mathbf{0}$$

$$[(\mathbf{T}\bullet\mathbf{r}_{a/d})\omega_A-(\mathbf{T}\bullet\mathbf{r}_{b/c})\omega_B]\mathbf{k}=\mathbf{0}$$

즉,

$$\frac{\omega_A}{\omega_B}=\frac{(\mathbf{T}\bullet\mathbf{r}_{b/c})}{(\mathbf{T}\bullet\mathbf{r}_{a/d})}$$

이로부터 ω_B가 주어졌을 때, 상대 각속도 $\omega=\omega_A-\omega_B$를 계산할 수 있다.

$$\omega=\omega_A-\omega_B=\omega_B\left[\left(\frac{\mathbf{r}_{b/c}\bullet\mathbf{T}}{\mathbf{r}_{a/d}\bullet\mathbf{T}}\right)-1\right]$$

한편, 미끄럼접촉 기구에서 접촉점에서의 경계선에 대한 법선을 전달선이라 하는데, 고정 관절로부터 전달선에 내린 수선의 길이의 비와 각속도비가 일치함을 위 식으로부터 알 수 있다. <그림 13.3> 참조

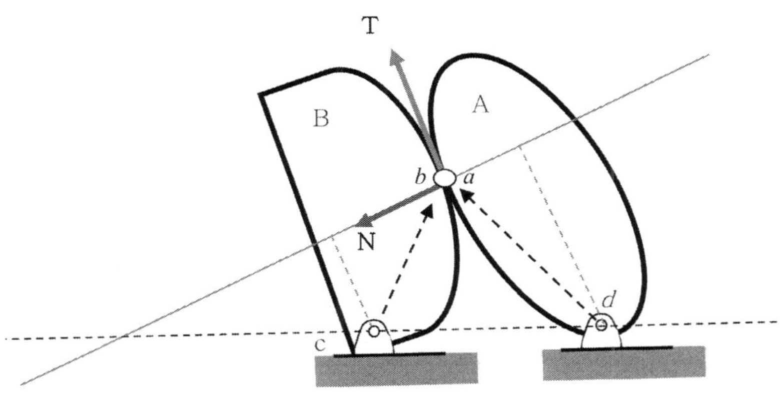

〈그림 13.3〉 미끄럼접촉 기구의 전달선

또, 식 (1)에 **T**에 관한 내적을 취하면 다음과 같이 미끄럼 속도를 유도할 수 있다.

$$\dot{s} - \mathbf{T} \bullet (\boldsymbol{\omega}_A \times \mathbf{r}_{a/d}) + \mathbf{T} \bullet (\boldsymbol{\omega}_B \times \mathbf{r}_{b/c}) = \mathbf{0}$$

$$\dot{s} - \mathbf{r}_{a/d} \bullet (\mathbf{T} \times \omega_A \mathbf{k}) + \mathbf{r}_{b/c} \bullet (\mathbf{T} \times \omega_B \mathbf{k}) = \mathbf{0}$$

$$\dot{s} = \mathbf{r}_{a/d} \bullet (\mathbf{T} \times \omega_A \mathbf{k}) - \mathbf{r}_{b/c} \bullet (\mathbf{T} \times \omega_B \mathbf{k})$$

$$\dot{s} = -\omega_A (\mathbf{r}_{a/d} \bullet \mathbf{N}) + \omega_B (\mathbf{r}_{b/c} \bullet \mathbf{N})$$

$$\dot{s} = \omega_B \left[(\mathbf{r}_{b/c} \bullet \mathbf{N}) - \left(\frac{\mathbf{r}_{b/c} \bullet \mathbf{T}}{\mathbf{r}_{a/d} \bullet \mathbf{T}} \right) (\mathbf{r}_{a/d} \bullet \mathbf{N}) \right]$$

정리 13.3 – 미끄럼접촉 기구의 속도해석

땅에서 관찰하였을 때의 속도비는 전달선에 내린 수선의 길이의 비와 같다:

$$\frac{\omega_A}{\omega_B} = \frac{\mathbf{r}_{b/c} \bullet \mathbf{T}}{\mathbf{r}_{a/d} \bullet \mathbf{T}}$$

상대각속도:

$$\omega = \omega_A - \omega_B = \omega_B \left[\left(\frac{\mathbf{r}_{b/c} \bullet \mathbf{T}}{\mathbf{r}_{a/d} \bullet \mathbf{T}} \right) - 1 \right]$$

미끄럼 속도:

$$\dot{s} = \omega_B \left[(\mathbf{r}_{b/c} \bullet \mathbf{N}) - \left(\frac{\mathbf{r}_{b/c} \bullet \mathbf{T}}{\mathbf{r}_{a/d} \bullet \mathbf{T}} \right) (\mathbf{r}_{a/d} \bullet \mathbf{N}) \right]$$

문제 1 정리 13.3을 사용하여 1절의 문제 1의 속도해석을 수행하여 그 결과를 비교하시오.

풀이

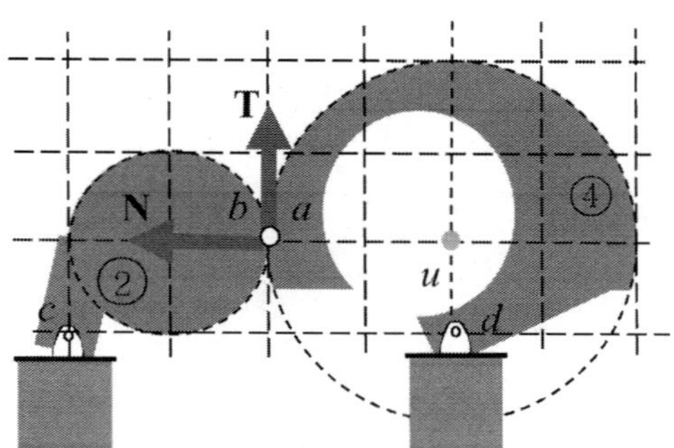

문제1 풀이

$$\mathbf{T} = [0 \quad 1]^T,\ \mathbf{N} = [-1 \quad 0]^T,\ \mathbf{r}_{b/c} = [2 \quad 1]^T,\ \mathbf{r}_{a/d} = [-2 \quad 1]^T$$

을 위의 공식에 대입하여

$$\frac{\omega_4}{\omega_2} = \frac{\mathbf{r}_{b/c} \bullet \mathbf{T}}{\mathbf{r}_{a/d} \bullet \mathbf{T}} = \frac{1}{1} = 1,\ 즉\ \omega_2 = \omega_4 .$$

이는 각속도의 비가 전달선에 내린 수선의 길이의 비와 일치한다는 결과와도 일치한다. 한편 미끄럼속도를 계산하면 다음과 같다.

$$\dot{s} = \omega_2 \left[(\mathbf{r}_{b/c} \bullet \mathbf{N}) - \left(\frac{\mathbf{r}_{b/c} \bullet \mathbf{T}}{\mathbf{r}_{a/d} \bullet \mathbf{T}} \right) (\mathbf{r}_{a/d} \bullet \mathbf{N}) \right] = \omega_2 \left[(-2L) - \left(\frac{1}{1} \right) (2L) \right] = -4L\omega_2$$

이는 1절의 문제 1의 결과와 일치한다.

이제, <그림 13.2>에 주어진 미끄럼접촉 기구의 가속도 해석을 실행하고자 한다. 1절의 정리 13.2에 의하면 접촉점에 위치한 두 점 a, b사이의 상대 가속도가 다음과 같다.

$$\mathbf{A}_{a/b} = \ddot{s}\mathbf{T} + 2\dot{s}\left(\frac{\kappa_B \omega_A + \kappa_A \omega_B}{\kappa_A + \kappa_B} \right)\mathbf{N} + \left(\frac{\kappa_A \kappa_B \dot{s}^2 - (\omega_{A/B})^2}{\kappa_A + \kappa_B} \right)\mathbf{N} = \ddot{s}\mathbf{T} + g\,\mathbf{N}$$

여기서,

$$g(\dot{s}, \omega_A, \omega_B; \kappa_A, \kappa_B) \equiv 2\dot{s}\left(\frac{\kappa_B \omega_A + \kappa_A \omega_B}{\kappa_A + \kappa_B} \right) + \left(\frac{\kappa_A \kappa_B \dot{s}^2 - (\omega_{A/B})^2}{\kappa_A + \kappa_B} \right)$$

위치해석을 수행하여 주어진 자세에서 곡률

$$\kappa_A,\ \kappa_B$$

를 결정하였고, 주어진 물체 B의 각속도 ω_B에 대해 속도해석을 수행하여 속도 변수

$$\dot{s},\ \omega_A,\ \omega_B,\ \omega_{A/B}$$

를 결정하였다고 하자. 이와 같은 상황에서 위의 상대 가속도 공식의 법선 성분 g가 결정되므로, 미끄럼 가속도 $\ddot{s}$만 미지수로 남게 된다.

이제, 고정 관절 c로부터 접촉점을 경유하여 d까지 이르는 경로를 고려하여 다음의 루프폐쇄식을 얻는다:

$$\begin{aligned}\mathbf{0} = \mathbf{A}^G_{d/c} &= \mathbf{A}^G_{d/a} + \mathbf{A}^G_{a/b} + \mathbf{A}^G_{b/c} \\ &= \ddot{s}\,\mathbf{T} + g\mathbf{N} - \mathbf{A}^G_{a/d} + \mathbf{A}^G_{b/c} \\ &= \ddot{s}\,\mathbf{T} + g\mathbf{N} - \boldsymbol{\alpha}_A \times \mathbf{r}_{a/d} + \boldsymbol{\alpha}_B \times \mathbf{r}_{b/c} - \boldsymbol{\omega}_A \times (\boldsymbol{\omega}_A \times \mathbf{r}_{a/d}) + \boldsymbol{\omega}_B \times (\boldsymbol{\omega}_B \times \mathbf{r}_{b/c}) \\ &= \ddot{s}\,\mathbf{T} + g\mathbf{N} - \alpha_A(\mathbf{k} \times \mathbf{r}_{a/d}) + \alpha_B(\mathbf{k} \times \mathbf{r}_{b/c}) + \omega_A^2 \mathbf{r}_{a/d} - \omega_B^2 \mathbf{r}_{b/c}\end{aligned}$$

즉,

$$\ddot{s}\,\mathbf{T} + g\mathbf{N} - \alpha_A(\mathbf{k} \times \mathbf{r}_{a/d}) + \alpha_B(\mathbf{k} \times \mathbf{r}_{b/c}) + \omega_A^2 \mathbf{r}_{a/d} - \omega_B^2 \mathbf{r}_{b/c} = \mathbf{0} \tag{1}$$

이는 2개의 방정식을 형성하는데, 미지수 α_A와 $\ddot{s}$ 대해 풀면 우리의 목적을 달성한다. 구체적으로, 식 (1)의 양변에 **N**에 관한 내적을 취하여 그 성분을 구하면 다음과 같다.

$$g - \alpha_A(\mathbf{r}_{a/d} \bullet \mathbf{T}) + \alpha_B(\mathbf{r}_{b/c} \bullet \mathbf{T}) + \omega_A^2(\mathbf{r}_{a/d} \bullet \mathbf{N}) - \omega_B^2(\mathbf{r}_{b/c} \bullet \mathbf{N}) = 0$$

즉,

$$\alpha_A = \alpha_B\left(\frac{\mathbf{r}_{b/c} \bullet \mathbf{T}}{\mathbf{r}_{a/d} \bullet \mathbf{T}}\right) + \omega_A^2\left(\frac{\mathbf{r}_{a/d} \bullet \mathbf{N}}{\mathbf{r}_{a/d} \bullet \mathbf{T}}\right) - \omega_B^2\left(\frac{\mathbf{r}_{b/c} \bullet \mathbf{N}}{\mathbf{r}_{a/d} \bullet \mathbf{T}}\right) + \frac{g(\dot{s}, \omega_A, \omega_B; \kappa_A, \kappa_B)}{(\mathbf{r}_{a/d} \bullet \mathbf{T})}$$

또, 식 (1)에 **T**에 관한 내적을 취하여 그 성분을 다음과 같이 구한다.

$$\ddot{s} + \alpha_A(\mathbf{r}_{a/d} \bullet \mathbf{N}) - \alpha_B(\mathbf{r}_{b/c} \bullet \mathbf{N}) + \omega_A^2(\mathbf{r}_{a/d} \bullet \mathbf{T}) - \omega_B^2(\mathbf{r}_{b/c} \bullet \mathbf{T}) = 0$$

즉,

$$\ddot{s} = \alpha_B(\mathbf{r}_{b/c} \bullet \mathbf{N}) - \alpha_A(\mathbf{r}_{a/d} \bullet \mathbf{N}) + \omega_B^2(\mathbf{r}_{b/c} \bullet \mathbf{T}) - \omega_A^2(\mathbf{r}_{a/d} \bullet \mathbf{T})$$

이상을 정리하면 (정리 13.4)와 같다.

정리 13.4– 미끄럼접촉 기구의 가속도해석

종동절의 각가속도:

$$\alpha_A = \alpha_B\left(\frac{\mathbf{r}_{b/c} \bullet \mathbf{T}}{\mathbf{r}_{a/d} \bullet \mathbf{T}}\right) + \omega_A^2\left(\frac{\mathbf{r}_{a/d} \bullet \mathbf{N}}{\mathbf{r}_{a/d} \bullet \mathbf{T}}\right) - \omega_B^2\left(\frac{\mathbf{r}_{b/c} \bullet \mathbf{N}}{\mathbf{r}_{a/d} \bullet \mathbf{T}}\right) + \frac{g(\dot{s}, \omega_A, \omega_B; \kappa_A, \kappa_B)}{(\mathbf{r}_{a/d} \bullet \mathbf{T})}$$

미끄럼 가속도:

$$\ddot{s} = \alpha_B(\mathbf{r}_{b/c} \bullet \mathbf{N}) - \alpha_A(\mathbf{r}_{a/d} \bullet \mathbf{N}) + \omega_B^2(\mathbf{r}_{b/c} \bullet \mathbf{T}) - \omega_A^2(\mathbf{r}_{a/d} \bullet \mathbf{T})$$

여기서,

$$g(\dot{s}, \omega_A, \omega_B; \kappa_A, \kappa_B) \equiv 2\dot{s}\left(\frac{\kappa_B\omega_A + \kappa_A\omega_B}{\kappa_A + \kappa_B}\right) + \left(\frac{\kappa_A\kappa_B\dot{s}^2 - (\omega_{A/B})^2}{\kappa_A + \kappa_B}\right)$$

문제 2 정리 13.4를 사용하여 1 절의 문제 1의 가속도해석을 수행하여 그 결과를 비교하시오.

풀이

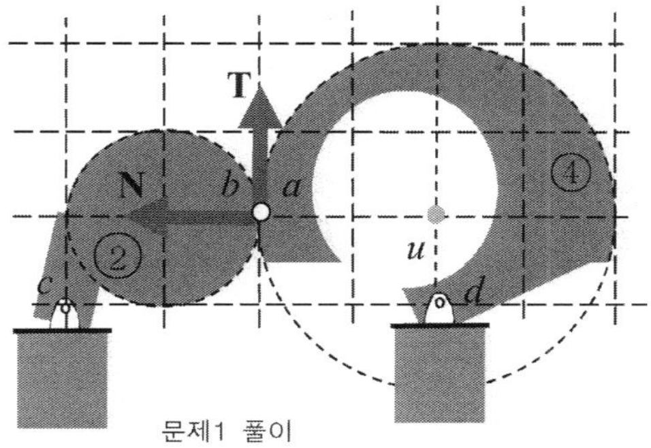

문제1 풀이

위치해석 결과: $\mathbf{T}=[0\quad 1]^T$, $\mathbf{N}=[-1\quad 0]^T$, $\mathbf{r}_{b/c}=[2\quad 1]^T$, $\mathbf{r}_{a/d}=[-2\quad 1]^T$

속도해석 결과: $\omega_2=\omega_4$

이를 정리 4의 공식에 대입하여 다음을 얻는다.

$$\alpha_4=\alpha_2\left(\frac{\mathbf{r}_{b/c}\bullet\mathbf{T}}{\mathbf{r}_{a/d}\bullet\mathbf{T}}\right)+\omega_4^2\left(\frac{\mathbf{r}_{a/d}\bullet\mathbf{N}}{\mathbf{r}_{a/d}\bullet\mathbf{T}}\right)-\omega_2^2\left(\frac{\mathbf{r}_{b/c}\bullet\mathbf{N}}{\mathbf{r}_{a/d}\bullet\mathbf{T}}\right)+\frac{g}{(\mathbf{r}_{a/d}\bullet\mathbf{T})}$$

$$=\alpha_2\left(\frac{1}{1}\right)+\omega_2^2\left(\frac{2}{1}\right)-\omega_2^2\left(\frac{-2}{1}\right)+\frac{(-8/3)L\omega_2^2}{L}=\alpha_2+\frac{4}{3}\omega_2^2$$

$$=\alpha_2+\frac{4}{3}\omega_2^2$$

$$\ddot{s}=\alpha_2(\mathbf{r}_{b/c}\bullet\mathbf{N})-\alpha_4(\mathbf{r}_{a/d}\bullet\mathbf{N})+\omega_2^2(\mathbf{r}_{b/c}\bullet\mathbf{T})-\omega_4^2(\mathbf{r}_{a/d}\bullet\mathbf{T})$$

$$=\alpha_2(-2L)-\left(\alpha_2+\frac{4}{3}\omega_2^2\right)\cdot(2L)+\omega_2^2(L)-\omega_2^2(L)$$

$$=-4L\alpha_2-\frac{8}{3}L\omega_2^2\quad=-4L\left(\alpha_2+\frac{2}{3}\omega_2^2\right)$$

이는 1절의 문제 1의 결과와 일치한다.

3 미끄럼접촉 기구의 등가 링키지와 속도 및 가속도 등가성

<그림 13.4>와 같이, 어떤 순간 미끄럼접촉을 형성하는 두 물체의 경계 곡선의 접촉점에서의 곡률 중심에 관절을 설정하여 구성한 링키지를 그 순간의 등가 링키지라 한다. 본 절에서는 원original 미끄럼접촉 기구와 그 등가 링키지의 속도 및 가속도 해석이 일치함을 주장한다.

미끄럼접촉을 이루는 위치에서 속도해석을 위한 루프폐쇄식을 수립할 때 사용하여야 하는 제한식은 다음이 전부이다.

$$\mathbf{V}_{a/b} = \dot{s}\mathbf{T}$$

이로부터, 현재의 접촉점을 유지하고 공통접선 방향이 일치하는 모든 기구가 속도 등가성을 유지함을 알 수 있다. <그림 13.5>의 기구 (2)는 원 미끄럼접촉 기구 (1)의 경계를 접촉점에서의 곡률반경이 일치하는 원으로 바꾼 기구이다. 경계의 접선방향이 일치하므로 두 기구의 속도해석이 일치한다.

한편, 2절의 미끄럼접촉 기구에 대한 가속도해석 과정과 그 결과인 정리 13.4를 살펴보면, 가속도 해석을 위해 g로 표기된 법선성분을 속도변수와 곡률로부터 계산하여야 함을 알 수 있다.

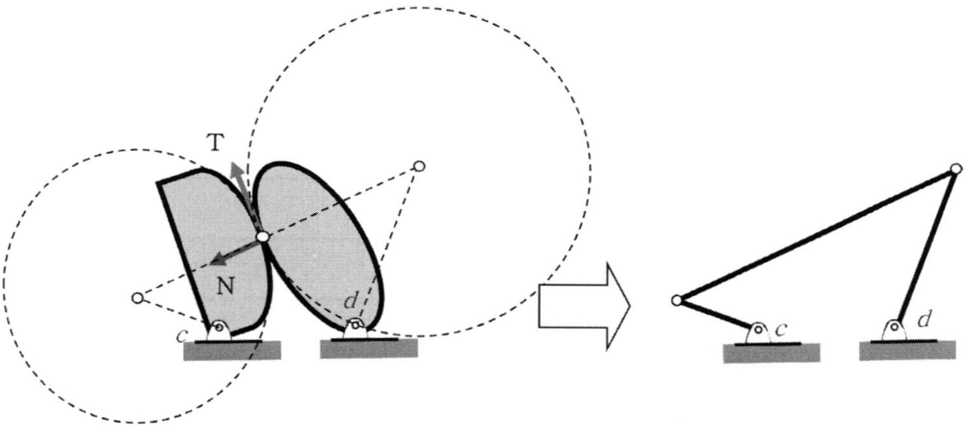

〈그림 13.4〉 미끄럼기구의 등가 링키지

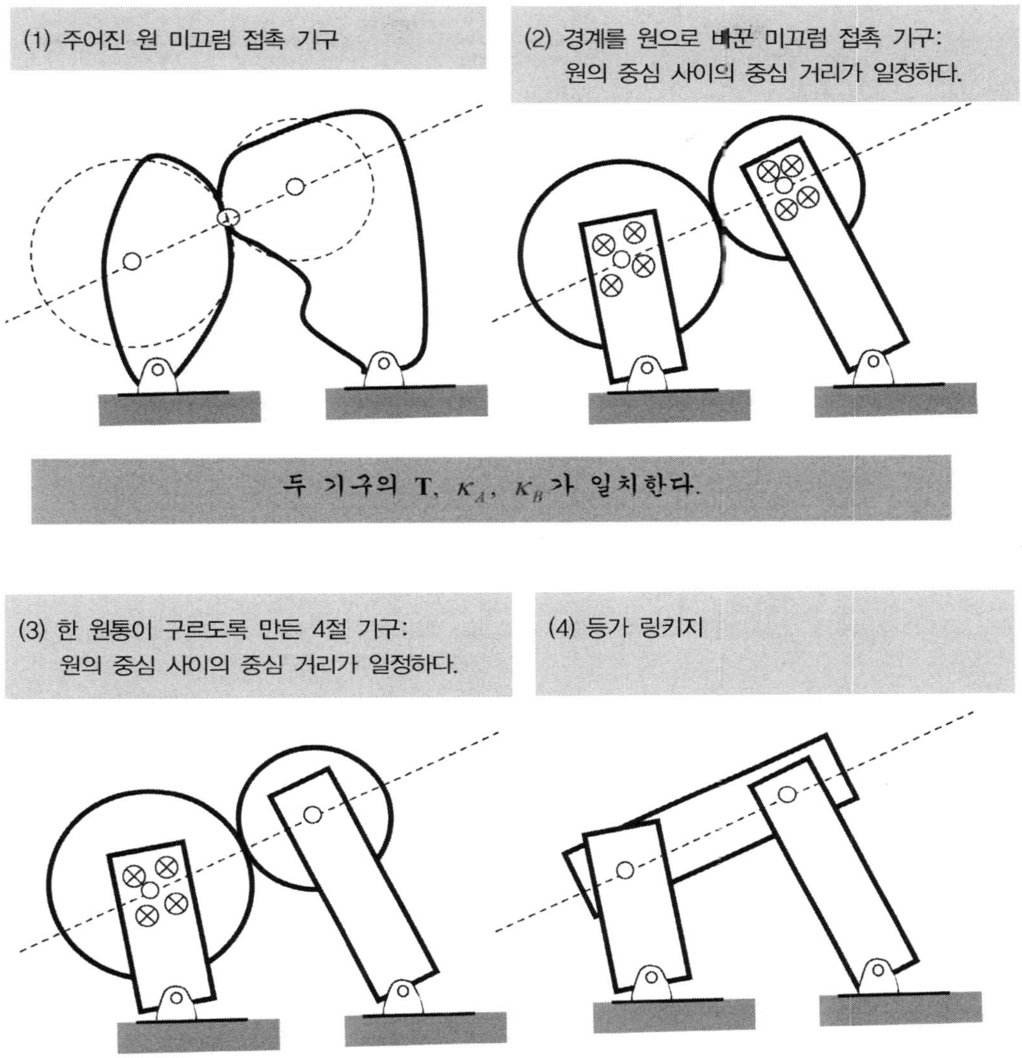

〈그림 13.5〉 미끄럼접촉 기구의 속도 및 가속도 등가성

<그림 13.5>의 두 미끄럼접촉 기구 (1)과 (2)는 접촉점에서의 곡률이 일치하고, 속도 등가성이 보장되므로 법선 성분 $g = g(\dot{s}, \omega_A, \omega_B; \kappa_A, \kappa_B)$가 일치한다 결국, 부과되는 구속조건

$$\mathbf{A}_{a/b} = \ddot{s}\,\mathbf{T} + g\mathbf{N}$$

가 일치하여 현 상태에서의 가속도를 포함한 순간 운동이 일치한다. 기구 (3)은 기구 (2)의 원통끼리 구르도록 만든 것으로 구동절과 종동절의 운동이 (2)와 일치한다. 기구 (3)의 두 원통 사이의 중심거리가 일정하게 유지되므로 이를 그림 (4)와 같은 4절 기구로 바꾸더라도 구동절에 대한

종동절의 운동이 일치한다. 그러므로 등가 링키지와 해당 미끄럼접촉 기구는 속도뿐만 아니라 가속도까지 일치하여 순간운동이 일치하게 된다. 4절 기구에 대해서는 구동절의 운동이 주어졌을 때, 종동절의 운동을 계산하는 방법을 잘 알고 있으므로 4절 기구에 대한 공식을 이용하여 미끄럼 운동을 해석하면 편리하다. 단, 등가기구가 매 순간 바뀜에 주의하여야 한다.

> 주 전달선에 위치한 임의의 두 점을 선택해도 속도등가성은 성립한다. 곡률 중심에 관절을 선택한 이유는 가속도 등가성을 성립시키기 위해서이다.

정리 13.5 – 등가 링키지의 속도 및 가속도 등가성

미끄럼접촉 기구의 속도 및 가속도해석은 해당 등가 링키지의 속도 및 가속도 해석과 일치한다.

미끄럼접촉을 유지하는 두 물체의 곡률 중심을 새로운 링크의 관절로 연결하고 접촉을 해지하는 작업을 기구 일반에 적용하여도 위와 동일한 논리를 전개할 수 있으므로, <그림 13.6>에 제시된 바와 같은 기구 일반에 대한 가속도 등가원리가 성립한다.

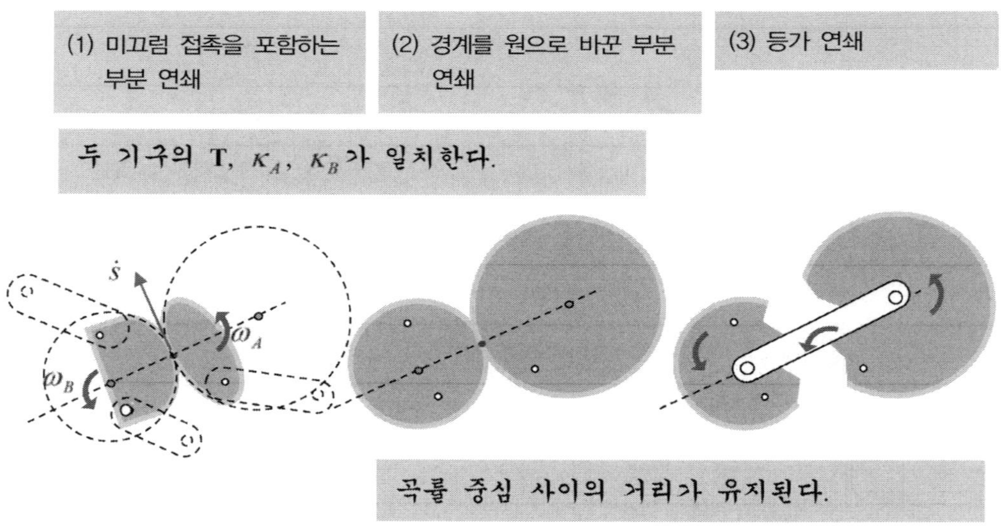

〈그림 13.6〉 기구일반의 가속도 등가성 1

정리 13.6 – 미끄럼접촉의 등가 원리 1

(1) 기구가 물체 A, B사이의 미끄럼접촉을 포함하는 경우, 접촉을 유지하는 물체 A, B의 경계선을 곡률반경이 일치하는 원으로 대체하여 새로운 기구를 형성하면 주어진 순간의 속도해석과 가속도해석이 일치하게 된다.

> (2) 기구가 물체 A, B사이의 미끄럼접촉을 포함하는 경우, 접촉을 유지하는 물체 A, B의 경계선의 곡률중심에 위치한 물체 A, B에 고정된 점을 링크 D의 관절로 연결하고 접촉을 해지하여 새로운 기구를 형성하면 주어진 자세에서 속도해석과 가속도 해석이 일치하게 된다.

미끄럼접촉을 유지하는 한쪽 면이 평면인 경우에 대해서는 다른 면의 곡률 중심에 위치한 점이 평면 상에서 움직일 때의 궤적을 고려하여 등가 링키지를 <그림 13.7>과 같이 구성할 수 있다.

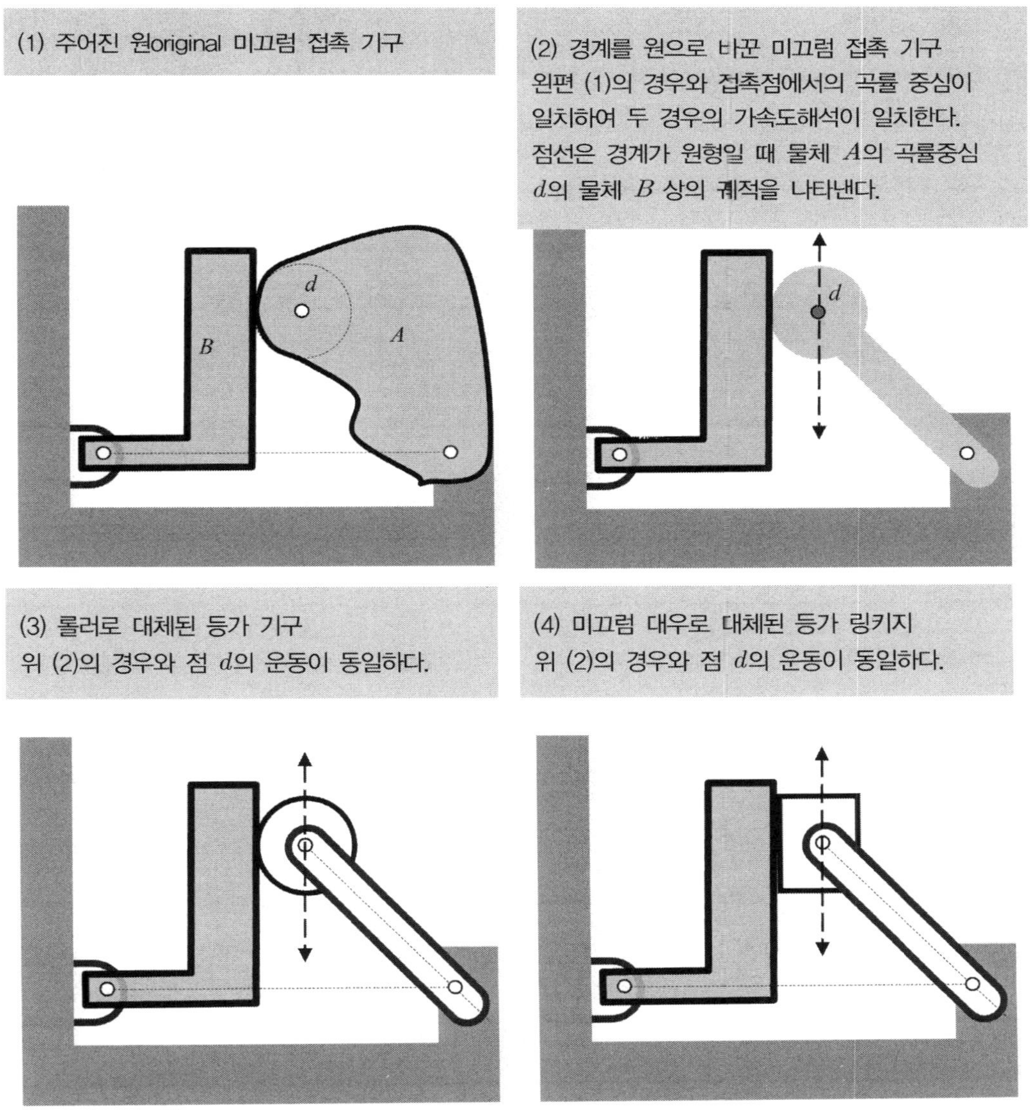

〈그림 13.7〉 한쪽면이 평면인 경우의 등가 링키지

문제 1 연습문제 11.4에 제시된 기구의 등가 링키지를 구성하여 속도 및 가속도 해석을 수행하여 그 결과를 비교하시오.

문제 2 <그림>의 캠 기구의 등가 링키지를 구성하시오.

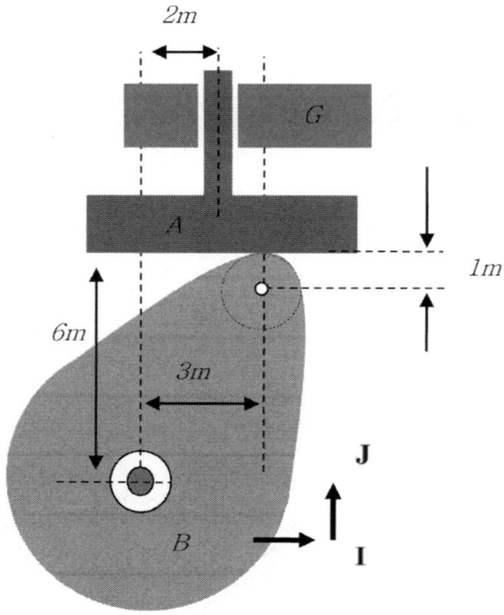

문제 3 등가 링키지를 구성해 계산한 속도 및 가속도 해석과 1절에서 유도한 속도 및 가속도 공식을 이용하여 계산한 결과가 일치함을 <그림>에 주어진 기구의 자세에 대해 확인하시오.

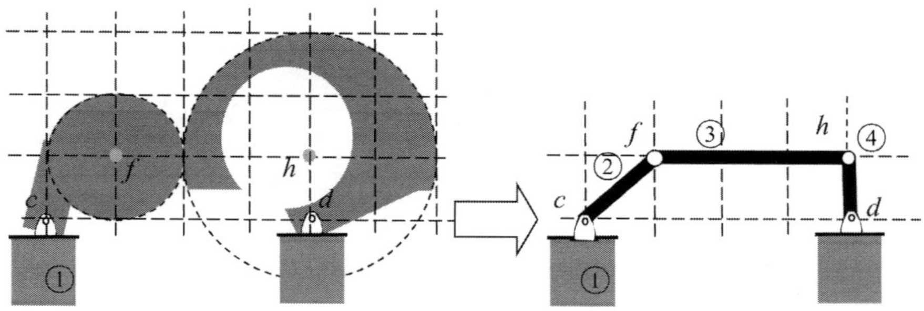

풀이 4절 기구의 속도 해석을 위한 다양한 해법이 알려져 있는데, 이 경우 성분법이 편하다. 점 h의 속도가 선분 fh에 평행하다. 링크 2의 각속도를 1로 가정하고, 점 f의 속도의 선분 fh 방향 성분이 점 h의 속도임을 이용하면, 점 h의 속도가 1이고, 링크의 길이 1로 나누어 링크 4의 각속도도 1임을 알 수 있다. 그러므로 $\underline{\omega_2 = \omega_4}$ 임을 쉽게 유도할 수 있다. 이는 1절 문제 1의 결과와 일치한다. 또, 동일 강체에 부착된 두 점 사이의 상대속도 공식

$$\overline{fh}\cdot|\omega_3| = V_{h/f} \quad \text{또는} \quad \boldsymbol{\omega}_3 \times \mathbf{r}_{h/f} = \mathbf{V}_{h/f}$$

을 이용하고 속도 방향을 고려하면, $\omega_3 = -\omega_2/3$ 임도 쉽게 알 수 있다.

등가 링키지의 가속도 해석을 위해 다음과 같이 루프폐쇄식을 구성하자.

$$\mathbf{A}_{d/c} = \mathbf{A}_{f/c} + \mathbf{A}_{h/f} + \mathbf{A}_{d/h} = \mathbf{0}$$

$$[\boldsymbol{\alpha}_2 \times \mathbf{r}_{f/c} + \boldsymbol{\omega}_2 \times (\boldsymbol{\omega}_2 \times \mathbf{r}_{f/c})] + [\boldsymbol{\alpha}_3 \times \mathbf{r}_{h/f} + \boldsymbol{\omega}_3 \times (\boldsymbol{\omega}_3 \times \mathbf{r}_{h/f})] + [\boldsymbol{\alpha}_4 \times \mathbf{r}_{d/h} + \boldsymbol{\omega}_4 \times (\boldsymbol{\omega}_4 \times \mathbf{r}_{d/h})] = \mathbf{0}$$

$$\alpha_3(\mathbf{k} \times \mathbf{r}_{h/f}) + \alpha_4(\mathbf{k} \times \mathbf{r}_{d/h}) = -\alpha_2(\mathbf{k} \times \mathbf{r}_{f/c}) + \omega_2^2\mathbf{r}_{f/c} + \omega_3^2\mathbf{r}_{h/f} + \omega_4^2\mathbf{r}_{d/h}$$

$$\alpha_3\begin{bmatrix}0\\3\end{bmatrix} + \alpha_4\begin{bmatrix}1\\0\end{bmatrix} = \alpha_2\begin{bmatrix}1\\-1\end{bmatrix} + \omega_2^2\left[\begin{bmatrix}1\\1\end{bmatrix} + \frac{1}{9}\begin{bmatrix}3\\0\end{bmatrix} + \begin{bmatrix}0\\-1\end{bmatrix}\right]$$

$$\begin{bmatrix}1 & 0\\0 & 3\end{bmatrix}\begin{bmatrix}\alpha_4\\\alpha_3\end{bmatrix} = \alpha_2\begin{bmatrix}1\\-1\end{bmatrix} + \omega_2^2\begin{bmatrix}4/3\\0\end{bmatrix}$$

$$\underline{\alpha_4 = \alpha_2 + \frac{4}{3}\omega_2^2}$$

$$\underline{\alpha_3 = -\alpha_2/3}$$

이는 1절 문제 1의 결과와 일치한다.

문제 4 경계가 원이면 곡률 중심의 궤적이 알려진다는 사실을 이용하여 1절 문제 1의 가속도 해석을 수행하시오. **힌트** 정리 13.6-(1)에 의해 경계가 원이 아니라도, 모든 미끄럼접촉 기구를 이 방법을 이용하여 해석할 수 있다. **이 방법이 매우 일반적인 공식만 사용함에 주목하라**.

풀이 $h\in(4)$가 물체 (4)의 경계의 접촉점에서의 곡률 중심이라 하고, $m\in(2)$이 그 위치에 있는 2 번 링크 상의 점이라 하자. 그림과 같이 (2)번 링크를 고정시켜 전위시킨 상태에서 점 h가 반경 3의 원을 그린다. 이 궤적의 이동거리를 μ, 곡률을 κ로 표기하면 다음의 가속도 관계가 성립한다.

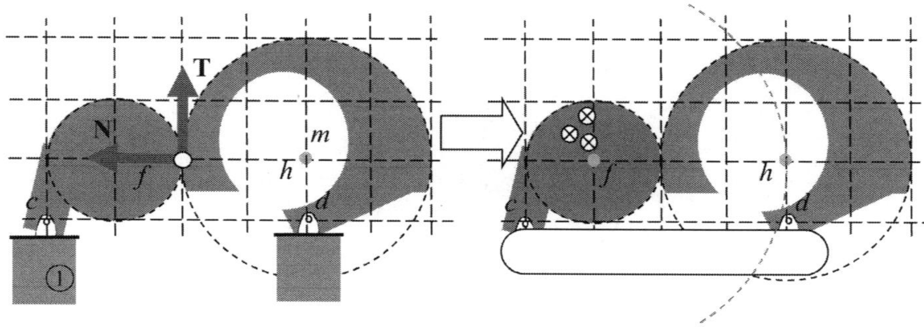

$$\mathbf{V}_{h/m}^{(2)} = \dot{\mu}\mathbf{T}$$

$$\mathbf{A}_{h/m}^{(2)} = \ddot{\mu}\mathbf{T} + \kappa\dot{\mu}^2\mathbf{N}, \quad \kappa L = 1/3$$

이를 링크 (1)을 기준으로 변환하면 다음과 같다.

$$\mathbf{V}_{h/m} = \mathbf{V}_{h/m}^{(2)} + \boldsymbol{\omega}_2 \times \mathbf{r}_{h/m} = \mathbf{V}_{h/m}^{(2)} = \dot{\mu}\mathbf{T}$$

$$\mathbf{A}_{h/m} = \mathbf{A}_{h/m}^{(2)} + 2\left(\boldsymbol{\omega}_2 \times \mathbf{V}_{h/m}^{(2)}\right) = \ddot{\mu}\mathbf{T} + \kappa\dot{\mu}^2\mathbf{N} + 2\omega_2\dot{\mu}\mathbf{N} = \ddot{\mu}\mathbf{T} + \left(\kappa\dot{\mu}^2 + 2\omega_2\dot{\mu}\right)\mathbf{N}$$

속도해석:

$$\mathbf{V}_{m/c} + \mathbf{V}_{h/m} + \mathbf{V}_{d/h} = \mathbf{0}$$

$$\boldsymbol{\omega}_2 \times \mathbf{r}_{m/c} + \dot{\mu}\mathbf{T} + \boldsymbol{\omega}_4 \times \mathbf{r}_{d/h} = \mathbf{0}$$

$$\omega_2\left(\mathbf{k} \times \mathbf{r}_{m/c}\right) + \dot{\mu}\mathbf{T} + \omega_4\left(\mathbf{k} \times \mathbf{r}_{d/h}\right) = \mathbf{0}$$

$$\omega_2\begin{bmatrix}-1\\4\end{bmatrix} + \frac{\dot{\mu}}{L}\begin{bmatrix}0\\1\end{bmatrix} + \omega_4\begin{bmatrix}1\\0\end{bmatrix} = \mathbf{0}$$

$$\begin{bmatrix}1 & 0\\0 & 1\end{bmatrix}\begin{bmatrix}\omega_4\\\dot{\mu}/L\end{bmatrix} = \omega_2\begin{bmatrix}1\\-4\end{bmatrix}$$

$$\dot{\mu} = -4L\omega_2, \quad \omega_4 = \omega_2$$

가속도해석:

속도해석의 결과를 대입하여 상대가속도의 법선성분을 구한다.

$$\mathbf{A}_{h/m} = \ddot{\mu}\mathbf{T} + \left(\kappa\dot{\mu}^2 + 2\omega_2\dot{\mu}\right)\mathbf{N} = \ddot{\mu}\mathbf{T} + L\omega_2^2\left(\frac{1}{3}(-4)^2 + 2\cdot(-4)\right)\mathbf{N} = \ddot{\mu}\mathbf{T} - \frac{8}{3}L\omega_2^2\mathbf{N}$$

위의 상대가속도를 사용하여 루프폐쇄식을 구성한다.

$$\mathbf{A}_{m/c} + \mathbf{A}_{h/m} + \mathbf{A}_{d/h} = \mathbf{0}$$

$$[\boldsymbol{\alpha}_2 \times \mathbf{r}_{m/c} + \boldsymbol{\omega}_2 \times (\boldsymbol{\omega}_2 \times \mathbf{r}_{m/c})] + \ddot{\mu}\mathbf{T} - \frac{8}{3}L\omega_2^2\mathbf{N} + [\boldsymbol{\alpha}_4 \times \mathbf{r}_{d/h} + \boldsymbol{\omega}_4 \times (\boldsymbol{\omega}_4 \times \mathbf{r}_{d/h})] = \mathbf{0}$$

$$\ddot{\mu}\mathbf{T} + \alpha_4(\mathbf{k} \times \mathbf{r}_{d/h}) = -\alpha_2(\mathbf{k} \times \mathbf{r}_{m/c}) + \omega_2^2\mathbf{r}_{m/c} + \frac{8}{3}L\omega_2^2\mathbf{N} + \omega_4^2\mathbf{r}_{d/h}$$

$$\frac{\ddot{\mu}}{L}\begin{bmatrix}0\\1\end{bmatrix} + \alpha_4\begin{bmatrix}1\\0\end{bmatrix} = \alpha_2\begin{bmatrix}1\\-4\end{bmatrix} + \omega_2^2\begin{bmatrix}4\\1\end{bmatrix} - \frac{8}{3}\omega_2^2\begin{bmatrix}1\\0\end{bmatrix} + \omega_2^2\begin{bmatrix}0\\-1\end{bmatrix}$$

$$\begin{bmatrix}1 & 0\\0 & 1\end{bmatrix}\begin{bmatrix}\alpha_4\\ \ddot{\mu}/L\end{bmatrix} = \alpha_2\begin{bmatrix}1\\-4\end{bmatrix} + \omega_2^2\begin{bmatrix}4/3\\0\end{bmatrix}$$

$$\alpha_4 = \alpha_2 + \frac{4}{3}\omega_2^2$$

문제 5 <그림>에 주어진 기구에 대해 다음에 제시하는 각각의 방법으로 속도와 가속도 해석을 어떻게 수행할지 설명하고 4 번째 방법의 장점에 대해 논하시오.

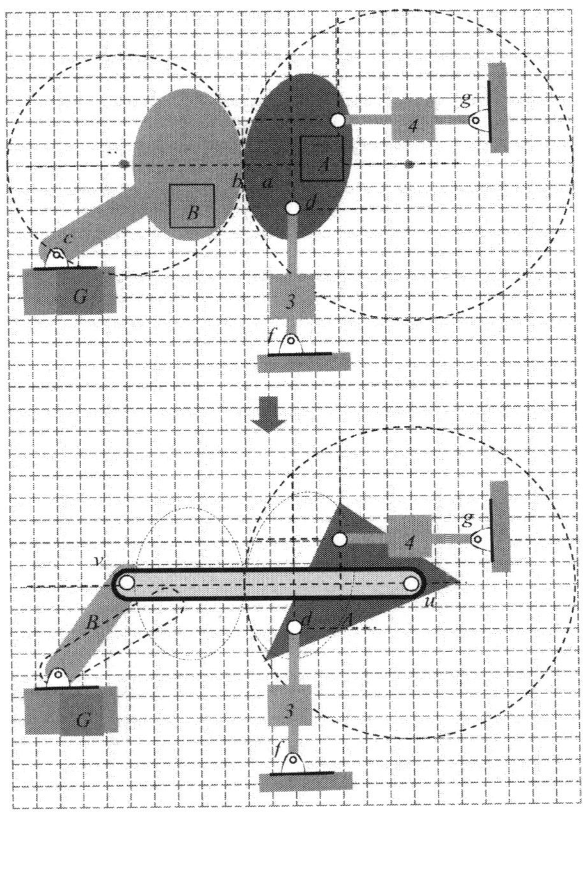

(1) 루프를 따라 직접 해석하되 $\mathbf{A}^G_{a/b} = \ddot{s}\mathbf{T} + g\mathbf{N}$ 를 사용 (문제 1.1)
(2) 루프를 따라 직접 해석하되 접촉점에서의 곡률을 사용 (문제 1.2)
(3) 등가 링키지를 구성하여 해석 (문제 4.3)
(4) 곡률 중심의 궤적을 이용하여 해석 (문제 4.4)

4 등가 원리의 직접적 증명과 등가 링키지의 관절 변수*

<그림 13.8>과 같이 접촉을 이루는 물체 A, B의 경계선의 곡률중심 u, v에 링크 D의 관절을 위치시킨 등가 링키지의 관절변수 사이의 관계를 알아보면서 등가원리를 직접적으로 증명하고자 한다.

미끄럼접촉에 대한 1절의 결과를 아래에 제시한다.

$$\mathbf{V}_{a/b} = \dot{s}\mathbf{T}$$

$$\mathbf{A}_{a/b} = \ddot{s}\mathbf{T} + 2\dot{s}\left(\frac{\kappa_B\omega_A + \kappa_A\omega_B}{\kappa_A + \kappa_B}\right)\mathbf{N} + \left(\frac{\kappa_A\kappa_B\dot{s}^2 - (\omega_{A/B})^2}{\kappa_A + \kappa_B}\right)\mathbf{N} = \ddot{s}\mathbf{T} + g\mathbf{N}$$

속도해석을 위해서는 미끄럼 속도 $\dot{s}$ 이 루프폐쇄식으로 형성되는 선형연립방정식에 미지수로 추가된다. 두 물체의 각속도 ω_A, ω_B 도 루프폐쇄식을 표현하는 연립방정식의 미지수로 포함되게 된다. 속도해석이 완료된 상태에서 가속도해석을 수행하는 과정에, 두 물체의 각가속도

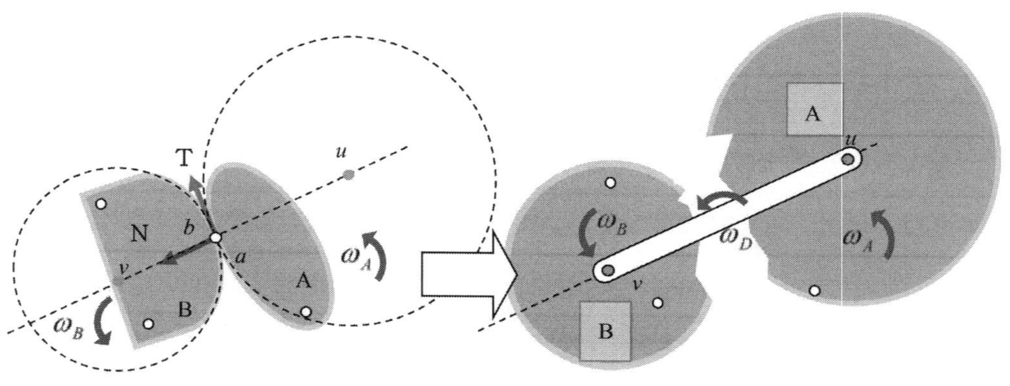

〈그림 13.8〉 기구일반의 가속도 등가성

α_A, α_B 외에 미끄럼 가속도 $\ddot{s}$이 루프폐쇄식에 의해 형성되는 선형연립방정식의 미지수로 추가된다.

경계선의 곡률중심에 위치한 두 점 v, u의 상대속도 및 가속도를 미끄럼접촉을 포함하는 원 연쇄에 대해 수립하면 다음과 같다. 여기서, 점 u는 물체 A에, 점 v는 물체 B에 고정되어 있다.

$$\mathbf{V}_{u/v} = \mathbf{V}_{b/v} + \mathbf{V}_{a/b} + \mathbf{V}_{u/a} = (\boldsymbol{\omega}_B \times \mathbf{r}_{b/v}) + (\dot{s}\mathbf{T}) + (\boldsymbol{\omega}_A \times \mathbf{r}_{u/a})$$

$$= \frac{\omega_B}{\kappa_B}\mathbf{T} + \dot{s}\mathbf{T} + \frac{\omega_A}{\kappa_A}\mathbf{T} = \left(\dot{s} + \frac{\omega_A}{\kappa_A} + \frac{\omega_B}{\kappa_B}\right)\mathbf{T}$$

$$\mathbf{A}_{u/v} = \mathbf{A}_{b/v} + \mathbf{A}_{a/b} + \mathbf{A}_{u/a}$$

$$= [\boldsymbol{\alpha}_B \times \mathbf{r}_{b/v} + \boldsymbol{\omega}_B \times (\boldsymbol{\omega}_B \times \mathbf{r}_{b/v})] + (\ddot{s}\,\mathbf{T} + g\mathbf{N}) + [\boldsymbol{\alpha}_A \times \mathbf{r}_{u/a} + \boldsymbol{\omega}_A \times (\boldsymbol{\omega}_A \times \mathbf{r}_{u/a})]$$

$$= \left(\frac{\alpha_B}{\kappa_B}\mathbf{T} + \frac{\omega_B^2}{\kappa_B}\mathbf{N}\right) + (\ddot{s}\,\mathbf{T} + g\mathbf{N}) + \left(\frac{\alpha_A}{\kappa_A}\mathbf{T} + \frac{\omega_A^2}{\kappa_A}\mathbf{N}\right)$$

$$= \left(\ddot{s} + \frac{\alpha_A}{\kappa_A} + \frac{\alpha_B}{\kappa_B}\right)\mathbf{T} + \left(g + \frac{\omega_A^2}{\kappa_A} + \frac{\omega_B^2}{\kappa_B}\right)\mathbf{N}$$

또한, <그림 13.8>과 같이 미끄럼접촉을 링크 D로 대체하여 두 점 v, u의 상대속도 및 가속도를 표현하면 다음과 같다.

$$\mathbf{V}_{u/v} = \boldsymbol{\omega}_D \times \mathbf{r}_{u/v} = \left(\frac{1}{\kappa_A} + \frac{1}{\kappa_B}\right)\omega_D\mathbf{T}$$

$$\mathbf{A}_{u/v} = \boldsymbol{\alpha}_D \times \mathbf{r}_{u/v} + \boldsymbol{\omega}_D \times (\boldsymbol{\omega}_D \times \mathbf{r}_{b/v}) = \left(\frac{1}{\kappa_A} + \frac{1}{\kappa_B}\right)(\alpha_D\,\mathbf{T} + \omega_D^2\,\mathbf{N})$$

(1) 위의 두 경우의 속도를 비교하면 다음과 같다.

$$\mathbf{V}_{u/v} = \left(\frac{1}{\kappa_A} + \frac{1}{\kappa_B}\right)\omega_D\mathbf{T} = \left(\dot{s} + \frac{\omega_A}{\kappa_A} + \frac{\omega_B}{\kappa_B}\right)\mathbf{T}$$

$$\left(\frac{1}{\kappa_A} + \frac{1}{\kappa_B}\right)\omega_D = \dot{s} + \frac{\omega_A}{\kappa_A} + \frac{\omega_B}{\kappa_B} \quad \text{즉,} \quad (\kappa_A + \kappa_B)\omega_D = \kappa_A\kappa_B\dot{s} + \kappa_B\omega_A + \kappa_A\omega_B$$

이는 루프폐쇄식으로 형성되는 연립방정식에서 미지수 $\dot{s}$을 ω_D로 치환한 형태이다. 치환에 나타나는 '기타' 변수 ω_A, ω_B가 방정식의 미지수로 포함되어 있으므로 이러한 치환이 ω_A, ω_B를 포함한 기타 미지수의 해에 영향을 미치지 않는다.

예

연립방정식

$$x+y+z=3,\ x+y-z=2,\ x+2y+z=1$$

에서

$$u=x+y+z,\ \text{즉}\ x=u-y-z$$

로 치환하여 구성한 새로운 연립방정식

$$u=3,\ u-2z=2,\ u+y=1$$

의 해를 구하면 변수 y, z에 대한 전자와 후자의 해가 일치한다.

(2) 속도해석의 결과 위의 속도 변수들 사이의 치환관계가 성립하고, 그 결과 두 기구의 가속도의 법선 성분이 일치하게 된다.

확인

$$\left(g+\frac{\omega_A^2}{\kappa_A}+\frac{\omega_B^2}{\kappa_B}\right)-\left(\frac{1}{\kappa_A}+\frac{1}{\kappa_B}\right)\omega_D^2$$

$$=\left(g+\frac{\omega_A^2}{\kappa_A}+\frac{\omega_B^2}{\kappa_B}\right)-\left(\frac{1}{\kappa_A}+\frac{1}{\kappa_B}\right)\left(\frac{\kappa_A\kappa_B\dot{s}+\kappa_B\omega_A+\kappa_A\omega_B}{\kappa_A+\kappa_B}\right)^2$$

$$=\left(g+\frac{\omega_A^2}{\kappa_A}+\frac{\omega_B^2}{\kappa_B}\right)-\frac{(\kappa_A\kappa_B\dot{s}+\kappa_B\omega_A+\kappa_A\omega_B)^2}{\kappa_A\kappa_B(\kappa_A+\kappa_B)}$$

$$=\left(g+\frac{\omega_A^2}{\kappa_A}+\frac{\omega_B^2}{\kappa_B}\right)-\left(\frac{\kappa_A\kappa_B\dot{s}^2}{\kappa_A+\kappa_B}\right)-\frac{(\kappa_B\omega_A+\kappa_A\omega_B)^2}{\kappa_A\kappa_B(\kappa_A+\kappa_B)}-2\dot{s}\left(\frac{\kappa_B\omega_A+\kappa_A\omega_B}{\kappa_A+\kappa_B}\right)$$

$$=g+\frac{(\kappa_A+\kappa_B)(\kappa_B\omega_A^2+\kappa_A\omega_B^2)}{\kappa_A\kappa_B(\kappa_A+\kappa_B)}-\left(\frac{\kappa_A\kappa_B\dot{s}^2}{\kappa_A+\kappa_B}\right)-\frac{(\kappa_B\omega_A+\kappa_A\omega_B)^2}{\kappa_A\kappa_B(\kappa_A+\kappa_B)}-2\dot{s}\left(\frac{\kappa_B\omega_A+\kappa_A\omega_B}{\kappa_A+\kappa_B}\right)$$

$$=g+\frac{(\kappa_A+\kappa_B)(\kappa_B\omega_A^2+\kappa_A\omega_B^2)}{\kappa_A\kappa_B(\kappa_A+\kappa_B)}-\frac{(\kappa_B\omega_A+\kappa_A\omega_B)^2}{\kappa_A\kappa_B(\kappa_A+\kappa_B)}-\left(\frac{\kappa_A\kappa_B\dot{s}^2}{\kappa_A+\kappa_B}\right)-2\dot{s}\left(\frac{\kappa_B\omega_A+\kappa_A\omega_B}{\kappa_A+\kappa_B}\right)$$

$$=g+\frac{\kappa_A\kappa_B(\omega_A^2+\omega_B^2-2\omega_A\omega_B)}{\kappa_A\kappa_B(\kappa_A+\kappa_B)}-\left(\frac{\kappa_A\kappa_B\dot{s}^2}{\kappa_A+\kappa_B}\right)-2\dot{s}\left(\frac{\kappa_B\omega_A+\kappa_A\omega_B}{\kappa_A+\kappa_B}\right)$$

$$=g-\left(\frac{\kappa_A\kappa_B\dot{s}^2-\omega_{A/B}^2}{\kappa_A+\kappa_B}\right)-2\dot{s}\left(\frac{\kappa_B\omega_A+\kappa_A\omega_B}{\kappa_A+\kappa_B}\right)=0$$

참조 정리 13.2의 g항의 정의

(3) 가속도의 접선 **T**방향 성분을 비교하면 다음과 같다.

$$\left(\frac{1}{\kappa_A}+\frac{1}{\kappa_B}\right)\alpha_D=\ddot{s}+\frac{\alpha_A}{\kappa_A}+\frac{\alpha_B}{\kappa_B}\quad \text{즉,}\ (\kappa_A+\kappa_B)\alpha_D=\kappa_A\kappa_B\ddot{s}+\kappa_B\alpha_A+\kappa_A\alpha_B$$

속도와 마찬가지 이유로, 위의 치환이 기타 변수 α_A, α_B의 해에 영향을 미치지 않음을 알 수 있다.

정리 13.7 – 미끄럼접촉의 등가 원리 2

어떤 기구가 물체 A, B사이의 미끄럼접촉을 포함하는 경우, 두 물체의 경계선의 곡률중심에 위치한 두 물체에 고정된 점을 각기 링크 D의 관절에 연결하고 접촉을 해지하여 새로운 링키지를 형성하면, 주어진 자세에서 속도해석과 가속도해석이 두 기구에서 일치하게 된다. 이 때, 새로 형성한 기구의 운동해석을 위하여 미지수로 추가된 링크의 각속도 ω_D, 각가속도 α_D와, 미끄럼접촉을 포함하는 원 기구의 미끄럼 속도 $\dot{s}\equiv\dot{s}_B-\dot{s}_A$, 미끄럼 가속도 $\ddot{s}$사이에 다음의 관계가 성립한다.

$$\dot{s}=\left(\frac{1}{\kappa_A}+\frac{1}{\kappa_B}\right)\omega_D-\left(\frac{\omega_A}{\kappa_A}+\frac{\omega_B}{\kappa_B}\right),\quad \omega_D=\frac{\kappa_A\kappa_B\dot{s}+\kappa_B\omega_A+\kappa_A\omega_B}{\kappa_A+\kappa_B}$$

$$\ddot{s}=\left(\frac{1}{\kappa_A}+\frac{1}{\kappa_B}\right)\alpha_D-\left(\frac{\alpha_A}{\kappa_A}+\frac{\alpha_B}{\kappa_B}\right),\quad \alpha_D=\frac{\kappa_A\kappa_B\ddot{s}+\kappa_B\alpha_A+\kappa_A\alpha_B}{\kappa_A+\kappa_B}$$

이를 이용하면 새로 형성된 미끄럼접촉이 배제된 등가 링키지의 속도해석을 완료하여, 각속도 ω_D, ω_A, ω_B를 구한 후, 원 기구의 미끄럼 속도 $\dot{s}$을 구할 수 있고, 각가속도 α_D, α_A, α_B를 구한 후 원 기구의 미끄럼 가속도 $\ddot{s}$을 구할 수 있다.

문제 1 등가링키지를 구성해 해석한 3절 문제 1의 결과를 위의 정리 13.7에 적용하여 1절 문제 1에서 구한 미끄럼 운동의 결과와 비교하시오.

풀이 3절 문제 3의 결과가 다음과 같다.

$$\omega_3 = -\omega_2 / 3,\ \alpha_3 = -\alpha_2 / 3,\ \omega_2 = \omega_4,\ \alpha_4 = \alpha_2 + \frac{4}{3}\omega_2^2$$

이를 정리 13.7에 적용하면 다음과 같다.

$$\dot{s} = \left(\frac{1}{\kappa_A} + \frac{1}{\kappa_B}\right)\omega_D - \left(\frac{\omega_A}{\kappa_A} + \frac{\omega_B}{\kappa_B}\right) = \left[(2+1)\omega_3 - \left(\frac{\omega_4}{1/2} + \frac{\omega_2}{1}\right)\right]L = \omega_2 L\left[3\cdot\left(-\frac{1}{3}\right) - 3\right]$$

$$\underline{= -4L\omega_2}$$

$$\ddot{s} = \left(\frac{1}{\kappa_A} + \frac{1}{\kappa_B}\right)\alpha_D - \left(\frac{\alpha_A}{\kappa_A} + \frac{\alpha_B}{\kappa_B}\right)$$

$$\frac{\ddot{s}}{L} = (2+1)\alpha_3 - \left(\frac{\alpha_4}{1/2} + \frac{\alpha_2}{1}\right) = 3\cdot\left(-\frac{\alpha_2}{3}\right) - \left(2\left(\alpha_2 + \frac{4}{3}\omega_2^2\right) + \alpha_2\right)$$

$$\underline{= -4\left(\alpha_2 + \frac{2}{3}\omega_2^2\right)}$$

위의 결과는 1절 문제 1의 결과와 일치한다.

5 Euler-Savary 방정식을 이용한 미끄럼기구의 가속도 해석*

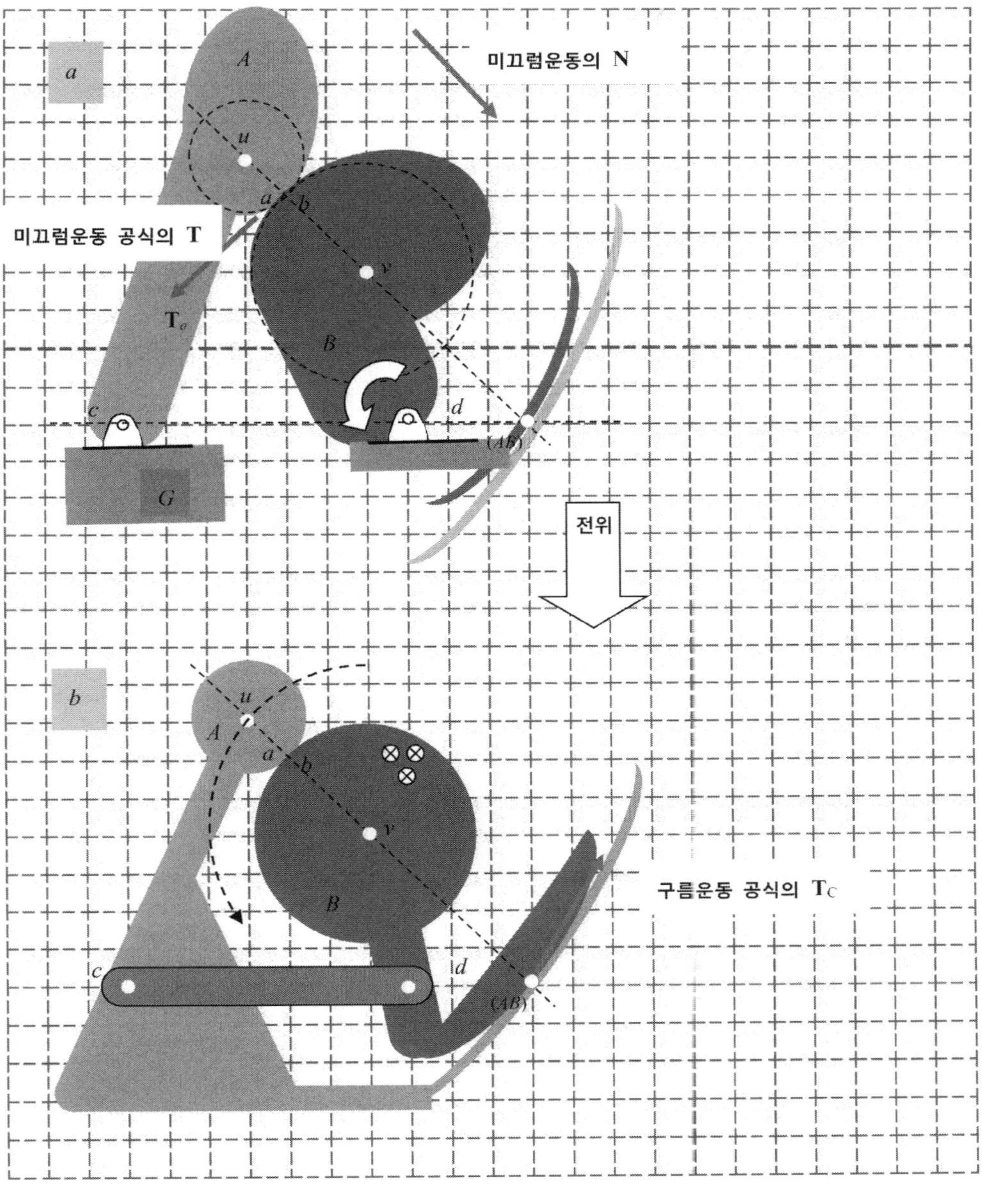

〈그림 13.9〉 Euler-Savary 방정식의 응용

<그림 13.9-(a)>에 주어진 미끄럼접촉 기구의 가속도 해석을 수행하고자 한다. 물체 B의 각속도와 각가속도가 주어져 있다. 등가 링키지를 구성하여 곡률 중심의 위치에 고정된 두 점

u, v의 상대운동을 방정식에 포함시키거나, 정리 13.2를 이용하여 접촉점에 위치한 강체 A에 고정된 점 a와, 강체 B에 고정된 점 b 사이의 상대 가속도의 미끄럼 성분을 미지수로 표현하여 문제를 구성할 수 있다. 여기서는 직접적인 방법을 사용함에 있어 Euler-Savary 방정식을 이용하면 편리함을 보인다.

<그림 13.9-(b)>는 <그림 13.9-(a)>의 미끄럼접촉 기구를 물체 B를 프레임으로 정하여 전위시킨 기구인데, 두 물체 A, B가 두 물체의 센트로드를 경계로 구르고 있음을 강조하고 있으며, 가속도 등가 원리에 의해 경계를 원으로 바꾸어 표현하였다. 이 때, 물체 B 위에서의 점 u가 그리는

궤적의 곡률반경 $1/\kappa_u$ 가 선분 uv의 길이로 쉽게 결정됨에 주목하라. Euler-Savary 방정식은 접촉하는 두 물체의 순간중심과 전달선 위에 있는 점 u의 곡률반경 $1/\kappa_u$ 가 알려졌을 때, 접촉점에 위치한 점 a의 궤적의 물체 B위에서의 곡률반경 $1/\kappa_a$ 를 결정하는 방법을 제공한다. 이 곡률을 알면 편리한 이유가 다음과 같다.

속도해석을 수행하여 속도 변수들이 결정된 상태에서, 곡률 κ_a 를 안다면, 변수 α_A, $\ddot{s}$ 를 미지수로 설정한 루프폐쇄식에 의해 다음과 같이 가속도 해석을 수행할 수 있다.

$$\mathbf{A}^G_{c/d} = \mathbf{A}^G_{b/d} + \mathbf{A}^G_{a/b} + \mathbf{A}^G_{c/a} = \mathbf{A}^G_{b/d} + \left(\mathbf{A}^B_a + 2\boldsymbol{\omega}_B \times \mathbf{V}^B_a\right) + \mathbf{A}^G_{c/a} = \mathbf{0}$$

여기서,

(1) $\mathbf{A}^G_{b/d} = \boldsymbol{\alpha}_B \times \mathbf{r}_{b/d} + \boldsymbol{\omega}_B \times \left(\boldsymbol{\omega}_B \times \mathbf{r}_{b/d}\right) = \alpha_B\left(\mathbf{k} \times \mathbf{r}_{b/d}\right) - \omega_B^2 \mathbf{r}_{b/d}$

(2) $\mathbf{A}^G_{c/a} = \boldsymbol{\alpha}_A \times \mathbf{r}_{c/a} + \boldsymbol{\omega}_A \times \left(\boldsymbol{\omega}_A \times \mathbf{r}_{c/a}\right) = \alpha_A\left(\mathbf{k} \times \mathbf{r}_{c/a}\right) - \omega_A^2 \mathbf{r}_{c/a}$

(3) $\mathbf{A}^B_a = \ddot{s}\mathbf{T} + \kappa_a \dot{s}^2 \mathbf{N}$

(4) $2\boldsymbol{\omega}_B \times \mathbf{V}^B_a = 2\omega_B \dot{s}\mathbf{N}$

루프폐쇄식에 나타나는 식 (3)을 사용하는 대신에 정리 13.2,

$$\mathbf{A}^B_a = \ddot{s}\,\mathbf{T} + 2\dot{s}\left(\frac{\kappa_B \omega_{A/B}}{\kappa_A + \kappa_B}\right)\mathbf{N} + \left(\frac{\kappa_A \kappa_B \dot{s}^2 - \omega_{A/B}^2}{\kappa_A + \kappa_B}\right)\mathbf{N} \tag{5}$$

를 사용할 수도 있다. 식 (5)를 사용하는 것은 부호에 대해 세세한 고려가 필요 없으므로 편리한 장점이 있고, 식 (3)은 상대 가속도의 법선 성분이 좀 더 기억하기 좋은 형태로 표현된 장점이 있다. 식 (3)을 가속도 해석에 사용하기 위해서는 곡률 κ_a 를 미리 결정하여야 한다.

식 (3)과 (5)의 법선 성분의 비교를 통하여 물체 B위에서의 점 a의 궤적의 곡률이 다음과 같이 유도됨을 정리 13.2에서 살펴보았다.

$$\kappa_a = \frac{1}{\kappa_A + \kappa_B}\left(2\frac{\kappa_B}{c_a} + \kappa_A\kappa_B - \left(\frac{1}{c_a}\right)^2\right) \tag{6}$$

여기서, c_a는 구름 운동의 접촉점, 즉 순간중심 o로부터 점 a까지의 거리를 $-\mathbf{N}$ 방향으로 측정한 좌표인데, 순간중심의 성질로부터 다음의 관계가 성립한다.

$$\dot{s} = c_a\omega_{A/B}, \quad c_a = -\mathbf{r}_{a/o} \bullet \mathbf{N}$$

이 공식 (6)에서는 해당 궤적이 접촉점으로부터 물체 B를 향하는 쪽으로 휠 때 곡률 κ_a의 부호가 (+)로 결정된다.

곡률 κ_a를 구함에 있어 만약 물체 A의 특정 점의 궤적의 곡률이 알려지면 식 (6) 대신에 Euler-Savary 방정식으로부터 유도하여 하트만의 작도법에 사용한 12.3절의 식,

$$\frac{V_C\mathbf{T}_C \bullet \mathbf{T}_p}{V_p} = \frac{1/\kappa_p - r_p}{1/\kappa_p} \tag{7}$$

을 이용할 수 있다. 단, 이 공식은 두 물체 A, B가 구른다는 조건 하에서 유도하였음에 유의하여야 한다. 이 식에서 $\mathbf{T}_p$는 물체 A가 B에 대해 양의 방향으로 회전할 때, 물체 A에 고정된 점 p의 속도 $\mathbf{V}_p^B$ 방향의 단위벡터이고, $\mathbf{T}_C$는 센트로드의 접선방향 단위벡터, V_C는 구름 운동의 접촉점의 이동속도이다. 이 공식에 사용되는 곡률은 궤적이 순간중심을 향해 휠 때, 양의 부호를 가지며, r_a는 순간중심으로부터의 거리로 항상 양수이다. 즉, $r_a = |c_a|$.

점 u의 궤적의 곡률반경 $1/\kappa_u$가 선분 uv의 길이로 정해지기 때문에, 위 식 (7)을 물체 A의 경계의 곡률중심 u에 대해 적용한 아래 식의 우변을 계산할 수 있다.

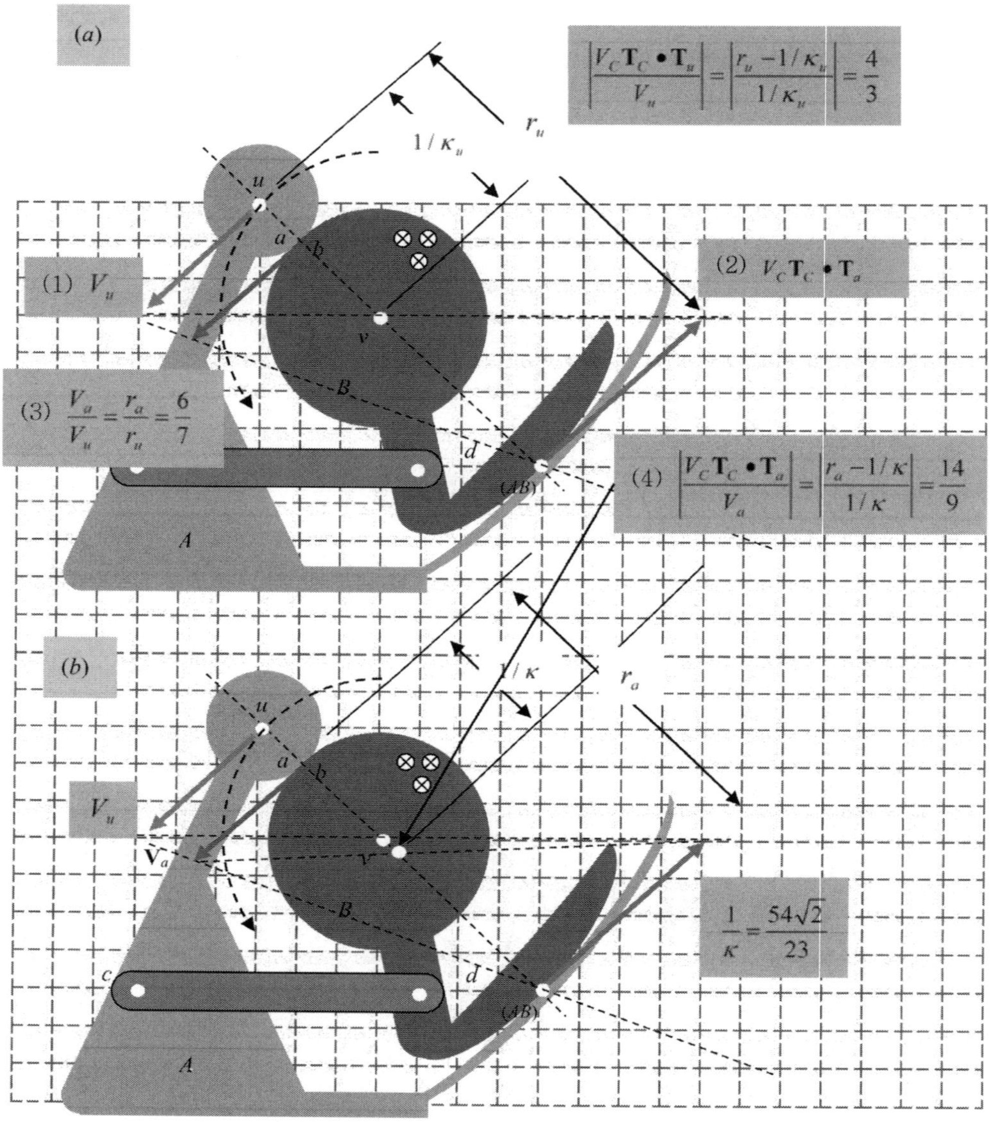

〈그림 13.10〉 점 a의 궤적의 곡률

$$\frac{-V_C \mathbf{T}_C \bullet \mathbf{T}_u}{V_u} = \left(\frac{r_u - 1/\kappa_u}{1/\kappa_u}\right) \tag{8}$$

주어진 V_u 로부터 $V_C \mathbf{T}_C \bullet \mathbf{T}_u$ 를 구하는 작도법이 <그림 13.10-(a)>에 단계 (2)로 주어져 있다. 이 때, 점 u와 a가 순간 중심에서부터 같은 쪽에 위치하면, $\mathbf{T}_a = \mathbf{T}_u$, 그렇지 않으면 $\mathbf{T}_a = -\mathbf{T}_u$ 임에 주의하여야 한다.

한편, 순간 중심의 성질을 이용하여 주어진 V_u 로부터 V_a 를 결정할 수 있고, 역시 <그림 13-10(a)>에 그 작도법이 단계 (3)으로 표현되어 있다.

$$\frac{V_a}{V_u} = \frac{r_a}{r_u} \tag{9}$$

끝으로, 식 (7)을 점 a에 대해 적용한 식,

$$\frac{-V_C \mathbf{T}_C \bullet \mathbf{T}_a}{V_a} = \left(\frac{r_a - 1/\kappa}{1/\kappa}\right) \tag{10}$$

을 이용하여 점 a의 궤적의 곡률반경 $1/\kappa$ 를 구할 수 있음을 <그림 13-10(b)>의 단계 (4)로 보이고 있다.

식 (8), (9), (10)을 연립하면 곡률반경 $1/\kappa$ 을 결정하는 작도법을 다음과 같이 식으로 표현할 수 있다.

$$\left(\frac{V_a}{V_u}\right)\left(\frac{-V_C \mathbf{T}_C \bullet \mathbf{T}_a}{V_a}\right) = \left(\frac{\mathbf{T}_C \bullet \mathbf{T}_a}{\mathbf{T}_C \bullet \mathbf{T}_u}\right)\left(\frac{-V_C \mathbf{T}_C \bullet \mathbf{T}_u}{V_u}\right) \Rightarrow \left(\frac{r_a}{r_u}\right)\left(\frac{r_a - 1/\kappa}{1/\kappa}\right) = \left(\frac{\mathbf{T}_C \bullet \mathbf{T}_a}{\mathbf{T}_C \bullet \mathbf{T}_u}\right)\left(\frac{r_u - 1/\kappa_u}{1/\kappa_u}\right)$$

즉,

$$\kappa = \left(\frac{\mathbf{T}_C \bullet \mathbf{T}_a}{\mathbf{T}_C \bullet \mathbf{T}_u}\right)\left(\frac{r_u}{r_a^2}\right)\left(\frac{r_u - 1/\kappa_u}{1/\kappa_u}\right) + \frac{1}{r_a} \tag{11}$$

이는 식 (6)의 또 다른 표현이며, <그림 13.10>의 작도법이 이 식을 표현한 것임을 알 수 있다. 여기서는 두 점 u, a가 순간중심을 지나는 일직선 상에 있으므로, 그 두 점이 순간 중심으로부터 같은 쪽에 있을 때,

$$\left(\frac{\mathbf{T}_C \bullet \mathbf{T}_a}{\mathbf{T}_C \bullet \mathbf{T}_u}\right) = \left(\mathbf{T}_a \bullet \mathbf{T}_u\right)$$

가 (+1)로 계산되는데, $\mathbf{T}_u$ 와 $\mathbf{T}_a$ 의 방향의 차이에 의해 그 값이 결정된다.

주 식 (11)은 두 점이 전달선 상에 위치하지 않아도 성립한다.

이 공식에 사용되는 곡률은 궤적이 순간중심을 향해 휠 때, 양의 부호를 가지므로, 순간 중심의 위치에 따라 공식 (6)의 곡률과 부호의 차이가 있을 수 있다. 이 부호의 차이를 고려하여 공식 (6)과 같은 부호를 얻고 싶으면 식 (11)을 다음과 같이 변형할 수 있다.

$$\kappa_a = (\mathbf{N} \bullet \mathbf{N}_a) \cdot \left[\left(\frac{\mathbf{T}_C \bullet \mathbf{T}_a}{\mathbf{T}_C \bullet \mathbf{T}_u} \right) \left(\frac{r_u}{r_a^2} \right) \left(\frac{r_u - 1/\kappa_u}{1/\kappa_u} \right) + \frac{1}{r_a} \right] \quad (12)$$

여기서, $\mathbf{N}_a$는 점 a에서 순간 중심을 향하는 방향의 단위벡터이다.

정리 13.9

물체 A와 B사이의 미끄럼접촉을 포함하는 기구의 가속도 해석을 수행하고자 한다. 접촉을 이루는 두 물체의 순간중심 o가 알려져 있고, 전달선에 위치한 점으로, 강체 A에 고정되어 있는 점 u가 물체 B에서 관찰되었을 때, 그 궤적의 곡률이 κ_u로 알려져 있다고 하자. 이 때, 접촉점에 위치한 물체 A에 고정된 점 a의 물체 B에서 관찰된 곡률을 다음의 공식으로 계산할 수 있다.

$$\kappa = \left(\frac{\mathbf{T}_C \bullet \mathbf{T}_a}{\mathbf{T}_C \bullet \mathbf{T}_u} \right) \left(\frac{r_u}{r_a^2} \right) \left(\frac{r_u - 1/\kappa_u}{1/\kappa_u} \right) + \frac{1}{r_a} \quad (11)$$

여기서, 궤적이 순간중심을 향해 휘어질 때 곡률 κ_u의 부호를 (+)로 약속하고, r_x는 순간중심 o로부터 점 x까지의 거리로 양수이다. 또, $\mathbf{T}_x$는 물체 A가 물체 B에 대해 양의 방향으로 회전할 때, 물체 A에 고정된 점 x가 그리는 궤적의 단위 접선 벡터이다. 한편, 이 공식의 곡률과 공식 (6)의 곡률과의 부호의 차이는 다음과 같다.

$$\kappa_a = (\mathbf{N} \bullet \mathbf{N}_a) \cdot \kappa \quad (12)$$

여기서, $\mathbf{N}_a$는 점 a에서 순간 중심을 향하는 방향의 단위벡터이고, $\mathbf{N}$은 접촉점에서 물체 B를 향하는 단위벡터이다.

접촉점에서 두 물체의 경계의 곡률 κ_A와 κ_B가 알려져 있으면 정리 13.2에서 구한 다음 공식을 사용할 수도 있다.

$$\kappa_a = \frac{1}{\kappa_A + \kappa_B} \left(2\frac{\kappa_B}{c_a} + \kappa_A \kappa_B - \left(\frac{1}{c_a} \right)^2 \right) \quad (6)$$

이 공식에서는 점 a의 궤적이 접촉점으로부터 물체 B를 향하는 쪽으로 휠 때 곡률 κ_a의 부호가 (+)로 계산되고, c_a는 순간중심에 대한 점 a의 위치를 $-\mathbf{N}$ 방향으로 측정한 위치이다.

$$c_a = -\mathbf{N} \bullet \mathbf{r}_{a/o}$$

이 곡률반경을 찾는 작도법을 <그림 13.10>에 제시하였는데, 다음의 하트만의 작도법의 원리를 사용한다.

$$\frac{V_a}{V_u} = \frac{r_a}{r_u}, \quad \frac{-V_C \mathbf{T}_C \bullet \mathbf{T}_u}{V_u} = \left(\frac{r_u - 1/\kappa_u}{1/\kappa_u} \right), \quad \frac{-V_C \mathbf{T}_C \bullet \mathbf{T}_a}{V_a} = \left(\frac{r_a - 1/\kappa}{1/\kappa} \right)$$

이렇게 구한 곡률 κ_a 또는 κ를 가속도 해석에 필요한 물체 B에서 관찰한 점 a의 가속도를 표현하기 위해 사용할 수 있다.

$$\mathbf{A}_a^B = \ddot{s}\mathbf{T} + \kappa_a \dot{s}^2 \mathbf{N} = \ddot{s}\mathbf{T} + \kappa \dot{s}^2 \mathbf{N}_a$$

가속도해석을 위해 $\ddot{s}$은 미지수로 사용되고, $\dot{s}$은 속도해석의 결과로 알려져 있게 된다. 위의 가속도는 속도해석이 완료된 후 계산할 수 있는 정리 13.2의 결과

$$\mathbf{A}_a^B = \ddot{s}\mathbf{T} + 2\dot{s}\left(\frac{\kappa_B \omega_{A/B}}{\kappa_A + \kappa_B}\right)\mathbf{N} + \left(\frac{\kappa_A \kappa_B \dot{s}^2 - \omega_{A/B}^2}{\kappa_A + \kappa_B}\right)\mathbf{N}$$

와 일치하게 된다. 이 형태는 부호에 대한 세세한 고려를 하지 않아도 되는 장점이 있다. 보통 가속도 해석이 프레임에서의 관찰을 기준으로 수행되므로, 물체 B에서 관찰한 가속도를 구한 후, 다음과 같이 프레임에서 관찰한 가속도로 변환할 필요가 있다.

$$\mathbf{A}_{a/b}^G = \mathbf{A}_a^B + 2\boldsymbol{\omega}_{B/G} \times \mathbf{V}_a^B$$

본 절에 보인 상대가속도를 구하는 절차는 속도변수의 사용을 자제하면서 보다 기억하기 쉬운 형태로 정리 13.2의 결과를 재배열하여 놓았을 뿐이다. 특히 작도법을 기억하고 있으면 공식을 외우지 않아도 되는 장점이 있다. 단, 공식을 사용함에 있어 부호 규약에 주의하여야 한다.

문제 1 <그림 13.10>에서 구한 곡률반경과 식 (6)과 (11)을 이용하여 계산한 결과가 일치함을 확인하시오.

힌트

$$r_a = 6\sqrt{2},\ r_u = 7\sqrt{2},\ 1/\kappa_u = 3\sqrt{2},\ \kappa_A = \frac{1}{\sqrt{2}},\ \kappa_B = \frac{1}{2\sqrt{2}},\ c_a = 6\sqrt{2}$$

문제 2 <그림>에 순간중심 (AB)가 주어져 있다. 두 물체는 경계선을 따라 미끄러지고 있다. 접촉점에 위치하면서 물체 A에 고정된 점 a가 물체 B 위에서 그리는 궤적의 곡률을 구하시오. 작도법과 식 (6) 및 식 (11)의 결과를 비교하시오.

힌트 부호에 주의하여야 한다.

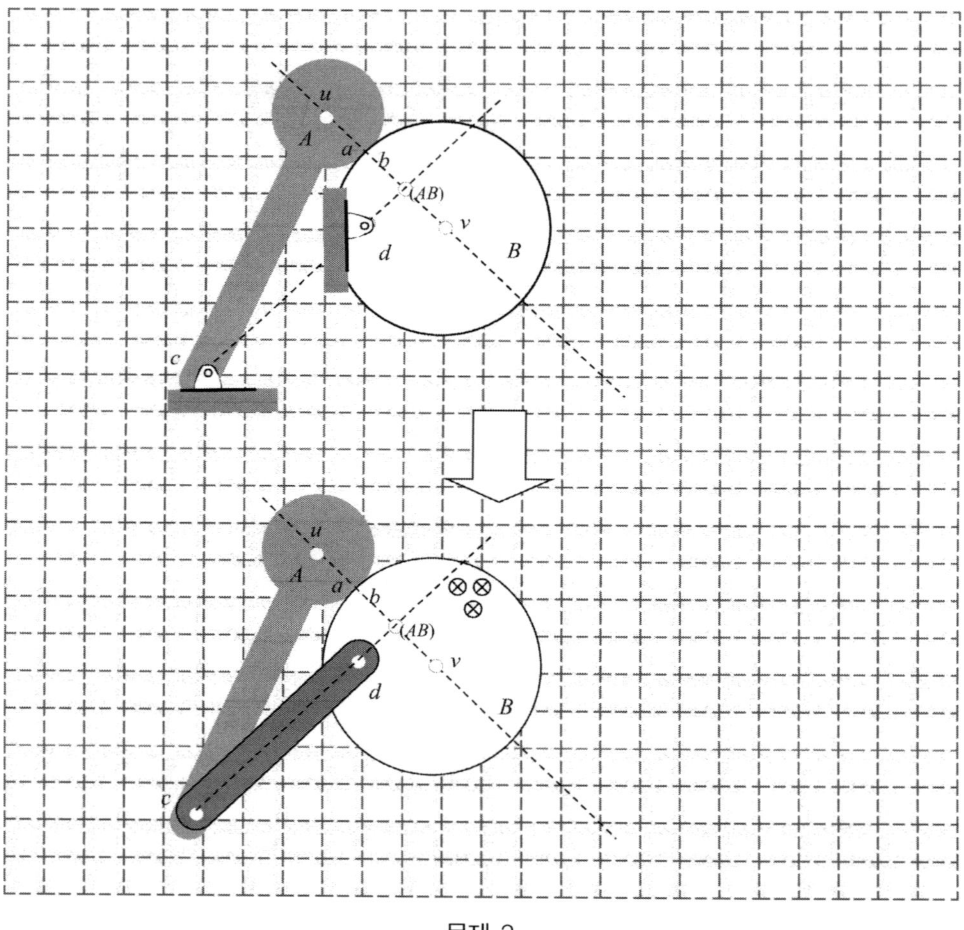

문제 2

6 기어의 치형

미끄럼접촉이 포함된 기구로 기어 쌍과 캠 기구가 대표적이다. 캠 기구에 대해서는 14장에서 그 설계와 연관시켜 상술한다.

설계의 관점에서 기어 쌍이 적절히 구동하기 위하여 다수의 제한 조건을 만족하여야 한다. 몇몇 역학적 조건들은 기하학적 조건이나 운동학적 조건으로 환원될 수 있다. 원하는 최대 토크로부터 기어 이에 작용하는 힘을 계산하여 굽힘 응력과 접촉 응력을 결정함으로써 기어 쌍이 재료의 허용 응력 내에서 동작하는 제한 조건을 만족시켜야 한다. 접촉점에서의 곡률이 접촉응력을 결정하는 기하학적 변수이므로 접촉응력에 관한 제한 조건은 치형의 곡률에 관한 조건으로 환원된다. 기어는 미끄럼접촉을 유지하므로 마찰에 의해 에너지가 손실되는데 운동학적으로 결정되는 미끄럼 속도가 에너지 손실에 관련된다. 따라서, 기어 쌍의 효율을 계산하기 위해 운동학적 분석을 통해 미끄럼 속도를 계산하게 된다. 또한 몇 개의 이가 물려서 작동하는지를 나타내는 물림률을 계산할 필요가 있고, 표준 제작법을 적용할 때 언더컷이 발생하는지, 맞물린 두 기어가 서로 간섭을 일으키는지를 점검할 필요가 있다. 표준 기어 쌍의 설계 절차는 잘 수립되어 있는데 상술한 제한 조건에 관련된 공식과 설계 절차를 기계(요소)설계 교과서에서 참조할 수 있다. 본 절에서는 앞 절에서 유도한 공식을 활용하여 인볼루트 치형이 사용되는 이유를 알아보고 인볼루트 곡선의 곡률, 해당 기어 쌍의 미끄럼 속도를 구해본다.

동력을 전달하는 기어 쌍에 대해서 구동 기어가 일정 각속도로 회전할 때 종동 기어도 일정한 각속도로 회전할 것을 요구한다. 이를 위해 기어 이의 형상이 특수하여야 한다. 원에 대한 싸이클로이드와 인볼루트가 일정 각속도비 조건을 만족시켜 기어의 치형으로 채택될 수 있는 대표적인 곡선이다. 인볼루트 치형이 싸이클로이드 치형을 대체하여 오늘날 대부분의 공업적 용도에 사용되고 있다. 싸이클로이드 치형은 시계 등의 특수한 분야에 아직 사용되고 있다.

원에 대한 인볼루트 곡선은 원형 실타래에서 실이 팽팽하게 풀릴 때 실의 끝 점이 그리는 궤적이다. 기어 이론에서 인볼루트 치형 생성에 쓰이는 원을 기초원이라 한다. 인볼루트 곡선의 접선벡터와 곡률반경에 대한 다음 조건이 일정 각속도비 조건을 만족시킴을 확인하고 접촉응력을 계산할 때 유용하다.

(정리 13.10) 인볼루트 곡선과 그 생선 선은 서로 수직이다.
(정리 13.11) 인볼루트 곡선의 법선은 기초원에 접한다.
(정리 13.12) 인볼루트 곡선의 곡률반경은 풀린 실의 길이이다.

증명

원통에서 실이 풀리는 운동을 전위 시키면 평면 위에서 원통이 구르는 운동으로 변환된다. 풀린 실을 A, 원통을 B, 풀린 실의 끝 점을 p, 접촉점에 위치하면서 실에 고정된 점을 a, 접촉점에 위치하면서 원통에 고정된 점을 b라 하자. 일정 각속도 ω로 실이 풀린다고 가정하여 실의 끝점의 속도와 가속도를 구하면 다음과 같다.

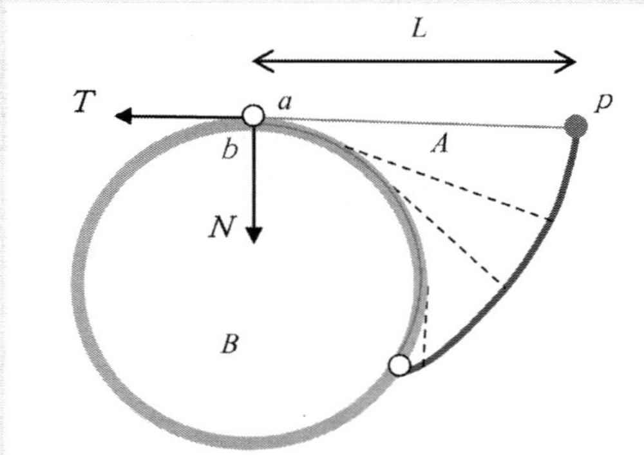

〈그림 13.11〉 인볼루트 곡선의 접선과 곡률

$$\mathbf{V}_p^B = \mathbf{V}_{p/b}^B = \mathbf{V}_{a/b}^B + \mathbf{V}_{p/a}^B = \mathbf{V}_{p/a}^B = \boldsymbol{\omega}_{A/B} \times \mathbf{r}_{p/a} = \omega(\mathbf{k} \times \mathbf{r}_{p/a}) = -\omega L\mathbf{N}$$

$$\mathbf{A}_p^B = \mathbf{A}_{p/b}^B = \mathbf{A}_{a/b}^B + \mathbf{A}_{p/a}^B = -R\omega^2\mathbf{N} + \mathbf{A}_{p/a}^B = -R\omega^2\mathbf{N} - \omega^2\mathbf{r}_{p/a} = -\omega^2(R\mathbf{N} - L\mathbf{T})$$

$$\mathbf{V}_p^B \times \mathbf{A}_p^B = \omega^3(L\mathbf{N}) \times (R\mathbf{N} - L\mathbf{T}) = \omega^3 L^2 \mathbf{k}$$

즉,

$$\mathbf{V}_p^B = \omega(\mathbf{k} \times \mathbf{r}_{p/a}) \ \perp \mathbf{r}_{p/a}$$ (정리 13.10)과 (정리 13.11)에 관한 증명

$$\rho_p = \frac{1}{\kappa_p} = \frac{\|\mathbf{V}_p^B\|^3}{\|\mathbf{V}_p^B \times \mathbf{A}_p^B\|} = \frac{\omega^3 L^3}{\omega^3 L^2} = L$$ (정리 13.12)에 관한 증명

<그림 13.12>와 같이 두 기초원의 중심을 프레임과 회전 관절로 연결하고 각각의 인볼루트 곡선을 두 물체 A, B의 경계로 설정하여 서로 접촉하게 함으로써 미끄럼접촉 기구를 생성하자. (정리 13.10)에 의하면 인볼루트 곡선의 공통 법선, 즉 생성된 접촉 기구의 전달선이 두 기초원의 공통 접선이므로 기어가 회전하더라도 프레임에서 관찰하였을 때 전달선이 움직이지 않음을 알 수 있다. 이는 두 기어가 접촉하면서 회전할 때 순간 중심 (AB)가 프레임에서 움직이지 않음을 의미한다. 순간 중심 (AB)를 기어 쌍의 피치점이라 하고, 각 기초원의 중심을 중심으로 하고 피치점을 지나는 원을 피치원이라 한다. 순간 중심을 고려하면 기어 쌍의 운동은 피치원을 경계로 하는 마찰차의 운동과 동일하다.

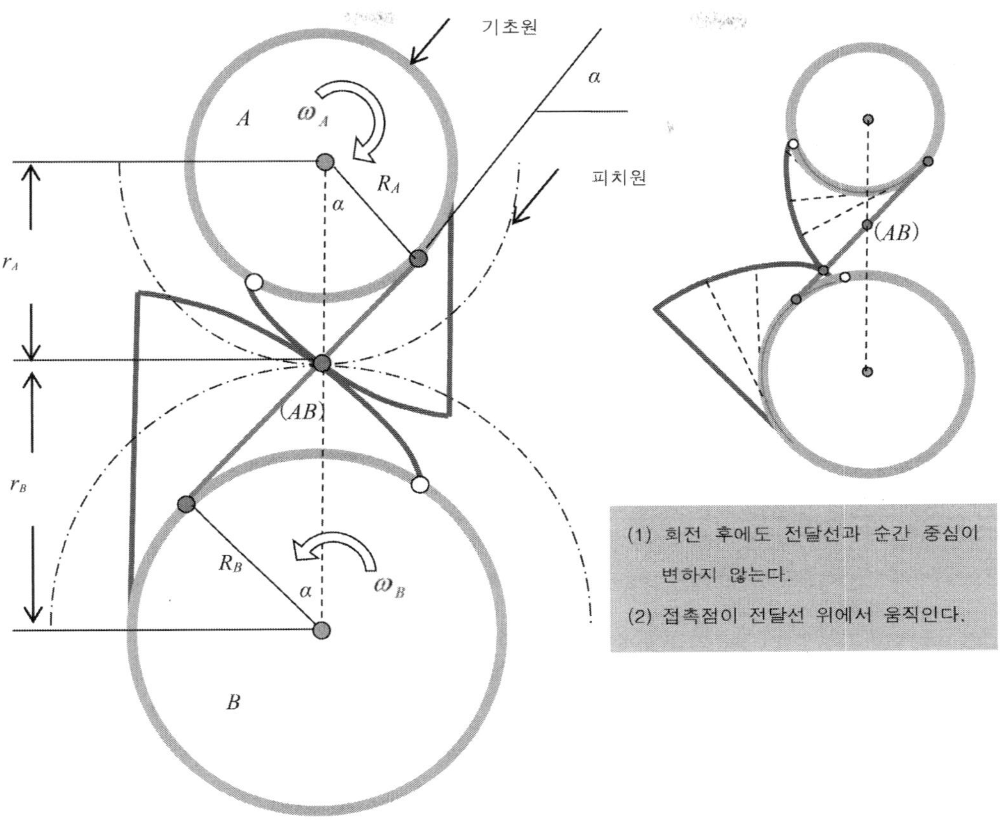

〈그림 13.12〉 인볼루트 곡선의 접촉

기초원의 반경을 각기 R_A, R_B, 피치원의 반경을 각기 r_A, r_B라 하면 순간 중심의 정의와 속도 등가 원리에 의해 기어쌍의 각속도비가 다음과 같이 일정하다.

$$\frac{\omega_A}{\omega_B} = \frac{r_B}{r_A} = \frac{R_B}{R_A}$$

피치원의 공통 접선과 전달선이 이루는 각을 압력각이라 하는데 <그림 13.2>에 α로 표기되어 있다. 압력각이 크면 전달되는 토크 대비 축을 당기거나 밀치는 힘이 커지게 되므로 그 값이 제한될 필요가 있는데, 표준 기어의 압력각은 특정 값으로 확정되어 있다. 압력각을 통해 기초원과 피치원의 반경 사이에 다음의 관계가 성립한다.

$$R_A = r_A \cos\alpha$$

$$R_B = r_B \cos\alpha$$

각속도비가 기초원의 반경의 비로 결정되므로 제작 상의 오차로 인해 기어쌍의 축간 거리가 설계된 값에서 벗어나더라도 각속도비는 설계된 값을 유지하게 된다. 이는 인볼루트 치형이 싸이클로이드 치형에 대해 가지는 장점이다. 축간 거리의 변화는 압력각과 피치원의 반경에 영향을 미친다.

(정리 13.12)에 의하면 접촉점이 피치점에 있을 때, 치형의 곡률 반경 ρ_{pA}와 ρ_{pB}가 다음과 같다.

$$\rho_{pA} = r_A \sin\alpha\,,\ \ \rho_{pB} = r_B \sin\alpha$$

접촉점이 피치점에 위치한 자세에서부터 두 물체가 회전한 각도를 각기 β_A, β_B로 표기하면 늘어나는 실의 길이를 고려하여 접촉점에서의 곡률을 다음과 같이 표현할 수 있다.

$$\begin{aligned} \rho_A &= r_A \sin\alpha + S \\ \rho_B &= r_B \sin\alpha - S \end{aligned} \tag{1}$$

여기서, $S \equiv R_A\beta_A = R_B\beta_B$는 접촉점이 피치점에서 이동한 거리이다.

면압 강도를 고려하여 곡률 반경이 일정한 값 이상을 유지하여야 하므로 접촉점이 기초원에서 일정 정도 떨어져 있어야 한다. 이는 이끝원과 작용선의 교점이 최소한 기초원의 바깥에 있어야 함을 의미한다.

마찰의 영향을 고려하기 위해 미끄러지는 속도를 계산할 필요가 있다. (정리 13.3)에 의하면 미끄럼접촉 기구에 대해 속도 해석을 수행하여 미끄럼 속도를 구한 결과가 다음과 같다.

$$\dot{s} = \omega_B\left[(\mathbf{r}_{b/c} \bullet \mathbf{N}) - \left(\frac{\mathbf{r}_{b/c} \bullet \mathbf{T}}{\mathbf{r}_{a/d} \bullet \mathbf{T}}\right)(\mathbf{r}_{a/d} \bullet \mathbf{N})\right]$$

기어쌍의 경우,

$$\mathbf{r}_{b/c} = R_B\mathbf{T} - \rho_B\mathbf{N}\,,\ \ \mathbf{r}_{a/d} = -R_A\mathbf{T} + \rho_A\mathbf{N}$$

이므로 공식의 계수를 다음과 같이 결정할 수 있다.

$$(\mathbf{r}_{b/c} \bullet \mathbf{N}) = -\rho_B\,,\ (\mathbf{r}_{b/c} \bullet \mathbf{T}) = R_B\,,\ (\mathbf{r}_{a/d} \bullet \mathbf{N}) = \rho_A\,,\ (\mathbf{r}_{a/d} \bullet \mathbf{T}) = -R_A$$

즉,

$$\dot{s} = \omega_B\left[-\rho_B + \left(\frac{R_B}{R_A}\right)\rho_A\right] = \omega_B\rho_B\left[\left(\frac{r_B}{r_A}\right)\left(\frac{\rho_A}{\rho_B}\right) - 1\right] \tag{2}$$

이를 다음과 같이 유도할 수도 있다. 기어쌍의 등가 링키지를 구성하고 그 커플러를 D라 하면 순간 중심 (GD)가 무한대에 위치하므로 $\omega_D = 0$ 임을 알 수 있다. 이를 (정리 13.7)에 대입하면

$$\dot{s} = \left(\frac{1}{\kappa_A} + \frac{1}{\kappa_B}\right)\omega_D - \left(\frac{\omega_A}{\kappa_A} + \frac{\omega_B}{\kappa_B}\right) = -(\rho_A\omega_A + \rho_B\omega_B)$$

$$= -\omega_B\left(\rho_A\frac{\omega_A}{\omega_B} + \rho_B\right) = -\omega_B\left(-\rho_A\frac{R_B}{R_A} + \rho_B\right)$$

으로써 식 (2)와 동일한 결론에 이른다. (정리 13.7)의 공식에서는 각속도에 부호가 주어져 있으므로 B가 양의 방향으로 회전할 때 ω_A가 음수로 계산되어 <그림 13.12>의 부호 규약과 다르다.

식 (2)를 정리하여 미끄럼속도를 다음과 같이 다양하게 표현할 수 있다.

$$\dot{s} = \left(\frac{r_A + r_B}{r_B}\right)S\omega_A = \left(\frac{r_A + r_B}{r_A}\right)S\omega_B$$

또는

$$\dot{s} = (r_A + r_B)\beta_B\omega_A\cos\alpha = (r_A + r_B)\beta_A\omega_B\cos\alpha$$

또는

$$\dot{s} = (R_A + R_B)\beta_B\omega_A = (R_A + R_B)\beta_A\omega_B$$

위의 식을 미분하여 기어쌍이 일정한 각속도로 회전할 때의 미끄럼 가속도를 구하면 다음과 같다.

$$\ddot{s} = (R_A + R_B)\omega_A\omega_B$$

이 또한 다음과 같이 다양하게 표현될 수 있다.

$$\ddot{s} = \left(\frac{R_B}{R_A}\right)(R_A + R_B)\omega_B^2 = \left(\frac{R_A}{R_B}\right)(R_A + R_B)\omega_A^2 = R_A\omega_A^2 + R_B\omega_B^2$$

참고 미끄럼률

기어 이론에서 두 물체 상의 미끄럼률을 다음과 같이 정의한다.

$$\sigma_A \equiv \frac{\dot{s}_B - \dot{s}_A}{\dot{s}_A} = \frac{\dot{s}}{\dot{s}_A}, \quad \sigma_B \equiv \frac{\dot{s}_A - \dot{s}_B}{\dot{s}_B} = -\frac{\dot{s}}{\dot{s}_B} \tag{3}$$

인볼루트 곡선의 성질에 의하여, 각 물체에서 접촉점이 이동하는 속도 $\dot{s}_A$과 $\dot{s}_B$이 다음과 같이 간단한 형태로 표현된다.

$$\dot{s}_A = -\omega_A \rho_A, \quad \dot{s}_B = -\omega_B \rho_B \tag{4}$$

식 (2)의 변형

$$\frac{\dot{s}}{\omega_B} = \rho_B \left[\left(\frac{R_B}{R_A} \right) \left(\frac{\rho_A}{\rho_B} \right) - 1 \right]$$

과 식 (4)를 식 (3)에 대입하여 미끄럼률을 구하면 다음과 같다.

$$\sigma_A = \frac{\dfrac{\rho_B}{\rho_A} \left[\left(\dfrac{r_B}{r_A} \right) \left(\dfrac{\rho_A}{\rho_B} \right) - 1 \right]}{-\left(\dfrac{r_B}{r_A} \right)} = \left(\frac{r_A}{r_B} \right) \left(\frac{\rho_B}{\rho_A} \right) - 1 = \frac{-S(r_A + r_B)}{r_B(r_A \sin\alpha + S)}$$

$$\sigma_B = \left(\frac{r_B}{r_A} \right) \left(\frac{\rho_A}{\rho_B} \right) - 1 = \frac{S(r_A + r_B)}{r_A(r_B \sin\alpha - S)}$$

미끄럼률을 사용하여 미끄럼 속도를 다음과 같이 표현할 수 있다.

$$\dot{s} = -\sigma_A \rho_A \omega_A = \sigma_B \rho_B \omega_B$$

제 14 장

캠 기구

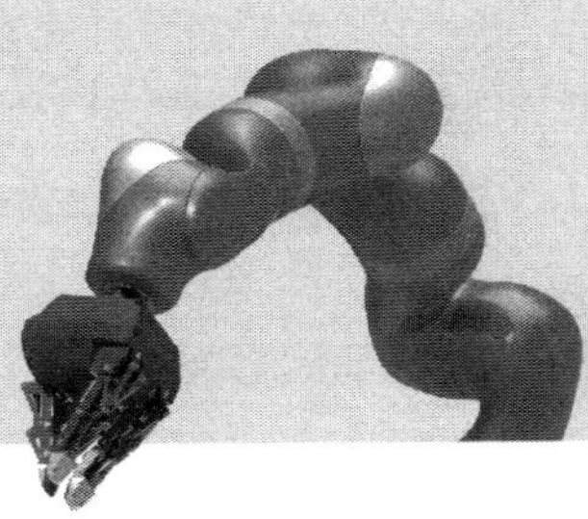

1. 캠 기구의 운동을 해석한다.
2. 바람직한 종동절의 운동을 알아본다.
3. 주어진 종동절의 운동에 해당하는 캠 곡면을 생성하는 방법을 알아본다.
4. 캠 기구 설계에 필요한 운동학적 파라미터들을 계산한다.
5. 캠 기구 설계의 제한 요건을 이해한다.

1 캠의 종류

구동절이 접촉을 통해 종동절의 왕복 운동을 유발하는 장치를 캠cam 기구라 하고, 그 구동절을 캠이라 한다. 캠 및 종동절이 한 축에 대해 회전하거나 병진 운동할 수 있다. 또한, 종동절의 접촉부를 원통형, 칼날형, 평판형으로 구분할 수 있고, 각 경우의 전위로 다양한 기구를 형성할 수 있다. <그림 14.1>에 운동방식과 종동절의 형태에 따른 다양한 조합의 캠 기구를 제시하고 있다.

캠 기구는 운동 생성이 용이하고, 필요한 부품이 적고, 설치 공간의 제약이 덜한 장점이 있지만, 진동 및 마모에 노출되고 윤활이 용이하지 않고, 고속 캠의 경우 제작 비용이 많이 드는 것이 단점이다. 롤러가 사용되지 않아 미끄럼접촉을 유지하는 캠 기구는 상당한 저속으로 적은 힘을 받으며 동작하는 경우가 아니라면 마찰과 마모를 방지하기 위해 윤활이 필요하다. 캠 기구에는 윤활유를 보관할 수 있는 공간을 확보하기가 구조적으로 어려우므로 접촉면에 윤활이 필요하다면 윤활유에 잠긴 상태로 동작하거나 접촉 부위에 윤활유가 분사되도록 설계된다.

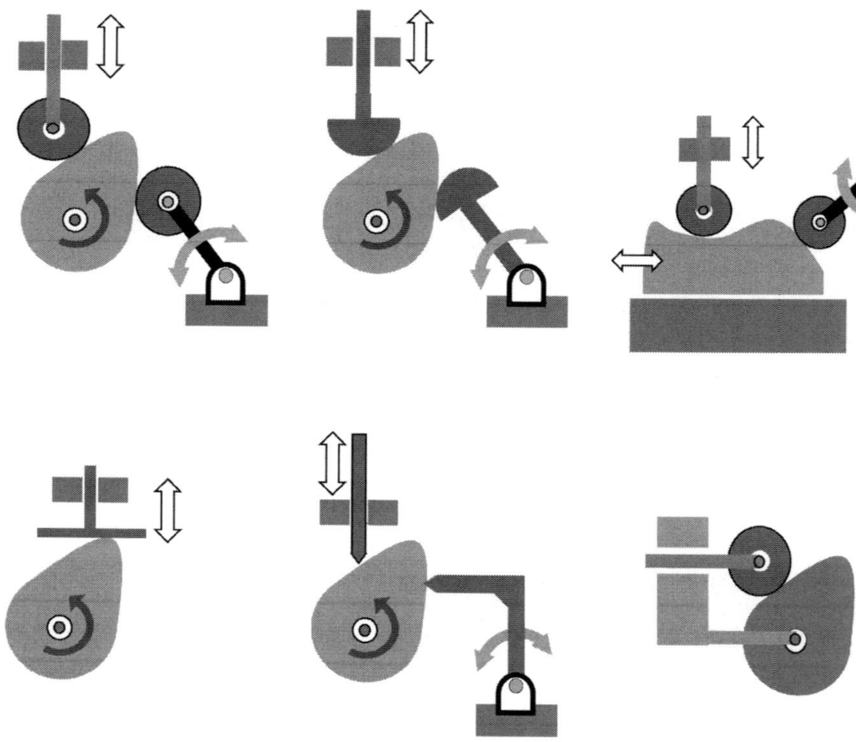

〈그림 14.1〉 캠의 종류

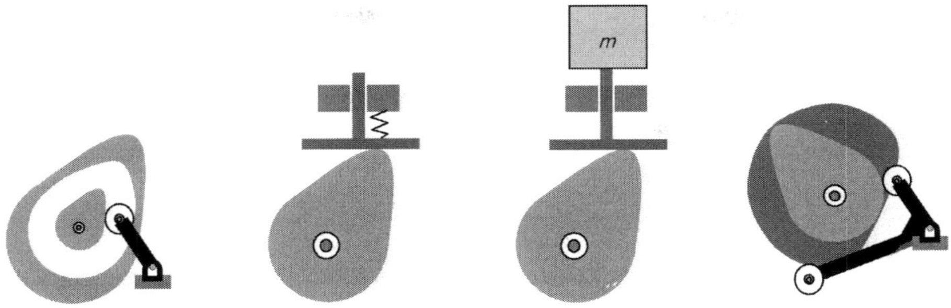

〈그림 14.2〉 접촉을 유지하는 방법

캠 기구의 원활한 작동을 위하여 캠의 경계에 종동절이 접촉을 유지할 수 있어야 한다. 이를 위해 <그림 14.2>에 보인 바와 같이 중력을 활용하거나, 스프링, 홈, 짝캠(공액캠, conjugate cam) 등의 부가 장치를 사용할 수 있다. 홈이나 짝캠을 사용할 경우 롤러가 홈이나 캠 경계의 두 면을 번갈아 접촉하면서 구르게 되는데, 접촉면의 변경에 따라 충격이 발생할 수 있다. 홈이나 짝캠 자체로는 발생한 진동을 흡수할 수 있는 완충 기능이 없음에 유의하여야 한다. 스프링이나 중력을 이용하여 접촉을 유지할 때는 운동 상태에 따라 종동절이 캠에서 떨어지지 않도록 주의하여 설계하여야 한다. 이를 판별하는 것은 동역학의 과제이다.

캠의 경계를 캠 곡면cam surface이라 하고 롤러 중심의 궤적이 되는 캠 곡면의 오프셋offset 곡선을 피치pitch 곡선이라 한다. <그림 14.3>에 보인 바와 같이, 롤러가 채용된 캠 기구, 종동절의 끝 부분의 곡률이 롤러와 동일한 버섯형 종동절 캠 기구, 피치곡선에 칼날형 종동절이 채용된 캠 기구 모두, 구동절과 종동절이 동일하게 동작하므로 필요에 따라 변환하여 서로의 운동을 해석할 수 있다. 칼날형 종동절은 운동의 해석이 단순하지만 마모에 취약할 수 있으므로 해석의 편의를 위한 이론적 목적 외에 사용하는 경우는 드물다.

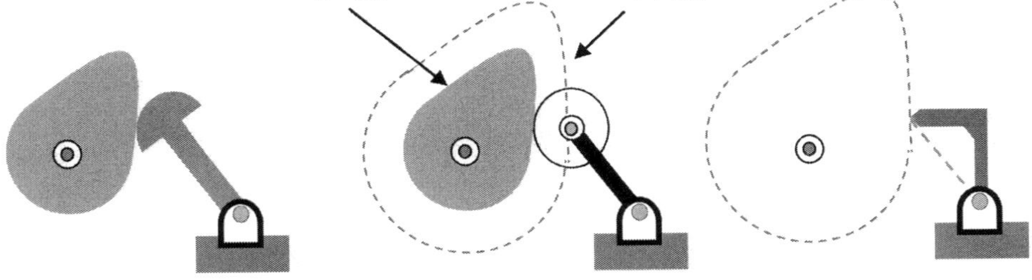

〈그림 14.3〉 등가 캠 기구

2 종동절 변위의 설정 : 캠 기구 설계의 제1단계

뉴튼의 법칙에 의해 가속도는 힘과 관련이 있다. 종동절의 속도가 캠의 회전각에 대해 불연속 함수로 주어지면 불연속점에서 무한대의 가속도와 힘이 요구된다. 속도가 불연속인 운동은 원리적으로 실현될 수 없다. 따라서, 종동절의 속도를 어떠한 경우라도 회전각에 대해 연속적으로 지정하여야 한다.

또한, 가속도가 회전각에 대해 불연속이면 종동절에 발생하는 관성력이 고주파 가진 성분을 포함하는 충격의 성격을 띄게 된다. 종동절에서 발생한 충격은 캠 기구를 다양한 고유 진동수로 가진시켜 캠 기구의 정밀도와 내구성에 악영향을 미친다. 가속도의 불연속점에서 저크가 무한대인데, 가속도의 변화율로서의 저크는 기구에 발생하는 관성력이 충격에 가까운 정도를 나타낸다.

그러므로 구동에 필요한 힘과 진동 문제를 고려하여,

고속 캠 기구 설계의 운동학적 기본 원칙

저속으로 구동되는 캠이 아니라면 가속도 함수가 연속이 되어 저크를 유한한 값으로 제한하여야 한다. 즉, 종동절의 변위가 캠의 회전각에 대해 2번 이상 미분 가능하여야 한다.

종동절의 변위, 속도, 가속도, 저크를 시간 또는 캠의 회전각에 대한 함수의 그래프로 표현한 것을 $s-v-a-j$ 선도라 한다. 지정된 종동절의 운동이 캠 기구 설계의 기본 원칙을 만족하는지를 $s-v-a-j$ 선도로 파악할 수 있다. 필요에 따라 저크에 대해 추가적 제약을 가하기도 하는데 저크의 절대값을 제한하기도 하고, 정지 구간과 만나는 시점에 저크를 0으로 설정하거나 저크의 연속성을 추가로 요구하기도 한다. 한편, 저속으로 구동되는 캠의 경우, 가속도의 연속성을 포기하기도 한다.

운동학적 조건 외에 역학적 제약 조건도 가해지는데, 운동학적 조건으로 변환될 수 있는 것들이 있다. 예를 들어 캠에 의해 종동절의 운동방향으로 전달되는 힘의 비율을 압력각으로, 접촉응력의 제한조건을 롤러와 캠 곡면의 곡률에 대한 조건으로 환원할 수 있다.

캠 기구 설계의 첫 번째 단계는 운동학적 기본 원칙을 만족하면서 자신의 목적에 일치하는 종동절의 운동을 결정하는 것이다. 대부분의 캠 기구가 일시 정지dwell 구간을 포함한다. 일시 정지 구간이 요구되지 않고 공간적 제약이 덜하다면 링키지를 사용하여 마찰과 윤활에 의한 문제를 피하는 것이 바람직하다.

조화 함수는 여러 번 미분하여도 형태가 변하지 않으므로 종동절의 변위를 결정하는 데 사용될 수 있다. 하지만, 일시 정지 구간을 표현하는 데 필요한 상수 함수를 유한 개의 조화 함수의 선형 결합으로 표현하는 것이 불가능하므로, 종동절의 운동에 일시 정지 기간이 필요 없는 경우 외에는 전구간 조화 함수가 사용되지는 않는다. 다항 함수가 채용되는 경우라 하더라도 일시 정지 구간이 필요하면 구간별piecewise 다항 함수로 종동절의 변위를 구성하게 된다.

종동절 변위의 최대, 최솟값과 그 시점이 캠 기구 설계자에게 지정되어 주어지는 것이 대부분이므로 그 둘 사이의 구간에서 충분히 미분 가능한 함수의 형태를 설정하고 두 시점에서 운동학적 기본 원칙에 따른 경계조건을 만족하도록, 종동절 변위 함수의 계수를 찾는 방식으로 원하는 종동절의 운동을 결정하게 된다. 캠 기구 설계의 기본 원칙에 의해 두 시점에 각기 3개씩 총 6개의 경계 조건이 설정되므로, 구간별 다항 함수로 종동절의 변위를 설정한다면 다항 함수의 차수가 5 이상일 필요가 있다. 그 외에도 캠 기구 설계의 기본 원칙을 만족하는 함수의 조합은 다양하다. 예를 들어, 조화 함수와 다항 함수를 결합한 형태인 싸이클로이드 함수가 사용되기도 한다.

주 스플라인spline 함수 이론을 사용하면 구간별 다항 함수를 사용할 경우 경계조건을 만족하는 과정이 좀더 용이해진다.

예제 1 구간 $[a, b]$에서 아래 조건을 만족하는 5차 다항 함수 $x \to y = f(x)$를 구하는 일반적인 방법을 수립하시오.

$$f(a) = A,\ f'(a) = 0,\ f''(a) = 0,\ f(b) = B,\ f'(b) = 0,\ f''(b) = 0$$

풀이 찾고자 하는 함수와 그 도함수의 형태를 아래와 같이 설정한다.

$$\begin{bmatrix} f(x) \\ f'(x) \\ f''(x) \end{bmatrix} = \begin{bmatrix} c_o + c_1x + c_2x^2 + c_3x^3 + c_4x^4 + c_5x^5 \\ \cdots \\ \cdots \end{bmatrix} = \begin{bmatrix} 1 & x & x^2 & x^3 & x^4 & x^5 \\ 0 & 1 & 2x & 3x^2 & 4x^3 & 5x^4 \\ 0 & 0 & 2 & 6x & 12x^2 & 20x^3 \end{bmatrix} \begin{bmatrix} c_0 \\ c_1 \\ c_2 \\ c_3 \\ c_4 \\ c_5 \end{bmatrix}$$

주어진 경계 조건을 대입하면 계수에 대한 6원 1차 연립 방정식이 구성된다.

$$\begin{bmatrix} 1 & a & a^2 & a^3 & a^4 & a^5 \\ 0 & 1 & 2a & 3a^2 & 4a^3 & 5a^4 \\ 0 & 0 & 2 & 6a & 12a^2 & 20a^3 \\ 1 & b & b^2 & b^3 & b^4 & b^5 \\ 0 & 1 & 2b & 3b^2 & 4b^3 & 5b^4 \\ 0 & 0 & 2 & 6b & 12b^2 & 20b^3 \end{bmatrix} \begin{bmatrix} c_0 \\ c_1 \\ c_2 \\ c_3 \\ c_4 \\ c_5 \end{bmatrix} = \begin{bmatrix} A \\ 0 \\ 0 \\ B \\ 0 \\ 0 \end{bmatrix}$$

위의 6원 1차 연립 방정식을 풀어 다항 함수의 계수를 결정한다.

특별히 위의 5차 다항 함수를 구간 [0, 1]에서 구성하고 경계에서 0과 1의 값을 가지도록 요구하면 그 결과로 나타나는 5차 다항 함수가 다음과 같다.

$$x \to f(x) = 10x^3 - 15x^4 + 6x^5$$

다음 예제는 1차 함수와 조화 함수의 결합으로 위 (예제 1)과 동일한 경계조건을 만족하면서 속도, 가속도가 연속인 함수를 구성할 수 있음을 보여주고 있다.

예제 2 구간 [0, 1]에서

$$f(0) = 0,\ f'(0) = 0,\ f''(0) = 0,\ f(1) = 1,\ f'(1) = 0,\ f''(1) = 0$$

을 만족하는 함수

$$x \to f(x) = a + bx + c\cos(fx) + d\sin(ex)$$ (단, a, b, c, d, f는 상수)

를 구하시오.

풀이 경계 조건 6개를 대입하여 위 6개의 계수에 대한 비선형 연립 방정식을 수립하여 계수를 결정한다.

답 $x \to f(x) = x - \dfrac{1}{2\pi}\sin(2\pi x)$

위 (예제 2)의 결과는 싸이클로이드 함수인데, 다항식과 조화함수가 결합된 형태이다. 가속도에 대응하는 싸이클로이드 함수의 2계 도함수가 조화 함수임을 알 수 있다. 단순 조화 함수로는 경계에서 속도와 가속도를 동시에 0이 되도록 할 수 없다.

다음 예제는 구간의 경계에서 저크가 0이 되는 조건을 추가하여, 일시 정지 구간의 상수 함수와 연결될 때 저크의 연속성까지 보장하는 다항 함수를 찾고 있다. 경계 조건 두 개가 추가되어 총 8가지 조건이 만족되어야 하므로, 필요한 차수는 7이다.

예제 3 구간 [0, 1]에서 아래 조건을 만족하는 7차 다항 함수 $p(x)$를 구하고 (예제 1) 및 (예제 2)에서 구한 함수와 함께 3계 도함수까지의 개형을 그리시오.

$$p(0) = 0,\ p'(0) = 0,\ p''(0) = 0,\ p'''(0) = 0$$
$$p(1) = 1,\ p'(1) = 0,\ p''(1) = 0,\ p'''(1) = 0$$

답 (예제 1)에서 제시된 방법을 따라 주어진 조건을 만족하는 8원 1차 방정식을 구성하여 7차식의 계수를 결정하면 주어진 조건을 만족하는 다항 함수가 아래와 같이 표현된다. 요구한 그래프를 <그림 14.4>에 제시하였다.

$$y = p(x) = 35x^4 - 84x^5 + 70x^6 - 20x^7$$

예제에서 제시된 세가지 변위함수에 대한 <그림 14.4>의 그래프를 비교해 보면 변위 함수의 작은 차이가 고계 도함수에서 큰 차이로 나타남을 알 수 있는데, 이로부터 캠 곡면의 정밀도가 캠 기구의 성능에 큰 영향을 미침을 알 수 있다. (예제 3)의 7차 다항 함수는 저크의 연속성이 보장되는 대신 최대 속도와 최대 가속도가 다른 두 함수보다 큼이 관찰된다. 속도는 운동에너지와, 가속도는 힘과 관련되므로 질량이 큰 종동절을 움직여야 할 경우 최대 속도와 최대 가속도도 설계 시 고려하여야 한다. 위의 7차 다항 함수에 따라 종동절이 움직일 때 필요한 에너지와 힘이 다른 두 함수에 비해 상대적으로 클 것임을 예상할 수 있으며 이는 저크의 연속성에 의해 진동을 완화시킨 대가이다.

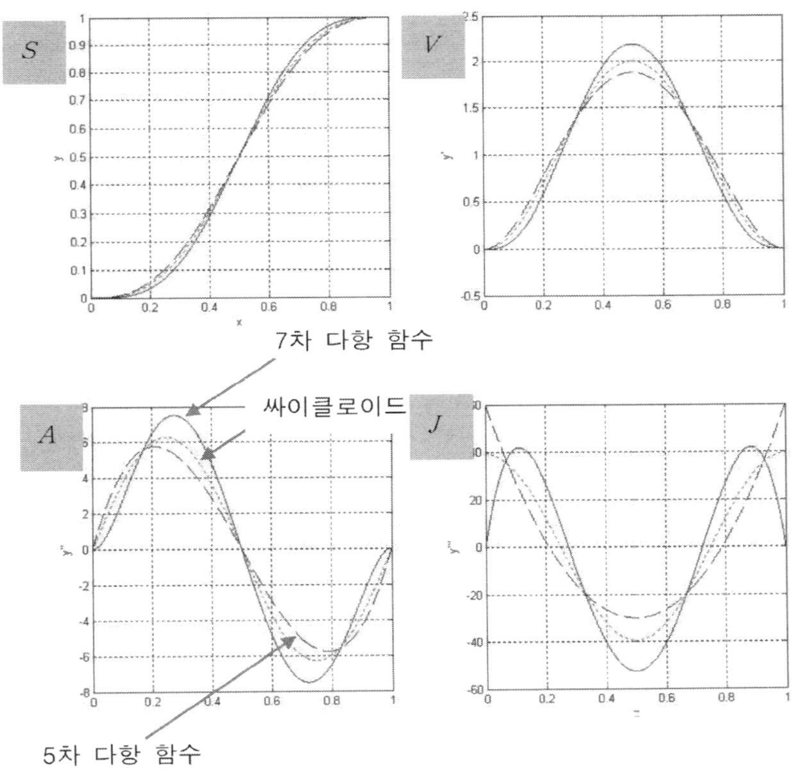

〈그림 14.4〉 종동절 운동의 비교

(예제 3)에서 구성한 함수

$$p(x) = 35x^4 - 84x^5 + 70x^6 - 20x^7 \tag{1}$$

를 사용하여 구간 $[a, b]$의 경계에서 3계 도함수까지 0이며

$$q(a) = A, \quad q(b) = B$$

를 만족하는 함수 $q(x)$와 그 고계 도함수가 아래 식 (2)와 같음을 쉽게 확인할 수 있다.

$$\begin{aligned}
q(x) &= (B-A)p\left(\frac{x-a}{b-a}\right) + A \\
q'(x) &= \left(\frac{B-A}{b-a}\right)p'\left(\frac{x-a}{b-a}\right) \\
q''(x) &= \frac{B-A}{(b-a)^2}p''\left(\frac{x-a}{b-a}\right) \\
q'''(x) &= \frac{B-A}{(b-a)^3}p'''\left(\frac{x-a}{b-a}\right)
\end{aligned} \tag{2}$$

문제 4 이중 일시 정지

일시 정지 구간 $[0, 30^\circ]$에서 종동절 변위 $0m$

일시 정지 구간 $[90^\circ, 150^\circ]$에서 종동절 변위 $2m$

(예제 3)에서 구한 함수를 상승 및 하강 구간에 사용하여 위와 같이 일시 정지 구간이 정해진 캠 기구의 상승 및 하강 구간에서의 종동절 변위 $S(\theta)$를 전 구간에서 저크가 연속이 되도록 설정하고 s-v-a-j 선도를 그리시오.

풀이 일시 정지 기간에 대해서는 값이 확정되어 있다. 상승 및 하강 구간에 대해서는 식 (2)에 다음 조건을 대입한다.

상승 구간 $[\pi/6, \pi/2]$에서 $a = \pi/6$, $b = \pi/2$, $A = 0$, $B = 2$

하강 구간 $[5\pi/6, 2\pi]$에서 $a = 5\pi/6$, $b = 2\pi$, $A = 2$, $B = 0$

답

$$S(\theta)=\begin{cases} 0 & \theta\in[\,0\quad,\ \pi/6] \\ 2p\left(\dfrac{3}{\pi}\theta-\dfrac{1}{2}\right) & \theta\in[\,\pi/6,\ \ \pi/2] \\ 2 & \theta\in[\,\pi/2,5\pi/6] \\ -2p\left(\dfrac{6}{7\pi}\theta-\dfrac{5}{7}\right)+2 & \theta\in[5\pi/6,2\pi\quad] \end{cases}$$

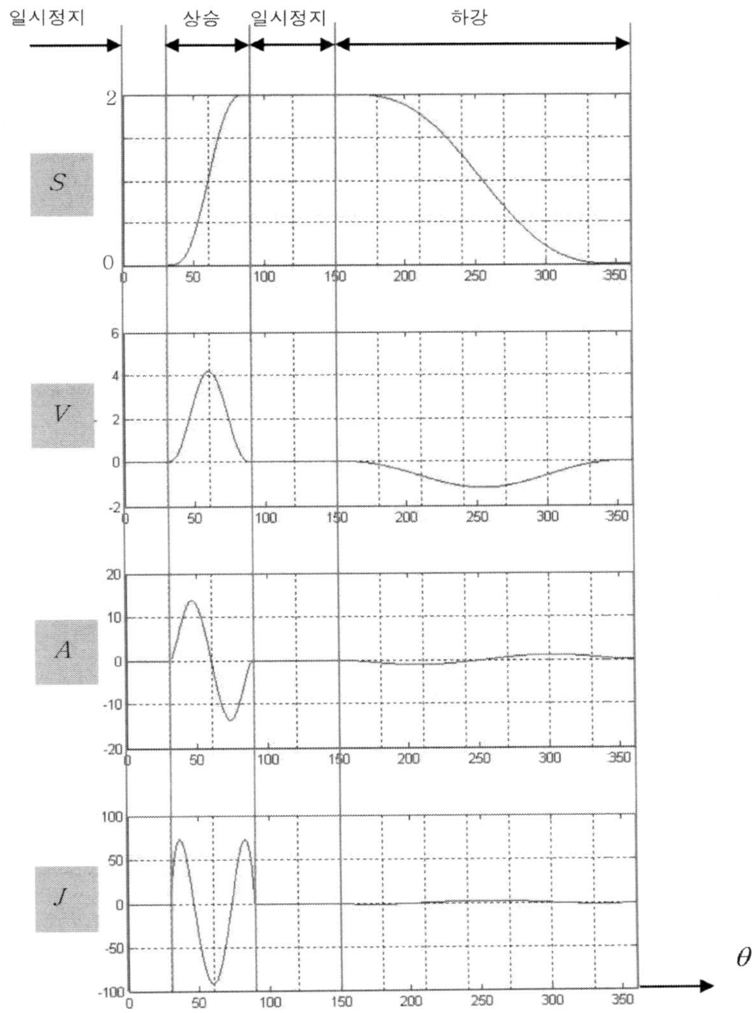

참고

$$V = \frac{dS}{dt} = \frac{dS}{d\theta}\omega, \quad A = \frac{dV}{dt} = \frac{dV}{d\theta}\omega = \omega^2 \frac{d^2S}{d\theta^2} + \alpha \frac{dS}{d\theta}, \quad J = \cdots$$

이므로

속도 V와 변위 함수의 도함수 $\frac{dS}{d\theta}$

가속도 A와 변위 함수의 2계 도함수 $\frac{d^2S}{d\theta^2}$

저크 J와 변위 함수의 3계 도함수 $\frac{d^3S}{d\theta^3}$

는 물리적으로 차원이 다르지만, 캠이 단위 각속도로 등각속도 운동하는 경우 MKS 단위계에서 그 값이 일치한다. 편의를 위해 캠 회전각 θ에 대한 변위함수와 그 1계, 2계, 3계 도함수의 그래프를 실제 속도, 가속도, 저크의 그래프와 구별하지 않고 s-v-a-j 선도라 칭한다.

일시 정지 구간이 위의 예와 같이 2개가 아니라 하나만 필요한 경우, 예를 들어 상승 후 일시 정지 없이 바로 하강하는 경우가 필요할 때가 있다.

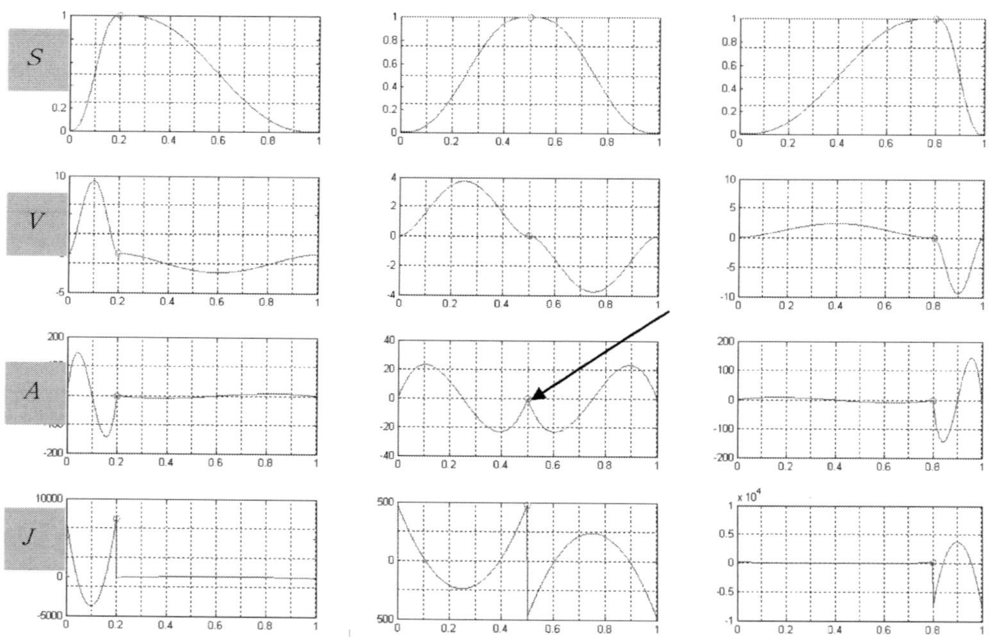

〈그림 14.5〉 이중 일시 정지 함수를 단일 일시 정지에 사용 (1)

캠 기구 설계의 운동학적 기본 원리만 적용한 (예제 1)의 5차 다항 함수를 상승과 하강 구간에 각기 적용하여 그 결과를 <그림 14.5>에 제시하였다. 이는 상승 시점의 일시 정지 구간을 매우 짧게 설정한 것으로 생각할 수 있다. 이렇게 변위 함수를 구성하면 일시 정지 구간과 만나는 곳에서 변위의 도함수들이 0이 되는데 가속도가 0이 되는 조건이 종동절의 최대 상승 시점에도 불필요하게 지정되게 된다. 부차적인 가속도 조건은 각 구간에서 필요 없이 함수의 모양을 대칭적으로 유지시킴으로써 속도, 가속도, 저크를 키우는 경향이 있다.

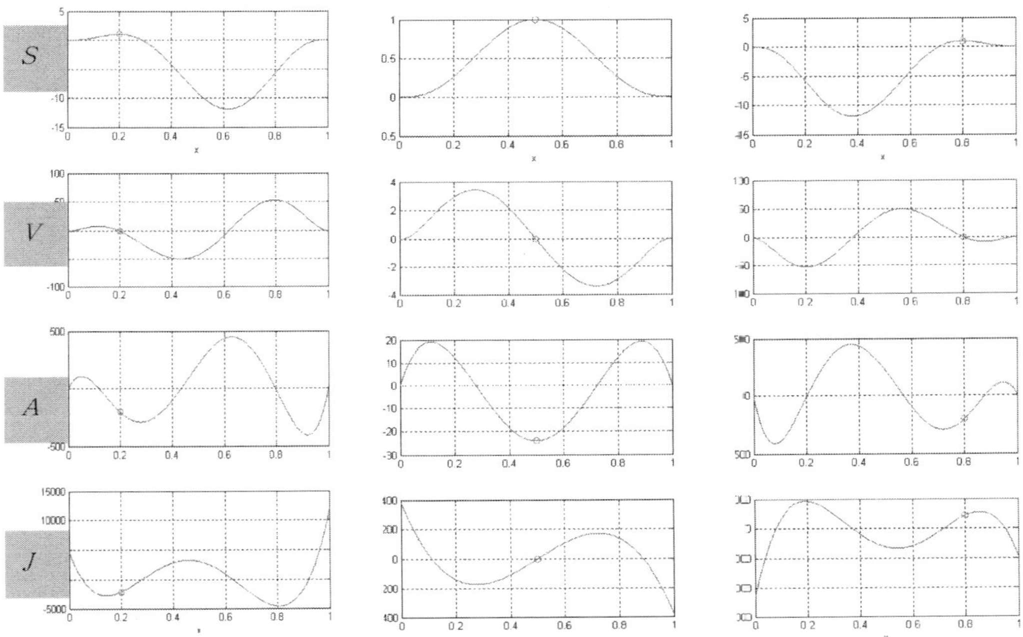

〈그림 14.6〉 보간에 고차 함수 사용으로 인한 그래프의 요동 (2)

최대 상승 시점에 가속도를 0으로 지정하는 것을 피하고자 상승과 하강 구간에 단일 함수를 사용하면 최대 변위 값, 최대 상승 시점의 속도가 0이 되는 조건, 상승이 시작하는 곳과 하강이 끝나는 곳에서 각기 변위, 속도, 가속도에 관한 3개의 경계 조건이 부과되어 총 8개의 조건이 만족될 필요가 있다. 이를 만족하기 위해 상승 구간과 하강 구간에 걸쳐 하나의 7차 다항 함수를 사용하는 것은 바람직하지 않다. 높은 차수의 다항 함수로 보간하면 경계 조건은 만족하겠지만 함수의 그래프가 원치 않게 요동칠 수 있다. <그림 14.6>은 상승과 하강 구간에 하나의 7차 다항 함수를 사용했을 때, 변위의 최대값이 구간의 정 중앙에 위치하지 않으면 원치 않는 위치에 변위의 극소가 발생하여 변위가 음인 구간이 나타날 수 있음을 보이고 있다. 한편, 변위의 최대값이 구간의 정 중앙에 위치할 경우 설정된 7차 다항 함수는 대칭성에 의해 6차 다항 함수

$$p(x) = 64x^3(1-x)^3$$

로 퇴화하고 변위를 양수로 유지하므로 상하강 기간이 동일한 경우 하나의 6차 다항 함수만으로 주어진 조건을 만족한다.

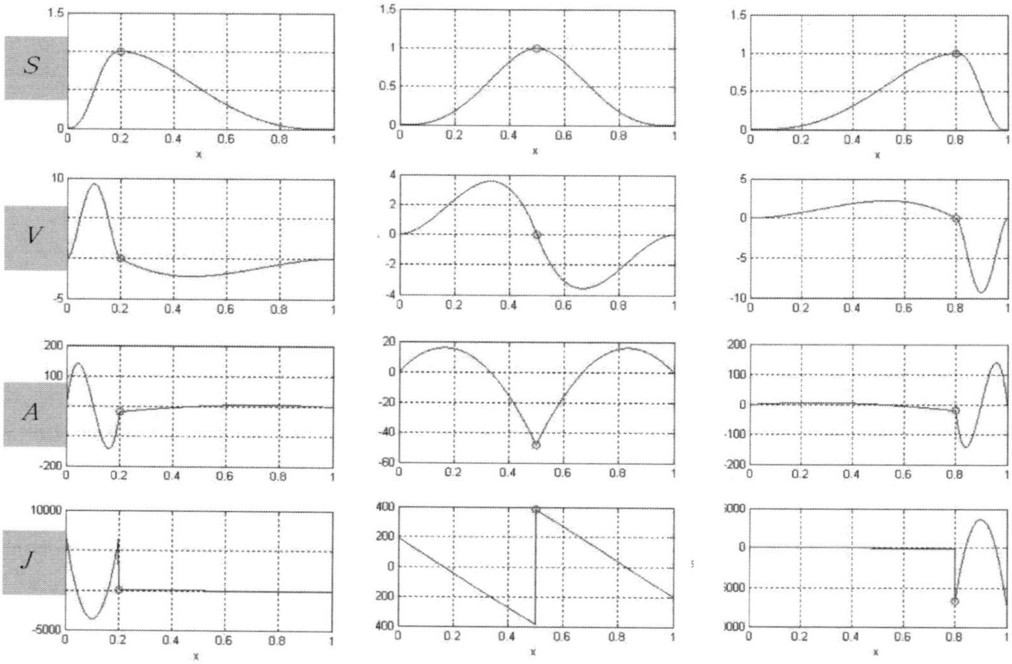

〈그림 14.7〉 4차와 5차 다항 함수의 조합

상하강 기간이 다른 경우에 대한 해법은 상승 구간과 하강 구간에 각기 저차의 다항 함수를 설정하는 것이다. 이 경우 상하강 구간이 만나는 곳에서 변위, 속도 및 가속도의 연속성에 관한 3개의 경계 조건, 상승이 시작하는 곳에서 3개의 경계조건, 하강이 끝나는 곳에서 3개의 경계 조건, 최대 변위의 값에 관한 조건 및 최대 상승 시점에 속도가 0인 조건이 부과되어 총 11개의 조건이 만족될 필요가 있다. 예를 들어 상승 구간에서 5차 함수, 하강 구간에 4차 함수를 사용하여 전 구간에서 가속도가 연속인 함수를 <그림 14.7>과 같이 구성할 수 있다. 최대 상승 시점이 구간의 중앙에서 우측으로 치우치면 변위에 음수 값이 생기는데, 순서를 바꾸어 상승 구간에 4차, 하강 구간에 5차 함수를 사용하면 된다. 상승과 하강이 정중앙에 발생하는 경우 5차로 지정한 식이 퇴화되므로 양 구간을 각기 4차 함수

$$p(x) = \begin{cases} 16x^3(2-3x) & (x \le 1/2) \\ 16(1-x)^3(3x-1) & (x \ge 1/2) \end{cases}$$

로 구성할 수 있다. 저크의 연속성까지 요구하면 총 14개의 조건이 필요하고 각 구간에 6차 다항 함수를 사용하거나 5차와 7차 다항함수의 조합으로 변위함수를 구성할만하다. 이 때, 변위에 음수값이 나오지 않는 조합을 선택하여야 한다.

3 캠 기구의 운동 해석

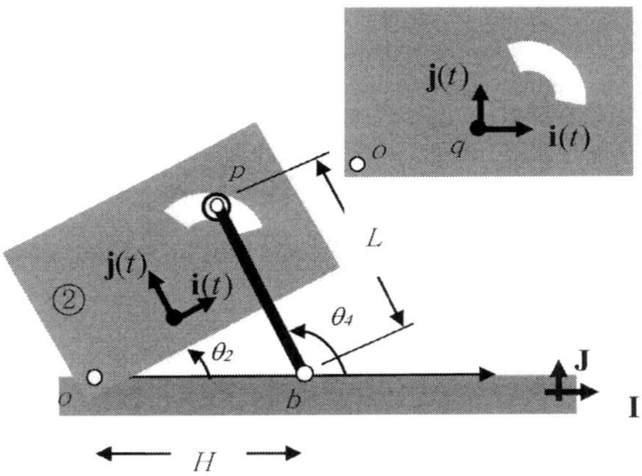

〈그림 14.8〉 8장 연습문제 1

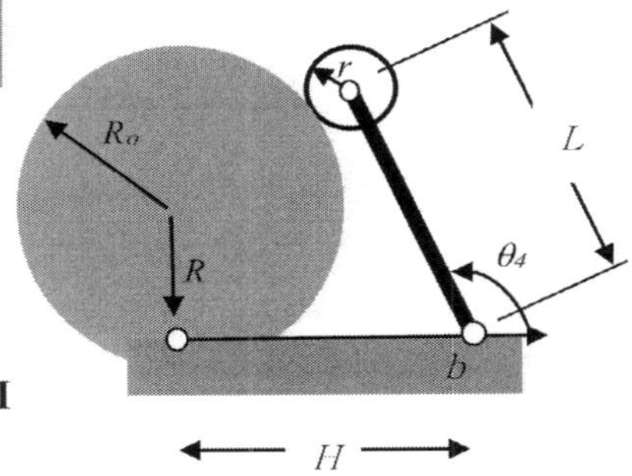

〈그림 14.9〉 8장 연습문제 3

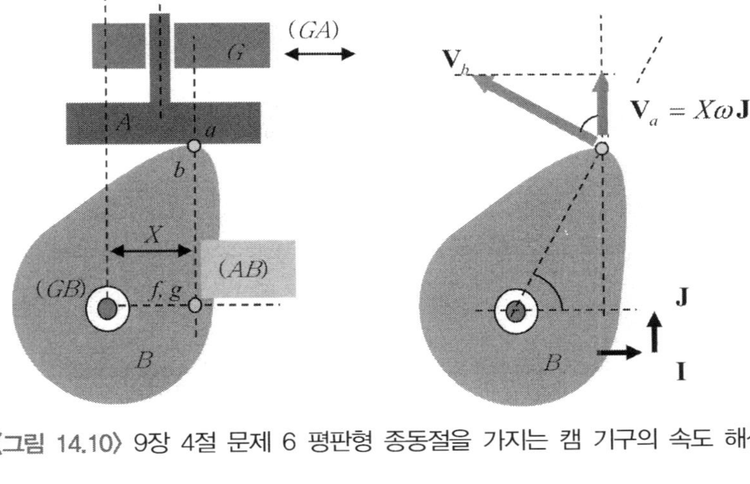

〈그림 14.10〉 9장 4절 문제 6 평판형 종동절을 가지는 캠 기구의 속도 해석

회전 캠과 롤러 사용 종동절의 조합에 대한 위치해석을 8장 연습문제 1 및 3, 11장 연습문제 4에서 이미 다루었다. 11장 연습문제 4에 롤러 사용 캠의 속도 및 가속도 해석을 다양한 방법으로 수행하여 제시하였다. 이 경우 캠을 <그림 14.3>과 같이 미끄럼접촉을 포함하는 기구 일반으로 환원하여 생각할 수도 있는데, 이의 속도 및 가속도 해석에 대해서는 13장에 이미 상술하였다. 평판형 종동절을 사용하는 캠 기구의 가속도 해석을 위한 가장 간단한 방법은 캠 기구를 등가 링키지로 변환하는 것으로 13장에 상술하였다. 9장 4절 문제 6과 13장 3절 문제 2에 평판형 종동절을 사용하는 캠 기구에 대하여 순간 중심 기법과 등가 링키지 기법으로 속도 및 가속도 해석을 수행하는 법을 다루었다.

본 절에서는 이전 장에서 다루지 않은 경우로, 평판 종동절이 채용된 캠 기구에 대해 위치해석을 수행한다. 즉, 캠의 회전각이 주어졌을 때, 평판 종동절의 위치를 결정하고자 한다.

평판 종동절이 지면에 고정된 단위벡터 **J**에 평행하게 운동한다고 하자. 캠에 서로 수직인 단위벡터 **i**, **j**를 부착하고, 캠 곡면을 회전축으로부터의 위치벡터로 <그림 14.11>와 같이 극좌표를 사용하여 표현하자.

$$\mathbf{r}(u) = x(u)\mathbf{i} + y(u)\mathbf{j} = r(u)(\cos u\ \mathbf{i} + \sin u\ \mathbf{j}) \tag{1}$$

캠에 부착된 단위벡터 **i**가 지면에 부착된 단위벡터 **I**에 대해 회전한 각도를 캠의 회전각이라 하고 θ로 표기하면, 두 기저 간의 관계가 다음과 같다.

$$\mathbf{i} = \cos\theta\,\mathbf{I} + \sin\theta\,\mathbf{J}$$

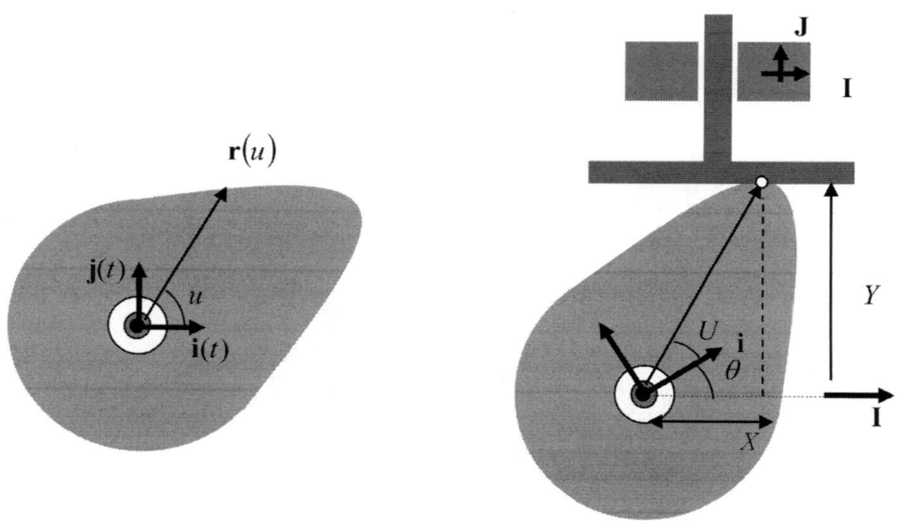

〈그림 14.11〉 평판형 종동절을 가지는 캠 기구의 위치 해석

$$\mathbf{j} = -\sin\theta\,\mathbf{I} + \cos\theta\,\mathbf{J}$$

이를 식 (1)에 대입하여 θ 만큼 회전한 캠의 곡면 형상을 지면에 고정된 벡터에 대해 표현할 수 있다.

$$\mathbf{r}(u) = r(u)\left[\cos(u+\theta)\,\mathbf{I} + \sin(u+\theta)\,\mathbf{J}\right] \tag{2}$$

식 (2)를 캠의 회전각 θ를 고정시키고 미분하여 캠 경계의 접선 방향 벡터를 구할 수 있다.

$$\left.\frac{{}^{\mathbf{IJ}}d\mathbf{r}}{du}\right|_{\theta=const} = r'(u)\left[\cos(u+\theta)\,\mathbf{I} + \sin(u+\theta)\,\mathbf{J}\right] + r(u)\left[-\sin(u+\theta)\,\mathbf{I} + \cos(u+\theta)\,\mathbf{J}\right]$$

즉,

$$\left.\frac{{}^{\mathbf{IJ}}d\mathbf{r}}{du}\right|_{\theta=const} = \left[r'(u)\cos(u+\theta) - r(u)\sin(u+\theta)\right]\mathbf{I} + \left[r'(u)\sin(u+\theta) + r(u)\cos(u+\theta)\right]\mathbf{J}$$

캠 경계의 접선 벡터가 종동절의 운동 방향에 수직인 곳에서 캠과 종동절이 접촉하므로 주어진 캠의 회전각 θ에 대하여 접촉점의 매개변수가 아래의 조건을 만족한다.

$$\left.\frac{{}^{\mathbf{IJ}}d\mathbf{r}}{du}\right|_{\theta=const} \bullet \mathbf{J} = r'(u)\sin(u+\theta) + r(u)\cos(u+\theta) = 0 \tag{3}$$

주어진 θ에 대해 위 방정식을 만족하는 미지수 u를 결정하여 $U(\theta)$라 하면, 종동절의 회전축으로부터의 '높이'가 접촉점의 y 좌표로 식 (4)와 같이 결정된다.

$$Y(\theta) = \mathbf{r} \bullet \mathbf{J} = r(U(\theta))\sin(U(\theta)+\theta) \tag{4}$$

정리 14.1 – 평판형 종동절을 사용하는 캠 기구의 위치해석

그 경계 곡면이 극좌표 형식

$$\mathbf{r}(u) = x(u)\mathbf{i} + y(u)\mathbf{j} = r(u)(\cos u\ \mathbf{i} + \sin u\ \mathbf{j}) \tag{5}$$

로 주어진 캠이 θ만큼 회전하면 종동절의 캠 회전축으로부터의 높이 $Y(\theta)$가 아래와 같다.

$$Y(\theta) = r(U(\theta))\sin(U(\theta)+\theta) \tag{6}$$

여기서, 주어진 캠 회전각 θ에 대한 접촉점의 방향각 U를 아래의 미지수 u에 관한 방정식의 해로 결정한다.

$$r'(u)\sin(u+\theta) + r(u)\cos(u+\theta) = 0 \tag{7}$$

한편 캠의 경계가 직교 좌표계를 사용하여 정의되어 있을 때 회전각에 대한 종동절의 변위를 다음과 같이 계산할 수 있다.

$$\mathbf{r}(u) = x(u)\mathbf{i} + y(u)\mathbf{j}$$

$$\mathbf{r}(u) = [x(u)\cos\theta - y(u)\sin\theta]\mathbf{I} + [y(u)\cos\theta - x(u)\sin\theta]\,\mathbf{J}$$

$$\left.\frac{{}^{\mathbf{IJ}}d\mathbf{r}}{du}\right|_{\theta=const} \bullet \mathbf{J} = y'(u)\cos\theta - x'(u)\sin\theta = 0$$

정리 14.2 – 평판형 종동절을 사용하는 캠 기구의 위치해석

그 경계 곡면이 매개변수 형식

$$\mathbf{r}(u) = x(u)\mathbf{i} + y(u)\mathbf{j} \tag{8}$$

로 주어진 캠이 θ만큼 회전하면 종동절의 캠 회전축으로부터의 높이 $Y(\theta)$가 다음과 같다.

$$Y(\theta) = y(U(\theta))\cos\theta - x(U(\theta))\sin\theta \tag{9}$$

여기서, 주어진 캠 회전각 θ에 대한 접촉점의 방향각 U를 아래의 미지수 u에 관한 방정식의 해로 결정한다.

$$y'(u)\cos\theta - x'(u)\sin\theta = 0 \tag{10}$$

4 캠 곡면 또는 피치곡선의 결정

캠의 회전각에 대한 종동절의 변위가 주어졌을 때, 캠 경계의 형상을 결정하는 작업이 운동학적 관점에서 본 캠의 설계이다. 본 절에서는 칼날형 직선 왕복 종동절과 평판형 직선 왕복 종동절을 사용하는 경우에 대해 캠 곡면을 결정하는 방법을 소개한다. 롤러형 종동절 캠 기구의 설계 문제는 칼날형 종동절을 채용한 캠 기구의 설계 문제로 환원된다. 회전형 종동절의 경우에 대해서는 8장의 예제에서 유도한 위치 관계식에 운동학적 전위를 적용시켜 캠 형상을 쉽게 유도할 수 있으므로 독자에게 맡긴다.

캠 기구 설계의 두 번째 단계는 캠의 회전각 θ에 대해 이전 단계에서 결정된 s–선도 $\theta \to S(\theta)$를 생성하는 캠 곡면의 형상

$$\mathbf{r}(u) = x(u)\mathbf{i} + y(u)\mathbf{j} = r(u)(\cos u\ \mathbf{i} + \sin u\ \mathbf{j}) \tag{1}$$

을 결정하는 문제이다. 여기서, 서로 수직인 단위벡터 **i**, **j**는 캠에 고정되어 있다. 캠에 고정된 단위벡터 **i**가 종동절의 운동방향에 수직인 단위벡터 **I**에 대해 회전한 각이 캠의 지면에 대한 회전각이다.

캠의 회전축으로부터 접촉점까지의 높이는 어떤 상수 Y_o에 대해 식 (2)와 같이 설정된다.

$$Y(\theta) = S(\theta) + Y_o \tag{2}$$

즉, 캠 곡면의 형상을 결정하는 단계에는 접촉점의 높이 $Y(\theta)$가 상수항을 제외하고 상당 부분 결정되어 있고, 그 고계 도함수가 모두 결정되어 있다. 이 때, 미정 상수 Y_o 또한 설계 변수인데 캠의 크기와 관련되어 있다.

캠 회전축을 중심으로 하고 캠 경계와 만나는 원 중 가장 작은 것을 기초원base circle이라 하고, 롤러 사용 캠 기구의 회전축을 중심으로 하고 피치곡선과 교차하는 가장 작은 원을 주원prime circle이라 한다. 주원과 기초원의 반경은 롤러의 반경만큼 차이가 난다. 변위 함수 $S(\theta)$를 그 최솟값이 0이 되도록 설정하였다면 위 식 (2)의 상수 Y_o와 캠의 크기와의 관계가 접촉 방식에 따라 다음 표와 같이 정리될 수 있다.

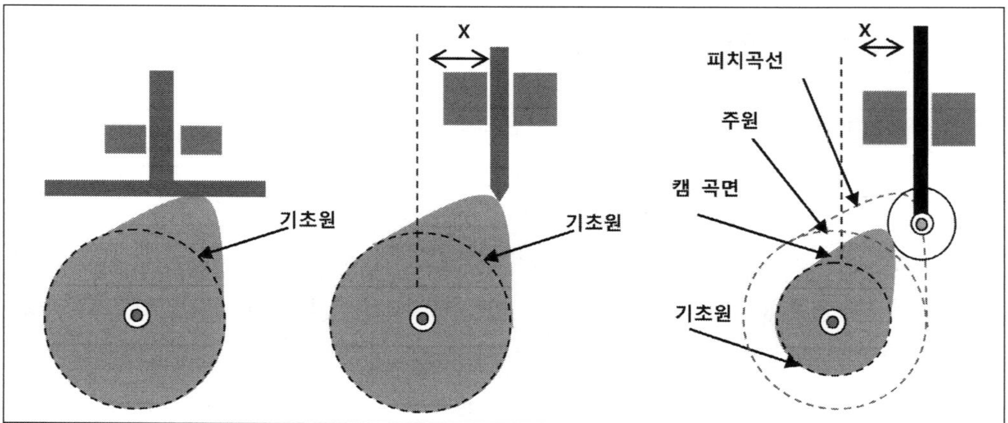

평판형 종동절	$Y_o = R$	R : 기초원의 반지름
칼날형 종동절	$Y_o = \sqrt{R^2 - X^2}$	R : 기초원의 반지름, X : 편심량
롤러형 종동절	$Y_o = \sqrt{R^2 - X^2}$	R : 주원의 반지름, X : 편심량

롤러를 사용하는 경우 캠을 설계함에 있어 일차적으로 중요한 것은 피치곡선과 주원이다. 피치곡선과 주원을 결정한 후 원한다면 캠 곡면을 그 오프셋으로 결정할 수 있다. 캠 설계자가 캠 가공 업체에 피치곡선과 롤러의 크기만 전달하더라도 가공이 가능하다.

■ 칼날형 직선왕복 종동절

<그림 14.5>와 같이 중심축에 대해 접촉점이 벗어난 편심량을 X라 하고 회전축으로부터 접촉점까지의 위치벡터의 캠 상에서의 방향각을 U라 하자. 접촉점의 궤적을 캠에 고정된 단위벡터 **i**와 **j**에 대해 표현함으로써 캠 곡면의 형상을 표현할 수 있다. 칼날형 종동절의 경우 평판형 종동절과 달리 캠 기구의 편심량이 변하지 않는다. <그림 14.5>에 의해 자명한 관계식

$$[r(U(\theta))]^2 = X^2 + [Y(\theta)]^2$$

$$U(\theta) = (U(\theta) + \theta) - \theta = \text{atan}_2(Y(\theta), X) - \theta$$

를 이용하여 캠 곡면의 형상을 캠의 회전각을 매개변수로 하여 쉽게 유도할 수 있다. 아래 (정리 14.3)과 (정리 14.4)는 롤러 종동절 캠 기구의 피치곡선의 생성에도 적용할 수 있다.

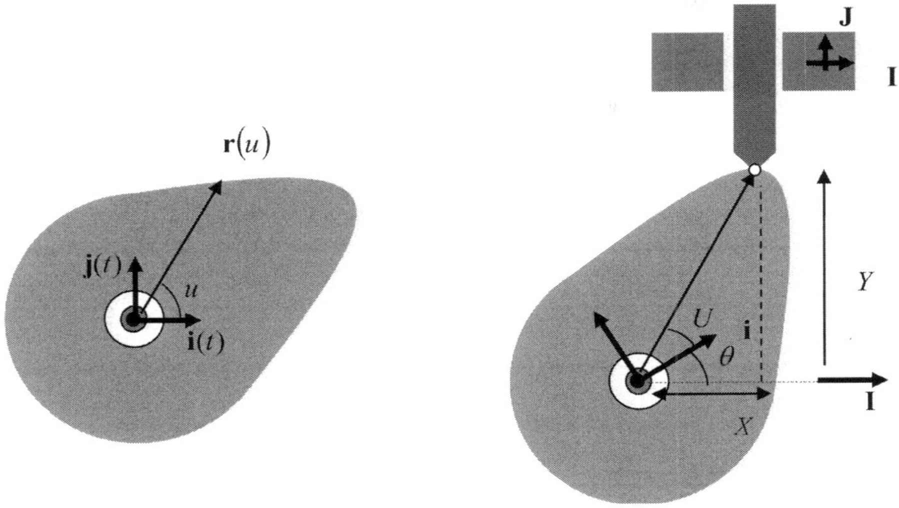

〈그림 14.5〉 칼날형 종동절을 가지는 캠 기구의 캠 곡면

정리 14.3 – 칼날형 직선왕복 종동절의 경우의 캠 곡면 방정식(롤러 종동절을 채용한 경우 피치곡선의 방정식)

캠이 θ만큼 회전하면 접촉점의 위치벡터가 회전각에 대해 아래 식 (3)과 같이 결정된다.

$$\mathbf{R}(\theta) \equiv \mathbf{r}(U(\theta)) = \sqrt{X^2 + [Y(\theta)]^2}\,(\cos(U(\theta))\mathbf{i} + \sin(U(\theta))\mathbf{j}) \tag{3}$$

여기서, X는 캠 기구의 편심량이고,

$$U(\theta) = \mathrm{atan}_2(Y(\theta), X) - \theta \tag{4}$$

회전변환을 사용하거나 식(4) $U(\theta) = \mathrm{atan}_2(Y(\theta), X) - \theta$에 삼각 함수 합의 공식을 사용하여, 캠 곡면을 (정리 14.4)와 같이 표현할 수도 있다.

정리 14.4 – 칼날형 직선왕복 종동절의 경우의 캠 곡면 방정식(롤러 종동절을 채용한 경우 피치곡선의 방정식)

캠이 θ만큼 회전하면 접촉점의 위치벡터가 회전각에 대해 아래와 같이 결정된다.

$$\mathbf{R}(\theta) \equiv \mathbf{r}(U(\theta)) = [X\cos\theta + Y(\theta)\sin\theta]\mathbf{i} + [Y(\theta)\cos\theta - X\sin\theta]\mathbf{j} \tag{5}$$

<그림 14.6>에 보인 바와 같이 (정리 1)과 (정리 2)는 운동학적 전위의 원리를 적용한 결과로 해석될 수 있다.

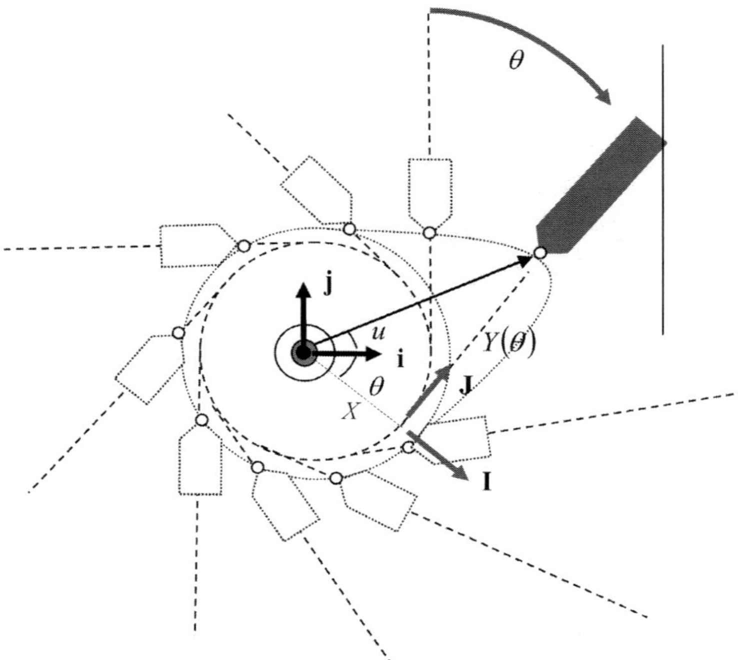

〈그림 14.6〉 칼날형 종동절을 가지는 캠 기구의 운동학적 전위

■ 평판형 직전왕복 종동절

<그림 14.10>에 보인 바와 같이 순간 중심을 고려하면 종동절의 속도를 통해 다음의 관계식이 성립한다.

$$\frac{dY}{d\theta}\omega = X\omega$$

즉,

$$Y'(\theta) = X(\theta) \tag{6}$$

한편, <그림 3.4>에 의하면 접촉점에서의 x 좌표가 식 (7)과 같다.

$$X(\theta) = r(U(\theta))\cos(U(\theta) + \theta) \tag{7}$$

식 (6), (7) 및 (3.6) $Y(\theta) = r(U(\theta))\sin(U(\theta) + \theta)$을 연립하면 <그림 14.11>로부터 자명한 아래 관계를 얻는다.

$$[r(U(\theta))]^2 = [Y'(\theta)]^2 + [Y(\theta)]^2 \tag{8}$$

$$U(\theta) = (U(\theta)+\theta) - \theta = \text{atan}_2(Y(\theta), Y'(\theta)) - \theta \tag{9}$$

참고

속도 해석의 도움 없이 식 (6)을 직접적으로도 유도할 수 있다. 식

$$Y(\theta) = r(U(\theta))\sin(U(\theta)+\theta) \tag{3.6}$$

을 미분하여 식 (4)를 얻는다.

$$Y'(\theta) = r'(U)U'\sin(U+\theta) + r(U)\cos(U+\theta)\cdot[U'+1] \tag{10}$$

식 (3.7) $r'(U)\sin(U+\theta) + r(U)\cos(U+\theta) = 0$을 (10)에 대입하면 식 (6)을 얻는다.

식 (8)과 (9)에 의해 회전축으로부터 접촉점까지의 거리와 캠 상의 방향각이 결정되므로 캠의 회전각 θ에서의 회전축으로부터 접촉점까지의 위치벡터가 다음과 같이 결정된다.

$$\mathbf{r}(U(\theta)) \equiv \mathbf{R}(\theta) = X(\theta)\mathbf{I} + Y(\theta)\mathbf{J} = \sqrt{[Y'(\theta)]^2 + [Y(\theta)]^2}\,(\cos(U(\theta))\mathbf{i} + \sin(U(\theta))\mathbf{j})$$

정리 14.5 – 평판형 직선왕복 종동절의 경우의 캠 곡면 방정식

캠이 θ만큼 회전하면 접촉점의 위치벡터가 회전각에 대해 아래와 같이 결정된다.

$$\mathbf{R}(\theta) \equiv \mathbf{r}(U(\theta)) = \sqrt{[Y'(\theta)]^2 + [Y(\theta)]^2}\,(\cos(U(\theta))\mathbf{i} + \sin(U(\theta))\mathbf{j})$$

여기서,

$$\theta \to U(\theta) = \text{atan}_2(Y(\theta), Y'(\theta)) - \theta$$

또는

$$\mathbf{R}(\theta) \equiv \mathbf{r}(U(\theta)) = [Y'(\theta)\cos\theta + Y(\theta)\sin\theta]\mathbf{i} + [Y(\theta)\cos\theta - Y'(\theta)\sin\theta]\mathbf{j} \tag{11}$$

(정리 14.5)를 사용하여 (예제 2.4)에서 결정한 변위함수에 대해 캠 곡면을 계산하여 기초원의 반경 Y_o에 따른 캠의 형상을 <그림 14.7>에 나타내었다. 그림으로부터 기초원이 너무 작으면 캠 곡면에 커스프가 발생하여 실현 불가능한 경우가 발생할 수 있음을 알 수 있다.

캠이 반시계 방향으로 회전하면 운동학적 전위에 의해 캠에서 관찰하였을 때 접촉점이 캠 곡면을 따라 시계방향으로 회전한다. 접촉점이 캠 곡면에서 역행하면, 즉 반시계 방향으로 운동하면 커스프가 발생하므로, 캠 곡면에 커스프가 발생하지 않는 조건이 식 (12)와 같다.

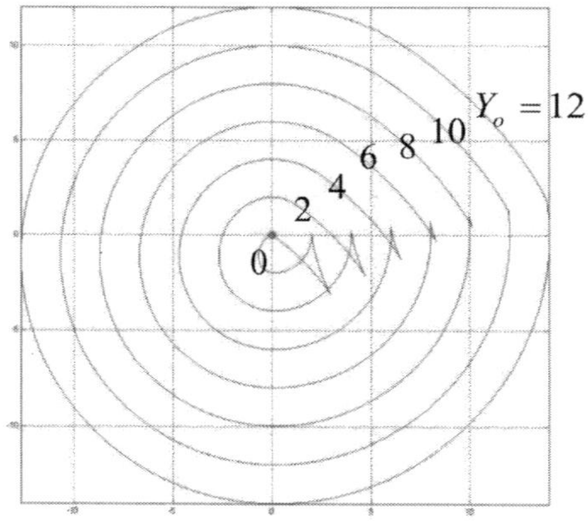

〈그림 14.7〉 기초원의 크기에 따른 캠 곡면의 형상

$$\frac{dU}{d\theta} < 0 \tag{12}$$

정리 14.6 – 평판형 종동절의 경우 캠 곡면의 커스프 방지 조건

모든 회전각 θ에 대해,

$$Y(\theta) > -Y''(\theta)$$

이면, 캠 곡면에 커스프가 발생하지 않는다.

캠 곡면의 형상을 결정하는 단계에는 $Y''(\theta)$가 이미 결정되어 있으므로 기초원 반지름을 증가시켜 캠의 높이 $Y(\theta)$를 증가시킴으로써 커스프를 제어할 수 있다.

이는 접촉점의 방향각의 회전각에 대한 변화율을 식 (13)과 같이 정리할 수 있기 때문이다.

$$\frac{dU}{d\theta} = -\frac{Y(Y + Y'')}{Y^2 + (Y')^2} \tag{13}$$

(식 13 유도)

식 (8)을 회전각에 대해 미분하면,

$$rr'U' = YY' + Y'Y'' \tag{14}$$

여기서,

$$r' = \frac{dr}{dU},\ U' = \frac{dU}{d\theta},\ Y' = \frac{dY}{d\theta},\ Y'' = \frac{d^2Y}{d\theta^2}$$

식 (3.7) $r'(U)\sin(U+\theta)+r(U)\cos(U+\theta)=0$ 을 식 (3), (4), (3.6)을 이용하여 정리하면, 식 (15)를 얻는다.

$$r' = -r\frac{Y'}{Y} \tag{15}$$

식 (15)를 식 (14)에 대입하면, 아래와 같다.

$$-r^2\frac{Y'}{Y}U' = YY' + Y'Y'' \tag{16}$$

식 (8) $r^2 = Y'^2 + Y^2$ 을 위 식 (16)에 대입하여 정리하여 식 (13)을 얻는다.

참고

종동절의 위치 함수 $\theta \to Y(\theta)$가 주어졌을 때, 식 (9)를 사용하는 대신에 식 (13)을 적분하여 접촉점의 방향각 $\theta \to U(\theta)$를 결정할 수도 있다.

$$U(\theta)-U(0) = -\int_0^\theta \frac{Y(Y+Y'')}{Y^2+(Y')^2}d\theta$$

5 캠과 롤러의 크기

롤러나 버섯형 종동절 캠 기구를 설계할 때 피치곡선을 먼저 찾고 그 내측 오프셋으로 캠 곡면을 찾는 순서로 작업하는 일이 흔한데, 캠을 제작함에 있어 피치곡선이 공구 경로가 될 수 있다.

(1) 피치곡선의 내측 곡률이 롤러의 곡률보다 작아야 <그림 14.8-(a)>와 같이 캠 곡면으로 사용하고자 하는 오프셋 곡선에 자기 교차self-intersection가 발생하지 않는다. 이는 제작 시 언더컷이 발생하지 않도록 하는 조건과 동일하다.

(2) 캠 곡면의 외측 곡률이 롤러의 곡률보다 작아야 <그림 14.8-(b)>와 같이 롤러가 캠과 두 곳에서 접촉하여 충격이 발생하는 일을 피할 수 있다. 이는 피치곡선의 자기 교차를 피하는 것과 동일하다. 음의 행정을 지정하는 것과 같은 실수를 하지 않고 적절한 설계 과정을 따랐다면 이러한 일은 일어나지 않으므로, 캠이 주어지고 롤러를 선정할 필요가 발생할 때만 이 조건을 고려하면 된다.

롤러의 곡률에 대한 이 두 조건은 캠에 대하여 롤러가 충분히 작으면 만족된다. 반면, 회전축의 설치와 동적 하중에 의한 접촉응력을 고려하면 롤러가 일정 정도의 크기를 유지하여야 하므로 기하학적 조건만 고려하여 지나치게 작은 롤러를 사용할 수는 없다. 따라서, 캠을 키움으로써 곡률 조건에 대응하게 되는데, 캠의 크기는 제작 비용과 설치 공간에 의해 제약을 받게 된다. 피치곡선의 내측 곡률이 롤러의 곡률에 가까울수록 캠 곡면이 날카롭게 된다. 날카로운 캠 곡면은 접촉응력의 관점에서 취약하므로 자기 교차를 피하는 것만으로 충분하지 않고 곡률 조건이 '넉넉히' 만족되어야 하는데, 롤러의 곡률을 피치곡선의 곡률에 비해 최소 2~3배 크게 설정한다.

본 절에서는 캠의 곡률을 포함해 캠 기구 설계에 필요한 기하학적 파라미터들을 계산하는데 필요한 공식을 유도한다. 곡률을 유도함에 있어 식 4.5와 식 4.11을 직접 미분해도 되지만 10장

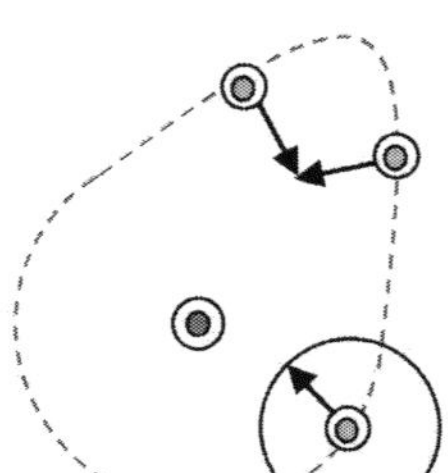

(a) 자기교점, 언더컷 발생

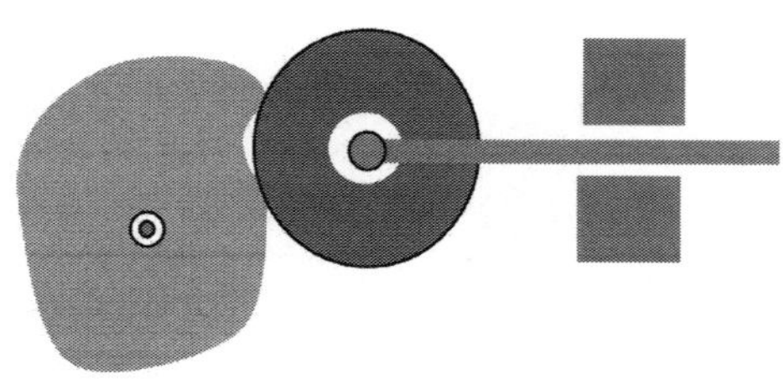

(b) 캠 곡면이 지나치게 오목한 곳에서의 충격

〈그림 14.8〉 롤러 곡률에 대한 기하학적 조건

과 13장에서 학습한 속도 및 가속도 해석 기법을 활용하면 편리하다.

■ 평판형 직전왕복 종동절

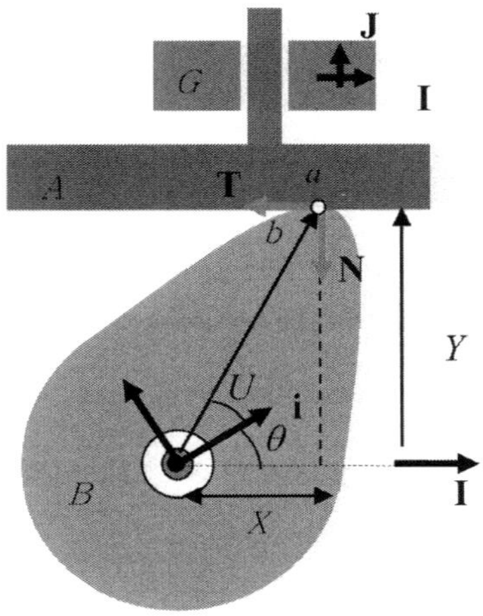

〈그림 14.9〉 평판형 종동절을 가지는 캠 기구의 접촉점

땅을 G, 캠을 B, 종동절을 A, 접촉점에 위치한 캠에 고정된 점을 b, 접촉점에 위치한 종동절에 고정된 점을 a라 하자. 아래 식에서 캠 곡면의 반시계 방향 접선벡터를 $\mathbf{T}$, 점 b에 대해 점 a가 $\mathbf{T}$방향으로 미끄러지는 속도를 $\dot{s}$, 접촉점에서의 캠의 곡률을 κ_B로 나타내고 있다. 캠의 곡률은 캠이 볼록한 부분에서 양수, 오목한 부분에서 음수를 가지도록 부호가 정의되어 있다. $\mathbf{N}(=\mathbf{k}\times\mathbf{T})$은 캠의 안쪽을 가리키는 캠 곡면의 법선 벡터로 캠이 볼록하므로 캠 곡면의 주법선 벡터와 일치한다.

일정한 각속도 ω로 회전하는 캠에 대해 <그림 10.2.2>의 가속도 변환 공식을 적용하면 아래와 같다.

$$\mathbf{A}^{G}_{b/o} = -\omega^2\mathbf{r} = -\omega^2\left(X\mathbf{I} + Y\mathbf{J}\right)$$

$$\mathbf{A}^{G}_{a/b} = \ddot{s}\mathbf{T} + g\mathbf{N} = -\ddot{s}\mathbf{I} - g\mathbf{J} = -\ddot{s}\mathbf{I} - \left(-\frac{\omega^2}{\kappa_B}\right)\mathbf{J} = -\ddot{s}\mathbf{I} + \left(\frac{\omega^2}{\kappa_B}\right)\mathbf{J}$$

$$\mathbf{A}_a^G = \mathbf{A}_b^G + \mathbf{A}_{a/b}^G = -\left(\omega^2 X + \ddot{s}\right)\mathbf{I} + \left(-\omega^2 Y + \frac{\omega^2}{\kappa_B}\right)\mathbf{J} \tag{1}$$

한편, 가속도의 정의에 의해

$$\mathbf{A}_a^G = \ddot{Y}\mathbf{J} = \omega^2 Y'' \mathbf{J} \tag{2}$$

식 (1)과 (2)의 **J** 성분을 비교하면 아래와 같다.

$$-Y + \frac{1}{\kappa_B} = Y''$$

즉,

$$\frac{1}{\kappa_B} = Y'' + Y = \left(S'' + S\right) + Y_o$$

정리 14.7 – 평판형 종동절의 경우 캠 곡면의 곡률 반지름

$$\frac{1}{\kappa_B} = Y'' + Y = \left(S'' + S\right) + Y_o$$

여기서, S는 변위선도, Y는 회전축에서 접촉점까지의 높이, Y_o는 기초원의 반지름이다.

캠의 크기를 결정하는 단계에서 곡률의 변위 선도 $\theta \to S(\theta)$는 주어지게 된다. (정리 14.6)에서 캠 곡면에 자기교차가 발생하지 않는 조건을 제시하고 있는데, (정리 14.7)과 비교하면, 캠의 곡률이 양수가 되어 결국 캠이 볼록할 것을 요구하는 것과 동일하다. 헤르츠의 접촉응력 이론에 의해 캠 곡면의 곡률반경이 일정 정도 이상이 되어야 하므로 캠이 단지 자기 교차를 피하는 것만으로는 충분하지 않고 아래와 같이 접촉응력을 고려해야 한다.

정리 14.8 – 평판형 종동절의 기초원의 반경 조건

접촉응력을 고려한다면, 캠의 모든 회전각에 대해 아래 부등식이 성립하여야 한다.

$$\left(S'' + S\right) + Y_o \geq \rho_{HP}$$

여기서, S는 변위선도, Y_o는 기초원의 반지름, ρ_{HP}는 평판과 접촉하는 원통에 대해 헤르츠 접촉응력이 결정하는 원통의 최소 곡률 반경이다. 최소 곡률반경 ρ_{HP}를 결정하는 것은 재료역학(특히 접촉역학contact mechanics)의 문제이다.

한편 접촉점의 x 좌표에 대한 식 (4.6) $X = Y'$ 에 의해 종동절의 최소 면폭이 속도 선도로부터 즉각적으로 결정된다.

$$\Delta X \equiv X_{\max} - X_{\min} = Y'_{\max} - Y'_{\min}$$

최소 면폭이 너무 크면 종동 관절에 큰 모멘트가 걸리고 종동절에 휨이 발생해 종동절이 관절에 끼이는 현상이 발생할 수 있으므로 역학적 해석을 통해 면폭을 제한하여야 한다.

정리 14.9 – 평판형 종동절의 면폭의 결정

평판형 종동절의 면폭을 종동절의 속도 선도로부터 결정할 수 있다.

$$\Delta X = S'_{\max} - S'_{\min}$$

종동 관절에 걸리는 힘과 종동절의 휨을 고려해 면폭을 제한하여야 한다.

참고 **평판형 종동절의 경우 캠 곡면의 곡률 반지름의 직접적 유드**

식 (4.11)

$$\mathbf{R}(\theta) \equiv \mathbf{r}(U(\theta)) = [Y'(\theta)\cos\theta + Y(\theta)\sin\theta]\mathbf{i} + [Y(\theta)\cos\theta - Y'(\theta)\sin\theta]\mathbf{j}$$

은 캠의 회전각 θ를 매개변수로 하는 곡선으로 볼 수 있다. 이는 아래의 관계를 캠에 고정된 기저에 대해 표현한 것일 뿐이다.

$$\mathbf{R} = Y'\mathbf{I} + Y\mathbf{J}$$

캠을 기준으로 미분하여야 하므로

$$\mathbf{I}' \equiv \frac{{}^{\mathbf{ij}}d}{d\theta}\mathbf{I} = -\mathbf{k}\times\mathbf{I} = -\mathbf{J}, \qquad \mathbf{J}' \equiv \frac{{}^{\mathbf{ij}}d}{d\theta}\mathbf{J} = -\mathbf{k}\times\mathbf{J} = \mathbf{I}$$

과 부호 규약에 의해

$$\mathbf{T} = -\mathbf{I}, \ \mathbf{N} = -\mathbf{J}$$

임에 유의하여 캠에 고정된 기저에 대해 위치벡터를 미분하면 아래와 같다.

$$\mathbf{R}' = (Y'' + Y)\mathbf{I} = s'\mathbf{T}, \ s' = -(Y'' + Y)$$

$$\mathbf{R}'' = (Y''' + Y')\mathbf{I} - (Y'' + Y)\mathbf{J} = s''\mathbf{T} + \kappa_B (s')^2\mathbf{N}$$

$$\mathbf{R}'\times\mathbf{R}'' = -(Y'' + Y)^2\mathbf{k} = \kappa_B (s')^3\mathbf{k}$$

$$\kappa_B = -\frac{(Y'' + Y)^2}{(s')^3} = \frac{1}{Y'' + Y}$$

■ 칼날형 직진왕복 종동절

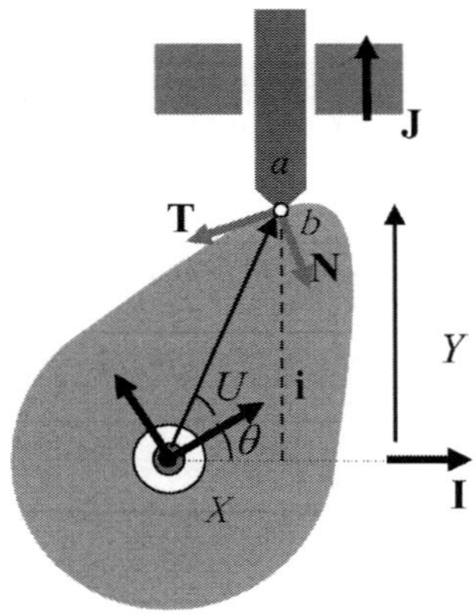

〈그림 14.10〉 칼날형 종동절을 가지는 캠 기구의 캠 곡면

땅을 G, 캠을 B, 종동절을 A, 접촉점에 위치한 캠에 고정된 점을 b, 접촉점에 위치한 종동절에 고정된 점을 a라 하자. <그림 14.10>과 같이 캠 곡면의 반시계 방향 접선벡터를 **T**, 점 b에

대해 점 a가 **T**방향으로 미끄러지는 속도를 $\dot{s}$, 접촉점에서의 캠의 곡률을 κ_B로 나타내자. 캠의 곡률은 캠이 볼록한 부분에서 양수, 오목한 부분에서 음수를 가지도록 부호가 정의되어 있다. $\mathbf{N}(=\mathbf{k}\times\mathbf{T})$은 캠의 안쪽을 가리키는 캠 곡면의 법선벡터로 캠이 볼록한 곳에서 캠 곡면의 주법선 벡터와 일치한다. 이와 같은 부호 규약과 <그림 14.6>의 캠 곡면 생성법을 고려하면 아래의 부등식이 유도된다.

$$\mathbf{T}\bullet\mathbf{I}<0$$

일정한 각속도 ω로 회전하는 캠에 대해 <그림 10.8>의 가속도 변환 공식을 적용하면 아래와 같다.

$$\mathbf{V}_{b/o}^{G}=\boldsymbol{\omega}\times\mathbf{r}=\omega\mathbf{k}\times(X\mathbf{I}+Y\mathbf{J})=\omega(-Y\mathbf{I}+X\mathbf{J})$$

$$\mathbf{V}_{a/b}^{G}=\dot{s}\mathbf{T}$$

$$\mathbf{A}_{b/o}^{G}=-\omega^2\mathbf{r}=-\omega^2(X\mathbf{I}+Y\mathbf{J})$$

$$\mathbf{A}_{a/b}^{G}=\ddot{s}\mathbf{T}+\left(\kappa_B\dot{s}^2+2\omega\dot{s}\right)\mathbf{N}$$

즉,

$$\mathbf{V}_a^G = \mathbf{V}_{b/o}^G + \mathbf{V}_{a/b}^G = \omega(-Y\mathbf{I} + X\mathbf{J}) + \dot{s}\mathbf{T}$$
$$\mathbf{A}_a^G = \mathbf{A}_{b/o}^G + \mathbf{A}_{a/b}^G = -\omega^2(X\mathbf{I} + Y\mathbf{J}) + \ddot{s}\mathbf{T} + (\kappa_B \dot{s}^2 + 2\omega\dot{s})\mathbf{N} \tag{3}$$

한편, 속도 및 가속도의 정의에 의해

$$\mathbf{V}_a^G = \dot{Y}\mathbf{J} = \omega Y' \mathbf{J}$$
$$\mathbf{A}_a^G = \ddot{Y}\mathbf{J} = \omega^2 Y'' \mathbf{J} \tag{4}$$

식 (3)과 (4)를 비교하여

$$\omega[-Y\mathbf{I} + (X - Y')\mathbf{J}] + \dot{s}\mathbf{T} = 0 \tag{5}$$

$$-\omega^2[X\mathbf{I} + (Y + Y'')\mathbf{J}] + \ddot{s}\mathbf{T} + (\kappa_B \dot{s}^2 + 2\omega\dot{s})\mathbf{N} = 0 \tag{6}$$

식 (5)에 의해

$$\mathbf{T} = \left(\frac{\omega}{\dot{s}}\right)[Y\mathbf{I} - (X - Y')\mathbf{J}] \tag{7}$$

조건 $\mathbf{T} \bullet \mathbf{I} < 0$에 의해,

$$\mathbf{T} \bullet \mathbf{I} = \left(\frac{\omega}{\dot{s}}\right) Y < 0 \quad \text{즉,} \quad \left(\frac{\omega}{\dot{s}}\right) < 0$$

이는 캠이 반시계 방향으로 회전할 때 접촉점이 $-\mathbf{T}$ 방향으로 움직이는 것을 반영하고 있다. 식 (7)의 크기와 위의 부호를 고려하면,

$$\left(\frac{\omega}{\dot{s}}\right) = -\frac{1}{\sqrt{(Y' - X)^2 + Y^2}} \tag{8}$$

벡터 **N**의 정의를 식 (7)에 적용하여 식 (9)를 얻는다.

$$\mathbf{N} = \mathbf{k} \times \mathbf{T} = \left(\frac{\omega}{\dot{s}}\right)[(X - Y')\mathbf{I} + Y\mathbf{J}]$$
$$\mathbf{N} \bullet \mathbf{I} = \left(\frac{\omega}{\dot{s}}\right)(X - Y'), \quad \mathbf{N} \bullet \mathbf{J} = \left(\frac{\omega}{\dot{s}}\right) Y \tag{9}$$

이제, 식 (6)의 **N** 방향 성분을 취하면

$$-\omega^2\left[X(\mathbf{N}\bullet\mathbf{I})+(Y+Y'')(\mathbf{N}\bullet\mathbf{J})\right]+\left(\kappa_B\dot{s}^2+2\omega\dot{s}\right)=0$$

$$\kappa_B=\left(\frac{\omega}{\dot{s}}\right)^2\left[X(\mathbf{N}\bullet\mathbf{I})+(Y+Y'')(\mathbf{N}\bullet\mathbf{J})\right]-2\left(\frac{\omega}{\dot{s}}\right)$$

$$=\left(\frac{\omega}{\dot{s}}\right)^3\left[X(X-Y')+Y(Y+Y'')\right]-2\left(\frac{\omega}{\dot{s}}\right) \qquad \because \text{ 식 (9)}$$

$$=\frac{X^2+Y^2+2Y'^2-3XY'-YY''}{\left[(Y'-X)^2+Y^2\right]^{3/2}} \qquad \because \text{ 식 (8)}$$

즉,

$$\kappa_B=\frac{X^2+(S+Y_o)^2+2S'^2-3XS'-S'S''}{\left[(S'-X)^2+(S+Y_o)^2\right]^{3/2}} \qquad \because\ Y=S+Y_o$$

$$=\frac{(S+Y_o)^2+(S'-X)^2+S'(S'-X-S'')}{\left[(S'-X)^2+(S+Y_o)^2\right]^{3/2}}$$

참고 1. 칼날형 종동절의 경우 캠 곡면의 곡률 반지름의 직접적 유도

$$\mathbf{R}=X\,\mathbf{I}+Y\,\mathbf{J}$$

곡률을 구하기 위해 캠을 기준으로 미분하여야 하므로

$$(\bullet)'\equiv\frac{{}^{\mathbf{ij}}d}{d\theta}(\bullet),\quad \mathbf{I}'\equiv\frac{{}^{\mathbf{ij}}d}{d\theta}\mathbf{I}=-\mathbf{k}\times\mathbf{I}=-\mathbf{J},\quad \mathbf{J}'\equiv\frac{{}^{\mathbf{ij}}d}{d\theta}\mathbf{J}=-\mathbf{k}\times\mathbf{J}=\mathbf{I}$$

이고 부호 규약에 의해,

$$\mathbf{T}\bullet\mathbf{I}<0$$

임에 유의하여 캠에 고정된 기저에 대해 미분하면 아래와 같다.

$$\mathbf{R}'=Y\mathbf{I}+(Y'-X)\mathbf{J}=s'\mathbf{T},$$

$$s'<0 \qquad \because\ \mathbf{T}\bullet\mathbf{I}=Y/s'<0$$

$$s'=-\sqrt{(Y'-X)^2+Y^2}$$

$$\mathbf{R}''=(2Y'-X)\mathbf{I}+(Y''-Y)\mathbf{J}=s''\mathbf{T}+\kappa_B(s')^2\mathbf{N}$$

$$\mathbf{R}'\times\mathbf{R}''=-\left[(2Y'-X)(Y'-X)-Y(Y''-Y)\right]\mathbf{k}=\kappa_B(s')^3\mathbf{k}$$

$$\kappa_B=\frac{(2Y'-X)(Y'-X)-Y(Y''-Y)}{\left\{(Y'-X)^2+Y^2\right\}^{3/2}}$$

참고 2. 칼날형 종동절의 경우 캠 곡면의 곡률 반지름 공식 유도 (캠을 기준으로)

$$\mathbf{V}_a^G = \dot{Y}\mathbf{J} = \omega Y'\mathbf{J}$$

$$\mathbf{A}_a^G = \ddot{Y}\mathbf{J} = \omega^2 Y''\mathbf{J}$$

$$\mathbf{V}_a^B = \mathbf{V}_a^G - \omega\mathbf{k}\times\mathbf{r} = \omega Y'\mathbf{J} - \omega\mathbf{k}\times(X\mathbf{I}+Y\mathbf{J}) = \omega[Y\mathbf{I}+(Y'-X)\mathbf{J}]$$

$$\mathbf{A}_a^B = \mathbf{A}_a^G - \omega^2\mathbf{r} - 2\omega\mathbf{k}\times\mathbf{V}_a^G = \omega^2[Y''\mathbf{J} - (X\mathbf{I}+Y\mathbf{J}) - 2\mathbf{k}\times(Y'\mathbf{J})]$$

$$= \omega^2[(2Y'-X)\mathbf{I} + (Y''-Y)\mathbf{J}]$$

$$\mathbf{V}_a^B = \omega[Y\mathbf{I}+(Y'-X)\mathbf{J}] = \dot{s}\mathbf{T}$$

$$\mathbf{A}_a^B = \omega^2[(2Y'-X)\mathbf{I}+(Y''-Y)\mathbf{J}] = \ddot{s}\mathbf{T} + \kappa_B\dot{s}^2\mathbf{N}$$

$$\dot{s} < 0 \quad \because \quad \mathbf{T}\bullet\mathbf{I} = Y\omega/\dot{s} < 0$$

$$\dot{s} = -\omega\sqrt{(Y'-X)^2 + Y^2}$$

$$\mathbf{V}_a^B \times \mathbf{A}_a^B = -\omega^3[(2Y'-X)(Y'-X) - Y(Y''-Y)]\mathbf{k} = \kappa_B\dot{s}^3\mathbf{k}$$

$$\kappa_B = \frac{(2Y'-X)(Y'-X) - Y(Y''-Y)}{\{(Y'-X)^2 + Y^2\}^{3/2}}$$

■ 직전왕복 롤러 종동절

칼날형 종동절로 유도한 캠 곡면을 롤러 종동절을 사용하는 경우에 캠의 피치곡선으로 사용할 수 있다. 그러므로 칼날형 종동절에 대해 유도한 곡률 공식이 롤러형 종동절의 피치곡선에 적용된다. 롤러 종동절의 경우 캠의 크기를 결정하기 위해 접촉응력에 기인한 곡률에 대한 제한조건에 추가하여 압력각을 고려하여야 한다.

압력각은 캠 기구의 전달선이 종동절의 운동 방향과 이루는 각으로 <그림 14.11>에 ϕ로 표기되어 있다. 캠이 종동절에 전달하는 힘 대비 종동절 운동 방향으로 전달되는 힘의 비율이 압력각과 관련된다. 평판형 종동절의 최소 면폭이 제한되듯이 압력각이 너무 크면 종동절 축에 수직한 방향으로 큰 힘이 작용하여 캠 기구가 원활히 동작하지 못한다. 경험에 의하면 30° 보다 큰 압력각은 피하는 것이 좋다.

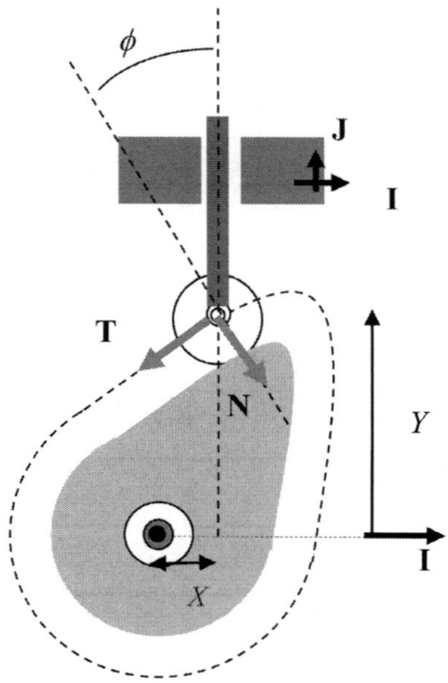

〈그림 14.11〉 압력각

식 (9)

$$\mathbf{N} = \mathbf{k} \times \mathbf{T} = \left(\frac{\omega}{\dot{s}}\right)\left[(X - Y')\mathbf{I} + Y\mathbf{J}\right], \quad \omega / \dot{s} < 0$$

를 이용하여 압력각을 다음과 같이 계산할 수 있다.

$$\cos\phi = -\mathbf{N} \bullet \mathbf{J} = \frac{Y}{\sqrt{(Y' - X)^2 + Y^2}}$$

$$\sin\phi = \mathbf{N} \bullet \mathbf{I} = \frac{Y' - X}{\sqrt{(Y' - X)^2 + Y^2}}$$

$$\tan\phi = \frac{Y' - X}{Y} = \frac{S' - X}{S + Y_o} = \frac{S' - X}{S + \sqrt{R^2 - X^2}}$$

식에 의해 압력각이 편심량과 주원의 반경에 영향을 받음을 알 수 있다. 주원의 반경을 키우는 것은 전구간에 걸쳐 압력각을 낮추는 효과가 있다.

롤러 종동절 채용 캠 기구의 설계와 관련된 식을 정리하면 아래와 같다.

정리 14.8 – 롤러 종동절 캠 기구의 주원의 반경 조건

종동절에 반경 $R_r = 1/\kappa_r$의 롤러를 사용하는 경우에 대해

(1) 주어진 종동절의 변위 선도 $\theta \to S(\theta)$로부터 피치곡선의 곡률을 아래와 같이 계산할 수 있다.

$$\kappa_p = \frac{(S+Y_o)^2 + (S'-X)^2 + S'(S'-X-S'')}{\left[(S'-X)^2 + (S+Y_o)^2\right]^{3/2}}$$

여기서, X는 캠 기구의 편심량, κ_p는 피치곡선이 볼록한 곳에서 양수이고, 오목한 곳에서 음수이다. 위 식의 상수 Y_o가 캠의 크기를 결정짓는데, 주원의 반경 R과의 관계가 아래와 같다.

$$Y_o = \sqrt{R^2 - X^2}$$

(2) 피치곡선에 첨점이 생길 수 없다.

(3) 피치곡선은 자기와 교차하지 않는다.

(4) 캠 곡면과 피치곡선의 곡률 반경의 관계가 아래와 같다.

$$\frac{1}{\kappa_c} = \frac{1}{\kappa_p} - \frac{1}{\kappa_r}$$

여기서, 캠 곡면의 곡률 κ_c는 캠 곡면이 볼록한 곳에서 양수이고 오목한 곳에서 음수이다.

(5) 캠 곡면의 (국부적)자기 교차를 피하기 위한 필요 조건이 아래와 같다.

모든 캠의 회전각에 대해 $\kappa_p < \kappa_r$

(6) 접촉응력을 고려한다면, 캠의 모든 회전각에 대해 아래 부등식이 성립하여야 한다.

$$-\kappa_r < \kappa_c < \kappa_H(\kappa_r) \quad \text{즉,} \quad \kappa_p < \left(\frac{\kappa_H(\kappa_r)}{\kappa_H(\kappa_r) + \kappa_r}\right)\kappa_r < \kappa_r$$

여기서, $\kappa_H(\kappa_r)$은 곡률 κ_r의 원통과 접촉하는 원통에 대해 헤르츠 접촉응력이 결정하는 최대 허용 곡률이다. 허용 곡률 $\kappa_H(\kappa_r)$의 부호 규약은 κ_c 및 κ_p와 동일하고 롤러의 곡률이 커짐에 따라 작아진다. 롤러의 곡률 κ_r이 너무 커지면 허용 곡률 $\kappa_H(\kappa_r)$이 음수값이 될 수 있으므로 접촉응력 조건을 전 구간에서 만족시킬 수 없게 된다. 허용 곡률을 결정하는 것은 접촉 역학의 문제이다.

(7) 압력각 ϕ를 계산하는 공식이 아래와 같다.

$$\tan\phi = \frac{S'-X}{S+Y_o} = \frac{S'-X}{S+\sqrt{R^2-X^2}}$$

압력각은 제한되어야 한다. 압력각을 조절하는 설계변수는 주원의 반경과 편심량이다. 주원이 커질수록 압력각이 작아진다.

(이유 1) 칼날형 종동절의 캠 곡면에 대해 유도한 곡률 공식을 롤러 종동절 채용 캠의 피치곡선에 적용한 결과이다.

(이유 2) 곡률반경이 0인 곳에서 곡선에 첨점이 생긴다. 접촉을 유지하기 위해 $R > X$ 이어야 하므로 위 (1)의 분모를 보면 피치곡선의 곡률 반경이 0일 수 없다.

(이유 3) $\mathbf{R}(\theta) = \sqrt{X^2 + [Y(\theta)]^2}\,(\cos(U(\theta))\mathbf{i} + \sin(U(\theta))\mathbf{j})$, $U(\theta) = \operatorname{atan}_2(Y(\theta), X) - \theta$

$\mathbf{R}(\theta_1) = \mathbf{R}(\theta_2)$이면 벡터의 크기와 방향각을 비교하여

$$Y(\theta_1) = Y(\theta_2),\quad U(\theta_1) = U(\theta_2) + (2n\pi) \qquad n = \ldots, -1, 0, 1, \ldots$$

임을 알 수 있다. 그런데, $Y(\theta_1) = Y(\theta_2)$이면

$$U(\theta_1) - U(\theta_2) = \operatorname{atan}_2(Y(\theta_1), X) - \operatorname{atan}_2(Y(\theta_2), X) - (\theta_1 - \theta_2) = \theta_2 - \theta_1 = 2n\pi$$

<그림 4.2>의 피치곡선 생성법으로부터도 자명하다.

(이유 4) 피치곡선을 따라 반경 $R_r = 1/\kappa_r$ 인 원통이 그 내측을 구를 때, 캠 B에서 관찰한 중심점 c의 가속도가 아래와 같다.

$$\mathbf{A}_c^B = \mathbf{A}_a^B + \mathbf{A}_{c/a}^B = \frac{\omega^2 \mathbf{N}}{-\kappa_p + \kappa_r} - \frac{\omega^2 \mathbf{N}}{\kappa_r} = \omega^2 \left(\frac{\kappa_p}{\kappa_r (\kappa_r - \kappa_p)} \right) \mathbf{N}$$

여기서, 점 a는 롤러에 고정된 점으로 접촉점에 위치한 점이다.

$$\mathbf{A}_c^B = \kappa_c \dot{s}^2 \mathbf{N} = \kappa_c \left(\frac{\omega}{\kappa_r} \right)^2 \mathbf{N} = \omega^2 \left(\frac{\kappa_c}{\kappa_r^2} \right) \mathbf{N}$$

와 비교하여 오프셋 곡선의 곡률 관계를 구한다.

(이유 5) 피치곡선이 볼록한 곳에서 피치곡선의 곡률 반경이 롤러의 반경보다 커야 캠 곡면의 첨점을 피할 수 있다.

피치곡선이 볼록한 $\kappa_p > 0$ 인 곳에서 $\qquad \dfrac{1}{\kappa_c} = \dfrac{1}{\kappa_p} - \dfrac{1}{\kappa_r} > 0$

피치곡선이 오목한 $\kappa_p < 0$ 인 곳에서 $\qquad$ 항상 성립

부록 A

설계과제 모음

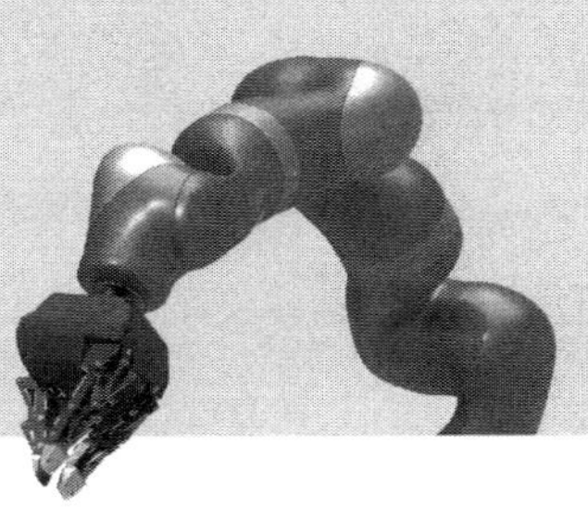

설계는 현실적 제한 요건 하에서 원하는 목적을 성취해 내는 의사결정 과정으로 과학 지식이 그 과정에 활용되지만 목적과 제한요소를 결정하고 초기 설계 단계에서 설계 방안을 선별하거나 새로운 방안을 고안해 내는 큰 틀에서 본다면 그 과정의 개방성에 의해 '기술'이나 '예술'적 성격을 띤다고 볼 수 있다. 본 교과에서는 원하는 운동을 수행하는 기구를 찾는 문제가 설계 문제에 해당한다. 일반적으로 설계를 위한 정형화된 풀이 과정이 존재하지는 않지만, 기구의 유형이 일단 선택된 후 해당 유형의 기구의 설계변수를 결정하는 문제는 어느 정도 정형화가 가능하다. 본 부록에서는 정해진 유형의 기구의 설계변수를 결정하는 문제를 주로 다룬다. 이런 류의 문제를 치수 합성dimensional synthesis이라 한다. 기구 합성에 관한 일반적인 이론에 대해 관심 있는 독자는 [Hartenberg, R. and Denavit, J., Kinematic synthesis of linkages, McGraw-Hill, 1964]를 참조하기 바란다.

설계과제 1 간섭(Interference) 방지 설계

교육단위에서 제공되는 부품을 이용하여 4절 기구를 구현하시오. 이 때,

- 링크가 가능한 범위를 모두 움직일 수 있도록 배열하여야 한다.
- 설계의 목표와 제한 요건을 명기하여야 한다.
- 최소한 한 링크가 프레임에 대해 완전히 한 바퀴 회전하여야 한다.
- 자신이 프레임으로 정한 링크의 구조가 '튼튼'하여야 한다.
- 구동절의 길이가 종동절의 길이의 1/2 이상 3/4 이하이어야 한다.
- 가능한 '부드러운' 운동을 수행하여야 한다.
- 부품 수가 명기된 설계도를 부품 수령 전에 제출하여야 한다.
- 설계변수를 결정한 의사결정 과정을 보고서에 적절히 표현하여야 한다.

힌트 그라쇼프의 법칙(Grashof's law)이나 뢸로의 조건을 활용할 수 있다.

■ 설계과제를 통해 학습할 내용

(1) 계획을 수립할 수 있는 능력이 교육받은 엔지니어의 자질 중 하나이다.
(2) 자신의 구상을 다른 이에게 전달 가능하도록 구체적으로 표현할 수 있어야 한다.
(3) 제한요건 하에서 목표를 달성해가는 과정이 설계이다.
(4) 팀의 구성원으로서의 역할 수행을 연습한다.
(5) 기구의 평면 투영도가 놓치고 있는 현실적 제한조건을 파악한다.

참고 뢸로의 조건

구동절이 한 바퀴 회전하는 기구이어야 특별한 제어 장치 없이 모터로 구동될 수 있다. 뢸로는 4절 기구의 2번 링크가 프레임인 1번 링크에 대해 한 바퀴 회전하는 구동절이 되고 종동절인 4번 링크가 왕복운동을 하기 위해 다음 조건을 만족하여야 함을 보인 바 있다.

$$L_2 + L_3 + L_4 \geq L_1$$
$$L_2 + L_3 - L_4 \leq L_1$$
$$L_2 + L_1 + L_4 \geq L_3$$
$$L_2 + L_1 - L_4 \leq L_3$$

여기서, L_k는 k번째 링크의 관절 사이의 거리이다. 이 때, 구동절인 4절 기구의 2번 링크의 길이 L_2가 모든 링크의 길이 중 최소이고, L_1이나 L_3가 최대이다. 가능한 4절 기구가 '부드럽게' 한 바퀴 회전하기 위해, 위 부등식이 '여유 있게' 만족되는 것이 바람직하다.

참고 **부등식의 영역의 안쪽 값을 '여유 있게' 택하는 법**

이를 성취하기 위한 한 방법으로 아래

$$x = \frac{L_2}{L_1},\ y = \frac{L_3}{L_1},\ z = \frac{L_4}{L_1}$$

와 같이 독립변수를 설정하고, 문제에 나타나는 부등식들을

$$I_k(x, y, z) \geq 0 \qquad (k = 1, 2, 3 \ldots)$$

의 형태로 표현한 후, 가능한 아래의 값이 작도록 설계하는 것을 고려할 만하다.

$$G(x, y, z) \equiv \sum_k p(I_k(x, y, z))$$

여기서, 함수 p는 부등식이 위배될 때 매우 큰 값을 돌려주고 부등식이 등식에서 멀어진 정도에 따라 작은 값을 돌려주는 함수이다. 예를 들어, 어떤 작은 양수 ε에 대해,

$$p : u \to p(u) \equiv \begin{cases} -\log \varepsilon + (\varepsilon - u)/\varepsilon & if \quad (u < \varepsilon) \\ -\log(u) & if \quad (u \geq \varepsilon) \end{cases}$$

또는 위와 같이 변수 x, y, z를 설정하고 부등식의 영역에 가장 큰 내접원의 중심을 선택하는 것을 고려해 볼 만 하다.

문제 뢸로의 조건의 각 부등식이 위배될 때, 어떤 문제가 발생하는지 논하시오.

설계과제 2 천정 설치형 공기조화기 풍향 조절 장치

가로 세로 180cm × 100cm의 설치 면적을 가지고 있는 천정 설치형 공기조화기의 풍향 조절 장치를 설계하는 문제이다. 풍향 장치의 날개 하나의 무게는 대략 100페이지 두께의 책 무게이다. 바람에 의해 날개 무게 정도의 힘이 추가적으로 발생할 수 있다고 가정한다. 날개의 무게 중심과 날개의 회전 축 사이의 거리가 3cm이다.

날개 운동의 회전 축이 가로 방향 (긴 방향)에 평행하고 두 축 사이의 거리가 80cm이다. 풍향조절기구는 설치 면적의 테두리를 따라 3cm의 폭, 15cm의 높이 내에 설치되어야 한다. 모터는 짧은 변 중 하나에 인접하게 설치한다. 지나치게 작은 부품을 사용하는 것은 허용되지 않는데 설치 된 상태에서 옆으로 보았을 때 축을 제외 한 각 부품의 폭이나 높이가 2cm 이상이어야 한다.

일방향으로 일정속도로 회전하는 하나의 모터에 의해 날개가 축을 중심으로 왕복 운동을 수행하여야 한다. 날개의 회전각이 시간에 대한 삼각함수에 가까울 것을 요구한다. 날개 운동의 주기가 6초, 진폭이 (+/−)30도이어야 한다. (진폭은 정확히 만족되어야 하며 운동 주기에 대한 목표치가 만족되지 않는다면 가능한 목표치에 가깝게 설계하라. 이 조건이 두 목표치를 동시에 만족하는 기구가 없음을 의미하지는 않는다.) 두 날개의 운동이 서로 평행하거나 대칭이 되는 경우 중 양자 택일하여 설계한다. 기구의 재질은 플라스틱 계열을 사용한다.

문제에 서술되지 않은 파라미터가 필요할 경우 현실성을 고려하여 적절히 선택하고 추정 근거를 남긴다.

다음 사항은 보고서에 반드시 포함하여야 한다.

1. 기능 요건
2. 설계 변수
3. 목적 함수
4. 기구의 위치, 속도, 가속도 해석 식
5. 초기 설계로부터 목적에 맞게 개선할 때 사용한 전략
6. 필요한 모터 일률의 추정
7. 요구 되는 날개 운동 그래프 및 식
8. 설계된 기구의 운동 그래프 및 식
9. 3장의 정역학을 활용하여 부품에 작용하는 힘을 계산하고 변형 범위 내에서 두께와 폭을

결정한다.

10. 3차원 공간 상에서의 동작 가능성. 기구의 링크 간의 간섭이 없음을 보인다. 또, 기구가 조립 가능함을 보인다.

보너스 점수

1. 모터 전원을 꺼 논 상태에서 날개가 흘러내리지 않도록 설계
2. 필요에 따라 평행 날개 운동, 대칭 날개 운동을 수행하는 기구 설계
3. 소음에 대한 고려
4. 열팽창에 대한 고려
5. 4면에 모두 날개가 있는 경우에 대한 설계
6. 기능요건 중 하나, 예를 들어 날개 운동 진폭이 (+/−)60도로 바뀔 경우에 대한 설계가 자신의 설계 전략으로 이루어 질 수 있음을 보인다.
7. 제작 용이성에 대한 검토

설계과제 3 자동차 엔진룸 개폐기

자동차 공장에서 완성차가 조립된 후, 작업자가 엔진룸을 검사하도록 보닛bonnet을 열어볼 필요가 있다. 보닛을 종동절로 하여 구동하는 개폐기를 설계하시오. 또는 커플러에 보닛을 연결하여 개폐하는 장치를 설계하시오. 보닛은 자동차 앞부분에서 개폐되는 방식이며 닫힌 상태로부터 최대 80도 젖혀질 수 있다. 엔진룸을 검사할 시간을 확보하기 위해 70도 이상 젖혀진 상태로 40~50초를 유지하여야 하며, 그 이외의 동작 시간이 가능한 짧아야 한다. 늦어도 모든 작업이 1분 30초 이내에 끝나야 한다. 보닛이 닫힐 때의 속도가 가능한 0에 가까워 충격이 적어야 한다. 구동장치(모터) 하나를 일 방향으로 일정 속도로 움직여 보닛을 열고 닫아야 한다. 진공 흡착기를 사용하여 보닛의 종단부 근처에 기계를 부착시켜 주어진 작업을 가능하게 한다. 링크가 자동차와 닿아서도 작업 구역 내에 위치하여서도 안되며 프레임과 연결된 부위가 그림에 주어진 범위에 위치하여야 한다. 모터에 작용하는 최대 토크가 30Nm 이하이어야 한다. 보닛의 무게는 50kg이며, 그 무게 중심의 위치가 그림에 주어져 있다. 보닛을 종동절로 하여 구동시킬 때 탈착된 상태에서 기구를 안전하게 위치시키는 별도의 장치가 있다고 가정한다. 문제에 서술되지 않은 파라미터가 필요할 경우 현실성을 고려하여 적절히 선택하고 추정 근거를 남긴다.

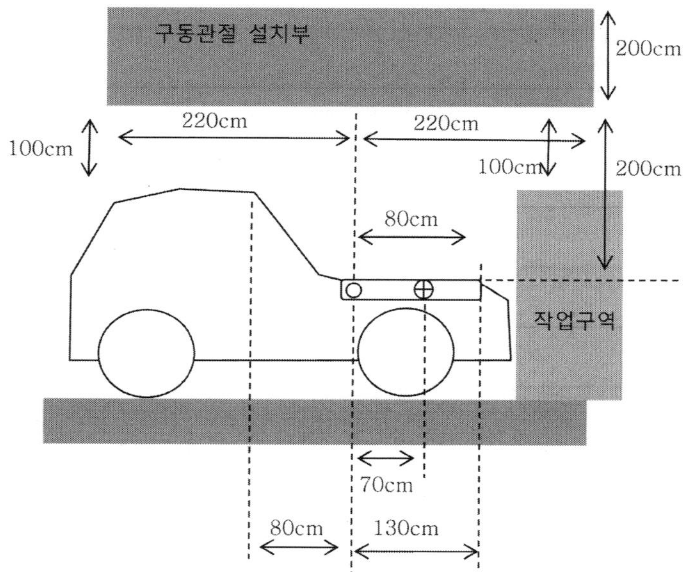

보너스 점수 :

1. 흡착기가 수직으로 하강하여 흡착하는 부위설계. 흡착기의 탈부착을 위하여 별도의 엑튜에이터를 사용하는 것은 허용됨.

설계과제 4 분필 지우개 청소기에 쓰이는 지우개 이송장치

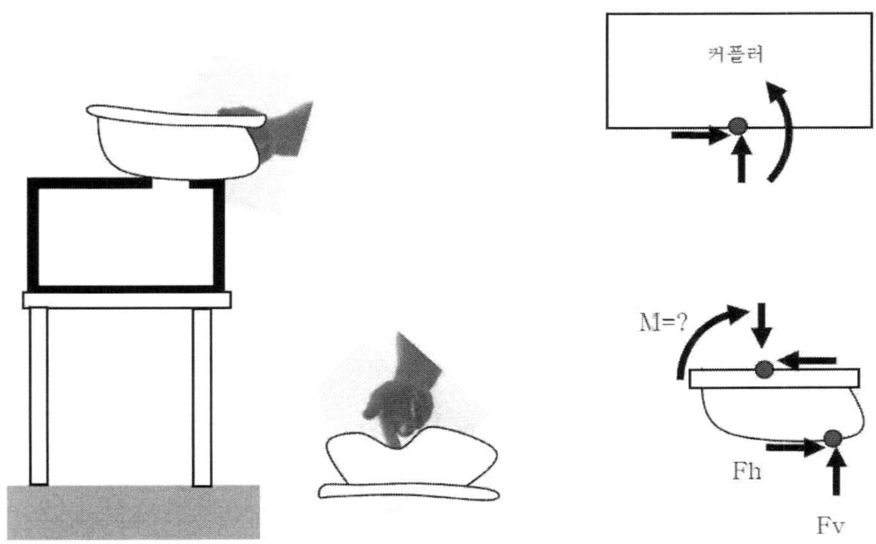

각 교실에 진공식 분필가루 흡입장치가 설치되어 있다. 기존의 장치는 분필지우개를 사람이 손으로 이동시키며 지우개의 천으로 된 부분이 가느다란 흡입구를 거쳐가도록 설계되어 있다. 이를 4절 기구로 대체하라. 즉, 4절 기구의 커플러에 분필지우개의 상판을 고정시킬 수 있는 장치를 설계하고 구동 손잡이가 돌아감에 따라 지우개가 이동되도록 하라. 힘과 속도를 조절하기 위해 기어열이나 캠등을 추가로 설치하여도 된다. 사람이 손으로 편하게 가할 수 있는 힘을 0.5N 이하로 가정하라. 흡입력과 마찰력에 의해 흡입장치가 지우개의 이송속도에 비례하여 이송을 방해하는데, 그 크기 F_h가 다음과 같다고 가정하라.

$$F_h = CV \quad \text{여기서 } C = 1N\ sec/\ cm$$

지우개의 상판을 강체로 간주하고, 천으로 이루어진 지우개 부분의 높이가 힘을 받을 경우 최대 1cm 변형할 수 있다고 가정한다. 1cm 이상의 변형이 발생하면 지우개가 찢어질 수가 있다. 최대 변형범위 안에서 변위에 수직한 힘 F_v가 대략 다음과 같다.

$$F_v = ku \quad \text{여기서 } k = 1N\ /\ cm$$

위의 두 힘이 흡입구에서 작용한다고 가정하라. 적절한 흡입력을 유지하기 위해 최소 0.2*cm*의 변형이 일어나야 한다. 장치는 받침대를 포함한 기존 장치의 길이기준 3배, 부피기준 27배 이하의 공간에 설치되어야 하며 적을수록 좋다. 흡입장치와 받침대의 크기는 기존 장치를 측정하여 정한다. 새로 설계한 이송장치에 기존의 흡입장치를 설치할 수 있어야 한다. 지우개가 일정속도로 진행할 때, 사람이 느끼는 힘이 가능한 일정한 것이 바람직하다. 문제에 서술되지 않은 파라미터가 필요할 경우 현실성을 고려하여 적절히 선택하고 추정 근거를 남긴다.

설계과제 5 광학 시스템 거울 운동 조절 장치

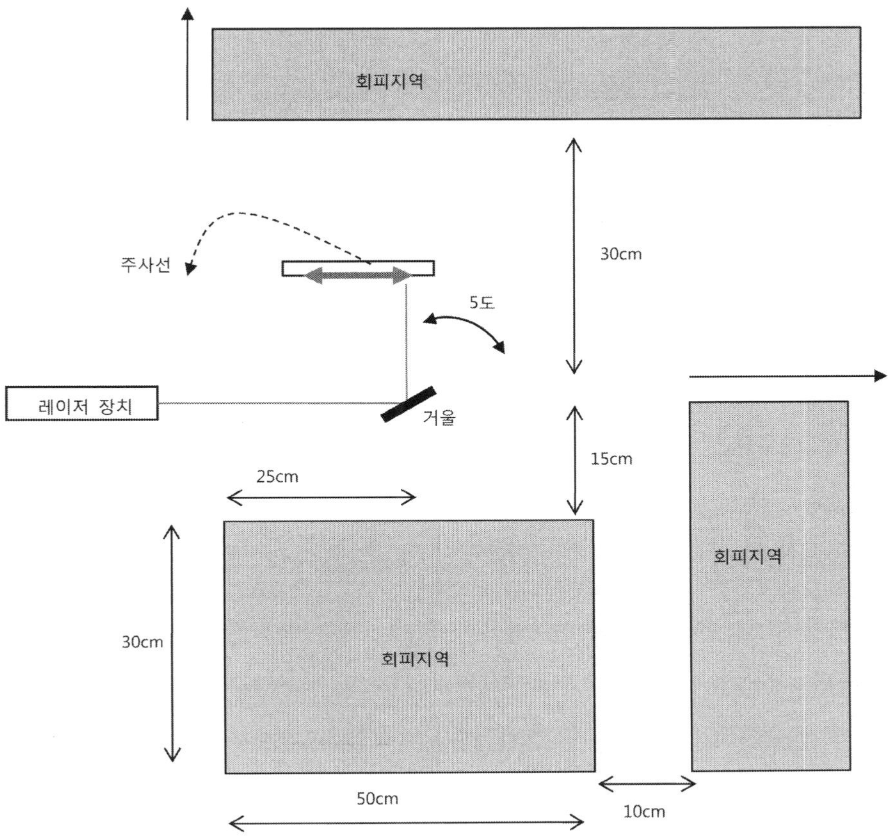

세포 이미징 장치의 일부로 레이저를 세포에 주사시킬 필요가 있다. 주사 장치의 거울이 기준자세에서 5도의 각도만큼 회전하게 하여 레이저를 시료에 주사시킨다. (주) 운동을 보기 위해 현실에 필요한 것보다 각도를 조금 과장하여 요구하고 있다. 거울이 1초에 10번 왕복하여야 한다. 사용하는 모터의 최대 회전수가 100rpm으로 제한되어 있다. 레이저가 반사되는 거울의 위치가 ±1mm 이상 움직여서는 안 된다. 1회 주사 후 거울이 돌아올 때의 시간이 주사시간의 1/10 이하가 되어야 하며, 가능한 짧을수록 좋다. 레이저가 주사되는 동안 거울의 각속도가 가능한 일정하여야 한다. 구동장치로 모터를 사용하며, 모터가 일방향으로 회전하여야 한다. 단면에 보이는 거울의 길이는 2cm이다. 다른 장치에 영향을 미치지 않도록 그림에 표시된 회피지역을 피하여 설계하여야 한다. 거울 중심점으로부터 전체 장치가 ±1m 안에 위치하여야 하며 구동관절과 종동관절이 회피지역으로부터 1cm 내에 위치하여야 한다. 소음과 윤활에 의한 문제를 피하고자 캠기구를 사용하지 않는다.

설계과제 6 위치합성 : 항공기용 적하 기구

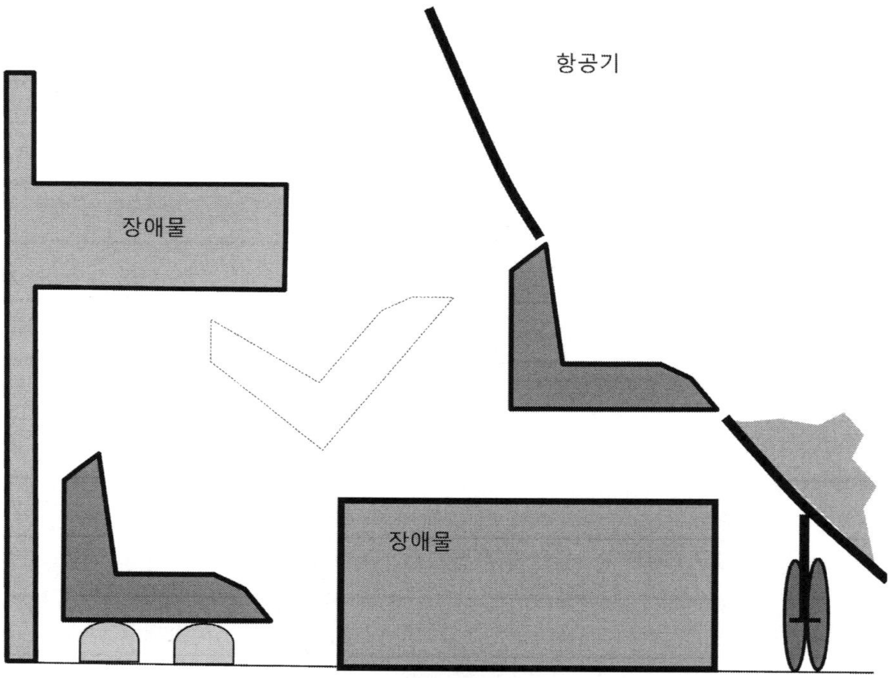

항공기 적하 장치의 들것을 4절 기구의 커플러로 하여 그림의 좌우 2 위치를 지나도록 관절의 위치를 정하시오. 마분지 위에 문제의 그림을 붙이고 마분지로 기구를 만들어 제출하거나 컴퓨터 시뮬레이션 도구에 자로 측정한 값을 입력하여 시뮬레이션한 동영상을 제출하시오. 커플러가 표시된 장애물을 피해야 하고 움직이는 동안 처음 자세에 대해 5도 이상 앞으로 쏠리지 않아야 한다. 고정관절은 그림의 테두리 내부에 위치하여야 하나 항공기 부분에 위치할 수는 없다. 커플러에 설치되는 관절의 위치가 그림에 표시된 부분으로 제한된 것은 아니다.

이 때,

$$\frac{dz}{d\theta} = \frac{\dot{z}}{\dot{\theta}}$$

가 가능한 일정한 값을 유지하도록 설계하시오. 여기서, z는 하적 상태에서 들것의 무게 중심의 높이이고 θ는 구동부의 회전각이다. 이는 구동부에 걸리는 토크가 가능한 일정한 값을 유지함을 의미한다. 중간자세와 커플러 상의 관절의 위치를 조정해 가며 적절한 고정관절의 위치를 찾고 나름 정한 기준에 의해 개선하시오. 현실을 감안하여 무게 중심의 위치를 적절히 설정한 후 설계를 시작하시오.

힌트 위치 합성

커플러 상의 두 관절의 위치를 정하고 그 변위 선분의 수직 이등분선 위의 한 점에 고정관절을 위치시킴으로써 주어진 두 자세를 커플러가 지나도록 하는 4절 기구를 찾을 수 있다. 커플러 상의 관절의 위치가 정해진 상태에서 커플러가 지나야 하는 3 자세가 주어진다면 고정관절의 위치가 변위 선분의 수직 이등분선의 교점의 위치로 유일하게 결정된다. 이 문제에서 커플러 상의 관절의 위치와 점선으로 표시된 중간 자세를 설계 변수로 볼 수 있다. 중간 자세를 설계 변수에서 제외하고 처음과 마지막의 자세를 잇는 커플러 관절 변위의 수직 이등분선 상의 위치를 설계변수로 사용할 수도 있으나 장애물 회피와의 관련성이 떨어져 그 값을 결정하기가 어렵다. 중간 자세가 장애물을 회피하는 제한조건과 보다 직접적인 관련성을 보이는 설계변수이다. 다만 8.2절의 문제 1에서 고찰한 바와 같이 4절 기구의 위치해석의 해가 2개이므로 연속적으로 이동될 수 없는 위치의 조합을 찾을 수 있음에 유의하여야 한다. 두 자세를 연속적으로 이동할 수 있으려면 8.2절의 문제 4에 제시된 알고리즘의 부호(sgn)가 일치하여야 한다. sgn 값은 $\left(\overrightarrow{BC} \times \overrightarrow{AC}\right) \bullet \mathbf{k}$ 의 부호로 계산할 수 있다.

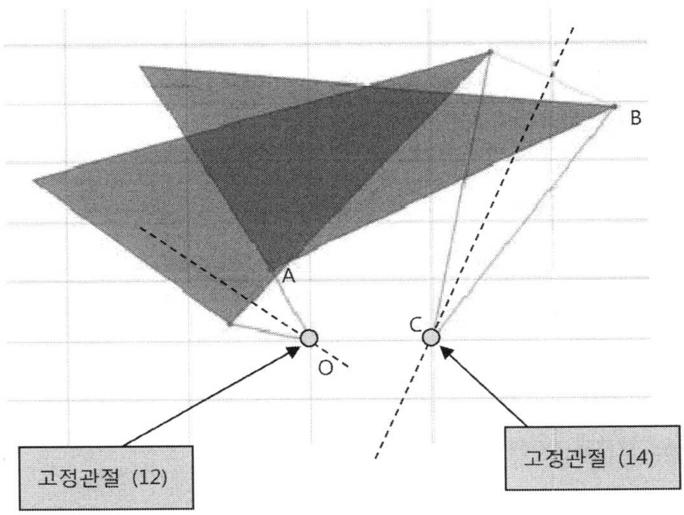

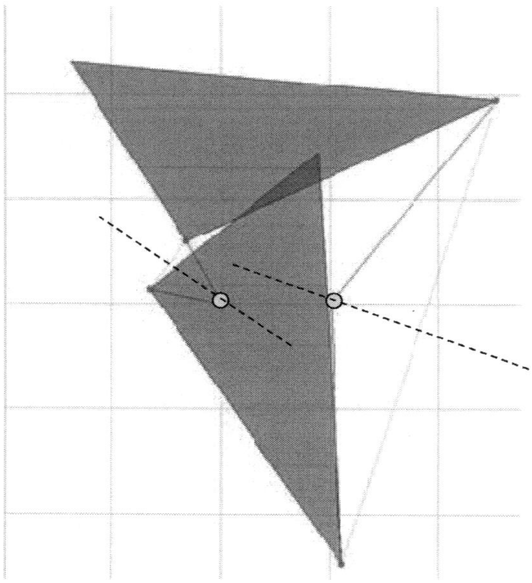

연속적으로 이동이 불가능한 조합

부록 B

상대 각가속도에 대해 유의할 점

3차원 공간에서는 각속도와 달리 각가속도에 대해 합의 공식을 적용할 수 없다. 즉, 일반적으로 $\boldsymbol{\alpha}_{A/B} \neq \boldsymbol{\alpha}_{A/C} - \boldsymbol{\alpha}_{B/C}$ 이다.

$\boldsymbol{\omega}_{A/B} = \boldsymbol{\omega}_{C/B} + \boldsymbol{\omega}_{A/C}$ 을 프레임 B에 대해 미분하면

$$\boldsymbol{\alpha}_{A/B} = \boldsymbol{\alpha}_{C/B} + \frac{d^B}{dt}\boldsymbol{\omega}_{A/C} \tag{*}$$

이다. 우변 2항 미분의 프레임을 C로 변경하여 전개하면 다음과 같다.

$$\frac{d^B}{dt}\boldsymbol{\omega}_{A/C} = \frac{d^C}{dt}\boldsymbol{\omega}_{A/C} + \boldsymbol{\omega}_{C/B} \times \boldsymbol{\omega}_{A/C} = \boldsymbol{\alpha}_{A/C} - \boldsymbol{\omega}_{B/C} \times \boldsymbol{\omega}_{A/C} = \boldsymbol{\alpha}_{A/C} + \boldsymbol{\omega}_{A/C} \times \boldsymbol{\omega}_{B/C}$$

이를 식 (*)에 대입하면 다음과 같다.

$$\boldsymbol{\alpha}_{A/B} = \boldsymbol{\alpha}_{C/B} + \boldsymbol{\alpha}_{A/C} + \boldsymbol{\omega}_{A/C} \times \boldsymbol{\omega}_{B/C} = \boldsymbol{\alpha}_{A/C} - \boldsymbol{\alpha}_{B/C} + \boldsymbol{\omega}_{A/C} \times \boldsymbol{\omega}_{B/C}$$

결과적으로

$$\boldsymbol{\alpha}_{A/B} = \boldsymbol{\alpha}_{A/C} - \boldsymbol{\alpha}_{B/C} + \quad \boldsymbol{\omega}_{A/C} \times \boldsymbol{\omega}_{B/C}$$

으로 $\boldsymbol{\omega}_{A/C} \times \boldsymbol{\omega}_{B/C}$항이 발생함에 주의하여야 한다. 평면 운동에서는 모든 각속도가 평행하므로 $\boldsymbol{\omega}_{A/C} \times \boldsymbol{\omega}_{B/C} = \mathbf{0}$이고 $\boldsymbol{\alpha}_{A/B} = \boldsymbol{\alpha}_{A/C} - \boldsymbol{\alpha}_{B/C}$ 이다.

찾 | 아 | 보 | 기